적중
TOP

플라스틱
창호
기능사

CONTENTS

C·O·N·T·E·N·T·S

CONTENTS

플라스틱 창호 기능사 출제기준(필기)

필기검정방법	객관식	문제수	60	시험시간	1시간

필 기 과목명	출제 문제수	주요항목	세부항목	세세항목	
건축일반, 플라스틱 개론, 작업안전	60	1. 건축제도	1. 건축제도 용구 및 재료	1. 건축제도 용구	2. 건축제도 재료
			2. 각종 제도 규약	1. 건축제도 통칙(일반사항 - 도면의 크기, 척도, 표제란 등) 2. 건축제도 통칙(선, 글자, 치수) 3. 도면의 표시방법	
			2. 건축물의 묘사와 표현	1. 건축물의 묘사	2. 건축물의 표현
			3. 건축설계도면	1. 설계도면의 종류 3. 도면의 구성요소	2. 설계도면의 작도법
		2. 일반구조	1. 건축구조의 일반 사항	1. 목구조 3. 철근콘크리트구조 5. 조립식구조	2. 조적구조 4. 철골구조 6. 기타구조
		3. 플라스틱 창호 재료	1. 플라스틱의 성질	1. 플라스틱의 성질	2. 플라스틱의 특성
			2. 플라스틱의 응용 및 가공방법	1. 플라스틱의 용도 3. 플라스틱의 물리적 가공	2. 플라스틱의 열가공
			3. 플라스틱 재료	1. 열가소성 수지 3. 플라스틱 부재료	2. 열경화성 수지
		4. 건축재료	1. 건축재료의 분류와 요구	1. 건축재료의 분류	2. 건축재료의 요구성능
			2. 건축재료의 일반적 성질	1. 역학적 성질 3. 화학적 성질	2. 물리적 성질 4. 내구성 및 내후성
			3. 기타 건축재료	1. 목재 및 석재 3. 점토재료 5. 미장, 방수재료	2. 시멘트 및 콘크리트 4. 금속재, 유리 6. 단열재료
		5. 창호일반	1. 창호일반	1. 창호의 종류 3. 창호 철물	2. 창호의 특성
			2. 플라스틱창호	1. 플라스틱창호공작 3. 플라스틱 창호 설치 시공법	2. 창호시공용 공구 및 기계
			3. 목업(Mock up) 시험	1. 목업 제작 3. 목업 평가	2. 목업 시험
		6. 산업안전	1. 산업안전 개요	1. 산업재해 분류, 요인, 모형	2. 산업재해 통계방법, 현황
			2. 재해예방	1. 산업재해 원인 2. 산업재해 조사 4. 안전관리 조직 및 운영	3. 재해예방 대책
			3. 안전보호구 및 안전표지	1. 보호구의 구비조건 3. 산업안전표지	2. 각종안전보호구
		7. 건설안전	1. 건설안전개요	1. 건설공사의 안전의 개요	2. 건설안전의 특성
			2. 건설작업의 안전	1. 건설안전시설 2. 각종건설안전사고의개념 3. 건설작업의 안전요소	

01

건축일반

Chapter 01 건축제도의 이해

THEME 01 건설제도 용구

(1) 건축제도 용구

① 제도판

  ㉠ 제도 용지 밑에 받치는 편평한 판으로 10~15°가 좋음

  ㉡ 4개의 모서리 면이 매끄럽게 다듬질되어 있어야 함

  ㉢ 제도판 재료 : 무절판재를 사용(춘향목, 전나무, 계수나무, 박달나무 등)

② T자

  ㉠ 제도판에 대고 수평선을 긋거나 삼각자와 함께 사용하여 수직선과 빗금을 그릴 때 사용

  ㉡ 머리와 자 부분으로 이루어져 있으며, 머리와 자 부분은 직각(90°)

③ 삼각자

  ㉠ 30°와 60°로 된 직각삼각자와 두 밑각이 모두 45°로 이루어진 이등변삼각자 2개가 1세트로 되어 있다.

  ㉡ T자와 함께 사용하여 여러 가지 빗금을 그릴 때 사용

④ 운형자 : 컴퍼스로 그릴 수 없는 자유로운 곡선을 그릴 때 사용하는 자로 플라스틱으로 되어있다.

⑤ 3각 스케일(triangular scale) : 3각 스케일은 삼각기둥 모양의 자로, 길이를 잴 때 또는 길이를 일정한 비율로 축소하여 그릴 때 사용

⑥ 형판(템플릿, template) : 다양한 크기의 정원과 타원이 뚫어져 있는 플라스틱 자로서 컴퍼스로 그리는 것 보다 효율적인 작은 정원이나 그릴 수 없는 타원을 그릴 때 사용

⑦ 자유 곡선자 : 납이나 고무, 플라스틱 등으로 만들어져 원하는 형태로 구부릴 수 있는 자로, 스케치도에서 본뜨기를 할 때 사용

⑧ 각도기 : 셀룰로이드로 만든 반원 모양의 것으로서 방향과 각도를 측정할 때 사용

(2) 기타 제도용구

① 컴퍼스(Compass)

    ㉠ 큰 원이나 원호를 그릴 때 사용, 원주를 등분할 때 사용

    ㉡ 스프링 컴퍼스 : 반지름이 50mm 이하의 작은 원이나 작은 원호를 그릴 때 사용

    ㉢ 빔 컴퍼스 : 중심 축과 호를 그리는 쪽을 박판 등으로 연결할 수 있도록 해서 큰 원 또는 원호를 그릴 때에 사용하는 기구

② 디바이더 : 선을 임의 등분할 때, 원주를 등분할 때, 도형의 치수를 도면 위에 옮길 때, 길이를 원하는 비율로 축소 또는 확대할 때 등에 사용

③ 지우개 : 잘못된 선이나 불필요한 문자를 지울 때 사용하는 제도 용구로, 부드럽고 종이 면을 거칠게 상처 내지 않아야 한다.

④ 만능 제도기(드래프터) : 드로잉 보드에 T자, 축척자 등의 제도 도구의 기능을 집약한 암이 붙어 있는 제도대

THEME 02 건축제도 재료

(1) 묘사도구

① 제도용 연필

    ㉠ 가는 선과 트레이싱용으로는 4H~9H, 선이나 문자용으로는 H, HB 스케치용으로는 2B~6B를 사용한다.

    ㉡ 일반적으로 H의 수가 많을수록 단단하다(6B-2B-B-HB-F-H-2H~9H순).

    ㉢ 효과적으로 구분하여 사용하면 밝은 상태에서 어두운 상태까지 폭넓게 명암을 지울 수 있으며, 다양한 질감 표현도 가능하다.

    ㉣ 지울 수 있는 장점이 있는 반면에 번지거나 더러워지는 단점이 있다.

② 제도용 펜 : 먹을 찍어서 쓰는 펜

③ 먹줄 펜 : 먹을 넣어서 사용하는 기구

④ 제도용 잉크 : 먹을 넣어서 사용하는 잉크

⑤ 심 홀더 : 심을 척으로 유지할 수 있도록 되어 있는 연필

(2) 제도 용지

① 원도용지 : 켄트지, 와트만지, 모조지가 주로 쓰이며, 켄트지는 주로 연필 제도나 먹물 제도할 때 쓰이며, 와트만지는 채색 제도용으로 쓰임

② 트레이싱 페이퍼(투사용지)

    ㉠ 기름종이 : 트레이싱하기 쉬우며, 먹물을 넣기도 쉽지만 오랫동안 보존하기 어려움

ⓒ 트레이싱지 : 반투명 황산지로 연필이나 먹물제도가 가능하며, 사도를 그릴 때 주로 사용

ⓒ 미농지 : 투명도는 좋지 않으나 착색이 자유롭고, 영구적으로 쓸 수 있는 용지

③ **채색 용지** : MO지, 백아지, 목탄지, 와트만지 등

④ **방안지** : 제도시 격자를 이용할 수 있는 모눈종이로 1mm또는 2mm의 눈금이 표시되어 있다.

⑤ **켄트지**(Kent paper) : 흰색 린네트, 턴베 헝겊 등을 원료로 만든 종이로 불투명하며 주로 그림, 제도 용지로 쓰인다.

THEME 03 건축제도 통칙(일반사항-도면의 크기, 척도, 표제란 등)

(1) 도면의 뜻

① **도면** : 여러 가지 제도 용구를 사용하여 설계자가 의도하는 물체의 모양과 크기, 구조, 기능 등을 정해진 규칙에 따라 제도 용지에 그린 것

② **제도** : 도면을 그리는 행위

(2) 도면의 기능

① **정보 전달 기능** : 설계자의 의도를 물체 제작자에게 정확하게 전달할 수 있다.

② **정보 보존 기능** : 도면을 보관함이나 컴퓨터에 보관해 두었다가 제품을 수리하거나 비슷한 물건을 설계할 때 사용할 수 있다.

③ **정보 작성 기능** · 설계자가 구상한 내용을 도면화하고, 그 도면을 바탕으로 보다 나은 물체를 설계할 수 있다.

(3) 표준규격

표준 마크	표준 기호	표준 명칭
	ISO	국제표준화기구(International Organization for Standardization)
	KS	한국산업표준(Korean Industrial Standards)

(4) 제도용지의 규격

① 도면의 크기

ㄱ 도면의 크기가 일정하지 않으면 도면의 정리, 보관, 이용이 불편하기 때문에 도면의 크기에 대한 규격은 KS A 0005(제도 통칙)와 KS A 0106(도면의 크기 및 양식)을 따른다.

ㄴ 도면은 긴 쪽을 좌우 방향으로 놓고 사용하지만, A4는 짧은 쪽을 좌우, 상하 방향으로도 놓고 사용한다.

ㄷ 제도용지의 크기는 한국 산업 표준(KS A 0106)에 따라 A^0 계열의 것을 사용한다.

ㄹ 제도용지의 세로와 가로의 길이 비는 $1:\sqrt{2}$ 이다.

ㅁ A^0 용지의 넓이는 약 1m²이다.

ㅂ 큰 도면을 접을 때에는 A4 크기로 접는 것을 원칙으로 한다.

② 도면 용지의 크기 및 윤곽의 치수(KS B 0001−2008, 단위 · mm)

크기의 호칭		A0	A1	A2	A3	A4
도면의 윤곽선	$a \times b$	841×1,189	594×841	420×594	297×420	210×297
	c(최소)	20	20	10	10	10
	d(최소) 철하지 않을 때	20	20	10	10	10
	철할 때	25	25	25	25	25

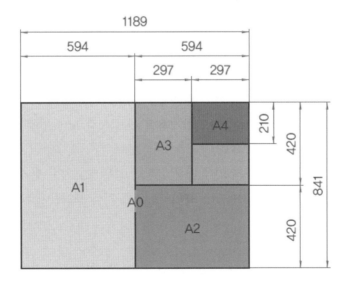

[도면의 분할(예 · A^0 일 경우)]

(5) 도면의 척도

① **척도의 종류** : 도면에는 편의에 따라 물체의 크기를 실제와 같거나 다르게 나타낸다. 척도란, 물체의 실제 크기와 도면에서의 크기 비율을 말한다.

    ㉠ **축척**(contraction scale) : 실물보다 작게 축소해서 그리는 것이다.

    ㉡ **현척**(full scale) : 실물과 같은 크기로 그리는 것이다.

    ㉢ **배척**(enlarged scale) : 실물보다 크게 확대해서 그리는 것이다.

② **제도에 사용되는 권장 척도**

종류	척도		
축척	1 : 2 1 : 20 1 : 200 1 : 2000	1 : 5 1 : 50 1 : 500 1 : 5000	1 : 10 1 : 100 1 : 1000 1 : 10000
현척	1 : 1		
배척	2 : 1 20 : 1	5 : 1 50 : 1	10 : 1 100 : 1

③ **척도의 표시 방법**

    ㉠ 척도는 '척도 A : B'의 형식으로 표시한다.

    ㉡ A는 도면에서의 크기, B는 물체의 실제 크기를 나타낸다.

    ㉢ 같은 도면에서 서로 다른 척도를 사용할 때에는 각 그림 옆에 적용된 척도를 기입하여야 한다.

④ **척도 기입 방법**

    ㉠ 척도는 표제란에 기입하는 것이 원칙이다.

    ㉡ 표제란이 없는 경우에는 품번이나 도명 가까운 곳에 기입한다.

    ㉢ 같은 도면에서 다른 척도가 사용될 때에는 각 도면 옆에 사용된 척도를 기입해야 한다.

    ㉣ 그림의 형태가 치수와 비례하지 않는 경우에는 치수 밑에 밑줄을 긋거나 '비례가 아님' 또는 'NS'(Not to Scale) 등의 문자를 표제란에 기입한다.

(6) 표제란

① 도면의 관리 및 내용에 대한 사항을 기입하는 곳으로 도면의 오른쪽 아래에 그린다.

② 도면 번호(도번), 도면 이름(도명), 작성자 이름, 작성 일자, 척도, 투상법 등을 기입한다.

③ 표제란의 크기와 양식은 KS A ISO 7200에 규정되어 있다.

④ 투시도와 스케치도를 제외한 모든 도면에 반드시 작성하여야 한다.

THEME 04 건축제도 통칙(선, 글자, 치수)

(1) 선의 종류 및 용도

① 굵기에 따른 선의 종류

선의 종류	도면 크기에 맞는 선 굵기		
가는 선	0.18mm	0.25mm	0.35mm
굵은 선	0.35mm	0.5mm	0.7mm
아주 굵은 선	0.7mm	1mm	1.4mm
참고 사항	가는 선 : 굵은 선 : 아주 굵은 선 = 1 : 2 : 4의 비율로 용지의 크기에 맞게 선의 굵기를 적용한다.		

② 모양에 따른 선의 종류

선의 종류	모양	정의
실선	————————	연속적으로 이어진 선
파선	------------	짧은 선이 일정한 길이로 되풀이되는 선
1점 쇄선	—·—·—·—·—	길고 짧은 2종류의 선이 번갈아가며 되풀이되는 선
2점 쇄선	—··—··—··—	길고 짧은 2종류의 선이 장·단·단·장·단·단 순으로 되풀이되는 선

③ 용도에 따른 선의 종류

선의 명칭	선의 종류	선의 모양	선의 용도
외형선	굵은 실선	————	대상물이 보이는 부분의 겉모양을 표시하는 데 사용
치수선	가는 실선	————	치수를 기입하는 데 사용
치수 보조선			치수를 기입하기 위하여 도형으로부터 끌어내는 데 사용
지시선			기술, 기호 등을 표시하기 위하여 끌어내는 데 사용
숨은선	가는 파선 또는 굵은 파선	- - - - - - ▬ ▬ ▬ ▬	물체의 보이지 않는 부분의 모양을 표시하는 데 쓰인다.

중심선	가는 1점 쇄선	—·—·—·—	• 도형의 중심을 표시하는 데 사용 • 중심이 이동한 자취를 표시하는 데 사용
특수 지정선	굵은 1점 쇄선	—·—·—·—	특수한 가공을 하는 부분 등 특별한 요구 사항을 적용할 범위를 표시하는 데 사용
가상선	가는 2점 쇄선	—··—··—··—	• 인접한 부분을 참고로 표시하는 데 사용 • 가공 전후의 모양을 표시하는 데 사용 • 가공 부분을 이동 중의 특정한 위치 또는 이동 한계의 위치로 표시하는 데 사용
파단선	파형 또는 지그재그의 가는 실선	〰〰〰	대상물 일부를 파단한 경계 또는 일부를 떼어 낸 경계를 표시하는 데 사용
절단선	가는 1점 쇄선으로 끝 부분 및 방향이 바뀌는 부분을 굵게 한 선		단면도를 그릴 경우 그 절단 위치에 대응하는 그림을 표시하는 데 사용
해칭선	가는 실선으로 규칙적으로 빗금을 그은 선	⟋⟋⟋⟋	도형의 한정된 특정 부분을 다른 부분과 구별하는 데, 예를 들면 단면도의 절단된 부분을 표시하는 데 사용

④ 선의 우선순위(KS B 0001에 규정) : ㉠ 외형선, ㉡ 숨은선, ㉢ 절단선, ㉣ 중심선, ㉤ 해칭선, ㉥ 치수 보조선

(2) 문자(글자)

① 제도에 사용하는 문자

  ㉠ 서체에 따라 명조체, 그래픽체, 고딕체 등이 있다.

  ㉡ 한글, 영자, 숫자의 높이는 2.24mm, 3.15mm, 4.5mm, 6.3mm 및 9mm, 12.5mm, 18mm의 일곱 종류가 표준으로 규정되어 있다.

② 주기 표시 요령

  ㉠ 도면의 이해를 돕기 위해 문자를 써넣는 것을 주기라 하며, 명확하고 깨끗이 쓴다.

  ㉡ 문장은 왼쪽에서부터 가로쓰기를 원칙으로 하고, 곤란한 경우에는 세로쓰기도 무방하다.

ⓒ 글자체는 고딕체로 하여 수직 또는 15° 경사체로 쓰는 것이 일반적이다.

ⓔ 글자의 크기는 높이로 표시된다.

ⓜ 도면에 쓰는 문자의 크기는 도면의 크기에 따라 다르지만, 도형의 크기와 조화되고 전체와 균형 있게 사용한다.

ⓗ 숫자는 치수, 부품 번호, 제작 수량, 척도, 도면 번호 등을 기입하는 데 쓰이는데 아라비아 숫자를 원칙으로 한다.

(3) 도면의 치수

① 치수의 단위

ⓖ 도면의 길이 치수 기본 단위는 mm이며 주로 생략한다.

ⓛ 보통 도(°)로 표시하고 필요할 때에는 분(′) 및 초(″)를 같이 쓸 수 있다.

ⓒ 치수는 수평방향의 치수선의 경우 위쪽에, 수직방향의 치수선의 경우에 왼쪽에 치수선과 나란하게 기입한다.

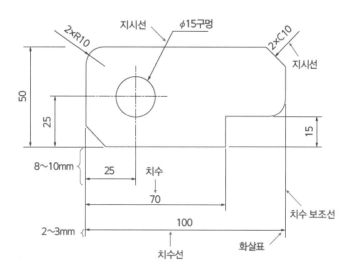

[도면의 치수 기입]

② 치수선

ⓖ 치수를 표기하는 선으로 도면에 방해가 되지 않는 적당한 곳에 0.2mm 이하의 가는 실선으로 그어 외형선과 구별 한다.

ⓛ 가능한 한 다른 치수선과 만나지 않도록 한다.

ⓒ 이웃하는 치수선과는 일직선으로 가지런하게 한다.

ⓔ 치수보조선과 만나는 부분에는 2~3mm 정도 연장하여 긋는다.

③ 치수 보조선 및 화살표
　　㉠ 치수선과 직각 되게 긋고 굵기는 치수선과 같다.
　　㉡ 간격이 좁아 치수를 나타낼 수 없을 때에는 치수 보조선을 연장하여 나타내거나 지시선을 사용하여 나타낸다.
　　㉢ 화살표의 길이는 2.5~3mm정도로 하고, 화살표 크기도 길이와 나비의 비율은 3 : 1 정도가 되게 한다.
　　㉣ 화살표의 크기와 선의 굵기는 조화를 이루어야 한다.
　　㉤ 한 도면에서 화살표는 가능한 한 모양과 크기가 같도록 한다.
④ 치수의 기입 원칙
　　㉠ 물체의 기능, 제작, 조립 등을 고려하여 필요하다고 생각하는 치수를 명료하게 도면에 지시한다.
　　㉡ 치수는 물체의 크기, 자세 및 위치를 가장 명확하게 표시하는데 필요하고 충분한 것을 기입한다.
　　㉢ 도면에 나타내는 치수는 특별히 명시하지 않는 한, 그 도면에 도시한 대상물의 다듬질 치수를 기입한다.
　　㉣ 치수에는 기능상(호환성을 포함) 필요한 경우 KS A 0108에 따라 치수의 허용 한계를 지시한다. 다만, 이론적으로 정확한 치수는 제외한다.
　　㉤ 치수는 되도록 주투상도에 집중한다.
　　㉥ 치수는 중복 기입을 피한다.
　　㉦ 치수는 되도록 계산해서 구할 필요가 없도록 기입한다.
　　㉧ 치수는 필요에 따라 기준으로 하는 점, 선 또는 면을 기준으로 하여 기입한다.
　　㉨ 관련되는 치수는 되도록 한곳에 모아서 기입한다.
　　㉩ 치수는 되도록 공정마다 배열을 분리하여 기입한다.
　　㉪ 치수 중 참고 치수에 대하여는 치수 수치에 괄호를 붙인다.
　　㉫ 치수 단위는 mm를 원칙으로 하고 단위기호는 쓰지 않는다.
⑤ 각도와 원호 치수 기입
　　㉠ 각도를 표시할 때는 컴퍼스의 중심축을 각의 정점에 대고 원호를 그은 후 치수를 기입한다.
　　㉡ 원호는 원의 크기가 작아 원 안에 치수 기입이 어려울 경우 원호 바깥으로 치수선을 뺀 후 치수를 기입하며, 반지름이나 직경 기호를 숫자 앞에 표시한다.
　　㉢ 한 도면에 가능한 한 화살표로 동일한 크기를 사용한다.

⑥ 치수 보조 기호

명칭	기호	읽기	사용법
지름	ϕ	파이	원형의 지름 치수 앞에 붙이며, 도형이 확실한 원형이면 파이(ϕ) 기호를 생략할 수 있다.
반지름	R	아르	반지름 치수 앞에 붙인다.
구의 지름	$S\phi$	에스파이	구의 지름 치수 앞에 붙인다.
구의 반지름	SR	에스아르	구의 반지름 치수 앞에 붙인다.
정사각형의 변	□	정사각	정사각형의 한 변의 치수 앞에 붙인다.
45° 모따기	C	시	45°의 모따기 치수 앞에 붙인다.
판의 두께	t =	티	판 두께 치수 앞에 붙인다.
원호의 길이	⌒	원호	원호의 길이 치수 앞에 붙인다.
이론적으로 정확한 치수	▭	테두리	이론적으로 정확한 치수의 치수 수치에 테두리를 그린다.
참고 치수	( )	괄호	치수 보조 기호를 포함한 참고 치수에 괄호를 친다.

⑦ 물매와 각도

㉠ 지면이나 바닥의 배수물매 등 물매가 작을 때에는 분자를 1로 한 분수로 표시한다 (예 1/50, 1/100, 1/200).

㉡ 지붕과 같이 물매가 클 때에는 분모를 10으로 한 분수로 나타낸다(예 4/10, 4.5/10, 7/10)

㉢ 지름기호 ϕ, 반지름 기호 R, 정사각형 기호 □는 치수앞에 쓴다.

㉣ 기울기 각도의 표시는 직각삼각형의 직각을 낀 두변에 대하여 높이/밑변, 즉 나타내려는 각도로 표시한다.

THEME 05 도면의 표시방법

(1) 재료구조 표시기호

① 재료의 평면표시

축척 정도별 표시 사항	축척 1/100 또는 1/200 일 때	축척 1/20 또는 1/50 일 때
벽 일반		
철골 철근 콘크리트 기둥 및 철근 콘크리트 벽		
철근 콘크리트 기둥 및 장막벽	재료표시	
철골 기둥 및 장막벽		
블록벽		1/20 1/50
벽돌벽		
목조벽 양쪽 심벽 / 안 심벽, 밖 평벽 / 안팎 평벽		1/20

② 재료의 단면표시

구분	마감 재료 기호	구분	마감 재료 기호
콘크리트 슬래브		유리	
목재 (구조재)		카펫	
목재 (치장재)		단열재	
합판		실란트	

인조석		고무	
석고보드		방수	
타일		회반죽	
흡음텍스		테라조	

(2) 출입구 및 창호 표시기호

① 평면 표시 기호(출입구 및 창호)

명칭	평면	입면	명칭	평면	입면
출입구 일반			미서기문		
회전문			미닫이문		
쌍여닫이문			셔터		
접이문			빈지문		
여닫이문			자재문		
주름문			망사문		

② 평면 표시 기호(창 기호)

선의 종류	평면	명칭	평면
창 일반		붙박이장	
여닫이창		회전창	
미서기창		셔터창	
미닫이창		망사창	

③ 창호 표시 기호

㉠ 기본 기호 표시

울거미 재료의 종류별 기호		창문별 기호	
기호	재료명	기호	창문구별
A	알루미늄	D ㅁ	문
G	유리	W ㅊ	창
P	플라스틱	S ㅅ	셔터
S	강철		
Ss	스테인레스		
W	목재		

㉡ 창호 기호의 표시 방법

ⓐ 원내를 수평으로 2등분하고 그 상단에는 정리변호를, 하단에는 창문 구별기호를 표시한다.

ⓑ 울거미 재료의 종류별 기호는 필요에 따라 원의 하단 좌측에 표시하고 우측에 창문 구별기호를 표시하여도 좋다.

ⓒ 표시법 : 창문번호는 같은 규격일 경우에는 모두 같은 번호로 기입한다.

재질	창	문
목재	① WW	① WD
철재	① SW	① SD
알루미늄	① A/W	① AO

ⓓ 개폐 방법을 표시하는 경우의 창호 표시기호

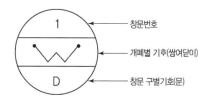

창문번호
개폐별 기호(쌍여닫이)
창문 구별기호(문)

(3) 조명 기구 표시 기호

구분	창	내용	설명(표기, 형태)
형광등		1개	
		2개	
		20W	길이를 760mm로 표기
		40W	길이를 1240mm로 표기
		Concealed	루버, 아크릴 등으로 씌운 형광등 기구
		매입 형광등	간접등박스 등에 매입된 형태 표기
		간접광	간접등의 표기로 간접 등박스 내부의 형광등 기구 표기는 1/50 이상의 확대된 도면에 적용
백열등		광천정조명	
		다운라이트(Down Light, D/L)	천정면 속에 매입된 조명기구의 표기
		스포트라이트 (Spot Light)	특정 부위를 집중적으로 비추는 조명
		벽부등 (Wall Bracket)	벽면에 부착시키는 등
		펜던트 (Pendant Light)	천정에서 달아 내린 등
		천정등 (Ceiling Light)	천정 속에 바로 부착된 등기구
		샹들리에 (chandelier)	천정에서 체인 등으로 달아 맨 장식성이 좋은 조명 기구
		상향등 (upper light)	천정면에 부착되지 않으나 스탠드 및 천정에 매달린 형태로 천정면을 비춰 반사된 효과를 이용

백열등	비상등 (Emergency Light)	비상시의 조명으로 정전 시 일정기간 24V 직류전원을 이용한 램프(평상시는 Off)
	비상출입구 (Exit Light)	비상 출입구 조명으로 비상전원에 의해 24시간 켬
	월워셔 (wall washer)	간접조명방식과 동일하나 벽면에 조립 하여 조명이 벽면에 물 흐르듯 표기

THEME 06 건축물의 묘사

(1) 제도선을 그을 때 유의사항

① 선은 손에 힘을 주고 가능한 한 번에 일정한 속도와 힘으로 쉬지 않고 그린다.

② 필기구는 선을 긋는 방향으로 약간 기울여야 한다.

③ 필기구는 T자의 날에 꼭 닿도록 한다.

④ 각을 이루어 만나는 선은 정확하게 긋고 선은 중복해서 긋지 않는다.

⑤ 일점쇄선은 중심선이나 경계선의 용도로 사용되므로 가늘지만 강하고 또렷하게 그려 야 한다.

⑥ 선의 굵기는 용도에 따라 연필심의 굵기와 손의 힘으로 조절한다.

⑦ 파선은 길이와 간격을 일정하게 하고, 선의 길이를 간격보다 약간 길게 하여야 파선처 럼 보인다.

⑧ 실선과 파선, 파선과 파선이 만나는 점에서는 항상 교차가 이루어져야 한다.

⑨ 축척과 도면의 크기에 따라서 선의 굵기를 다르게 한다.

⑩ 선이 연결되는 부분에는 어떠한 경우라도 연결되어야 한다.

(2) 선 긋기 요령

① 일정한 힘을 가하여 일정한 속도로 긋되 필기구는 선을 긋는 방향으로 약간 기울인다.

② 수평선은 왼쪽에서 오른쪽으로, 위에서 밑으로 차례로 긋는다.

③ 수직선은 밑에서 위로, 왼쪽에서 오른쪽으로 차례로 긋는다.

④ 삼각자끼리 맞댈 경우 틈이 생기지 않고 면이 곧고 흠이 없어야 한다.

⑤ 한 줄의 선을 그리는 중, 손에 쥔 연필을 한 바퀴 정도 굴리면서 움직이면 연필심의 마모가 균등하게 되면서 선의 굵기도 일정하게 표현된다.

⑥ 선을 그을 때는 원과 원호를 먼저 그리고 수평선, 수직선의 순으로 긋는다.

⑦ 원이나 원호는 작은 것에서 큰 것의 순으로 그린다.

⑧ 파선은 대상물이 보이지 않는 부분을 표시할 때 일정한 간격을 유지하며, 파선의 모서리는 반드시 연결한다.

⑨ T자는 몸체와 머리가 직각이 되어 흔들리지 않도록 제도판에 밀착시켜 사용하며, 필기구는 T자의 날에 꼭 닿아야 한다.

⑩ 제도기를 이용하여 수직선을 그을 때는 아래에서 위로 긋는다.

⑪ 한번 그은 선은 가능한 중복해서 긋지 않는다.

⑫ 삼각자의 왼쪽 옆면을 이용하여 수직선을 그을 때는 아래에서 위쪽 방향으로 긋는다.

(3) 각종 표현

① 모눈종이 묘사

ㄱ 묘사하고자 하는 내용 위에 사각형 격자를 그리고, 한번에 하나의 사각형을 그릴 수 있도록 종이에 같은 형태로 옮긴다.

ㄴ 사각형이 원본보다 크거나 작다면, 완성된 그림은 사각형의 크기에 따라 규격이 정해진다.

ㄷ 사각형 격자는 빠르게 스케치할 때, 리듬을 중복되게 하거나 비율을 정확히 하여 주며, 45°나 90°와 같이 일정한 각도로 그리는 것을 쉽게 한다.

② 투명 용지 묘사 : 그리고자 하는 대상물에 트레이싱 페이퍼를 올려놓고 그대로 그리는 것이다.

③ 스케치 : 각종 구상들을 짧은 시간 안에 표현하는 경우 쓰인다.

④ 에스키스 : 건축계획 단계에서 최종적으로 완성해야 할 그림이나 설계도 등을 위한 초벌 그림이다.

THEME 07 건축물의 표현

(1) 소점 투시도의 종류

① 1점 투시 투상도 : '평행 투시도'라고도 하며, 대상물의 2 좌표축이 투상면에 평행하고 다른 한 축이 직각일 때 물체의 인접한 두 면을 화면과 기면에 평행하게 표현한다.

② 2점 투시 투상도 : 2점 투시 투상도는 '유각 투시도'라고도 한다. 대상물의 1 좌표축이 투상면에 평행하고 다른 두 축이 경사져 있을 때 물체의 인접한 두 면 중 윗면은 기면에 평행하고 측면은 화면에 경사지게 표현한다.

③ 3점 투시 투상도 : 3점 투시 투상도는 '경사 투시도'라고도 한다. 대상물의 3 좌표축이 모두 투상면에 대하여 경사져 있을 때 물체의 각 면이 모두 기면과 화면에 경사지게 표현한다.

(2) 투시도에 쓰이는 용어

① G.P.(Ground Plane, 기면) : 관찰자가 서 있는 면
② P.P.(Picture Plane, 화면) : 물체와 시점 사이에 기면과 수직한 평면
③ H.P.(Horizontal Plane, 수평면) : 눈높이에 수평한 면
④ G.L.(Ground Line, 기선) : 기면과 화면의 교차선
⑤ H.L.(Horizontal Line, 수평선) : 수평선과 화면의 교차선
⑥ S.P.(Station Point, 정점) : 사람이 서 있는 곳
⑦ E.P.(Eye Point, 시점) : 보는 눈의 위치
⑧ V.P.(Vanishing Point, 소점) : 시선이 화면의 H.L.상에서 모이는 점

(3) 투상도의 종류

① **정투상법** : 공간에 있는 물체의 위치나 모양을 도면 위에 나타낼 때에는 보통 정투상법에 의하여 평면도, 측면도, 그림 투상법의 체계도 정면도등으로 나타낸다. 제1각법과 제3각법건축 제도 통칙에서는 제3각법을 작도함을 원칙으로 한다.
  ㉠ **1각법** : 제 1 면각에 물체를 놓고 투상하는 방법이다.
  ㉡ **3각법** : 제 3 면각에 물체를 놓고 투상하는 방법이다.
  ㉢ **정면도** : 물체를 정면에서 투상하여 그린 그림이다.
  ㉣ **평면도** : 물체를 위로부터 투상하여 그린 그림이다.
  ㉤ **측면도** : 옆에서부터 투상하여 그린 그림이다.
② **등각 투상도**
  ㉠ 등각 투상도는 정면, 평면, 측면을 하나의 투상면 위에서 동시에 볼 수 있도록 그린 도법이다.
  ㉡ 직육면체의 등각 투상도에서 직각으로 만나는 3개의 모서리는 각각 120°를 이룬다.
  ㉢ 인접한 두 축 사이의 각이 120°이므로, 한 축이 수직일 때에는 나머지 두 축은 수평선과 30°가 되므로 T자와 삼각자를 이용하면 쉽게 등각 투상도를 그릴 수 있다.
③ **부등각 투상도**
  ㉠ 부등각 투상도는 수평선과 2개의 축선이 이루는 각을 서로 다르게 그린 것이다.
  ㉡ 직각으로 만나는 모서리 세 축의 축선 중 2개는 같은 척도, 나머지 하나는 3/4, 1/2 등의 척도로 그린다.

ⓒ 한 축이 수직일 때 수평선과 2개의 축선이 이루는 각이 서로 다르며, 경사각이 수평면과 이루는 각으로 30˚, 60˚를 많이 사용한다.

④ **사투상도**

㉠ 투상면에 대해서 기울어진 평행 광선에 의해서 투상하여 물체를 입체적으로 나타내는 도법이다.

㉡ 정면을 투상면에 평행하게 놓고 그려 정투상도의 정면도와 같은 모양으로 실제 크기로 표시하고 측면의 한쪽을 투상면에 대하여 경사지게 투상한다.

THEME 08 설계도면의 종류

(1) 계획 설계도

① **구상도** : 설계에 대한 최초의 발상으로, 모눈종이나 스케치북에 프리핸드로 그리게 되며, 가장 기초적인 도면이다.

② **동선도** : 사람이나 차, 또는 화물 등의 흐름을 도식화하여, 기능도, 조직도를 바탕으로 관찰하고, 동선 이론의 원칙에 따르도록 한다.

③ **조직도** : 평면 계획 초기 단계에서 각 실의 크기나 형태로 들어가기 전에 동식물의 각 기관이 상호관계에 있는 것과 같이, 용도나 내용의 관련성을 정리하여 조직화한다.

④ **면적도표** : 숫자로 주어진 면적표를 정리하기 위한 예비 행위로서 전체 면적중의 각 소요실의 비율이나 공통 부분의 비율을 산출한다.

(2) 기본 설계도

① 계획 설계도를 바탕으로 하여 어느 정도 상세하게 표시한 도면으로, 주로 건축주에게 설계 계획의 내용을 확실하게 전달하기 위한 기본 도면이다.

② 배치도, 평면도, 입면도, 단면도, 설계 설명서 등이 포함되며, 때로는 투시도가 필요할 때도 있다.

(3) 실시 설계도

건축물의 허가, 사업 승인, 시공을 위한 세부 상세 도면이다.

① 일반도 · 배치도, 평면도, 입면도, 단면도, 단면 상세도, 부분 상세도, 전개도, 창호도, 투시도 등

② 구조 설계도 · 보평면도, 기초 · 기둥 · 벽 · 보 바닥판 일람표, 골조도, 각부 상세도 등

③ 설비 설계도 · 전기 설비도, 위생 설비도, 냉 · 난방 설비도, 환기 설비도, 승강기 설비도, 소화 설비도 등

(4) 시공도

현장 시공을 위하여 필요한 사항을 기입하여 그린 도면으로 시공 상세도, 시공 계획도, 시방서 등이다.

THEME 09 설계도면의 작도법과 도면의 구성요소

(1) 배치도 작성 순서

① 축척을 정하고 방위표를 기입한다(위쪽을 북쪽으로).

② 대지 경계선 및 도로 경계선을 정해진 축척에 따라 그린다.

③ 대지 안에 건축물의 위치를 잡는다.

④ 건축물의 지붕 평면도를 건축물의 배치에 따라 그린다.

⑤ 조경 계획에 따라 조경(수목)을 그린다.

⑥ 건축물의 치수선을 기입한다.

⑦ 건축물과 대지 경계선과의 거리 등의 치수를 기입한다.

⑧ 도로와 대지의 고저차 및 등고선을 기입한다.

⑨ 주차선 및 건축물의 방위 등을 기입한다.

⑩ 지붕의 경사도 및 대지 위의 정화조, 맨홀 배수구 위치 등을 기입하여 마무리한다.

(2) 실내 평면도

① 정의

  ㉠ 실내 바닥으로부터 1.2~1.5m 정도에서 공간을 수평으로 절단하여 위에서 아래를 내려다보고 작도한 도면이다.

  ㉡ 도면 중에서 가장 기본이 되는 도면으로 주로 바닥에 놓여 있는 것(가구 및 집기, 바닥 재료, 주요소품)을 표현하지만, 입면 또는 천장 요소를 점선으로 표현하기도 한다.

② 주요 표시 사항 : 기둥과 벽의 구조체, 창호 및 문의 개폐 방향과 방법, 벽체 마감선, 가구 디자인 및 배치, 위생 기구, 바닥 패턴, 줄눈이나 재료 표현, 공간의 용도, 명칭, 치수, 재료명, 각종 부호, 도면의 제목 및 축척, 수목 등 각종 장식, 그밖에 점선으로 표시된 보이지 않는 부분 등을 표시한다.

③ 작도 순서

  ㉠ 테두리선 위치 잡기, 표제란 그리기 · 제도 용지의 끝 부분으로부터 각 10mm씩 테

두리선을 보조선으로 그리고, 표제란을 작도 후 기입한다.

　ⓛ 도면의 중심 잡기 : 도면의 아래에 도면명이 들어갈 부분을 띄우고, 나머지 부분의 중심을 잡는다.

　ⓒ 벽체 중심선 보조선으로 긋기 : 벽체 중심선은 일점 쇄선으로 표현하여야 하지만, 도면의 중심에 맞는 위치를 잡기 위하여 일단 보조선 형태로 빨리 작도한 후, 나중에 치수선을 작도할 때 다시 한 번 정리하여 긋는다.

　ⓔ 벽체에 개구부 위치 표시하기 : 벽체 단면선을 작도한 후 개구부를 작도하면 해당 부분의 단면선을 지워도 연필 자국이 남기 때문에, 문이나 창문의 위치를 미리 보조선으로 그어 놓는다.

　ⓜ 개구부 작도하기 : 요구 조건에서 창호의 크기와 종류를 확인한 후 제도 통칙 및 축척별 표현 방법에 맞게 작도한다.

　ⓗ 벽체 작도하기 : 벽체의 재료와 두께를 확인한 후 개구부 위치를 피해 단면선으로 벽체를 작도한다. 벽체의 외부선은 직교하는 중심선을 지나 길게, 벽체의 내부선은 중심선 이전에 맞추어 짧게 작도하여 벽체선이 서로 겹치지 않게 작도한다.

　ⓢ 벽체 마감선 긋기 : 창호를 제외한 벽체에 1mm 정도 띄워 벽체를 감싸듯이 가는 실선으로 마감선을 작도한다.

　ⓞ 가구 및 집기 작도하기 : 미리 계획한 가구 및 집기를 입면선으로 작도하고, 벽에 붙어 있는 가구는 마감선과 겹치게 작도한다.

　ⓩ 각종 기호 및 문자를 기입한다.

　ⓣ 바닥 마감 재료 및 벽체 재료 표현하기

　ⓚ 치수 기입하기

　ⓔ 도면명과 스케일 기입하기

　ⓟ 도면의 테두리선 그리기

(3) 실내 입면도

① 주요 표시 사항 : 길이, 높이(천장고), 창호, 가구, 장식물, 소품류, 벽등, 벽면 마감재, 몰딩, 걸레받이, 도면명, 축정 등을 표시한다.

② 작도 순서

　ⓛ 테 두리선 위치 잡기, 표제란 그리기

　ⓛ 도면의 중심 잡기

　ⓒ 벽 중심선 보조선으로 긋기

　ⓔ 벽면 작도하기

ⓜ 가구 작도하기

ⓗ 몰딩과 걸레받이 작도하기

ⓢ 문자 기입하기

ⓞ 벽면의 마감 재료 표현하기

ⓩ 치수 기입하기

ⓒ 도면명, 스케일 기입하기

(4) 단면도

① 정의 및 표현 사항

㉠ 건물을 수직 절단하여 수평 방향에서 본 그림이다.

㉡ 건물의 주요 요소인 바닥, 벽, 천정 구조, 재료, 마감 등을 표현한다.

㉢ 평면과 입면에서 드러나지 않는 내부 벽면들의 입면적 상황을 보여 준다.

㉣ 계단의 치수와 지붕의 물매 등을 표현한다.

② 단면도 주요 표기 사항

㉠ 건물의 최고 높이, 층간 높이, 처마 높이 및 거실의 높이

㉡ 창대 및 창의 높이

㉢ 지반 및 1층 바닥의 높이

㉣ 건축물의 내외부 마감 재료 표시

③ 작도 순서

㉠ 제도 용지의 중앙에 도면이 배치되도록 위치를 결정한다.

㉡ 벽체의 중심선과 각종 높이를 일점쇄선으로 그린다.

㉢ 중심선에 따른 치수선과 축선을 그린다.

㉣ 벽체 중심선과 각종 높이를 기준으로 벽체와 슬래브의 두께를 그린다.

㉤ 창문 및 개구부 위치를 표시한 후 구조 벽체를 완성한다.

㉥ 구조 벽체가 아닌 벽체를 그린다.

㉦ 창호와 개구부를 구조체의 단면선과 구분하여 작도한다.

㉧ 입면선을 벽체 단면선과 구분하여 그린다.

㉨ 창호 입면, 칸막이, 가구, 위생 기구, 주방 가구 등을 그려 넣는다.

㉩ 재료 표시나 해치 및 줄눈 등을 그려 넣는다.

㉿ 기타 중요 부분의 치수선을 기입한다.

㉷ 바닥 레벨, 단면 표시선, 재료 표시선 및 지시선 등을 기입한다.

㋎ 실명, 도면명, 축척, 기타 기호 등을 기입하여 단면도를 완성한다.

(5) 천장 평면도(Ceiling plan, 천장 복도)

① 정의 : 평면도와 같은 방법으로 수평으로 절단한 후 바닥에서 천장을 올려다 본 수평 투영도면. 창호의 위치, 몰딩, 조명 기구 및 각종 설비를 표시한다.

② 주요 표시 사항 : 기둥과 벽, 창호, 몰딩, 마감선, 조명 기구, 각종 설비, 천장 높이, 천장 재료, 도면명 축척, 각종 장식, 그밖에 매달려 있거나 매입된 장식과 설비 등을 표시한다.

③ 작도 순서

　㉠ 테두리선 위치 잡기, 표제란 그리기

　㉡ 도면의 중심 잡기

　㉢ 벽체 중심선을 보조선으로 긋기

　㉣ 벽체에 개구부 위치 작도하기

　㉤ 벽체와 커튼 박스 작도하기

　㉥ 조명, 설비 계획하기

　㉦ 각종 기호 및 문자 기입하기

　㉧ 천장 마감 재료 표현하기

　㉨ 치수 기입하기

　㉩ 도면명과 스케일 기입하기

　㉪ 범례표 작성하기

　㉫ 도면의 테두리선 그리기

(6) 창호도

① 정의

　㉠ 창호의 위치는 평면도에 직접 표시하거나 약식 평면도에 표시한다.

　㉡ 축척은 1/50~1/100로 하며, 개폐 방법, 재료, 마감이 표기된다.

　㉢ 창호를 설치하는 장소를 부호로 명시하고, 모양에 따른 명칭을 기입한다.

　㉣ 창호 재질의 종류를 기입하고, 문틀 모양과 크기 등을 기입한다.

② 표현 사항

　㉠ 창호 및 문의 길이와 높이, 형태

　㉡ 창호 및 문의 재질과 설치 위치

　㉢ 도면 명 및 축척

③ 작도 순서

ㄱ 창호 그리기

ⓐ **도면 위치 결정하기**
- 테두리선을 그리고, 크기와 축척을 정한다.
- 평면, 단면, 입면을 고려하여 각 도면의 위치를 정한다.

ⓑ **단면도 그리기**(Line, Offset, Trim, Rotate)
- 단면상의 벽체 중심선과 벽 두께선을 그린다.
- 창호의 높이를 표시하고 상하에 문틀의 단면을 그린다.
- 창문의 두께, 띠장, 손잡이 위치 등을 그린다.
- 창문틀의 단면선을 그린다.

ⓒ **입면도 그리기**(Line, Rectang Offset, Trim, Fillet)
- 단면도로부터 창의 높이를 끌어와 표시하고 폭 1,200mm를 설정하여 창의 외곽을 그린다.
- 창호의 틀, 창대 등을 그린다.

ⓓ **치수와 명칭 기입하기**(Dim, Ddim, Dtext, Mtext)
- 치수선을 그리고 치수를 기입한다.
- 인출선을 긋고 명칭을 기입한다.

ㄴ 현관문 그리기

ⓐ **도면 위치 결정하기**
- 테두리선을 그리고 크기와 축척을 정한다.
- 평면, 단면, 입면을 고려하여 각 도면의 위치를 정한다.

ⓑ **평면도 그리기**(Line, Rectang Offset, Trim, Fillet)
- 평면상의 벽체 중심선과 벽 두께선 및 마감선을 그린다.
- 문틀의 폭을 위치에 맞게 표시하고, 문틀의 절단면을 그린다.
- 여닫는 방향에 맞게 문짝을 열린 상태로 그리고, 스윙 궤적을 호로 그린다.
- 벽체 부분을 그린다.

ⓒ **단면도 그리기**(Line, Offset, Trim)
- 단면상의 벽체 중심선과 벽 두께선을 그린다.
- 문틀의 높이를 그리고 문틀을 그린다.
- 문의 두께, 띠장, 손잡이 위치 등을 그리고, 문틀과 현관 문선의 입면, 단면선을 그린다.

ⓓ **입면도 그리기**(Line, Rectang Offset, Trim, Fillet)
- 평면도로부터 현관문의 폭을 끌어오고 단면도로부터 높이를 끌어와 현관문

의 외곽을 그린다.

- 현관의 문틀, 입면 표현을 그린다.
    ⓔ **치수와 명칭 기입하기**(Dim, Ddim, Dtext, Mtext)
    - 치수선을 그리고 치수를 기입한다.
    - 인출선을 긋고 명칭을 기입한다.

(7) 기초 평면도

① 정의 : 축척과 방위는 평면도와 같게 한다.

② 표시 사항 : 기초의 종류, 앵커볼트의 위치, 환기구의 위치 및 형상

③ 작도 순서

ⓐ 축척을 정하고 평면도에 따라 기초의 중심선을 그린다.

ⓑ 테두리선, 지반선, 벽체 중심선을 긋는다.

ⓒ 기초 구조 매설물의 위치를 정하고 표현한다.

ⓓ 기초의 크기와 모양을 그린다.

ⓔ 기초선 등 각 부분의 치수를 기입한다.

(8) 전개도

① 정의 : 각 부의 내부 의장을 나타내기 위한 도면으로 축척은 1/20~1/50 정도로 한다.

② 작도 순서

ⓐ 바닥 면과 천장선을 작도하고 각 실 벽이나 문, 창의 모양을 그린다.

ⓑ 벽면의 마감재료와 치수를 기입하고 창호의 종류와 치수를 기입한다.

ⓒ 바닥면에서 천정높이, 표준 바닥높이 등을 기입한다.

(9) 상세도

평면도 중에서 다소 복잡한 시설들을 포함하는 화장실, 주방 및 계단실 등은 별도의 도면에 스케일을 키워서 그린다.

Chapter **02** 일반구조

THEME 10 건축구조 개념과 분류

(1) 건축구조의 개념

① 건축구조의 정의 : 각종 건축재료를 사용하여 각 건축이 지니는 목적에 적합한 건축물을 형성하는 일 또는 그 구조물

② 건축의 3요소

　㉠ **구조(構造)** : 지진등 자연재해나 외부의 충격으로 부터 안전하고 내구성, 경제성, 거주성을 확보한다.

　㉡ **기능(機能)** : 건축물의 필요한 기능들과 동선을 검토하여 각 공간을 구분 짓는다.

　㉢ **미(美)** : 건축물도 아름다운 외관을 위하여 디자인 되어져야 하며 건축물이 쾌적하고 아름다운 주거환경과 도시미관을 위하여 갖추어야 할 중요한 요소이다.

(2) 구조형식에 의한 분류

구조별	내용	사례
조적식 구조 (masonry structure)	벽돌, 블록, 돌 등 객개의 재료를 교착제인 모르타르를 사용하여 적층, 구성하는 구조	벽돌구조, 콘크리트블록구조, 석구조 등
가구식 구조 (framed structure)	• 목재, 철재 등 단면적에 비해 가늘고 긴 강력한 재료를 조립하여 구성한 구조 • 각 부재의 짜임새 및 접합부의 강성에 따라 강도가 좌우됨	목구조, 경량철골구조, 철골구조 등
일체식 구조 (monolithic structure)	• 구조부를 다른 재료로 접합하지 않고 기초에서 지붕까지 일체로 하는 것 • 콘크리트 거푸집 속에 부어 넣어 일정한 기간이 경과한 뒤에 거푸집을 떼어내 만든다. • 가장 강력하고 균일한 강도를 낼 수 있는 구조	철근콘크리트구조, 철골철근콘크리트구조

(3) 시공과정(시공법)에 의한 분류

구조별	내용	사례
습식구조 (wet construction)	• 시공과정에서 물을 사용하는 공정을 가진 구조 • 벽돌 및 콘크리트 등의 재료로 구성하는 구조	철근콘크리트구조, 철골철근콘크리트구조, 벽돌구조, 돌구조, 블록구조
건식구조 (dry construction)	• 시공과정에서 물을 거의 사용하지 않는 구조로 뼈대를 가구식으로 하고 규격화된 목재나 철재 등의 기성재를 조립하여 구성하는 구조 • 작업이 간단하고 공기를 단축시킬 수 있다.	목구조, 철골구조
조립식구조 (prefabricated construction)	• 건축구조부재를 공장에서 생산하여 조립하거나 부분 조립하여 반입한 후 현장에서는 조립만 할 수 있도록 한 구조 • 공기단축, 부재의 대량생산, 경제적인 면에서 유리한 구조	철근콘크리트구조, 철골철근콘크리트구조
현장구조(field construction)	건축자재를 현장에서 가공 제작하여 조립, 설치하는 구조	목구조, 철근콘크리트구조, 조적식구조 등

(4) 구조재료에 의한 분류

구조별	내용
나무구조(목구조)	• 건축물의 뼈대(frame)를 목재로 구성하고 보강철물로 접합하여 보강한 구조 • 장점 : 구조가 간단하고 공기가 짧으며 시공이 용이하고 외관이 아름다움 • 단점 : 부패 및 화재의 위험이 항상 존재하고 관리를 소홀하게 하면 내구성이 저하
벽돌구조	• 내력벽을 벽돌로 쌓아 구성하는 구조 • 외벽은 치장벽돌을 사용하여 제물로 마감하고 내부는 시멘트벽돌을 사용하여 비내력벽으로 구성하는 것이 일반적임 • 장점 : 내구, 방화적이고 외관이 장중하며 방한, 방서적 • 단점 : 벽체에 습기가 차기 쉽고 횡력에 대한 저항성이 약함
블록구조	• 모르타르 또는 콘크리트로 만든 블록을 쌓아 만든 구조 • 장점 : 공사비 저렴, 방화적, 방한 및 방서 • 단점 : 균열이 발생, 횡력과 진동에 약함

석조(돌)구조	• 바깥벽을 돌로 쌓아 구성한 것으로서 보통 돌의 뒷면은 벽돌 또는 콘크리트된 구조 • 장점 : 내구, 내화, 미려, 방서 및 방한, 외관 장중 • 단점 : 고가, 긴 공기, 시공이 까다로움, 횡력과 진동에 약함
철근 콘크리트구조	• 철근을 짜고 콘크리트를 부어 일체식으로 구성한 구조 • 장점 : 내구, 내화, 내진, 설계 자유, 부재 모양의 자유로운 축조 • 단점 : 긴 공사기간, 비교적 고가, 균일 시공 곤란, 중량이 큼
철골구조(강구조)	• 여러 단면 모양으로 된 형강이나 강판을 짜맞추어 리벳조임 또는 용접한 구조 • 장점 : 고층 구조 가능, 내진, 대규모 구조에 유리, 해체 이동 수리 가능 • 단점 : 고가의 공사비용, 내구성과 내화성이 약함, 정밀 시공이 요구됨
철골 철근콘크리트구조 (SRC 구조)	• 철골조의 각 부분을 콘크리트로 피복한 구조 • 장점 : 고층건물이나 대건물에 적합, 저층부의 유효공간 확보 유리 • 단점 : 다리 부재의 중량이 큼, 고가, 긴 공기, 시공이 복잡

(5) 건축물의 형상에 의한 분류

구조별	내용
아치(arch) 구조	• 개구부 상부의 하중을 지지하기 위하여 돌이나 벽돌을 곡선형으로 쌓아올린 구조 • 상부에서 오는 수직압력이 아치의 축선에 따라 좌우로 나누어져 밑으로 압축력만을 전달하게한 것이고, 부재의 하부에 인장력이 생기지 않게 구조화한 것
골조 구조 (framed structure)	공간을 구성하기 위한 가장 간단한 형태는 기둥 위에 보를 얹어 놓은 기둥-보 시스템(post and lintel system)
벽식 구조	• 벽체나 바닥판을 평면적인 구조체만으로 구성한 구조물 • 보나 기둥 없이 판으로 바닥 슬래브와 벽으로 연결되어 전체적으로 대단히 강한 구조물
쉘 구조(shell structure)	조개껍데기나 달걀 껍데기처럼 휘어진 얇은 판의 곡면을 이용하는 구조 방식
돔 구조(dome structure)	마치 공을 반으로 잘라 놓은 듯한 형태를 구성하는 구조 방식
스페이스 프레임 구조	선형 부재로 만든 트러스(truss)를 삼각형, 사각형으로 가로, 세로 두 방향으로 접합하여 평면이나 곡면의 판을 만드는 구조 방식
막 구조	얇은 섬유 재료의 천과 같은 막으로 텐트처럼 구조체의 지붕이나 벽체 등을 덮는 구조 방식

THEME 11 각종 건축구조의 특성

(1) 기초(foundation, footing)

① **기초의 정의** : 건축물에서 각층의 하중을 지반에 전달하여 지반반력에 의해 안전하게 지지하도록 설치된 지정을 포함한 하부 구조체

② **기초의 종류**

　ㄱ **독립기초** : 단일기둥을 1개의 기초판으로 받치는 기초로 경제적이지만 기초의 부동 침하가 고르지 않아 지진 발생시 건물의 안전에 지장을 초래하게 된다.

　ㄴ **온통기초** : 작용하는 하중이 매우 커서 기초판의 넓이가 아주 넓어야 할 때, 건축물의 지하실바닥 전체를 기초로 만든 것이다.

　ㄷ **복합기초** : 2개 이상의 기둥을 1개의 기초판으로 받치는 기초구조이다.

　ㄹ **연속기초(줄기초)** : 벽 또는 1열의 기둥으로부터의 응력을 띠 모양으로 하여 지반에 전달하도록 하는 기초형식으로, 구조적인 측면에서 복합기초보다 튼튼하다.

(2) 지내력 시험

① **지반의 허용지내력도**

지 반		장기응력에 대한 허용응력도	단기응력에 대한 허용응력도
경암반	화강암 · 섬록암 · 편마암 · 안산암 등의 화성암 및 굳은 역암 등의 암반	4,000	장기응력에 대한 허용응력도의 각각의 값의 1.5배로 한다.
연암반	판암 · 편암 등 수성암의 암반	2,000	
	혈암 · 토단반 등의 암반	1,000	
자 갈		300	
자갈과 모래와의 혼합물		200	
모래 섞인 점토 또는 롬		150	
모래 또는 점토		100	

② **부동침하의 원인** : 연약층, 경사지반, 이질지층, 낭떠러지, 증축, 지하수위 변경, 지하 구멍, 메운 땅 흙막이, 이질지정, 일부지정

③ **연약지반에 대한 대책**

　ㄱ **상부구조에 대한 대책**

　　ⓐ 건물의 경량화

ⓑ 구조강성을 높일 것

ⓒ 건물은 너무 길지 않게 한다.

ⓓ 건물중량의 평균화

ⓔ 이웃건물과의 거리를 둘 것

ⓕ 지상구조물과 지하구조물을 강성체로 설치하는 편이 유리하다.

ⓛ 하부구조에 대한 대책

ⓐ 경질지층에 둘 것

ⓑ 말뚝 또는 피어기초를 고려할 것

ⓒ 강체 기초구조로 할 것

ⓓ 인접건물의 손상이 없게 할 것

ⓔ 지하실을 강성체로 설치하는 편이 유리하다.

(3) 건축물의 주요 구조부

① 벽(Wall)

ⓛ 두께에 직각으로 측정한 수평치수가 그 두께의 3배를 넘는 수직부재를 말한다.

ⓛ 건축물의 외부에 설치된 벽을 외벽, 내측을 내벽이라 하고, 칸막이벽으로 설치된 것을 장막벽, 상부 하중을 받아 견딜 수 있도록 설치된 벽을 내력벽이라고 한다.

② 기둥(Column)

ⓛ 건축공간을 형성하는 기본 뼈대 중의 하나로서 지붕 · 바닥 · 보 등을 말한다.

ⓛ 상부의 하중을 지탱하는 수직재(垂直材)를 지칭한다.

ⓒ 기둥은 높이가 최소단면치수의 3배 혹은 그 이상이고 축압축하중을 주로 지지하는 데 쓰이는 부재를 말한다.

③ 보(Girder, Beam)

ⓛ 기둥과 기둥 사이를 가로지르는 수평재이다.

ⓛ 보는 축에 직각 방향의 힘을 받아 주로 휨에 의하여 하중을 지탱하는 것이 특징이다.

④ 바닥(floor, slab) : 건축물의 수평 바닥부분으로 사람의 활동이나 물건을 적재하는 공간을 이루고, 여기에 실린 적재하중을 받아 기둥 또는 내력벽으로 전달하는 부분이다.

⑤ 지붕(roof) : 건물의 최상부를 덮어 외부로부터 차단하는 구조체로서 경사진 것과 수평으로 된 평지붕이 있다.

⑥ 계단(stairs)

ⓛ 상부바닥과 하부바닥을 연결시키는 통로이다.

ⓛ 복도나 계단의 최소폭 : 90cm 정도

ⓒ **계단 대체 경사로(ramp)** : 보통 경사가 1/8 이하로 표면은 거친 면으로 하여 미끄럼이 없도록 함

ⓔ **상자계단(틀계단)** : 주택에서 주로 쓰이는 계단 너비 1m 정도의 소형 계단

ⓜ **옆판 계단** : 디딤널을 받치는 양측의 경사재를 가진 계단

> **더 알고가기**　**계단의 구조**
>
> - **난간두겁** : 난간의 웃머리에 가로대는 가로재로 손스침이라고도 한다.
> - **난간동자** : 난간의 기둥을 말한다.
> - **챌판** : 계단에서 디딤판에 수직으로 설치되는 부분을 말한다.
> - **엄지기둥** : 양 끝에 세우는 굵은 난간동자를 말한다.
> - **계단참** : 계단 도중에 단이 없이 넓게 되어 있는 부분으로 일반적으로 계단 높이 3m 이내마다 설치한다.
>
>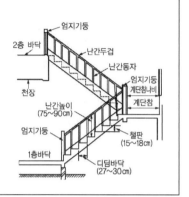

(4) 하중

① 작용 원인에 따른 하중의 종류

ⓐ **고정 하중** : 건축물 자체의 중량이나 건축물에 고정되어 항상 일정한 위치에 작용하는 하중이며, 사하중(Dead Load)이라고도 한다.

ⓑ **적재 하중** : 사람, 가구, 짐, 기타 건축물 자체에 적재되는 모든 물체의 하중을 말한다. 고정 하중에 비해 하중이 수시로 바뀌고 움직이며 작용하므로 활하중(Live Load)이라고도 한다.

ⓒ **적설 하중** : 건축물 위에 쌓인 눈의 무게에 의한 하중으로, 적재 하중의 일종이다.

ⓓ **풍 하중** : 건축물의 외벽이나 지붕에 작용하는 바람의 압력에 의한 하중으로, 고층 건물에서는 풍 하중을 잘 고려하여 설계하여야 한다.

② 작용 방향에 따른 하중의 종류

ⓐ **수직하중(연직하중)** : 고정하중, 적재하중, 적설하중 등

ⓑ **수평하중** : 풍하중, 지진하중 등

THEME 12 목 구조

(1) 목(나무)구조의 개요

① 목구조의 장 · 단점

장점	단점
• 비중에 비해 강도가 크다.	• 가연성이 있어 화재에 취약하다.
• 열전도율이 작다	• 함수율에 따른 변형이 크다.
• 나무 고유의 색깔과 무늬가 있어 아름답다.	• 부패 및 충해가 생기기 쉽다.
• 건물의 무게가 가볍고 시공이 용이하다.	• 고층 건축이나 큰 간 사이의 건축은 곤란하다.
• 가공 속도가 빠르고 보수가 용이하다.	• 천연재료이므로 옹이, 결 등이 있다.
• 보강철물을 이용하므로 구조 접합이 용이하다.	• 압축 응력을 받으면 뒤틀리는 현상이 발생
• 이축(移築), 개축(改築)이 용이하다.	한다.
• 음을 흡수하여 반사하는 성질이 적다.	

② 목재의 단위

㉠ $1m^3 = 1m \times 1m \times 1m$(우리나라, 유럽 및 미터법 사용 국가)

㉡ 1재(사이) = 1치 × 1치 × 12자(일본, 우리나라 등)

㉢ 1B.F = 1인치 × 1인치 × 12피트(미국, 캐나다)

㉣ 1석 = 1자 × 1자 × 12자(일본)

(2) 목재의 접합

① 이음과 맞춤을 할 때 주의 사항

㉠ 맞춤 면은 정확히 가공하여 서로 밀착되어 빈틈이 없게 한다.

㉡ 맞춤 면은 정확히 가공하여 서로 밀착되어 빈틈이 없게 한다.

㉢ 접합부는 될 수 있는 한 적게 깎아 내어 약해지지 않도록 한다.

㉣ 이음과 맞춤의 위치는 응력이 작은 곳으로 하여야 한다.

㉤ 이음, 맞춤의 끝부분에 작용하는 응력이 균일하도록 배치한다.

㉥ 공작이 간단한 것을 쓰고 모양에 치중하지 않는다.

㉦ 이음, 맞춤의 단면은 응력 방향에 직각으로 한다.

② 이음

㉠ 맞댄이음(덧판이음)

ⓐ 두 부재를 단순히 맞대어 잇는 방법이다.

ⓑ 그대로는 불완전하므로 덧판을 대고 큰 못을 박거나 볼트 죔을 하는 것이 보통
이다.

ⓒ 나무덧판을 쓰는 경우에는 산지나 듀벨(dowel)을 사용하면 이음이 강해진다.

ⓛ 겹친이음

    ⓐ 두 부재를 겹쳐 산지, 큰 못, 볼트 등으로 연결, 고정시키는 것으로 듀벨과 볼트를 사용하면 큰 간 사이의 구조에도 쓰인다.

    ⓑ 중요 부재는 한 면 겹침 이음보다 양면 겹침 이음으로 하여 편심하중을 막는 것이 좋다.

ⓒ 턱솔이음

    ⓐ 걸레받이, 일반 수장재에 사용되며 옆으로 물러나는 것을 방지한다.

    ⓑ -자, +자, T자, ㄷ형이 있다.

ⓔ 빗이음

    ⓐ 서까래, 지붕널 이음에 쓰이며 서로 빗잘라 경사로 맞대어 잇는 이음방식이다.

    ⓑ 이음의 길이는 부재 춤의 1.5~2배로 한다.

ⓜ 은장이음 : 두 부재를 맞대고 동일한 부재나 참나무로 나비형의 은장을 만들어 끼워 넣는 이음방식이다.

ⓗ 엇걸이 산지이음

    ⓐ 토대, 처마도리, 중도리 등의 이음에 많이 사용된다.

    ⓑ 장부와 장부간에 산지를 끼워 수평력에도 저항력을 갖는 이음방식이다.

③ 맞춤 : 맞춤은 두 재가 직각 또는 경사로 맞추어지는 것을 말하며, 상하, 전후, 좌우 또는 대각선상으로 물리게 된다.

  ⓐ 반턱 맞춤 : 부재 두께의 반씩을 걷어내 맞대어 맞춤하는 것으로 윗부재와 밑부재가 평편하게 된 맞춤 형태이다. 맞춤의 기본이 되며 가장 많이 사용되는 맞춤법이다.

  ⓛ 홈맞춤 : 한 부재의 나뭇결이나 마룻결과 직각 방향으로 오목하게 들어가도록 깎아내고, 다른 부재의 옆면이나 마구리면을 맞추는 것이다.

  ⓒ 장부 맞춤 : 한쪽 부재에 장부를 내고 또 다른 부재에는 장부구멍(mortise)을 파서 재료를 접합하는 방법이다.

  ⓔ 연귀 맞춤 : 두 부재의 횡단면 또는 측면을 각각 90°와 180°가 아닌 어떤 각도로 깎아서 부재가 4각, 6각, 8각 등 다각형이 되게 접합하는 것이다.

  ⓜ 주먹장맞춤 : 한 부재는 말구부분에 주먹장을 내고 상대부재는 옆구리에 주먹장부 구멍을 두어 맞춤하는 방식이다.

  ⓗ 가름장장부 맞춤 : 가름장 속에 장부를 내어서 맞추는 것으로 왕대공과 마룻대의 맞춤에 쓰인다.

④ 쪽매

○ 쪽매 개요

ⓐ 비교적 폭이 좁은 널재를 옆으로 붙여 그 폭을 넓게 하는 것이다.

ⓑ 목재는 신축, 우그러짐 등이 생기며 쪽매 솔기에 틈이 나기 쉬우므로 강력한 접착법을 쓰거나 미리 줄눈을 두는 것이 바람직하다.

○ 쪽매의 표시 방법

종류	형상	종류	형상
맞댄쪽매		딴혀쪽매	
반턱쪽매		오늬쪽매	
틈막이 대쪽매		빗쪽매	
		제혀쪽매	

○ 쪽매의 종류

ⓐ **오늬쪽매** : 화살을 활시위에 낄 수 있도록 파낸 부분을 오늬라고 하며, 이 모양과 비슷하여 오늬쪽매라 한다.

ⓑ **제혀쪽매** : 혀를 내민 형태와 흡사하여, 부재의 혀를 다른 쪽 홈에 끼워놓는 방법이다. 밖으로 나온 혀가 몸통과 한 몸이다.

ⓒ **딴혀쪽매** : 제혀쪽매와 다르게 부재 혀가 몸통에서 나온 것이 아니라 다른 조각이 되어 결합하는 방법이다.

ⓓ **반턱쪽매** : 맞댄 면을 반턱으로 깎아서 붙여대는 방법으로 제혀쪽매로 하기가 곤란한 비교적 얇은 두께의 널에 사용한다.

ⓔ **맞댄쪽매** : 널 옆면을 서로 맞대어 깔고 마룻널 위에서 못질하는 방법으로 가장 간단한 방법이지만 진동으로 인하여 못이 솟아오르는 단점이 있다.

ⓕ **빗쪽매** : 맞댄 면을 경사지게 하여 붙여대는 방법으로 간단한 지붕널, 반자널 등에 쓰인다.

ⓖ **틈막이쪽매** : 널을 반턱으로 깎고 따로 틈막이를 깔아 넣는 방법으로 징두리 판벽 등에 쓰인다.

(3) 보강 철물

① 못

○ 못의 길이는 박아대는 나무두께의 2.5~3.0배를 보통으로 하고 마구리에 박을 때는 3.0~3.5배 정도로 한다.

ⓛ 수직면과 15° 기울기를 두며, 재의 섬유 방향에 대하여 엇갈리게 박는다.

② 볼트

  ⓐ 볼트는 두 재료를 강력히 당겨 죄는 데 유효하며 목재 볼트 구멍은 볼트 지름보다 3mm 이상 커서는 안 된다.

  ⓛ 구조용 볼트는 지름 12mm 이상의 것을 사용하며, 경미한 구조부에는 지름 9mm의 것을 사용하여도 된다.

③ 듀벨 : 볼트와 같이 사용하며 듀벨은 전단력에, 볼트는 인장력에 작용시켜 접합재 상호간의 변위를 방지한다.

④ 그 밖의 고정 철물

  ⓐ 감잡이쇠(stirrup) : ㄷ자형으로 평보를 대공에 달아맬 때 또는 평보와 ㅅ자보의 밑에 쓰인다.

  ⓛ 띠쇠(strap) : 보통 띠형으로 된 철판에 가시못이나 볼트로 조립할 수 있도록 구멍을 뚫어 놓은 것이다.

  ⓒ 안장쇠(beam hanger) : 안장형으로 띠쇠를 구부려 만든 것으로, 큰 보에 걸쳐 작은 보를 받게 하는 것이다.

  ⓔ ㄱ자쇠(1-strap) : 모서리 가로재의 연결 또는 세로, 가로 연결에 쓰인다.

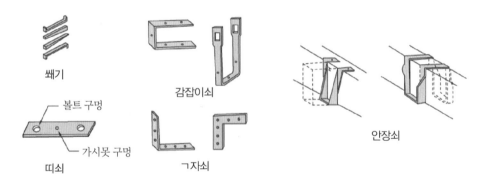

[고정 철물]

(4) 목조의 각부 구조

① 목조의 기초

  ⓐ 전통 한식 구조에 사용되는 지정에는 잡석지정, 모래지정, 판축지정, 장대석지정 등이 있다.

  ⓛ 지정 위에 일반적으로 사용되는 주춧돌은 자연석, 원형석, 사각석 등이 사용되었다.

② 목조의 벽체

　㉠ 토대

　　ⓐ 기초 위에 가로 놓아서 상부의 하중을 기초에 전달한다.

　　ⓑ 기둥의 하부를 잡아 주어 일체화하고, 수평하중에 의해 건물의 하부가 벌어지지 않도록 하는 수평재이다.

　　ⓒ 지반에서 높게 설치하며, 토대의 크기는 기둥과 같이 하거나 크게 한다.

　㉡ 벽체 마무리(뼈대)에 의한 분류

　　ⓐ **심벽식 벽체**

　　　• 기둥 사이에 바름벽 벽체를 설치하여 기둥이 보이게 하는 벽체이다.

　　　• 한식에 사용하며 뼈대로 꿸대를 사용한다.

　　ⓑ **평벽식 벽체**

　　　• 기둥의 바깥쪽에 방음벽 벽체를 설치하여 기둥이 보이지 않게 한 것이다.

　　　• 방화, 방음, 단열에 유리한 구조로 뼈대로 샛기둥을 사용한다.

　㉢ 벽체의 종류

　　ⓐ **온벽** : 기창이나 문 따위가 없이 기둥 사이가 모두 벽으로 된 벽

　　ⓑ **중방벽**(중인방벽) : 중방 위에 있는 벽

　　ⓒ **징두리벽** : 벽의 하단부로 바닥에서 1m 높이까지 판재를 붙여 마무리한 벽으로 중인방 아랫부분에 만들어진 벽

③ 기둥(수직 구조재)

　㉠ 기둥의 구조

　　ⓐ 기둥은 지붕 또는 마루 등의 하중을 받아 토대에 전달하는 수직재이다.

　　ⓑ 본 기둥은 중요한 하중을 받게 되고, 샛기둥은 벽의 구조를 견실하게 하고 기둥을 보완한다.

　㉡ 구조상 기둥의 종류

　　ⓐ **통재기둥**(본기둥)

　　　• 모서리나 칸막이벽과의 교차부 또는 집중하중을 받는 위치에 설치한다.

　　　• 2층 이상의 중층건물에서 아래층부터 위층까지의 기둥 전체를 하나의 단일재로 사용한다.

　　　• 그 길이는 대개 5~7m가 되며 배치 간격은 2m 정도가 적당하다.

　　ⓑ **평기둥**

　　　• 기둥 상하에서 가로재와의 맞춤은 내다지 장부 산지치기로 하거나 짧은 장부 맞춤으로 하고 꺾쇠, 볼트 및 띠쇠 등으로 보강한다.

- 층별로 배치되는 기둥으로 토대와 층도리, 층도리와 층도리, 층도리와 깔도리, 또는 처마도리 등의 가로재로 구분된다.

ⓒ 샛기둥
- 본 기둥 사이에 세워 벽체를 이루는 것으로 가새의 옆 휨을 막는데 유효하다.
- 옆면 치수는 기둥과 같고 앞면은 기중의 1/2~1/3 정도로 하고 45~50cm 간격으로 배치한다.

ⓒ 높이에 따른 기둥의 종류
ⓐ **평주** : 기둥이 한 층 높이로 된 것
ⓑ **고주**(高柱) : 목구조에서 건물 내부 한가운데 세운 키 큰 기둥으로 한 층에서 일반 높이의 평기둥 보다 높아 동자주를 겸하는 기둥
ⓒ **활주**(活柱) : 추녀뿌리를 보조기둥을 받쳐주는 가는 기둥

ⓓ 공포
ⓐ 목구조 건축물에서 처마 끝의 하중을 받치기 위해 설치하는 것이다.
ⓑ 주심포식과 다포식으로 나뉘어진다.

④ 목재의 도리(수평재)
㉠ **층도리** : 위층과 아래층 사이에서 기둥을 연결하여 위층 바닥하중을 기둥에 전달시킬 목적으로 수평으로 대는 가로재이다.
㉡ **깔도리** : 기둥 맨 위 처마 부분에는 깔도리를 수평으로 설치되며 기둥 머리를 고정하며 지붕틀을 받아 기둥에 전달하는 것이다.
㉢ **처마도리** : 깔도리 위에 지붕틀을 걸고 지붕틀의 평보 위에서 깔도리와 같은 방향으로 처마도리를 걸쳐대며, 서까래를 잡아 주는 역할을 한다.
㉣ **중도리** : ㅅ자보 위에 수평재로 올라가며 서까래를 받는다.
㉤ **서까래** : 처마도리와 중도리 및 마룻대에 지붕물매의 방향으로 걸쳐 대고 지붕널을 덮는 부재이다.

⑤ 목조의 보강부재
㉠ 가새
ⓐ 사각형으로된 목구조는 수평력을 받으면 그 모양이 일그러지기 쉬운데 이를 막기 위하여 대각선 방향에 삼각형 구조로 댄 부재이다.
ⓑ 가새의 경사는 45°에 가까울수록 유리하다.
ⓒ 가새에는 수평력이 작용하는 방향에 의해 압축가새와 인장가새로 구분된다. 인장가새는 기둥의 1/5쪽 정도 목재나 지름 9mm이상 철근을 사용하며, 압축가새는 기둥과 같거나 1/2~1/3쪽 정도 목재를 쓴다.

ⓓ 가새는 따내지 않으며 가새를 기둥에 덧대지 않는다.

ⓔ 가새는 수평력에 저항하는 부재로 가새의 단면은 큰 것이 반드시 좋지는 않다.

ⓒ **귀잡이보** : 토대, 보, 도리 등의 가로재가 서로 수평으로 맞추어지는 귀를 안정한 삼각형 구조로 하기 위하여 빗방향 수평으로 대는 귀잡이 토대, 귀잡이보 등이 있고, 맞춤은 짧은 장부 빗턱맞춤, 볼트 죔 등으로 한다.

ⓒ **버팀대** : 뼈대의 모서리를 고정시키기 위하여 비스듬히 대는 것으로 수평력에 대하여 가새보다는 약하지만, 방의 활용상 또는 가새를 맬 수 없는 곳에 유리하다.

ⓔ **꿸대** : 두께 1.8×2.4cm, 너비 9~12cm 정도의 널로서 심벽식 벽체의 힘살이 되는 것이다.

(5) 마루

① 1층 마루

ⓐ **동바리 마루**

ⓐ 마루 밑에 동바릿돌(주춧돌)을 놓고 그 위에 동바리를 세우며, 여기에 멍에를 건 다음 그 위에 직각 방향으로 장선을 걸치고 마룻널을 깐 마루를 말한다.

ⓑ **시공순서** : 받침돌 → 동바리기둥 → 멍에 → 장선 → 마룻널

ⓒ **납작마루** : 간단한 창고, 공장, 공작실 및 임시적인 건물 등의 마루를 낮게 놓을 때 적합한 마루로 콘크리트 슬래브 위에 바로 멍에를 걸거나 장선을 매어 마루를 짠다.

② 2층 마루

ⓐ **홑마루(장선마루)** : 보를 쓰지 않고 층도리와 칸막이도리에 장선을 약 45cm 간격으로 걸쳐 대고 그 위에 널을 까는 방식의 마루로서 간 사이가 작은 복도에 많이 쓰인다.

ⓒ **보마루** : 보를 걸어서 장선을 받게 하고 그 위에 마루널을 깐 것으로 간(스팬, span) 사이가 2.5m 정도 이상일 때에 쓰이며, 보의 간격은 2m 정도로 한다.

ⓒ **짠마루** · 큰 보위에 작은 보를 걸치고 그 위에 장선을 대고 마루널을 깐 마루로 간(스팬, span) 사이가 6.4m 이상일 때 쓰이며, 간격은 2.7~3.6m 정도로 한다.

③ 마룻널 깔기

ⓐ **밑창 널깔기** : 가장 간단한 널깔기로서 이중 널깔기에 쓰이는데 널 두께 18mm, 나비 150~80mm 정도의 널을 맞댐턱솔쪽매 등으로 대각선 방향으로 못박아 깐다.

ⓒ **플로어링 널깔기** : 두께 15mm 이상, 나비 100mm 정도의 제혀 쪽매널을 숨은 못치기로 까는 것으로서, 특히 널 나비가 180mm 이상이 될 때에는 마구리 중앙에 주걱 꺾쇠를 박고 장선에 못치기를 한다.

ⓒ 쪽매 널깔기 : 마룻 바닥 위에 무늬가 좋은 토막널을 가로, 세로 또는 빗방향으로 접착제나 숨은 못치기로 고정시킨다.

(6) 지붕

① 지붕의 개요

ㄱ 지붕은 비, 바람 등을 막기 위한 건물의 상부 구조체로서, 모양은 건물의 크기, 형태, 종류, 성질, 재료 및 지방의 기후에 따라 결정된다.

ㄴ 지붕은 건물의 외관을 좌우하는 주요 구조이므로 그 모양이나 물매, 색조 등이 매우 중요하다.

② 지붕의 종류

ㄱ 외쪽지붕, 부섭지붕 : 지붕면이 한쪽으로만 경사진 지붕이고, 눈썹지붕이나 부섭지붕은 좁게 된 지붕이다.

ㄴ 박공지붕 : 양쪽 방향으로 경사진 지붕으로, 뱃지붕 또는 맞배지붕이라고도 하며 반박공지붕도 있다.

ㄷ 합각지붕 : 모임지붕 일부에 박공지붕을 같이 한 것이다.

ㄹ 모임지붕 : 추녀마루가 용마루에 모여 합친 지붕이다.

ㅁ 네모지붕 : 지붕마루 한 점에서 사방으로 경사진 지붕이다.

ㅂ 뽀족지붕 : 지붕의 물매가 가파른 지붕으로서 방형, 원추형, 다각추형이 있다.

ㅅ 솟을지붕 : 지붕의 일부분을 높게 하여 채광, 통풍을 위하여 만든 작은 지붕이다.

ㅇ 평지붕 : 지붕면이 수평면으로 된 지붕이다.

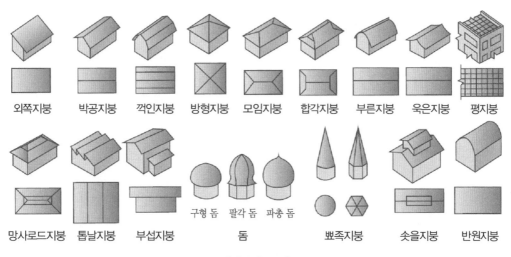

[지붕의 종류]

③ 지붕 물매
  ㉠ 지붕을 만들 때에는 적당한 경사를 주어 빗물이 잘 흐르게 한 것이다.
  ㉡ 지붕 물매는 간 사이의 크기, 건물의 용도, 지붕의 이음 재료, 강우량 등에 따라 정한다.
  ㉢ 일반적으로 지붕 물매는 수평 길이에 대한 직각삼각형의 수직 높이로 나타낸다.
④ 절충식 지붕틀
  ㉠ 특징
    ⓐ 처마도리 또는 직접 기둥 위에 수평재인 지붕보를 걸쳐 대고 그 위에 수직재인 대공을 세워 서까래를 받치는 중도리를 댄 것이다.
    ⓑ 짜임이 비교적 간단하여 전통적으로 사용되어 온 구조이나 평보의 부재가 커져 경제적으로는 불리한 구조이다.
    ⓒ 지붕보를 약 2m 간격으로 벽체, 기둥 또는 처마도리 위에 걸쳐 대고 그 위에 대공을 약 1m 간격으로 세운 다음 중도리를 수평으로 걸쳐 댄다.
  ㉡ 구조
    ⓐ **지붕보**(평보) : 벽체 위에 1.8~2.0m 간격으로 걸쳐 대고 지붕에서 오는 하중을 받게 하는데 처마 도리 위에 두겁 주먹장 걸침으로 하고, 주걱 볼트로 보와 도리를 연결한다.
    ⓑ **베개보** : 지붕 하중이 크고 간 사이가 넓을 때에는 기둥을 세우고 베개보 또는 칸막이도리를 놓은 다음 지붕보를 설치한다.
    ⓒ **동자기둥, 대공** : 보 위에 세워 중도리, 마룻대를 받치는 짧은 기둥으로 통나무 보에서 동자기둥 밑자리는 편평하게 하고 동자기둥의 상하는 짧은 장부맞춤으로 하며, 꺾쇠를 쳐서 보강한다.
    ⓓ **종보**(마룻보) : 동자기둥이나 대공이 길면 좌굴이 생기므로, 짧은 동자기둥과 동자기둥 사이에 종보를 걸고, 이 위에 동자기둥, 대공을 세우기도 한다.
    ⓔ **마룻대** : 동자기둥 위에 수평으로 걸쳐 대어 서까래를 받치는 것이다.
    ⓕ **서까래** : 처마도리와 중도리 및 마룻대에 지붕물매의 방향으로 걸쳐 대고 지붕널을 덮는 것이다.
⑤ 양식 지붕틀
  ㉠ 특징
    ⓐ 주로 삼각형 구조가 많이 사용되고 보강 철물이 많이 사용되어 간 사이가 큰 구조물에 적합하다.
    ⓑ 공법이 복잡하고 공작의 정확도에 따라 내력이 좌우된다.
  ㉡ **경골 지붕틀** : 경골 구조 또는 건물에 쓰이는 지붕틀로서 거의 동일한 표준 치수재

만을 쓰며 단면이 부족할 경우 2~3개를 겹쳐 쓰기도 한다.

ⓒ **왕대공 지붕틀** : 양식 지붕틀 중에서 가장 많이 쓰이는 형태로 여러 부재를 삼각형으로 짜서 지붕의 하중을 받게 한 것이다.

　ⓐ **왕대공** : 왕대공의 상부에는 ㅅ자보, 하부에는 버팀대공(빗대공)과의 맞춤자리를 만들고, 왕대공은 중앙을 가늘게, 상하는 다소 넓게 공이 모양으로 깎아 낼 때와 그대로 둘 때가 있다.

　ⓑ **평보** : 단일재로 하는 것을 원칙으로 하지만, 부득이 이을 경우는 인장 응력이 적은 중앙 부분에서 양면에 덧판을 대어 볼트 죔으로 하고, 깔도리에는 걸침턱으로 하고 처마도리와 일체가 되게 볼트 죔으로 접합한다.

　ⓒ **ㅅ자보** : 가장 큰 응력이 생기므로 그 맞춤은 지붕틀의 내력상 가장 중요한 맞춤으로서, ㅅ자보와 평보는 빗턱통넣고 짧은 장부 맞춤 또는 안장맞춤으로 하고 볼트 죔으로 한다.

　ⓓ **빗대공** : 압축재로 왕대공, ㅅ자보, 평보에 빗턱 장부 맞춤 또는 가름장 빗턱맞춤으로 하고, 양면꺾쇠치기 또는 띠쇠를 대고 가시못치기로 한다.

　ⓔ **달대공** : 평보 및 ㅅ자보 양 옆에 수직으로 대고 볼트 죔을 하는데 인장재이다.

　ⓕ **귀잡이 보** : 지붕틀과 도리가 네모 구조로 된 것을 튼튼하게 하기 위하여 귀에 45° 방향으로 보강한 수평 가새로서 보통 지붕틀 하나에 걸러대든지 또는 체의 모서리 및 중간 요소에 배치한다.

(7) 수장 및 내장

① 반자

　㉠ 천장을 가리워 댄 구조체를 반자라 하며, 실내 상부를 아름답게 꾸미는 동시에 각종 설비 관계의 배선, 배관을 감추고, 방의 상부에서 소리, 열, 기류를 차단 또는 흡수하거나, 빛, 소리를 반사하여 실내의 환경을 좋게 하기 위한 것이다.

　㉡ 일반주택건축의 실내구성에서 반자의 최소 높이는 2,100mm로 한다.

② **반자틀** : 달대받이, 달대, 반자틀받이, 반자틀, 반자 돌림대로 짜 만든다.

③ **계단** : 아래위층을 연락하는 통로로서 실내 장식의 일부를 겸하는 중요한 역할을 하므로 실용적이고 아름답게 꾸며야 하며, 장소에 따라 내부 계단과 외부 계단으로 구별되고, 설치 장소는 출입구에 가깝고 통행에 편리한 곳에 둔다.

④ **인방** : 기둥과 기둥 또는 문설주 사이에 가로 질러 댄 것으로 벽체의 뼈대 또는 문틀이 되는 수평재를 말한다.

⑤ **걸레받이** : 벽 밑의 보호와 장식을 겸한 것으로서, 바닥에 접한 벽 밑에 가로로 돌려대는 부재이다.

THEME 13 조적구조

(1) 벽돌 구조

① 벽돌 구조의 장·단점

장점	단점
• 내화적이며 비교적 내구적이다. • 구조 및 시공법이 간단하며 공사비가 저렴하다. • 외관이 장중하고 아름다우며 재료가 자연친화적이다.	• 풍하중, 지진 하중 등 수평하중, 즉 횡력에 약하다. • 목 구조나 경량 구조에 비해 벽체가 두꺼워 실내 면적이 감소한다. • 벽체에 습기가 차기 쉽고 백화 현상도 발생할 수 있다. • 건물 자체 무게가 목구조에 비해 무겁다.

② 벽돌의 규격

㉠ 표준형 벽돌의 규격 : 190×90×57mm

㉡ 기본형 벽돌의 규격(재래식) : 210×100×60mm

㉢ 두께(벽돌길이 치수 190, 마구리 치수 90, 줄눈 치수 10, 공간 치수 70, 단위는 mm)

구분	0.5B	1.0B	1.5B	2.0B	2.5B	0.5B씩 증가
표준형	90	190	290	390	490	0.5B를 기준으로 100씩 증가
공간 쌓기 (70mm)	90	250	350	450	550	
계산 사례	1.5B(1장 반) 두께=190(1.0B)+90(0.5B)+10(줄눈 크기)=290mm * 문제에서 기존형이라고 명시되면 1.5B는 320mm가 된다.					
	1.0B 공간쌓기(70mm) 두께=90(0.50B)+70(공간)+90(0.5B)=250mm 1.5B 공간쌓기(70mm) 두께=190(1.0B)+70(공간)+90(0.5B)=350mm					

③ 벽돌 마름질 : 벽돌은 온장을 사용하는 것이 원칙이지만 특수한 부분이나 모서리 부분 등을 쌓을 때는 벽돌을 자르는 것이다.

④ 모르타르

㉠ 벽돌 벽체의 강도는 접착제 역할을 하는 모르타르의 강도에도 영향을 받는데 접착제로서 가장 많이 쓰이는 것은 시멘트 모르타르이며 시멘트·석회 모르타르도 가끔 쓰인다.

㉡ 시멘트는 보통 포틀랜드 시멘트를 사용하고 모래는 양질의 강모래를 사용한다.

㉢ 물을 부어 섞은 후 1시간부터 응결이 시작되므로 가수 후 1시간 이내에 사용(경화 시간 1~10 시간)

ㄹ 모르타르 배합비

종류	배합비(시멘트 : 모래)	용도
일반 쌓기용 모르타르	1 : 3	내력벽, 비내력벽(장막벽)
특수 쌓기용 모르타르	1 : 1 ~ 1 : 2	아치 쌓기, 특수 부분 쌓기
치장 줄눈용 모르타르	1 : 1 1 : 1 : 3(시멘트 : 모래 : 석회)	치장 쌓기

(2) 벽돌의 종류 및 품질

① 벽돌의 종류 및 재료

ㄱ 점토 벽돌(붉은 벽돌) : 점토 등을 주원료로 하여 소성한 벽돌

ㄴ 콘크리트 벽돌 : 시멘트와 골재(모래, 왕모래, 쇄석), 물, 혼화재료 등을 배합하여
성형 제작한 것

ㄷ 내화 벽돌 : 내화 점토를 원료로 하여 1,580℃ 이상의 고온에서 소성한 벽돌로서
시멘트, 도자기 등을 만드는 가마, 굴뚝, 철강 등을 만드는 노(爐)의 내부에 이용

ㄹ 이형 벽돌 : 창, 출입구 등 특수 구조부에 사용하기에 적합한 특수한 형태로 만들어
진 벽돌

ㅁ 다공질 벽돌 : 원료중에 분탄, 톱밥 등을 섞어 소성하여 무수한 공간이 생기게 한
것으로 톱질과 못박음이 가능

ㅂ 경량 벽돌 : 질이 낮은 점토, 숯가루, 톱밥 따위를 섞어 만든 벽돌로 가볍고 단열
및 방음 효과가 있음

ㅅ 공동 벽돌 : 벽돌 내에 구멍이 있는 벽돌

ㅇ 과소품 벽돌 : 벽돌을 지나치게 구워 흡수율이 매우 적고, 압축강도는 매우 크나 모
양이 바르지 않아 기초 쌓기나 특수 장식용으로 이용하는 벽돌

ㅈ 포도용 벽돌 : 흡수율이 적고 마모성과 강도가 큰 것으로 도로 포장용으로 이용되
는데 주로 보도 블록으로 많이 쓰인다.

② 점토벽돌의 품질(KS L 4201, 2012년 7월부터 변경)

품질	종류		
	1종	2종	3종
흡수율(%)	10	13	15
압축강도(N/mm^2)	24.5이상	20.59이상	10.78이상

(3) 벽돌 쌓기법

① 줄눈

　㉠ 벽돌과 벽돌 사이에 모르타르로 채워진 부분을 줄눈이라고 한다.

　㉡ 줄눈 모르타르는 벽돌의 접합면 전부에 빈틈없이 꼭 채워지도록 하며 쌓은 직후 줄눈 모르타르가 굳기 전에 줄눈 흙손으로 빈틈없이 줄눈 누르기를 한다.

　㉢ 막힌줄눈 : 세로 줄눈의 아래 위가 엇갈려 일직선으로 연결되지 않고 막힌 줄눈으로 상부 하중을 하부로 균등히 전달 할 수 있다.

　㉣ 통줄눈 : 세로 줄눈의 아래 위가 일직선으로 연결된 줄눈으로 상부 하중을 하부로 균등히 전달하지 못하므로 내력벽에서는 가능한 통 줄눈을 피하는 것이 좋다.

　㉤ 치장줄눈 : 벽돌 벽면에 의장적 효과를 주기 위한 줄눈으로 줄눈 모르타르가 굳기 전에 줄눈파기를 한다.

　㉥ 신축 줄눈(Expansion joint)

　　ⓐ 온도 변화, 콘크리트의 수축, 부동 침하, 적재하중의 변화 등으로 콘크리트에 생기는 균열을 방지하기 위하여 설치하는 신축이음이다.

　　ⓑ 기존 건물과 증축 건물의 접합부에 설치하는데 양쪽 구조체 또는 부재가 구속되지 않는 구조이어야 한다.

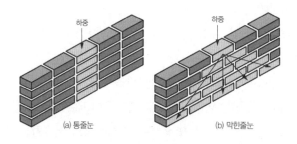

[통줄눈과 막힌 줄눈]

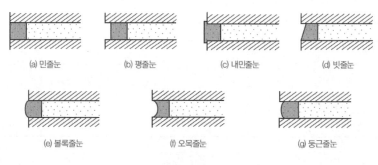

[줄눈의 종류]

② 각종 벽돌 쌓기

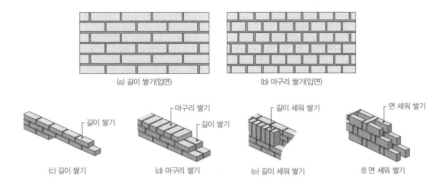

(a) 길이 쌓기(입면) (b) 마구리 쌓기(입면)

(c) 길이 쌓기 (d) 마구리 쌓기 (e) 길이 세워 쌓기 (f) 면 세워 쌓기

[기본 쌓기법]

ⓐ **마구리쌓기** : 벽의 길이 방향에 직각으로 벽돌의 길이를 놓아 각 켜 모두가 마구리 면이 보이도록 쌓는 것, 원형 굴뚝 등에 쓰이고 벽 두께가 한 장(1.0B) 이상 쌓기에 쓰임

ⓒ **길이쌓기** : 벽의 길이 방향으로 벽돌의 길이를 나란히 놓고 각 켜 모두가 길이 방향만이 벽 표면에 나타나도록 쌓은 것, 반장(0.5B)쌓기에 쓰임

ⓒ **옆세워쌓기** : 벽면에 마구리를 세워 쌓는 방법

ⓒ **길이세워쌓기** : 길이를 세워 쌓는 방법

ⓒ **영국식 쌓기**

ⓐ 길이 쌓기와 마구리 쌓기를 한 켜씩 번갈아 쌓아 올리는 방식으로 벽의 끝이나 모서리에는 이오토막, 반절을 사용하여 통줄눈을 최소화 한 것

ⓑ 시공이 비교적 쉽고 튼튼한 구조체를 형성하여 가장 많이 사용되는 쌓기법

ⓗ **네덜란드식 쌓기**

ⓐ 입면도에서 보면 영국식 쌓기와 같으나, 벽의 모서리나 끝에 영국식 쌓기와 같이 이오토막이나 반절을 쓰지 않고 칠오토막을 사용

ⓑ 시공이 쉽고, 모서리가 튼튼하게 축조되므로 우리나라에서도 비교적 많이 이용

ⓢ **프랑스식 쌓기**

ⓐ 한 켜에 벽돌의 길이와 마구리가 번갈아 나오도록 쌓는 방식

ⓑ 통 줄눈이 많이 생겨 구조적으로는 튼튼하지 못하나, 외관이 아름답기 때문에 강도를 필요로 하지 않는 벽체 또는 벽돌 담 쌓기 등에 쓰임

ⓞ **미국식 쌓기** : 뒤쪽 벽면은 영국식 쌓기로 하고 앞면은 치장 벽돌을 사용하여 앞면 5켜 까지는 길이 쌓기로 하고 그 위 한 켜는 마구리 쌓기로 하여 뒷 벽돌에 물려서 쌓는 방식

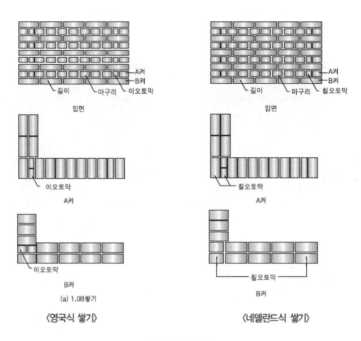

[각종 쌓기법]

③ 각 부분별 쌓기법

　㉠ 내쌓기

　　ⓐ 벽체 마루틀을 받치거나 방화벽의 처마부분을 가리고자 할 때 내밀어 쌓는 방식이다.

　　ⓑ 벽돌면에서 내쌓기를 할 때에는 2켜씩 1/4B 내쌓기 또는 1켜 1/8B 내쌓기로 하고 맨 위에는 2켜 쌓기로 한다.

　　ⓒ 내쌓기는 매켜 모두 마구리 쌓기로 하는 것이 강도상, 시공상 유리하다.

　㉡ 교차부 및 모서리 쌓기 : 벽돌벽은 건물 전체에 균일한 높이로 쌓기에는 발판, 기구, 인원 배치상 무리가 있으므로 한 벽면을 먼저 쌓고 여기에 교차되는 벽은 나중에 쌓게 되므로 교차벽의 벽돌물림이나 연결자리를 내어 벽돌 한 켜 걸름으로 1/4~1/2B를 들여쌓는데, 이것을 켜걸름 들여쌓기라 하고 수직으로 깊이도 정확하게 들여 놓아야 한다.

　㉢ 공간 쌓기

　　ⓐ 바깥 벽돌 벽의 방습, 방열 등을 위하여 벽돌 벽 중간에 공간을 두어 쌓는 것이다.

　　ⓑ 공간벽 한쪽 벽은 내력벽일 때는 건축법 규정에 의한 조적조 벽두께로 하고 안쪽 벽은 반장 두께로 한다.

　　ⓒ 안팎벽의 공간나비는 0.5B이내 5cm 정도로 하는 것이 가장 유효하다.

④ 기타 쌓기의 종류

    ㉠ **장식 쌓기** : 벽돌 벽면에 음영 효과, 장식 효과, 변화 등을 주기 위해 다양하게 쌓는 법이다.

        ⓐ **엇모 쌓기** : 담장의 윗부분 또는 처마 부분 쌓기를 할 때 벽돌 모서리가 45°각도로 벽면에서 돌출되게 쌓는 방법이다.

        ⓑ **영롱 쌓기** : 담장이나 장독대 난간 등에 장식적인 효과를 주기 위해 삼각형, 사각형, 일자형, +자형 등의 구멍을 내어 쌓는 법이다.

    ㉡ **아치 쌓기**

        ⓐ 아치는 부재 내에서 압축력만 작용하고 인장력이 생기지 않는 구조이다.

        ⓑ 아치 축선은 수직 방향으로 줄눈에 맞추어 쌓아야 하고, 줄눈은 모두 아치의 중심에 모이도록 해야 한다.

        ⓒ **아치쌓기의 종류**

          • 본아치 : 특별히 주문 제작한 아치벽돌을 사용해서 만든 것

          • 막만든아치 : 보통 벽돌을 쐐기 모양으로 다듬어 쌓는 것

          • 거친아치 : 보통 벽돌을 사용하여 줄눈을 쐐기 모양으로 만든 것

          • 층두리아치 : 아치 너비가 클 때 여러 층으로 겹쳐 쌓는 것

⑤ **벽돌쌓기 유의사항**

    ㉠ 정확한 규격제품을 사용하고, 쌓기 전에 흙, 먼지 등을 제거하고 10분 이상 벽돌을 물에 담가 놓아 모르타르가 잘 붙도록 함

    ㉡ 모르타르는 정확한 배합이어야 하고, 비벼 놓은 지 1시간이 지난 모르타르는 사용하지 않음

    ㉢ 벽돌쌓기가 끝나면 가마니 등으로 덮고 물을 뿌려 양생하며 직사광선은 피함

    ㉣ 벽돌의 줄눈 모르티르 배합비(시멘트 : 모래)는 보통은 1 : 3, 방수겸한 치장줄눈용은 1 : 1로 함

    ㉤ 줄눈의 너비는 도면 또는 공사 시방서에 정한 바가 없을 때에는 10mm가 표준임

    ㉥ 벽돌의 하루 쌓기 높이는 표준 1.2m(18켜)로 하고, 최대 1.5m(22켜) 이하

    ㉦ 벽돌벽이 콘크리트 기둥, 벽과 슬래브 하부면과 만날 때는 그 사이에 모르타르를 충진

    ㉧ 벽돌은 각부가 가급적 평균한 높이로 쌓아 올라가고, 벽면의 일부 또는 국부적으로 높게 쌓지 않아야 함

    ㉨ 벽돌 쌓기 방법은 도면 또는 공사 시방서에서 정한 바가 없을 때에는 영국식 쌓기 또는 네델란드식 쌓기로 함

     ⊗ 연속되는 벽면의 일부를 트이게 하여 나중 쌓기로 할 때에는 그 부분을 층단 들여 쌓기로 함

     ㋕ 벽돌벽 쌓기와 블록벽 쌓기과 서로 직각으로 만날 때에는 연결 철물을 만들어 블록 3단마다 보강하여 쌓음

  ⑥ 벽의 구조 및 용도상 구분

     ㉠ **내력벽** : 벽체, 바닥, 지붕 등의 무게를 기초에 전달하는 벽

     ㉡ **장막벽**(비내력벽) : 벽체 자체의 무게를 받고, 자립하여 칸막이 역할만을 하는 벽으로 벽체를 헐어내도 구조적으로는 문제가 없는 벽

     ㉢ **공간벽**(중공벽, 이중벽) : 주로 외벽에 방습, 차음 및 단열을 목적으로 하는 것으로써 중간에 공간을 띄우거나 또는 단열재를 넣어 이중벽으로 쌓는 것

  ⑦ **백화현상**(Efflorescence)

     ㉠ **백화현상의 뜻** : 벽표면에 빗물이 침투하여 모르타르에 있는 석회분이 유출되고 이것이 공기 중의 탄산가스와 결합하여 백색의 미세한 물질이 생기면서 벽돌벽의 표면에 하얀 가루가 돋아나는 현상을 말한다.

     ㉡ **백화 방지법**

       ⓐ 흡수율이 적고 소성이 잘 된 질좋은 점토 벽돌을 사용한다.

       ⓑ 강모래를 사용하고 벽체줄눈시공시 방수 줄눈으로 시공하는 등 빗물의 침투를 방지한다.

       ⓒ 표면에 파라핀 도료를 바르거나 실리콘을 뿜칠한다.

       ⓓ 비막이를 설치하고 벽돌이 항상 건조 상태가 될 수 있게 배수, 통풍을 잘 해준다.

       ⓔ 줄눈 모르타르에 방수제를 혼합한다.

       ⓕ 조립률이 큰 모래, 분말도가 큰 시멘트를 사용한다.

  ⑧ **계획설계상의 미비로 인한 균열**(Crack) **원인**

     ㉠ 기초의 부동침하

     ㉡ 건물의 평면, 입면의 불균형 및 벽의 불합리한 배치

     ㉢ 불균형 또는 큰 집중하중, 횡력 및 충격

     ㉣ 벽돌벽의 길이, 높이, 두께와 벽돌벽체의 강도

     ㉤ 벽돌 및 모르타르 강도 부족

(4) 각부 구조

  ① **개구부**(opening)

     ㉠ 건물의 벽, 지붕, 바닥 등을 통행, 채광, 환기를 위해 뚫린 부위를 뜻한다.

ⓛ 개부구 너비 합계는 대린벽 길이의 1/2이하로 한다.

ⓒ 폭이 1.8m를 넘는 개구부의 상부에는 철근콘크리트 구조의 인방보를 설치한다.

ⓔ 개구부와 그 바로 윗 층에 있는 개구부와의 수직거리는 600mm 이상으로 한다.

ⓜ 각층마다 그 개구부 상호간 또는 개구부와 대린벽의 중심과의 수평거리는 개구부
의 상부가 아치 구조가 아닌 경우에는 그 벽의 두께의 2배 이상으로 한다.

② 인방보

ⓖ 인방보는 개구부의 상부 하중을 지탱해 주기 위해 문틀 위에 걸쳐 대는 보를 말
한다.

ⓛ 인방은 좌우측에 20cm 이상 물려야 하고 개구부 폭이 1.8m 이상일 때는 철근콘크
리트 인방을 설치한다.

③ 테두리보

ⓖ 조적조의 벽체를 보강하기 위해 내력벽의 상부에 벽두께의 1.5배 이상의 철근콘크
리트보나 철골보를 설치하는 것이다.

ⓛ 테두리보를 설치하면 상부의 집중 하중을 벽돌 내력벽에 균등하게 분산시켜 벽면
의 수직 균열을 방지하고, 벽돌 벽체를 일체화하여 벽체의 안전성을 확보할 수 있
다.

④ 벽의 홈 : 층의 높이의 4분의 3 이상인 연속한 세로홈을 설치하는 경우에는 그 홈의 깊
이는 벽의 두께의 1/3 이하로 하고, 가로 홈을 설치하는 경우에는 그 홈의 깊이는 벽
의 두께의 1/3 이하로 하되, 길이는 3m 이하로 한다.

⑤ 창대 : 창문 밑의 벽체를 보호하는 부재로 창의 아래 부분으로 창밑에 돌이나 벽돌을
옆으로 세워 쌓고 모르타르로 마감하여 만든다.

⑥ 아치

ⓖ 상부에서 오는 수직압력을 아치 축선을 따라 하부에 직압력을 전달하게 함으로써
아치 하부에 인장력이 생기지 않게 한 구조이다.

ⓛ 보통 개구부 너비가 1m 이내일 경우에는 평아치로 할 수 있다.

ⓒ 다만 개구의 폭이 1.8m 이상일 때는 철근콘크리트 인방보를 설치하여 보강한다.

ⓔ 아치쌓기는 그 축선을 따라 미리 벽돌나누기를 하고 아치의 어깨에서부터 좌우 대
칭형으로 균등하게 쌓는다.

(5) 조적조 구조 기준

① 기초 : 내력벽의 기초는 연속 기초로 하는데 기초판은 철근콘크리트, 또는 무근콘크리
트 구조로 하고 두께는 250mm 이상으로 한다.

② 내력벽

　　㉠ 높이 및 길이 : 2층 건축물에 있어서 2층 내력벽의 높이는 4m, 내력벽의 길이는 10m, 내력벽으로 둘러싸인 바닥 면적은 80m²를 넘을 수 없다.

　　㉡ 두께

건축물 높이		5m 미만		5m 이상~11m 미만		11m 이상	
벽 길이		8m 미만	8m 이상	8m 미만	8m 이상	8m 미만	8m 이상
층별 두께	1층	150mm	190mm	190mm	190mm	190mm	290mm
	2층			190mm	190mm	190mm	190mm

③ 벽량

　　㉠ 내력벽 길이의 총합계를 그 층의 바닥면적으로 나눈 값을 말한다.

　　㉡ 벽량(cm/m^2)＝벽의 길이(cm)/실면적(m^2)

　　㉢ 보강 블록조의 같은 방향의 내력벽 길이는 그 층의 바닥 면적 1^2당 0.15m(15cm)이상이 되어야 한다.

(6) 블록 구조

① 블록 구조의 장·단점

장점	단점
• 내화적이고 내구적이며 경량구조이다. • 대량 생산이 가능하고 시공이 간편하며 시공 기간이 짧다. • 목구조나 철근콘크리트에 비해 단열 성능이 우수하다. • 방음성이 좋다.	• 흡습성이 크다. • 철근콘크리트로 보강하지 않은 경우에는 바람 및 지진에 약하다. • 고층건물에 부적합하다.

② 블록 구조의 분류

　　㉠ 조적식 블록조

　　　　ⓐ 모르타르로 접착하여 쌓아올려 벽체를 구성하고 바닥, 지붕 등은 목조, 철조 또는 철근콘크리트조로 한다.

　　　　ⓑ 건물 내부에 칸막이 역할 쌓는 블록벽을 비내력벽이라 하고 상부에서 오는 하중을 받아 기초에 전달하는 내력벽으로서 소규모 건물 또는 2층 건물에 적당하다.

　　　　ⓒ 횡력과 진동에 약한 구조이다.

　　㉡ 보강 블록조

　　　　ⓐ 블록의 빈공간에 철근과 모르타르를 채워 넣은 구조이다.

ⓑ 통줄눈 쌓기로 하며 수직근(세로근)과 수평근(가로근)을 보강하여 전단과 휨파괴에 대하여 저항하도록 한다.

ⓒ 수직하중, 수평하중에 견딜 수 있는 구조로 블록구조 중 가장 이상적인 구조형식이다.

ⓓ 보강블록구조는 통줄눈으로 시공하는 것을 원칙으로 한다(수직철근을 사용하기 때문임).

ⓓ **보강 블록 구조인 내력벽의 기초** : 연속 기초로 하되 그 중 기초판 부분은 철근 콘크리트구조로 하여야 한다.

ⓔ **보강 블록조 내력벽** : 건축물의 각층에 있어서 건축물의 길이 방향 또는 너비 방향의 내력벽의 길이는 각각 그 방향의 내력벽의 길이의 합계가 그 층의 바닥면적 1제곱미터에 대하여 0.15m 이상이 되도록 하되, 그 내력벽으로 둘러쌓인 부분의 바닥면적은 80m²를 넘을 수 없다.

ⓒ **거푸집 블록조** : 속이 비어 있는 ㄱ자형, T자형, ㅁ자형 블록을 거푸집으로 생각하고 빈 속안에 철근과 콘크리트를 타설하는 방법이다.

ⓔ **장막벽(칸막이벽) 블록조**

　ⓐ 철근콘크리트 구조, 철골 구조, 철골 철근콘크리트 구조의 내부에 칸막이로 사용하는 장막벽을 블록으로 할 수 있다.

　ⓑ 상부하중을 받지 않고 그 자체의 하중만을 부담하는 비내력벽이다.

③ **콘크리트 블록(기본형 블록)의 치수**

ⓐ 압축강도에 따라 A, B, C 종으로 구분한다.

ⓑ **기본형 블록**(속 빈 콘크리트 블록)의 **치수** : 390mm(길이)×190mm(높이)×(두께 100mm, 150mm, 190mm 3종류)

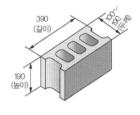

[기본형 블록]

④ **보강철근배근방법**

ⓐ 철근은 굵은 것을 조금 넣는 것보다 가는 것을 많이 넣는 것이 좋다.

ⓑ 최상층 벽에 철근콘크리트의 지붕판이 있는 경우에는 테두리보가 없어도 된다.

ⓒ 철근피복은 충분히 되게 한다.

② 내력벽의 각층의 벽 위에는 테두리보를 두는데, 테두리보 높이는 벽두께의 1.5배 이상인 철근콘크리트의 것을 설치해야 한다.

ⓜ 세로근은 40D 이상 정착, 가로근은 25D 이상 정착한다.

(7) 돌구조

① 돌구조의 장·단점

장점	단점
• 불연성으로서 압축에 강하다. • 내구성, 내화성, 내화학성이 크다. • 양질의 석재가 풍부하다. • 외관이 장중 미려하다. • 방한·방서적이다.	• 인장강도는 압축강도의 약 1/20~1/40 내외이다. • 잘라지고 긴 부재를 얻기가 어렵다. • 비중이 크고 견고하여 가공이 쉽지 않다. • 화염(불꽃)에 의해 균열이 생긴다. • 천연재료로서 공업제품에 비해 비교적 고가이다.

② 석재의 가공

ⓐ 석재 가공방법

   ⓐ **혹두기** : 원석을 쇠망치로 석재 표면의 큰 돌출 부분만 대강 떼어 내는 정도의 거친 면을 마무리하는 작업

   ⓑ **정다듬** : 혹두기한 면을 정으로 비교적 고르고 곱게 다듬는 것

   ⓒ **도드락 다듬** : 정다듬한 면을 도드락 망치로 더욱 평탄하게 다듬는 것

   ⓓ **잔다듬** : 외날망치나 양날망치로 정다듬면 또는 도드락다듬면을 일정 방향이나 평행선으로 나란히 찍어 다듬어 평탄하게 마무리 하는 것으로 용도에 따라 1~5회 정도 함

   ⓔ **물갈기** : 곱게 다듬은 돌면을 연마지 또는 숫돌 등으로 곱게 갈아 마무리하는 것

ⓑ 표면마무리 순서(가공도구) : 혹두기(쇠메) → 정다듬(정) → 도드락 다듬(도드락 망치) → 잔다듬(날망치) → 물갈기(숫돌 또는 기계) → 광내기 → 플레이너 다듬 또는 버너 다듬

③ 생성요인에 따른 돌 쌓기의 종류

ⓐ **거친돌 쌓기** : 자연석을 그대로 또는 적당한 크기로 쪼개어 쌓는 것으로, 자연스러움을 살릴 수 있어 전원주택, 담장 등에 사용하나 내진상 불리하다.

ⓑ **다듬돌 쌓기** : 돌의 모서리와 맞댄 면을 일정하게 다듬어 쌓는 것으로, 튼튼하고 외관이 아름다워 많이 쓰인다.

④ 전통 돌쌓기의 유형

ㄱ **막돌 쌓기** : 자연석, 둥근 돌(호박돌 포함) 및 막돌(잡석, 간사 포함)쌓기로 한다.

ㄴ **마름돌 쌓기** : 돌면이나 맞댐면을 일정한 모양으로 가공하여 줄눈을 바르게 쌓는 것이다.

ㄷ **허튼층 쌓기** : 막쌓기라 하고 줄눈이 규칙적으로 되지 않게 쌓는 것이다.

ㄹ **바른층 쌓기** : 돌 한 켜 한 켜가 수평 직선으로 되게 쌓은 것으로 층지어 쌓기, 막돌 쌓기에도 쓰인다.

⑤ **견치돌**(견칫돌, 견치석) : 돌을 뜰 때에 앞면, 길이, 접촉부 등의 치수를 지정해서 깨낸 돌로 면을 정사각형이나 마름모꼴로 네모뿔형태로 만든 것

THEME 14 철근콘크리트구조

(1) 철근콘크리트구조 개요

① 철근콘크리트구조의 정의

ㄱ 다양한 형태의 구조물을 만들기 위해 제작된 거푸집(form)에 철근을 배근한 후 굳지 않은 콘크리트를 부어 넣어 일체화시켜 만든 구조이다.

ㄴ 물리적으로는 철근과 콘크리트는 부착력이 좋아 콘크리트의 인장력을 철근이 감당하고, 철근의 압축력을 콘크리트가 담당해 준다.

② 철근 콘크리트 구조의 원리

ㄱ 철근콘크리트란 모래와 자갈, 시멘트, 물을 일정 비율로 혼합하여 만든 콘크리트에 철로 성형 가공하여 만든 철근을 결합시켜 만들어진다.

ㄴ 콘크리트는 압축력이 강하지만 인장력이 약하고, 철근은 인장력이 강하지만 압축력이 약해 상호보완 관계이다.

ㄷ 두 재료는 온도 변화에 따라 수축과 팽창되는 정도(선팽창계수)가 거의 동일하다.

ㄹ 화학적으로는 알카리성인 콘크리트가 철근을 감싸 철근의 단점인 부식으로 인한 녹 발생을 방지해 주며, 화재 발생 시에도 고열에 의한 급격한 강도 저하를 막아 준다.

③ 철근콘크리트 구조의 장·단점

장점	단점
• 철근과 콘크리트가 일체가 되어 내구적, 내진성이 좋다. • 철근이 콘크리트에 의해 피복되므로 내화적, 내식성이다. • 재료의 공급이 용이하여 경제적이다. • 목조나 철골구조에 비해 유지비가 적다. • 부재의 형상과 치수가 자유롭다.	• 자중이 크므로 스팬이 큰 구조나 초고층 건물에 불리하다. • 부재의 단면과 중량이 철골조에 비해 크다. • 습식구조이므로 겨울철 동절기 시공이 어렵다. • 재료의 재사용 및 해체작업이 쉽지 않다. • 공사기간이 길다.

(2) 사용 재료와 구조 형식

① 철근

　㉠ 원형 철근 : 지름은 ϕ로 표시하고, 단위는 mm를 사용하며 현장에서는 거의 사용하지 않는다.

　㉡ 이형 철근 : 지름은 D로 표시하며, 마디와 리브(rib)가 있어서 콘크리트와의 부착력을 좋게 하고 철근의 이탈을 방지해 준다.

　㉢ 용접 철망 : 철선을 15~30cm 간격으로 격자 형태로 배치하고, 교점을 전기 용접한 것으로 주로 도로나 지면에 접하는 바닥판의 보강에 사용한다.

　㉣ 건축 공사에 쓰이는 철근은 특별히 정한 경우가 아니면 이형 철근을 사용하고, 하위 항복점이 2400kgf/cm^2 이상의 것을 사용한다.

　㉤ 원형 철근의 지름이 19mm라면 19, 이형 철근의 공칭 지름이 16mm이면 D16으로 표기한다.

　㉥ 철근과 콘크리트의 부착에 영향을 주는 요인

　　ⓐ **콘크리트의 강도** : 콘크리트의 압축강도가 클수록 부착강도(부착력)가 크다.

　　ⓑ **피복두께** : 부착강도를 제대로 발휘시키기 위해서는 충분한 피복두께가 필요하다.

　　ⓒ **철근의 표면 상태** : 이형철근이 원형철근보다 부착강도가 크다(이형철근이 원형철근의 2배).

　　ⓓ **다짐** : 콘크리트의 다짐이 불충분하면 부착강도가 저하된다.

　　ⓔ 콘크리트의 부착강도는 철근의 주장(둘레길이)에 비례한다.

② 철근의 배근

　㉠ 배근의 기본 원칙

　　ⓐ 콘크리트 내부에 철근을 배치하는 것을 배근이라 한다.

　　ⓑ 철근은 대체로 인장보강이 목적이기 때문에 인장측에 배치하는 것이 원칙이다.

　　ⓒ 축방향력이나 휨모멘트를 부담하는 철근을 주근이라 한다.

ⓛ 철근의 정착

    ⓐ 콘크리트 구조물에서 인장력을 받는 주근을 접합 부위에 연장하여 뽑혀 나오지 않게 하는 것을 정착이라 하며, 정착되는 길이를 정착 길이라고 한다.

    ⓑ 기둥의 주근은 기초에 정착시키고, 보의 주근은 기둥에 정착시키며, 작은 보의 주근은 큰 보에 정착시킨다.

    ⓒ 직교하는 단부보 밑에 기둥이 없을 때에는 보 상호간에 정착시킨다.

    ⓓ 지중보의 주근은 기초 또는 기둥에 정착시키며, 벽체의 수직 철근은 보 또는 슬래브에 정착시키고, 수평 철근은 기둥 또는 인접한 벽체에 정착시킨다.

    ⓔ 바닥 철근은 보 또는 벽체에 정착시킨다.

ⓒ 정착의 길이

    ⓐ 정착 길이는 철근의 종류, 철근의 배치부위에 따라 다르다.

    ⓑ 철근의 정착 길이는 철근의 지름이나 항복강도가 클수록 길어진다.

    ⓒ 갈고리의 유무에 따라 달라진다.

ⓛ 철근의 이음

    ⓐ 철근은 편의상 적정한 크기로 절단하여 운반 및 조립되므로 이음이 발생한다.

    ⓑ 철근의 이음 위치는 보통 응력이 작은 곳으로 하고, 응력이 큰 곳에서의 이음은 가급적 피해야 한다.

    ⓒ 부재의 동일한 위치에서 이음이 집중되지 않도록 하고, 이음 위치를 엇갈리게 하거나 분산시켜야 한다.

    ⓓ 부재의 한 곳에서 철근 수의 반 이상을 이음해서는 안 된다.

    ⓔ 철근의 이음은 부착력에 의한 겹친 이음과 용접 이음, 그리고 연결재를 사용하는 기계적 이음이 있다.

ⓜ 철근의 이음 및 정착 방법

    ⓐ 이음의 겹침 길이는 갈고리 중심간의 거리로 하며, 이음길이에는 갈고리 부분은 포함되지 않는다.

    ⓑ 이음 및 정착 길이는 용접하는 경우를 제외하고 압축근 또는 작은 인장력을 받는 곳은 주근 지름의 25d 이상, 큰 인장력을 받는 곳은 40d 이상으로 한다.

    ⓒ 지름이 서로 다른 철근을 잇는 경우에는 작은 철근 지름을 기준으로 한다.

    ⓓ 경미한 압축근의 이음길이는 20d로 할 수 있다.

    ⓔ 경량골재를 사용하는 철근 콘크리트에서는 25d를 30d로, 40d를 50d로 한다.

    ⓕ $\phi 28mm$, D29 이상 철근은 겹침 이음을 하지 않는다.

ⓝ 철근 구부리기 : 철근에는 인장력이 작용하므로 보다 확실한 정착을 위해 단부를

구부려 갈고리(hook)를 만든다.

     ⓢ 철근의 피복두께

         ⓐ 피복두께는 콘크리트 표면으로부터 가장 가까운 철근까지의 거리를 말한다.

         ⓑ 철근콘크리트조는 화열에 의한 철근의 내력저하나 산화에 의한 녹 발생을 방지
하기 위해 철근을 피복한다.

     ⓞ 철근의 최소간격 : 철근과 철근사이의 빈틈이 철근지름의 1.5배 이상, 자갈 최대 직
경의 1.25배 이상이 되도록 한다.

③ 구조 형식

     ㉠ 라멘(Rahmen) 구조

         ⓐ 기둥, 보, 바닥 슬래브 등이 강접합으로 서로 연결돼 하중에 저항하는 구조를
말한다.

         ⓑ 슬래브, 벽, 기둥, 보 등의 뼈대가 일체로 된다.

         ⓒ 내부 벽의 설치가 자유롭고, 수직·수평 하중에 대하여 큰 저항력을 가지는 구
조이다.

     ㉡ 플랫 슬래브 구조(Flat slab, 무량판 구조)

         ⓐ 보 없이 슬래브만으로 내부를 구성하고 그 하중은 직접 기둥에 전달하는 구조
로 실내공간을 넓게 한다.

         ⓑ 바닥판의 두께는 최소 15cm 이상으로 한다.

         ⓒ 층고를 최소화할 수 있으며, 기둥이 바닥 슬래브를 지지해 주상 복합이나 지하
주차장에 주로 사용된다.

         ⓓ 바닥판이 두꺼워서 고정하중이 커지며, 뼈대의 강성을 기대하기가 어려운 구조
이다.

         ⓔ 고층건물에는 적당하지 않고, 저층건물인 학교, 창고, 공장 등에 이용된다.

     ㉢ 벽식 구조(Box frame construction)

         ⓐ 보와 기둥 대신 판상의 벽체와 바닥 슬래브를 일체적으로 구성한 형식이다.

         ⓑ 벽체에 문골이 적고, 칸막이 벽이 많은 저층의 공동주택에 이용된다.

     ㉣ 셸(shell) 구조

         ⓐ 곡면판이 지니는 역학적 특성을 응용한 구조로서 외력은 주로 판의 면내력으로
전달되기 때문에 경량이고 내력이 큰 구조물을 구성할 수 있는 구조이다.

         ⓑ 면에 분포되는 하중을 인장력·압축력과 같은 면 내력으로 전달시키는 역학적
특성을 가지고 있다.

         ⓒ 곡면바닥판을 구조재로 이용하며, 가볍고 강성이 우수한 구조 시스템이다.

④ 보

㉠ 개요

ⓐ 보는 슬래브와 일체가 되어 하중을 기둥에 전달하는 역할을 한다.

ⓑ 보는 큰 보(girder)와 작은 보(beam)로 구분되며, 큰 보는 기둥에 연결되어 있고 작은 보는 큰 보와 큰 보 사이에 설치되어 있는 보를 말한다.

ⓒ 기둥과 연결된 보에는 휨 모멘트와 전단력 등이 작용한다.

㉡ 보의 형태와 배근

ⓐ 단면 형상에 따라 장방형보와 T형보로 구분된다.

ⓑ 보의 춤은 보의 간사이 1/10~1/12 정도, 나비는 춤의 1/2 정도로 한다.

ⓒ 철근콘크리트가 받는 휨모멘트는 중앙부보다 단부쪽이 크므로 단부의 춤을 크게 하는데 이것을 헌치라하고 수직헌치와 수평헌치가 있다.

ⓓ 보 철근은 횡 방향으로 배근되는 주근과 보의 전단력을 보강하기 위해 설치하는 늑근 또는 스터럽(stirrup)으로 구분된다.

ⓔ 대부분의 보는 단면의 상부와 하부에 철근을 배근하는 복근보로 설치되고, 단근보는 거의 사용되지 않는다.

ⓕ 라멘 구조에서 철근콘크리트 보의 가운데 부분은 아래쪽에, 양끝 부분은 위쪽에 인장력이 발생하므로 D13 이상의 주근을 사용하여 휨 응력에 대응한다.

ⓖ 아래쪽 인장 철근을 변곡점 부근에서 휘어 올려 단부의 상부 철근으로 이용하기도 하는데, 이 철근을 굽힘 철근(bent-up bar)이라고 한다.

ⓗ 철근콘크리트구조에서 보의 유효 춤(Depth, 깊이)은 스팬(Span, 간사이, 폭)의 1/10~1/12 정도로 한다.

㉢ 보의 종류

ⓐ **단순보**(simple beam) : 양단이 벽체나 기둥 위에 얹혀 있는 상태로 된 보를 말한다.

ⓑ **연속보**(continuous beam) : 연속되는 2경간 이상에 걸쳐 연결되어 있는 보를 말한다.

ⓒ **내민보**(cantilever beam) : 한단이 고정, 타단이 자유인 보이다. 현관이나 계단같이 벽체나 기둥에 고정되어 외부로 돌출된 형태의 보를 말한다.

㉣ 보의 늑근(Stirrup, 스터럽)

ⓐ 보의 전단력에 대한 강도를 크게 하기 위하여 보의 주근 주위에 둘러 감은 철근을 말한다.

ⓑ 늑근의 간격은 중앙부는 30cm 이하, 양단부는 중앙부의 1/2에 해당하는 15cm

로 한다.

ⓒ 보의 춤이 약 60cm 이상일 경우에는 늑근의 흔들림을 방지하기 위하여 중간에 보조근을 넣는다.

⑤ 기둥

　㉠ 기둥의 형태

　　ⓐ 기둥의 최소 단면치수는 20cm이상, 기둥간격의 1/15 이상으로 한다.

　　ⓑ 기둥의 최소 단면적은 600cm^2 이상 이어야 한다.

　㉡ 기둥의 주근

　　ⓐ 기둥의 주근은 D13(ϕ12) 이상으로 하며, 기둥의 형태를 유지하기 위해 단면 형상이 사각형일 때는 최소 4개 이상, 원형이나 다각형일 때는 최소 6개 이상의 주철근을 중심축에 대칭으로 배근한다.

　　ⓑ **주근의 간격** : 2.5cm 이상, 주근지름의1.5 배이상, 최대 자갈지름의 1.25배 이상으로 한다.

　㉢ 기둥의 띠철근(대근)

　　ⓐ 띠철근이나 나선 철근은 보통 D10(6mm 이상)을 사용하며, 간격은 주근 지름의 16배, 띠철근 지름의 48배, 기둥의 최소 너비, 30cm 중 가장 작은 값을 사용한다.

　　ⓑ 기둥의 양단부에서는 조밀하게 넣는다.

　　ⓒ 띠 철근이나 나선 철근은 주근의 좌굴 방지와 수평하중에 의한 발생하는 전단력에 저항하기 위한 보강의 역할을 한다.

⑥ 바닥 슬래브(slab)

　㉠ 슬래브(slab) 개요

　　ⓐ 철근콘크리트 구조는 일체식이므로 슬래브에 작용하는 하중은 보 또는 벽체, 기둥에 전달되며, 동시에 각 부재를 연결하여 수평력을 고루 전달하는 역할을 한다.

　　ⓑ 슬래브(slab)는 콘크리트 구조의 건축물에서 가장 넓은 면적을 차지하며 사람들이 생활하고 물건을 적재할 수 있는 공간을 말한다.

　　ⓒ 배력근(부근)은 주근의 안쪽에 배근한다.

　　ⓓ 주근 간격은 20cm 이하(지름 9mm 미만의 용접철망일때는 15cm 이하) 이고 배력근은 30cm 이하 또는 슬래브 두께 1/3 이하(지름 9mm 미만의 용접철망 일때는 20cm 이하)로 한다.

　　ⓔ 주근, 배력근 모두 D10(ϕ9) 이상을 사용하거나 6mm 이상의 용접철망을 사용

한다.

ⓕ 2방향 슬래브에서의 배근은 짧은 변(단변)방향의 주근을 배치하고, 긴쪽 변(장변)방향의 배력근(부근)을 배치한다.

ⓖ 콘크리트 전단면적에 대하여 최소한 0.2% 이상 철근배근한다.

ⓗ 바닥판의 두께는 8cm 이상으로 한다.

ⓘ 단부는 중앙부의 2배 이하로 해도 좋다.

ⓛ 바닥의 형태

　ⓐ **2방향 슬래브**

　　• $ly/lx \leq 2$(즉 장방향 길이는 단방향 길이의 2배까지) : 2방향 슬래브는 변장비가 2 이하로, 네변이 보에 지지된 슬래브를 말한다.

　　• 2방향 슬래브의 배근 순서는 단변 방향 하부 주근 → 장변 방향 하부 배력근 → 장변 방향 단부 상부 배력근 → 단변 방향 단부 상부 주근의 순으로 배근한다.

　ⓑ **1방향 슬래브**

　　• 마주 보는 두 변만 보에 지지되어 있거나, 장변과 단변의 비인 변장비가 2를 초과하는, 네 변이 보에 지지된 슬래브를 말한다.

　　• 최소두께는 100mm로 한다.

ⓒ **플랫(flat) 슬래브 = 무량판 구조(mushroom construction)**

　ⓐ 보 없이 슬래브만으로 되어 있으며, 하중을 직접 기둥에 전달하는 무량판 구조의 슬래브이다.

　ⓑ 보를 사용하지 않기 때문에 내부 공간을 크게 이용할 수 있고 층고를 낮출 수 있다.

　ⓒ 기둥과 연결되는 슬래브 부분의 배근이 복잡하고, 전체적으로 슬래브가 두꺼워지는 단점이 있다.

　ⓓ 바닥판의 두께는 15cm 이상으로 한다.

ⓔ **장선 슬래브(joist slab, 우산살)**

　ⓐ 장선을 등간격으로 배치하여 슬래브와 일체로 하고, 양 단부를 보 또는 벽에 지지하는 슬래브이다.

　ⓑ 장선에 지지되므로 기둥의 간격을 넓게 하고, 슬래브의 두께를 얇게 할 수 있는 구조이다.

ⓜ **격자 슬래브(waffle slab, 와플 플랫슬래브)**

　ⓐ 장선 슬래브의 장선을 직교시켜 구성한 작은 격자 형태의 2방향 장선 구조이다.

ⓑ 격자형의 작은 리브(rib)를 가지고 있으며, 기둥 상부에 드롭 패널을 구성하여 바닥판 지지 부분을 보강할 수 있다.

ⓒ 보통 슬래브보다 기둥의 간격을 넓게 할 수 있다.

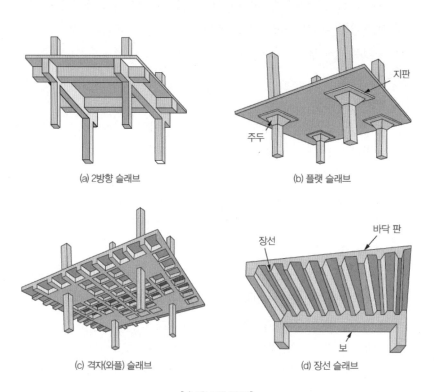

(a) 2방향 슬래브

(b) 플랫 슬래브

지판

주두

(c) 격자(와플) 슬래브

(d) 장선 슬래브

장선

바닥 판

보

[슬래브의 종류]

⑦ 벽체

㉠ 내력벽

ⓐ 기둥과 보로 둘러쌓인 벽으로 지진, 바람 등 수평하중을 받는다.

ⓑ 내력벽의 두께는 15cm 이상으로 하고, 두께가 25cm 이상일 때에는 벽양면에 복배근 해야 한다.

ⓒ 벽체의 철근은 D10(ϕ9) 이상으로 하고, 배근 간격은 45cm 이하로 한다.

ⓓ 문이나 창문의 개구부 모서리에는 대각선 방향으로 사인장 균열이 발생하므로 이를 보강하기 위해 개구부 대각선의 직각 방향에 벽철근 보다 굵은 D13(ϕ12) 의 빗 방향 보강근을 2개 이상 배근하며, 정착 길이는 60cm 이상으로 한다.

㉡ 칸막이벽(장막벽)·벽체 자체 하중만 지지하는 벽

THEME **15** 철골구조

(1) 철골 구조의 특징

① 철골 구조의 장·단점

장점	단점
• 재질이 균일하고 좋은 품질 확보가 좋다. • 철골 구조는 철근 콘크리트 구조에 비해 자중이 가볍다. • 경간이 큰 구조물이나 초고층의 구조물에 유리하다. • 인성이 커서 내진성과 내풍성이 좋다. • 현장 상태나 기상 조건에 영향이 적고 시공이 간편하다.	• 단면에 비해 부재 길이가 비교적 길고 두께가 얇아 좌굴되기 쉽다. • 고온에서 강도가 현저히 떨어진다. • 재료가 철이라 화재에 취약하며 녹슬기 쉽다. • 공장에서의 가공 및 조립이 정밀하지 않으면 현장 조립이 불가능하다. • 공사비가 고가이다. • 응력 반복에 따른 피로에 의해 강도 저하가 심하다.

② 트러스 구조

ⓐ 절점을 핀(pin) 접합으로 취급한 삼각형 형태의 부재를 조합하여 응력에 저항하도록 한 구조이다.

ⓑ 각 부재에는 원칙적으로 축방향력만 발생하며 체육관, 격납고, 높은탑 등에 응용된다.

③ 라멘구조

ⓐ 부재를 견고하게 강접합하여 각부재가 일체가 되도록한 구조로 보와 기둥으로 구성되어 있다.

ⓑ 보와 기둥을 직각으로 교차시킨 직사각형 라멘과 보의 중간을 산 모양으로 한 산형 라멘 형식이 많이 쓰인다.

ⓒ 고층 또는 많은 스팬으로 이루어지는 사무소 건축물 등의 뼈대에 사용된다.

④ 스페이스 프레임(space frame, 입체 트러스 구조)

ⓐ 트러스를 평면이나 곡면의 형태로 종횡으로 배치하여 입체적으로 구성한 구조이다.

ⓑ 평면 트러스보다 좌굴에 유리하다는 장점이 있고, 더욱 큰 공간을 구성할 수 있다.

ⓒ 형강이나 강관을 사용하여 적은 수의 기둥으로 넓은 공간을 구성할 수 있다.

ⓓ 구성 부재를 규칙적인 3각형으로 배열하면 구조적으로 안정이 된다.

(2) 강재의 종류 및 표시법

① 부재의 종류

  ㉠ 단일재 : 부재로 형강·강관 등을 단독으로 쓴 것으로 구조의 단순화를 꾀할 수 있으며, 조립 및 가공이 쉽다.

  ㉡ 조립재 : 형강과 플레이트를 접합하여 조합한 것으로 가공에 시간이 걸리지만 재료·중량을 경감시킬 수 있고, 큰 내력이 필요한 데 쓰인다.

② 강재의 종류와 표시법

명칭	단면 형태(단위 : mm)	표시법과 주요 특성
H형강 (H beam)		• 가장 널리 쓰이는 형강(주로 기둥에 사용) • 플랜지의 두께가 일정 • 단면 성능 우수(폭에 비해 높이가 높다.) • 접합 등 시공성 우수 • 치수표시법 : H-H(단면의 춤)×B(단면의 폭)×t_w(웨브의 두께)×t_f(플랜지 두께)
I형강 (I beam)		• 플랜지의 두께가 안쪽에서 외부로 차츰 줄어드는 변단면 형상 • 폭에 비해 높이가 높다. • 치수표시법 : I-H(단면의 춤)×B(단면의 폭)×t_w(웨브의 두께)×t_f(플랜지 두께)
ㄷ형강 (Channel)		• 한 축에 대하여 대칭이며 안쪽 면이 경사진 플랜지를 갖는 형강 • 휨재로 사용될 때 비틀림 현상 주의 • 단면 성능이 H 및 I형강에 비해 떨어지지만 접합 시공성 우수(가새, 경미한 보, 개구부 주위 등) • 치수 표시법 : ㄷ-H (단면의 춤)×B (단면의 폭)×t_w(웨브의 두께)×t_f(플랜지 두께)
ㄱ형강 (Angle)		• 직교 방향의 두 요소로 이루어진 형강 • 두 요소의 길이가 같고 다름에 따라 등변 ㄱ형강(A=B), 부등변 ㄱ형강(A≠B) • 치수 표시법 : L-A(장축의 길이)×B(단축의 길이)×t_w(웨브의 두께)×t_f(플랜지 두께)
T형강 (CT형강)		• 하나의 플랜지와 하나의 웨브로 구성된 형강 • H형강의 중앙을 절단하여 만드는 것이 보통(I형강을 절단하여 사용하기도 함) • 트러스 부재, 기둥-보 접합부 등 • 치수표시법 : T-H(단면의 춤)×B(단면의 폭)×t_w(웨브의 두께)×t_f(플랜지 두께)

(3) 강재의 접합법

① 리벳 접합
　㉠ 리벳 접합의 특징
　　ⓐ 두 장 이상의 강판을 접합하는 방법이다.
　　ⓑ 리벳 축의 지름보다 1.0~2.0mm 크게 뚫린 구멍에 연성이 많은 연강재로 만든 리벳을 800~1,000℃ 정도로 가열하여 삽입한다. 그 다음 공기 해머(pneumatic hammer) 등으로 두드려 양측에 같은 모양의 머리를 만들어 조이는 방법이다.
　　ⓒ 시공에 따른 강도의 영향은 작고 신뢰도가 크다.
　　ⓓ 리벳 박기 시공 시 소음이 크다.
　　ⓔ 같은 건물에 리벳 종류는 많아도 2~3종류로만 사용하는 것이 좋다.
　㉡ 리벳 배치
　　ⓐ **게이지 라인**(gauge line) : 재축 방향과 평행한 리벳 중심선
　　ⓑ **게이지**(gauge) : 각 게이지 라인간의 거리 또는 게이지 라인과 재면의 거리
　　ⓒ **피치**(pitch) : 게이지 라인상의 리벳간격(최소 2.5d, 표준 4.0d)
　　ⓓ **클리어런스**(clearance) : 리벳과 수직재 면의 거리
　　ⓔ **그립**(grip) : 리벳으로 접합하는 재의 총두께
　　ⓕ **리벳의 최소 간격**(피치) : 리벳 지름의 2.5배 이상
　　ⓖ **리벳의 표준간격** : 리벳 지름의 4.0배 이상
　　ⓗ **철골부재 단부에 박는 리벳의 최소개수** : 2개
　　ⓘ **부재의 기준선** : 구조체의 역학상의 중심선
　㉢ 리벳 구멍의 크기

리벳 지름	리벳 구멍 지름	리벳 지름	리벳 구멍 지름
16mm 이하	d+1.0mm	32mm 이하	d+1.5mm
19mm 이상	d+1.5mm	32mm 초과	d+2.0mm

　㉣ 리벳의 종류

종별		둥근머리 리벳		평머리 리벳		민머리 리벳			
				긴평머리	뒷평머리	표면머리	뒷면평머리		
도시법	리벳 공장	○	◎	◎	∅	∅	⊘	∅
	리벳 현장	●	◉	◉	∅	⊘	⊙	⊘

② 볼트 접합

    ㉠ 볼트 접합은 큰 힘을 받지 않는 리벳 접합의 가조임이나 가설 건물에 사용되며, 접합 후에도 볼트 축과 구멍 사이에 틈이 존재한다.

    ㉡ 볼트 구멍의 지름은 볼트 지름보다 0.5mm 이상 크게 해서는 안 된다.

③ **고장력 볼트 접합**

    ㉠ 고력 볼트(high tension bolt)는 너트를 강하게 죄어 볼트에 생기는 인장력으로 접합재 상호 간의 마찰 저항에 의해 힘을 전달하는 것이다.

    ㉡ 고력 볼트 접합은 강한 인장력 때문에 너트의 풀림이 없고, 반복 응력에 의한 영향을 거의 받지 않기 때문에 리벳이나 볼트 접합보다 안전하고 강한 접합이 될 수 있다.

    ㉢ 응력전달은 접합되는 판사이에 생기는 마찰력에 의해 저항된다.

    ㉣ 마찰 접합이므로 볼트나 판재에 전단 및 지압 응력이 발생하지 않는다.

    ㉤ 피로강도가 높고, 반복하중에 대한 접합부의 강성이 높다.

    ㉥ 공장에서 제작한 보와 기둥 등을 현장에서 조립할 때의 접합에 많이 쓰인다.

④ **용접 접합**

    ㉠ 개요

        ⓐ 2개 이상의 강재를 국부적으로 일체화시키는 접합이다.

        ⓑ 접합 성능이 우수하고 소음으로 인한 민원이 생길 수 있는 도심지 공사에 적합하며 굴곡이 있는 면의 접합이 용이하다.

        ⓒ 리벳 접합에 비하여 부재의 단면 결손이 없으며, 경량이 된다.

        ⓓ 용접부에 취성 파괴가 발생되기 쉽고 용접부의 검사가 곤란하며, 용접공의 숙련도에 따라 품질이 크게 좌우된다.

        ⓔ 탄소량이 많이 함유된 강재에서는 용접성이 나쁘다.

        ⓕ 용접 시에 발생하는 열 때문에 변질, 변형될 우려가 있으므로 용접 구조용 강재를 사용하여야 한다.

    ㉡ 용접의 종류

        ⓐ **아크용접** : 이온화된 가스체를 저항 도체로 하여 2전극을 흐르는 전류(아크)가 발생하는 열을 이용하는 것으로 철골공사에서 가장 많이 사용된다.

        ⓑ **가스용접** : 가스불꽃의 열을 이용하여 용접봉을 이용해 모재(철재)의 일부를 녹여 접합하는 것으로 철골공사 현장에서 주로 많이 사용

        ⓒ 전기저항용접

    ㉢ 용접의 형식

        ⓐ **맞댐 용접** : 한쪽 또는 양쪽 부재의 끝을 용접이 양호하게 될 수 있도록 끝단면

을 비스듬히 절단(개선)하여 용접하는 방법이다.

    ⓑ **모살 용접** : 직각이나 45도 등의 일정한 각도로 용접이다.

    ⓒ **플러그 용접 및 슬롯 용접** : 모살 용접의 한 형태로 겹친 2장의 판 한쪽에 원형 또는 슬롯 구멍을 뚫고 그 구멍 주위를 모살 용접하는 방법이다.

    ⓓ **플레어 용접**(flare welding) : 원형 홈 부분에 사용되는 모살 용접이다.

ㄹ **용접의 결함**

    ⓐ **슬래그 혼입**(슬래그 감싸들기) : 용접할 때 용착 금속의 표면에 생기는 비금속 물질인 회분이 용착 금속 내에 포함된 것

    ⓑ **오버랩**(overlap) : 용접 금속과 모재가 융합되지 않고 단순히 겹쳐지는 것

    ⓒ **언더컷**(under cut) : 용접 상부에 모재가 녹아 용착 금속이 채워지지 않고 홈 가장자리가 남아 있는 상태

    ⓓ **블로홀**(blow hole) : 용융 금속이 응고할 때 방출 가스가 남아서 생긴 기포나 작은 틈

    ⓔ **균열**(crack) : 용접 후 냉각 시 발생되는 균열

    ⓕ **피트**(pit) : 용접 부분의 표면에 발생하는 작은 구멍

    ⓖ **위핑 홀**(weeping hole) : 용접부에 생기는 미세한 구멍

    ⓗ **크레이터** : 용접 비드 끝단부에 생기는 항아리 모양의 홈

⑤ **핀 접합**

    ㉠ 빔의 워이브 부분 만을 고정시키는 방법으로 부재 상호간에는 작용선이 핀을 통하는 힘은 전하나, 휨 모멘트는 생기지 않고 또 부재 상호간의 각도는 구속없이 변화할 수 있다.

    ㉡ 큰 보와 작은 보의 접합, 아치의 지점이나 트러스의 단부, 주각 또는 인장재의 접합부 등에 주로 사용된다.

⑥ **주각부**

    ㉠ **주각의 개념**

        ⓐ 주각부는 기둥에서 전달되는 하중을 철근콘크리트 기초를 통하여 지반으로 전달하는 역할을 하며 하중 분포가 잘 이루어지도록 기초 위에 베이스 플레이트 (base plate)를 설치하여 앵커 볼트로 고정시킨다.

        ⓑ 주각의 형태는 핀 주각, 고정 주각, 매입형 주각으로 구분할 수 있다.

    ㉡ **구성재** : 주로 베이스 플레이트(base plate), 리브 플레이트(rib plate), 윙 플레이트(wing plate)로 구성된다.

(4) 뼈대

① 보의 종류별 특징

ㄱ 형강 보

ⓐ H형강 또는 I형강이 많이 사용되며, 단면이 부족할 때에는 커버 플레이트 (cover plate) 또는 스티프너(stiffener)를 붙이기도 한다.

ⓑ 단면을 산정할 때에는 보의 춤을 보통 간사이의 1/10~1/30 이상으로 한다.

ⓒ 현장 조립이 신속하며 다른 철골구조보다 재료가 절약되어 경제적이다.

ㄴ 플레이트 보(판 보)

ⓐ 강판과 강판 또는 ㄱ형강과 강판을 조립한 후 용접 또는 볼트 접합하여 만든 보이다.

ⓑ 평판 보는 종종 커버 플레이트나 스티프너로 보강되므로 전단력이 크게 작용하는 곳에 효율적으로 쓰일 수 있다.

ⓒ 커버 플레이트는 휨강도를 높이기 위해 사용하며, 장수는 최대 4장 이하로 한다.

ⓓ 웨브 플레이트의 두께는 최소 6mm 이상으로 한다.

ⓔ 스티프너는 웨브의 두께가 춤에 비해서 얇을 때, 웨브 플레이트의 국부 좌굴을 방지하기 위해 평강이나 L형강을 사용한다.

ⓕ 하중과 응력에 따라 단면을 자유로이 조절할 수 있는 이점이 있다.

ㄷ 래티스 보(lattice beam)

ⓐ 웨브에 형강을 사용하지 않고 플레이트 평강을 사용하여 상현재와 하현재의 플랜지 부분과 직접 접합하여 트러스 모양으로 만든 보이다.

ⓑ 래티스 보는 힘을 많이 받는 곳에는 잘 쓰이지 않는다.

ⓒ 규모가 작거나 철근 콘크리트로 피복할 때 많이 쓰인다.

ㄹ 트러스 보(truss girder)

ⓐ 플레이트 보의 웨브재로서 빗재, 수직재를 사용하고, 접합 판(Gusset plate, 거셋 플레이트)을 대서 접합한 조립보이다.

ⓑ 경간이 15m를 넘거나 보의 춤이 1m 이상 되어서 평판 보로 사용하기에는 비경제적일 경우 주로 사용된다.

ⓒ 휨 모멘트는 현재(트러스 상하에 배치되어 그 하나는 인장을, 다른 하나는 압축을 받는 재)가 부담한다.

ⓓ 전단력은 웨브재의 축방향력으로 작용하므로 부재는 모두 인장재 또는 압축재로 설계한다.

ⓔ 경간이 큰 체육관 또는 강당 등의 구조물에 적합하나 보의 춤이 커서 층고가 높아지는 단점이 있다.

ⓜ 허니콤 보(honeycomb beam, 유공 보)

ⓐ H형강의 웨브를 잘라서 웨브에 육각형의 구멍이 여러 개 발생되도록 다시 웨브를 용접하여 만든 보이다.

ⓑ 보의 춤이 높아지므로 휨 저항 성능이 우수하다.

ⓒ 용도상으로는 뚫린 구멍을 통해 덕트 배관 등의 설치가 가능하다.

② 보의 부재 구성

㉠ 커버 플레이트(cover plate)

ⓐ 휨 성능을 증진시키기 위하여 보의 플랜지 부분에 설치한 보강 부재이다.

ⓑ 커버 플레이트 크기는 작용하는 휨 모멘트에 의해 결정되며, 두께는 6mm 이상, 겹침 수는 보통 3장, 최대 4장까지로 하며, 용접 접합일 경우에는 한 장으로 한다.

ⓒ 커버 플레이트의 단면적은 보 플랜지 총 단면적의 70% 이하로 한다.

㉡ 스티프너(stiffener)

ⓐ 보의 웨브 부분을 보강하여 전단내력의 증진과 웨브의 국부 좌굴 방지를 위해 사용되는 부재이다.

ⓑ 보에는 주로 수평 스티프너나 중간 스티프너보다는 하중점 스티프너가 설치되는 경우가 많고, 또한 보의 굴곡부와 헌치 끝에 응력 집중 현상이 발생되므로 별도의 스터프너가 필요하다.

③ 기둥(Column)

㉠ 형강 기둥(Rolled Steel Column)

ⓐ **H형강 기둥** : 규격 30㎝ 내외로 고층 사무실 건축

ⓑ **I형강 기둥** : 소형부재 기둥

ⓒ **복합형강 기둥** : 2개 이상의 형강을 연결판 등으로 결합

㉡ 조립 기둥(Built-up Column)

ⓐ **플레이트 조합 박스 기둥** : 중고층 건축물

ⓑ **플레이트 기둥** : 플랜지와 웨브에 강판을 댄 조립 기둥

ⓒ **유니버설 박스 조립 기둥** : 초고층 건축물

ⓓ **격자 기둥** : 사다리 모양의 조립 기둥(SRC 용)

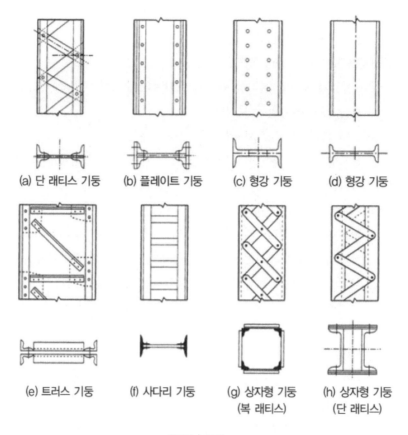

(a) 단 래티스 기둥   (b) 플레이트 기둥   (c) 형강 기둥   (d) 형강 기둥

(e) 트러스 기둥   (f) 사다리 기둥   (g) 상자형 기둥 (복 래티스)   (h) 상자형 기둥 (단 래티스)

[각종 기둥]

④ 바닥 : 데크 플레이트(Deck Plate)

    ⊙ 철골 구조에서 바닥 구조에 사용하는 파형(波形)으로 성형된 판이다.

    ⓒ 바닥판의 두께를 얇게 할 수 있으며 시공과 공기가 간단하여 고층건물에 많이 사용한다.

THEME 16 조립식 및 기타 특수구조

(1) 조립식 구조

  ① 개요

    ⊙ 공장에서 규격화된 건축 부재를 다량 제작하여 현장에서 조립하여 구조체를 완성하는 방식으로, 공사 기간이 매우 짧고 대량 생산이 가능하다.

    ⓒ 조립식 구조는 프리캐스트 콘크리트 구조 등이 해당된다.

② 조립식 구조의 장·단점

장점	단점
• 공기 단축	• 초기 투자비 증대
• 품질향상과 감독 관리의 용이	• 설계상의 제약
• 공사비 절감	• 운송과 강성 문제
• 가설공사의 최소화	• 운송과 적재 문제
• 해체, 증·개축의 편리	• 기타 양중, 획일성, 시공기술의 문제

③ 조립식 구조의 종류 : 가구 조립식 구조, 패널 구조(일정한 형태와 치수로 만든 판으로 구성), 상자 조립식 구조

(2) 기타 특수 구조

① **곡면식 구조**(dome, shell 구조) : 철근콘크리트 등의 엷은 판의 곡면을 이루어서 힘을 받게 한 구조

② **절판식 구조** : 철근콘크리트의 구조체를 꺾어서 만든 형태의 구조

③ **현수식 구조** : 경간이 큰 다리 구조에 많이 사용하는 방법으로 바닥판을 케이블로 매달아 형성시킨 구조로 케이블내에는 인장응력만 발생시키도록 한 것

④ **공기막 구조** : 한겹 또는 두겹으로 된 막내부에 공기를 넣어 내·외부의 기압차이로 발생되는 인장력으로 외력에 저항하도록 한 구조

⑤ **튜브구조**(tube structure)

ⓐ 외부벽체에 강한 피막을 두르는 건축구조로, 횡력에 저항하는 건축구조

ⓑ 강한 피막이 수평하중을 줄여주므로 초고층 건물에 사용되며, 내부기둥을 줄여 내부공간을 넓게 조성할 수 있는 이점이 있다.

⑥ **콘크리트 충전 강관 구조**(CFT)

ⓐ 개요

ⓐ 원형 또는 각형 강관의 내부에 고강도 콘크리트를 충전한 구조이다.

ⓑ 강관을 거푸집으로 이용하므로 별도의 거푸집이 필요없다.

ⓒ 강관이 콘크리트를 구속하는 특성에 의해 강성, 내력, 변형, 내화 시공 등 여러 면에서 뛰어난 공법이다.

ⓑ 조립식 구조의 장·단점

ⓐ **조립식 구조의 장점**

• 강재나 철근콘크리트 기둥에 비해 세장비가 작아 단면적 축소가능

• 강관과 콘크리트의 효율적인 합성작용에 의해 횡력 저항성능 우수

- 연성과 에너지 흡수능력이 뛰어나 초고층 구조물의 내진성 유리
- 강관이 거푸집의 역할을 하므로 거푸집 불필요
- 콘크리트 충전작업이 공정에 영향을 미치지 않아 공기단축

ⓑ **조립식 구조의 단점**

- 내화성능이 우수하나 별도의 내화피복 필요
- 콘크리트 충전성 확인 곤란
- 보와 기둥의 연속접합 시공 곤란
- 강관내부 습기에 의한 동결 및 화재에 의해 파열 가능성

더 알고가기 | **합성 구조**

콘크리트와 이질 재료(강재 등)가 일체화되어 각 재료의 단점을 상호 보완하여 하중에 대해서 효율적으로 저항하도록 한 구조로 합성보, 합성 슬래브, 철골‒ 철근콘크리트 기둥, 충전형 강관 기둥 등이 있다.

- **프리스트레스트 콘크리트 구조**(prestressed concrete structure) : 외력에 의하여 발생되는 응력을 소정의 한도까지 상쇄할 수 있도록 PC봉, PC강연선 등의 긴장재를 이용하여 미리 계획적으로 압축력을 작용시킨 콘크리트(PS 콘크리트 또는 PSC 콘크리트라고 함)를 말한다. 철근과 콘크리트를 써서 특수처리, 가공하는 구조이다.
- **프리캐스트 콘크리트 구조**(precast concrete structure) : 공장 또는 시공 현장에서 미리 제작하여 콘크리트가 굳은 후에 제자리에 옮겨 놓거나, 또는 조립하는 콘크리트 부재를 말한다.

---

01 다음 중 건축제도 용구가 아닌 것은?

① 홀더 ② 원형 템플릿
③ 데오돌라이트 ④ 컴퍼스

해설 데오돌라이트는 삼발 위에 설치된 망원경을 통해 야외에서 정밀한 측량을 할 수 있는 기기이다.

02 제도 연필의 경도에서 무르기부터 굳기의 순서대로 옳게 나열한 것은?

① HB-B-F-H-2H
② B-HB-F-H-2H
③ B-F-HB-H-2H
④ HB-F-B-H-2H

해설 제도용 연필 : 일반적으로 H의 수가 많을수록 단단하다(6B~2B-B-HB-F-H-2H~9H순).

03 건축제도 용구에 관한 설명 중 옳지 않은 것은?

① 디바이더는 치수를 자 또는 삼각자의 눈금에서 잰 후 제도지 위에 옮기거나 선, 원주 등을 같은 길이로 분할할 때 사용한다.
② 컴퍼스는 원 또는 원호를 그릴 때 쓰이는 기구이다.
③ 화장실 설비 등을 그릴 수 있는 용구를 위행 템플릿이라고 한다.
④ 삼각자는 45°와 90°, 30°와 60°, 120°와 180°로 3개가 한 조이다.

해설 삼각자는 30°와 60°로 된 직각삼각자와 두 밑각이 모두 45°로 이루어진 이등변삼 각자 2개가 1세트로 되어 있으며, T자와 함께 사용하여 여러 가지 빗금을 그릴 때 사용한다.

04 건축제도와 관련된 내용으로 옳지 않은 것은?

① 빔 컴퍼스(Beam compass)는 큰 원을 그릴 때 사용된다.
② 짧은 선은 프리핸드(Free hand)로 하는 것이 좋다.
③ 제도용구는 사용 후 정비를 철저히 해야 한다.
④ 조명의 위치는 좌측 상방향이 좋다.

해설 프리핸드법 : 스케치 용구 중 용지와 필기구만을 사용하여 실물을 보고 척도에 관계없이 손으로 직접 그리는 것으로 기본적인 치수를 측정하여 기입한다.

05 제도용 지우개가 갖추어야 할 조건이 아닌 것은?

① 지운 후 지우개 색이 남지 않을 것
② 부드러울 것
③ 지운 부스러기가 적고 지우개의 경도가 클 것
④ 종이 면을 거칠게 상처 내지 않을 것

해설 제도용 지우개는 부드럽고 종이 면을 거칠게 상처 내지 않아야 한다.

06 다음 중 제도용구와 용도의 연결이 옳지 않은 것은?

① 컴퍼스 – 원이나 호를 그린다.
② 디바이더 – 선을 일정 간격으로 나눈다.
③ 삼각 스케일 – 삼각형 모양을 그릴 때 사용한다.
④ 운형자 – 복잡한 곡선이나 호를 그을 때 사용한다.

정답 01③ 02② 03④ 04② 05③ 06③

해설 3각 스케일(triangular scale) : 3각 스케일은 삼각 기둥 모양의 자로, 길이를 잴 때 또는 길이를 일정한 비율로 축소하여 그릴 때 사용

07 제도용지 중 투사(透寫) 용지가 아닌 것은?

① 켄트지

② 미농지

③ 트레이싱 페이퍼

④ 트레이싱 클로오드

해설 켄트지(Kent paper) : 흰색 린네트, 턴베 헝겊 등을 원료로 만든 종이로 불투명하며 주로 그림, 제도 용지로 쓰인다.

08 삼각 스케일(Scale)의 각 면에 표시되어 있지 않은 축척은?

① 1/100   ② 1/300

③ 1/500   ④ 1/800

해설 척도

실척	1/1				
축척 (23종)	1/2	1/3	1/4	1/5	1/10
	1/20	1/25	1/30	1/40	1/50
	1/100	1/200	1/250	1/300	1/500
	1/600	1/1,000	1/1,200	1/2,000	1/2,500
	1/3,000	1/5,000	1/6,000	–	–
배척	2/1, 5/1				

09 다음 중 선의 굵기가 가장 굵어야 하는 것은?

① 절단선   ② 지시선

③ 외형선   ④ 경계선

해설 도면을 작성할 때 사용되는 선은 사용 용도에 따라 굵기와 모양이 다르다. 외형선은 굵은 실선(굵기로는 굵은 선, 모양으로는 실선), 중심 선은(굵기로는 가는 선, 모양으로는 1점 쇄선) 가는 1점 쇄선이 사용된다.

10 제도용구 중 컴퍼스로 그리기 어려운 원호나 곡선을 그릴 때 사용하는 것은?

① 디바이더   ② 운형자

③ T자   ④ 스케일

해설 운형자 : 컴퍼스로 그릴 수 없는 자유로운 곡선을 그릴 때 사용하는 자로 플라스틱으로 되어있다.

11 다음 제도용구에 대한 설명 중 옳지 않은 것은?

① 스프링컴퍼스 : 일반적으로 반지름 50mm 이하의 작은 원을 그리는 데 사용된다.

② 운형자 : 원호 이외의 곡선을 그릴 때 사용한다.

③ 자유 각도자 : 각도를 자유롭게 조절할 수 있다.

④ 삼각자 : 45˚와 90˚, 60˚와 30˚로 2개가 한 조로 구성되며 눈금이 있는 것을 사용하여야 한다.

해설 삼각자 : 30˚와 60˚로 된 직각삼각자와 두 밑각이 모두 45˚로 이루어진 이등변삼각자 2개가 1세트로 되어 있다.

12 곡선의 구부러진 정도가 급하지 않은 큰 곡선을 그리는데 쓰이는 제도용구는?

① T자   ② 자유곡선자

③ 디바이더   ④ 자유삼각자

해설 자유 곡선자 : 납이나 고무, 플라스틱 등으로 만들어져 원하는 형태로 구부릴 수 있는 자로, 스케치도에서 본뜨기를 할 때 사용

13 선의 종류 중 대상물의 보이지 않는 부분을 나타내는 선은?

① 굵은 실선   ② 가는 실선

③ 파선   ④ 1점 쇄선

해설 파선 : 짧은 선이 일정한 길이로 되풀이되는 선으로 대상물의 보이지 않는 부분을 표시

14 건축도면의 글씨쓰기에 관한 내용으로 옳은 것은?

① 문장은 왼쪽에서부터 세로쓰기를 원칙으로 한다.

② 글자체는 명조체로 하며, 수직 또는 $15°$ 경사로 쓴다.

③ 글자의 크기는 도면의 상황에 관계없이 동일한 크기로 한다.

④ 4자리 이상의 수는 3자리마다 휴지부를 찍거나 간격을 둠을 원칙으로 한다.

해설 주기 표시 요령
- 도면의 이해를 돕기 위해 문자를 써넣는 것을 주기라 하며, 명확하고 깨끗이 쓴다.
- 문장은 왼쪽에서부터 가로쓰기를 원칙으로 하고, 곤란한 경우에는 세로 쓰기도 무방하다.
- 글자체는 고딕체로 하여 수직 또는 $15°$ 경사체로 쓰는 것이 일반적이다.
- 글자의 크기는 높이로 표시된다.
- 도면에 쓰는 문자의 크기는 도면의 크기에 따라 다르지만, 도형의 크기와 조화되고 전체와 균형 있게 사용한다.
- 숫자는 치수, 부품 번호, 제작 수량, 척도, 도면 번호 등을 기입하는 데 쓰이는데 아라비아 숫자를 원칙으로 한다.

15 한국산업표준(KS)에 따르면 제도용지의 규격에서 큰 도면을 접으려 할 경우, 기준으로 삼아야 하는 크기는?

① A1 ② A2
③ A3 ④ A4

해설 큰 도면을 접을 때에는 A4 크기로 접는 것을 원칙으로 한다.

16 설계도면에 치수 기입을 하는 방법 중 틀린 것은?

① 치수선에 따라 도면에 평행하게 쓴다.

② 세로 치수선의 치수기입은 치수선의 우측에 기입한다.

③ 보는 사람의 입장에서 명확한 치수를 기입한다.

④ 도면의 왼쪽에서 오른쪽으로 읽도록 기입한다.

해설 치수는 수평방향의 치수선의 경우 위쪽에, 수직방향의 치수선의 경우에 왼쪽에 치수선과 나란하게 기입한다.

17 도면 표시기호 중 동일한 간격으로 철근을 배치할 때 사용하는 기호는?

① @ ② □
③ THK ④ R

해설 도면의 표시기호

표시사항	기호	표시사항	기호
길이	L	높이	H
반지름	R	지름	$D \cdot \phi$
나비	W	용적	V
두께	THK	정사각형의 변	□
무게	Wt	간격	@
면적	A		

18 물체가 있는 것으로 가상되는 부분을 표현할 때 사용되는 선은?

① 가는 실선 ② 파선
③ 1점 쇄선 ④ 2점 쇄선

해설 가는 2점 쇄선
- 움직이는 물체의 상태를 가상하여 나타내는데 상상선으로 사용한다.
- 가공 전후의 모양을 표시하는 데 사용한다.

정답 14 ④ 15 ④ 16 ② 17 ① 18 ④

19 다음의 재료 표시기호에서 목재의 구조재 표시기호는?

① 　　②

③ 　　④

해설 재료의 단면표시

구분	마감 재료 기호	구분	마감 재료 기호
콘크리트 슬래브		유리	
목재 (구조재)		카펫	
목재 (치장재)		단열재	
합판		실란트	
인조석		고무	
석고보드		방수	
타일		회반죽	
흡음텍스		테라조	

20 사람을 그리려면 각 부분의 비례 관계를 알아야 한다. 사람을 8등분으로 나누어 보았을 때 비례 관계가 가장 적절하게 표현된 것은?

번호	신체부위	비례
A	머리	1
B	목	1
C	다리	3.5
D	몸통	2.5

① A　　② B

③ C　　④ D

해설 인간의 신체 비례
- 몸의 너비 = 머리의 $2\frac{1}{3}$ 배
- 몸의 길이 = 두상의 8배
- 유두와 가슴의 거리 = 두상의 너비

21 건축제도에 사용되는 척도가 아닌 것은?

① 2/1　　② 1/60

③ 1/300　　④ 1/500

해설 제도에 사용되는 권장 척도

종류	척도		
축척	1 : 2 1 : 20 1 : 200 1 : 2000	1 : 5 1 : 50 1 : 500 1 : 5000	1 : 10 1 : 100 1 : 1000 1 : 10000
현척	1 : 1		
배척	2 : 1 20 : 1	5 : 1 50 : 1	10 : 1 100 : 1

22 각 표시사항에 대한 도면 기호로 옳지 않은 것은?

① 길이 : L　　② 높이 : H

③ 두께 : THK　　④ 면적 : S

해설 도면의 표시기호

표시사항	기호	표시사항	기호
길이	L	높이	H
반지름	R	지름	D · φ
나비	W	용적	V
두께	THK	정사각형의 변	□
무게	Wt	간격	@
면적	A		

23 건축도면에 관한 설명으로 옳지 않은 것은?

① 표제란은 도면의 아래 끝에 설정한다.
② 투시도, 스케치에도 표제란을 만들어야 한다.
③ 도면을 접을 때는 A4를 원칙으로 한다.
④ 표제란에는 도면 정보, 도면 번호 등을 기입하는 것을 원칙으로 한다.

해설 표제란은 투시도와 스케치도를 제외한 모든 도면에 반드시 작성하여야 한다.

정답 19 ④　20 ①　21 ②　22 ④　23 ②

24 건축제도의 척도에 관한 설명으로 옳은 것은?

① 축척은 실물보다 크게 그리는 척도이다.

② 실척은 실물보다 작게 그리는 척도이다.

③ 배척은 실물과 같게 그리는 척도이다.

④ NS(No Scale)는 그림의 형태가 치수에 비례하지 않는 것을 뜻한다.

해설 그림의 형태가 치수에 비례하지 않을 때는 NS[Non Scale]로 표시한다.

25 다음 중 치수기입 방법이 옳지 않은 것은?

① 치수는 치수선을 긋고 치수선 위에 기입한다.

② 계산하지 않으면 알 수 없을 정도로 치수를 기입해서는 안 된다.

③ 치수는 치수선의 중앙에 마무리 치수로 기입한다.

④ 치수는 세로 치수선의 오른쪽에 치수선과 나란히 기입한다.

해설 치수는 완성된 물체의 숫자를 기입하며, 치수선 중앙의 위쪽에 기입한다.

26 도면의 크기와 표제란에 관한 설명 중 틀린 것은?

① 큰 도면을 접을 때는 A4 사이즈로 접는 것이 표준이다.

② A0의 넓이는 약 $1m^2$이다.

③ 표제란은 우측 상단에 작도한다.

④ 제도용지의 크기는 세로와 가로의 비가 $1 : \sqrt{2}$ 이다.

해설 표제란 : 도면의 관리 및 내용에 대한 사항을 기입하는 곳으로 도면의 오른쪽 아래에 그린다.

27 다음 도면 표기로 알 수 있는 사항 중 틀린 것은?

① 문턱이 없다.

② 여닫이문이다.

③ 침실 문으로 적용이 가능하다.

④ 문이 열리는 방향을 알 수 있다.

해설 외여닫이문으로 문턱이 있는 문을 나타내고 있다.

28 도면에 선 긋기 시 유의사항 중 틀린 것은?

① 일정한 힘을 가하여 일정한 속도로 긋는다.

② 필기구는 선을 긋는 방향으로 약간 기울인다.

③ 1점 쇄선과 파선은 간격이 일정하게 한다.

④ 제도용 삼각자는 정확성을 위해 눈금이 있는 것을 사용한다.

해설 도면을 그릴 때 치수는 주소 스케일을 이용하여 측정하므로 삼각자는 눈금 없는 것을 주로 사용한다.

29 건축제도에서 치수선을 기입하는 방법으로 틀린 것은?

① 치수 기입은 치수선 중앙 윗부분에 기입하는 것이 원칙이다.

② 치수 기입은 위에서부터 아래로 읽을 수 있도록 기입한다.

③ 기입하는 치수의 단위는 mm이다.

④ 치수는 특별히 명시하지 않는 한 마무리 치수로 표시한다.

해설 치수는 치수선에 평행하게 도면의 왼쪽에서 오른쪽으로, 아래로부터 위로 읽을 수 있도록 기입한다.

정답 24 ④ 25 ④ 26 ③ 27 ① 28 ④ 29 ②

30 도면 작도 시 선의 종류가 나머지 셋과 다른 것은?

① 상상선   ② 경계선

③ 기준선   ④ 절단선

해설 상상선(가상선)은 가는 2점 쇄선으로 그린다.

31 배근도에서 지름 13mm인 이형철근을 250mm 간격으로 배근한다고 할 때 그 표기로 옳은 것은?

① @250 D13   ② ϕ13 @250

③ @250 ϕ13   ④ D13 @250

해설 배근도의 표기법
    ㉠ [D지름 @배근간격]으로 표기
    ㉡ D는 지름[mm]을 표시
    ㉢ @는 철근의 배근간격[mm]이다.

32 반지름의 제도표시 기호는?

① ϕ ② R

③ THK   ④ S

해설 도면의 표시기호

표시사항	기호	표시사항	기호
길이	L	높이	H
반지름	R	지름	D·ϕ
나비	W	용적	V
두께	THK	정사각형의 변	□
무게	Wt	간격	@
면적	A		

33 건축도면 표제란에 기입하지 않는 것은?

① 도면 정보   ② 도면 번호

③ 프로젝트 정보   ④ 건설비 사용정보

해설 표제란에는 공사의 명칭, 도면 번호, 도면 명칭, 개정 관리 정보, 프로젝트 정보, 축척, 책임자의 성명, 설계자의 성명, 도면작성 연월일, 도면 작성 기관 명칭 등을 기입한다.

34 건축제도에서 문자 쓰기에 대한 설명 중 옳지 않은 것은?

① 숫자는 아라비아 숫자를 원칙으로 한다.

② 글자체는 수직 또는 15° 경사 고딕체로 쓰는 것을 원칙으로 한다.

③ 문장은 세로쓰기를 원칙으로 하며, 세로쓰기가 곤란할 때는 가로쓰기로 할 수 있다.

④ 글자의 크기는 각 도면의 상황에 맞추어 알아보기 쉬운 크기로 한다.

해설 문장은 왼쪽에서부터 가로쓰기를 원칙으로 하고, 곤란한 경우에는 세로 쓰기도 무방하다.

35 1점 쇄선에 대한 설명으로 옳은 것은?

① 보이는 부분의 모양을 표기한 선으로 치수선, 치수보조선, 윤곽선 등에 사용한다.

② 보이지 않는 부분의 모양을 표시하는 선 등에 사용한다.

③ 중심선, 절단선, 기준선 등에 사용한다.

④ 가는 선을 같은 크기로 표현한 선이다.

해설 1점 쇄선 : 길고 짧은 2종류의 선이 번갈아가며 되풀이되는 선으로 중심선 및 기준선 등을 표시

36 건축제도 시 선 긋기 유의사항으로 틀린 것은?

① 선 긋기를 할 때는 시작부터 끝까지 일정한 힘과 속도로 긋는다.

② 파선의 모서리는 연결하지 않는다.

③ 한번 그은 선은 중복해서 긋지 않는다.

④ 파선은 일정한 간격을 유지한다.

해설 파선이나 쇄선은 선의 길이나 간격이 규정되어 있지 않으므로, 도형의 크기에 따라 그 비율을 달리하여 크기에 맞게 그린다. 파선의 모서리는 반드시 연결한다.

정답   30 ①   31 ④   32 ②   33 ④   34 ③   35 ③   36 ②

37 척도에 대한 설명으로 옳은 것은?

① 척도는 배척, 실척, 축척 3종류가 있다.

② 배척은 실물과 같은 크기로 그리는 것이다.

③ 축척은 일정한 비율로 확대하는 것이다.

④ 축척은 1/1, 1/15, 1/100, 1/250, 1/350이 주로 사용된다.

해설 실척은 실물과 같게 그리는 척도이다. 배척은 실물보다 크게 그리는 척도이며, 축척(척도)은 실제 길이와 도면상에 나타낸 길이와의 비율이다.

38 다음 그림의 재료 표시기호는?

① 콘크리트　　　　② 유리

③ 합판　　　　　　④ 집성목재

해설 p.78 문제 19번 해설 참고

39 건축도면 작성 시 글자에 대한 설명으로 옳은 것은?

① 문장은 오른쪽부터 왼쪽으로 쓰는 것을 원칙으로 한다.

② 글씨체는 수직 또는 15° 경사의 고딕체로 쓰는 것을 원칙으로 한다.

③ 4자리 이상의 수는 2자리마다 휴지부를 찍거나 간격을 둠을 원칙으로 한다.

④ 문장은 세로쓰기를 원칙으로 하는데 세로쓰기가 곤란할 경우 가로쓰기를 한다.

해설 글자체는 고딕체로 하여 수직 또는 15° 경사체로 쓰는 것이 일반적이다.

40 다음 평면표시기호는 무엇을 의미하는가?

① 자재여닫이문　　② 쌍미닫이문

③ 회전문　　　　　④ 외여닫이문

해설 평면 표시 기호(출입구 및 창호)

명칭	평면	입면	명칭	평면	입면
출입구일반			미서기문		
회전문			미닫이문		
쌍여닫이문			셔터		
접이문			빈지문		
여닫이문			자재문		
주름문			망사문		

41 다음 중 목재 창의 표시 방법으로 옳은 것은?

① 　　②

③ 　　④

• 창호의 기본 기호 표시

울거미 재료의 종류별 기호		창문별 기호	
기호	재료명	기호	창문구별
A	알루미늄	D □	문
G	유리	W ㅊ	창
P	플라스틱	S ㅅ	셔터
S	강철		
Ss	스테인레스		
W	목재		

• 표시법

42 KS F 1501에 따른 건축도면에 쓰는 기호가 옳지 않은 것은?

번호	표시사항	기호
A	축척 1/200	S 1 : 200
B	면적	W
C	두께	THK
D	마감면 표시	▽

① A   ② B
③ C   ④ D

해설 p.78 문제 22번 해설 참고

43 다음의 제도용지 크기 중에서 A1에 해당하는 치수로 옳은 것은? (단위 : mm)

① 841×1189   ② 594×841
③ 420×594   ④ 297×420

해설 제도 용지의 크기

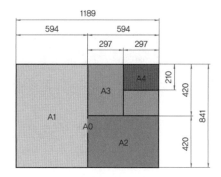

44 선의 종류 중 인출선 치수 보조선 등으로 사용되는 것은?

① 실선   ② 파선
③ 1점 쇄선   ④ 2점 쇄선

해설 가는 실선
• 입면선, 치수선, 치수보조선, 격자선, 인출선 등 치수를 기입하는 데 사용
• 치수를 기입하기 위하여 도형으로부터 끌어내는 데 사용
• 기술, 기호 등을 표시하기 위하여 끌어내는 데 사용

45 건축제도 시 선을 긋는 방법에 대한 설명 중 옳지 않은 것은?

① 수직선은 위에서 아래로 긋는다.
② 필기구는 선을 긋는 방향으로 약간 기울인다.
③ T자는 몸체와 머리가 직각이 되어 흔들리지 않도록 제도판에 밀착시켜 사용한다.
④ 일정한 힘을 가하여 일정한 속도로 긋는다.

해설 선 긋기 요령 : 수직선은 밑에서 위로, 왼쪽에서 오른쪽으로 차례로 긋는다.

정답 42 ② 43 ② 44 ① 45 ①

46 다음 지붕평면도에서 박공지붕은?

①
②
③
④

해설 박공지붕 : 양쪽 방향으로 경사진 지붕으로, 뱃지붕 또는 맞배지붕이라고도 하며 반박공지붕도 있다. ①은 외쪽지붕, ③은 방형지붕, ④는 모임지붕이다.

47 건축도면에 치수의 단위가 없을 때는 어떤 단위로 간주하는가?

① [mm]
② [cm]
③ [m]
④ [km]

해설 도면의 길이 치수 기본 단위는 mm이며 주로 생략한다.

48 다음 선 그리기 내용으로 옳지 않은 것은?

① 용도에 따라 선의 굵기를 구분한다.
② 하나의 선을 그을 때 속도와 힘을 다르게 하여 긋는다.
③ 하나의 선을 그을 때 중복하여 긋지 않는다.
④ 연필은 진행되는 방향으로 약간 기울여서 그린다.

해설 선 긋기 요령 : 일정한 힘을 가하여 일정한 속도로 긋되 필기구는 선을 긋는 방향으로 약간 기울인다.

49 실제 16m의 거리는 축척 1/200인 도면에서 얼마의 길이로 표현할 수 있는가?

① 80mm
② 60mm
③ 40mm
④ 20mm

해설 $16 \times \dfrac{1}{200} = 0.08\text{m} = 80\text{mm}$

50 제도용지 A0의 1/4에 해당하는 크기는?

① A2
② A3
③ A4
④ A6

해설 제도 용지의 크기

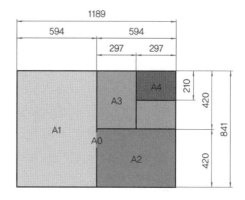

51 건축제도에 사용되는 선의 종류 중 중심선, 절단선, 기준성 등에 사용되는 것은?

① 파선
② 1점 쇄선
③ 굵은실선
④ 가는실선

해설 일점 쇄선
• 가는 일점 쇄선 : 중심선
• 굵은 일점 쇄선 : 절단선, 경계선, 기준선

52 KS F 1501에 따른 도면의 크기에 대한 설명으로 옳은 것은?

① 접은 도면의 크기는 B4의 크기를 원칙으로 한다.
② 제도지를 묶기 위한 여백은 35mm로 하는 것이 기본이다.
③ 도면은 그 길의 방향을 좌우로 놓은 것을 정 위치로 한다.
④ 제도용지의 크기는 KS M ISO 216의 B열의 B0~B6에 따른다.

정답 46② 47① 48② 49① 50① 51② 52③

53 선의 종류에 따른 용도로 옳지 않은 것은?

① 굵은 실선 – 물체의 보이는 부분을 나타내는데 사용

② 파선 – 물체의 보이지 않는 부분의 모양을 표시하는데 사용

③ 1점 쇄선 – 물체의 절단한 위치를 표시하거나, 경계선으로 사용

④ 2점 쇄선 – 물체의 중심축, 대칭축을 표시하는데 사용

해설 가는 2점 쇄선
- 움직이는 물체의 상태를 가상하여 나타내는데 사용한다.
- 가공 전후의 모양을 표시하는 데 사용한다.

54 치수표기에 관한 설명 중 옳지 않은 것은?

① 보는 사람의 입장에서 명확한 치수를 기입한다.

② 필요한 치수의 기재가 누락되는 일이 없도록 한다.

③ 치수는 특별히 명시하지 않는 한 마무리 치수로 표시한다.

④ 치수는 치수선을 중단하고 선의 중앙에 기입하여서는 안 된다.

해설 치수는 치수선 중앙 윗부분에 기입하는 것이 원칙이나, 치수선을 중단하고 선의 중앙에 기입할 수도 있다.

55 다음의 재료 표시기호에서 목재의 구조재 표시 기호는?

①   ②

③   ④

해설 p.78 문제 19번 해설 참고

56 건축제도에 사용하는 글자에 대한 설명 중 옳지 않은 것은?

① 글자는 명백히 쓴다.

② 문장은 왼쪽부터 가로쓰기를 원칙으로 한다.

③ 글자의 크기는 각 도면의 상황에 맞추어 알아보기 쉬운 크기로 한다.

④ 글자체는 수직 또는 30° 경사의 고딕체로 쓰는 것을 원칙으로 한다.

해설 글자체는 고딕체로 하여 수직 또는 15° 경사체로 쓰는 것이 일반적이다.

57 다음의 제도용지 크기 중에서 A1에 해당되는 치수로 옳은 것은? (단위 : mm)

① 841×1189   ② 594×841

③ 420×594   ④ 297×420

해설 p.83 문제 50번 해설 참고

58 도면표시기호 중 두께를 표시하는 기호는?

① THK   ② A

③ V   ④ H

해설 p.78 문제 22번 해설 참고

정답 53 ④ 54 ④ 55 ① 56 ④ 57 ② 58 ①

59 선을 그을 때 유의사항 중 잘못된 것은?

① 일정한 힘을 가하여 일정한 속도로 긋는다.

② 필기구는 선을 긋는 방향으로 약간 기울인다.

③ 필기구는 T자의 날에 꼭 닿아야 한다.

④ 제도용 삼각자는 정확성을 위해 눈금이 있는 것을 사용해야 한다.

> **해설** 도면을 그릴 때 치수는 주소 스케일을 이용하여 측정하므로 삼각자는 눈금 없는 것을 주로 사용한다.

60 제도 용지의 세로(단변)와 가로(장변)의 길이 비율은?

① $1 : \sqrt{2}$　　② $2 : \sqrt{3}$

③ $1 : \sqrt{3}$　　④ $2 : \sqrt{2}$

> **해설** 도면의 크기 : KS에서 규정한 세로와 가로 길이의 비는 $1 : \sqrt{2}$ 이다.

61 건축제도통칙에 정의된 제도지의 크기 중 틀린 것은? (단위 mm)

① A0 : 1189 × 1680

② A2 : 420 × 594

③ A4 : 210 × 297

④ A6 : 105 × 148

62 선의 종류 중 이점쇄선의 용도는?

① 외형선　　② 인출선

③ 치수선　　④ 상상선

> **해설** 가는 2점 쇄선
> • 움직이는 물체의 상태를 가상하여 나타내는데 상상선으로 사용한다.
> • 가공 전후의 모양을 표시하는 데 사용한다.

63 도면의 치수표시 방법에 대한 설명 중 옳지 않은 것은?

① 치수는 특별히 명기하지 않는 한 마무리 치수로 표시한다.

② 치수 기입은 치수선 중앙 윗부분에 기입하는 것이 원칙이다.

③ 협소한 간격이 연속될 때에는 인출선을 사용하여 치수를 쓴다.

④ 도면에 기입하는 치수는 mm 단위로 숫자와 단위기호까지 표시하는 것이 원칙이다.

> **해설** 치수 단위는 mm를 원칙으로 하고 단위기호는 쓰지 않는다.

64 그림과 같은 재료 구조 표시 기호는?

① 목재치장재　　② 석재

③ 인조석　　④ 지반

65 다음의 평면표시기호 중 쌍여닫이문의 표시기호는?

①

②

③

④

> **해설** p.81 문제 40번 해설 참고

66 아래와 같은 평면 기호로 나타낸 창의 명칭으로 옳은 것은?

① 망사창 ② 셔터창

③ 미서기창 ④ 여닫이창

해설 p.18 평면 표시 기호(창 기호) 참고

67 건축물의 표현 방법 중 보고 그리기에 대한 설명으로 옳은 것은?

① 사물에 대한 고정적인 관념을 갖는 것이 필요하다.

② 건축묘사는 실제보다 예쁘게 그리는 것이 가장 중요하다.

③ 건축묘사는 사실 묘사 이외에 형태의 본질 파악에 주의를 기울여야 한다.

④ 건축적인 부분을 사실 그대로 모두 그리는 것이 중요하다.

해설 보고 그리기 : 보면서 그림을 그릴 때에는 주의 깊게 사물을 관찰해야 하며, 사물에 대한 고정적인 관념을 배제해야 한다. 건축에서 묘사의 목적은 예쁘게 그리는 것보다는 의미 전달에 있기 때문에, 사실적인 묘사 이외에 형태의 본질 파악에 주의를 기울여야 한다.

68 주택 평면계획의 순서가 옳게 연결된 것은?

┌─────────────────────────┐
│ ㉠ 대안계획   │
│ ㉡ 계획안 확정   │
│ ㉢ 동선 및 공간 구성 분석   │
│ ㉣ 소요공간 규모 산정   │
│ ㉤ 도면 작성   │
└─────────────────────────┘

① ㉠→㉡→㉢→㉣→㉤

② ㉡→㉠→㉢→㉤→㉣

③ ㉢→㉣→㉠→㉡→㉤

④ ㉣→㉠→㉡→㉢→㉤

해설 평면 계획이란 주어진 기능의 어떤 건물 내부에서 일어나는 활동의 종류와 실의 규모 및 그 상호 관계를 평면상에 합리적으로 배치하는 것이다. 주택의 평면계획의 순서는 동선 및 공간을 분석하여 소요공간의 규모를 확정하고, 이를 통한 계획안을 결정한 후 도면을 작성한다.

69 주택에서 부엌에 대한 설명으로 가장 적합한 것은?

① 방위는 서쪽이나 북서쪽이 좋다.

② 개수대의 높이는 주부의 키와는 무관하다.

③ 소규모 주택일 경우 거실과 한 공간에 배치할 수 있다.

④ 가구 배치는 가열대, 개수대, 냉장고, 조리대 순서로 한다.

해설 부엌은 밝고 다른 장소를 살펴보기에 편리한 곳에 두며, 소규모 주택일 경우 거실과 한 공간에 배치할 수 있다. 싱크대는 냉장고 → 준비대 → 개수대 → 조리대 → 가열기 → 배선대의 순으로 배치한다.

70 침실 공간에 대한 설명으로 옳은 것은?

① 자녀 침실은 어두운 공간에 배치한다.

② 노인이 거주하는 실은 출입구에서 먼 쪽으로 배치한다.

③ 부부침실은 조용하고 아늑한 느낌을 가지도록 한다.

④ 아동실은 북쪽으로 배치하고, 부엌과 인접하도록 한다.

해설 주택에서 개인 공간은 침실(bedroom)을 말하는데, 수면·휴식·탈의 등의 행위를 위한 개인 공간이 구성되도록 한다. 가족 구성원 각자의 개성이 존중되고, 심리적 독립성이 지켜져야 한다. 침실은 주택 내에서 휴식을 위한 대표적인 장소로, 안락과 휴식을 취할 수 있도록 계획하여야 한다.

정답 66 ③ 67 ③ 68 ③ 69 ③ 70 ③

71 다음 창호 표시기호의 뜻으로 옳은 것은?

① 알루미늄합금 창 2번
② 알루미늄합금 창 2개
③ 알루미늄 2중창
④ 알루미늄 문 2짝

해설 p.81 문제 41번 해설 참고

72 실시설계도에서 일반도에 해당하지 않는 것은?

① 전개도　　② 부분상세도
③ 배치도　　④ 기초 평면도

해설 일반도는 배치도, 평면도, 입면도, 단면도, 전개도, 단면상세도, 부분상세도, 투시도, 창호도 등이다. 기초 평면도는 실시설계도에서 구조도에 속한다.

73 건축제도통칙(KS F 1501)에 정의된 투상법에 관한 설명으로 옳지 않은 것은?

① 투상법은 제1각법으로 작도함으로 원칙으로 한다.
② 투상면의 명칭에는 정면도, 평면도, 배면도 등이 있다.
③ 투상면은 방향에 따라 남쪽 입면도, 서쪽 입면도 등으로 표시하여도 좋다.
④ 우측면도는 정면도를 기준으로 우측면에서 바라본 투상면이다.

해설 건축제도 통칙에서 건축제도의 투상법은 제3각법으로 작도함을 원칙으로 하고 있다.

74 다음 중 평면도에서 알 수 있는 사항이 아닌 것은?

① 처마 높이
② 실의 면적
③ 개구부의 위치나 크기
④ 벽체의 두께

해설 평면도 표시 사항 : 창호의 단면 모양, 실의 배치와 넓이, 개구부의 위치나 크기, 창문과 출입구의 구별, 벽체의 두께, 환기구의 위치 및 형상 등

75 건축 도면 중 평면도에 대한 설명으로 옳은 것은?

① 축척은 규모에 따라 1/5~1/30 등으로 그린다.
② 축척에 따라 도면의 표시 내용도 달라지게 된다.
③ 1층 평면도에는 실의 배치와 지붕 재료표시, 개구부의 위치나 크기를 표시한다.
④ 건축물의 바닥 면으로부터 50cm 정도 높이에 있는 개구부 부분을 수직 절단한 수직 투상도이다.

해설 평면도는 설계 도면 중 가장 기본이 되고, 중요하며 건축물의 양부를 결정하는 근본적 요소가 되므로 가장 정확한 상세를 요한다. 치수의 결정 시 기준선은 벽, 기둥의 중심에서 취하는 것이 일반적이다. 실내 바닥으로부터 1.2~1.5m 정도에서 공간을 수평으로 절단하여 위에서 아래를 내려다보고 작도한 도면이다. 축척에 따라 도면의 표시 내용도 달라진다.

76 합성수지 창호 설계도에 기재되지 않는 것은?

① 부재 재질　　② 부재 치수
③ 부재 단가　　④ 부착 철물의 위치

해설 창호 설계도 표현 사항 : 창호 및 문의 길이와 높이, 형태, 창호 및 문의 재질과 부착철물의 설치 위치, 도면 명 및 축척

정답 71 ① 72 ④ 73 ① 74 ① 75 ② 76 ③

77 도면의 종류 중 실시설계도를 가장 잘 설명한 것은?

① 기본 설계도를 기준으로 만들어지고 건축물의 시공에 필요한 여러 가지 도면

② 설계자가 건물의 기본구상을 연구하기 위한 도면

③ 건축주와 협의용으로 사용되는 도면

④ 건물의 기능이나 규모 및 표현을 결정하기 위한 도면

> **해설** 실시 설계도 : 건축물의 허가, 사업 승인, 시공을 위한 세부 상세 도면이다. 기본 설계도를 기준으로 만들어지는데 건축물의 시공에 필요한 여러 가지 도면이다.

78 다음 도면 중 일반적으로 가장 먼저 그려야 하는 것은?

① 단면상세도   ② 배근도

③ 창호도   ④ 평면도

> **해설** 평면도 : 건축물을 각 층마다 창틀 위에서 수평으로 자른 수평 투상도로서, 배치 및 크기를 나타낸다. 도면의 가장 기본이 되는 도면으로 일반적으로 가장 먼저 그린다.

79 건축도면 작성에 대한 설명 중 틀린 것은?

① 도면은 그 길이 방향을 좌우 방향으로 놓은 위치를 정위치로 한다.

② 도면에는 척도를 기입하여야 한다.

③ 평면도, 배치도 등은 남쪽을 위로하여 작도함을 원칙으로 한다.

④ 도면을 접을 경우 접은 도면의 크기는 A4의 크기를 원칙으로 한다.

> **해설** 평면도, 배치도 등의 작도방향은 일반적으로 북쪽을 위로 하여 작도한다.

80 기초 평면도에 표기하는 사항이 아닌 것은?

① 기초의 종류

② 앵커 볼트의 위치

③ 마루 밑 환기구 위치 및 형상

④ 기와의 치수 및 잇기 방법

> **해설** 기초 평면도
> • **정의** : 축척과 방위는 평면도와 같게 한다.
> • **표시 사항** : 기초의 종류, 앵커볼트의 위치, 환기구의 위치 및 형상

81 건축물을 표현하는 투시도법 중 그림과 같은 투시도법은?

① 평행 투시도법   ② 유각 투시도법

③ 사각 투시도법   ④ 3소점 투시도법

> **해설** 평행 투시도 : '1점 투시 투상도'라고도 하며, 대상물의 2 좌표축이 투상면에 평행하고 다른 한 축이 직각일 때 물체의 인접한 두 면을 화면과 기면에 평행하게 표현한다.

82 각종 도면에 대한 설명 중 옳지 않은 것은?

① 배치도는 전체를 파악하는데 중요한 도면으로 대지 안의 건물의 위치 등을 표현한다.

② 전개도는 건물 내부의 입면을 정면에서 바라보고 그리는 내부 입면도이다.

③ 평면도는 건축물을 건축물의 바닥 면으로부터 2m 이상의 높이에서 수평으로 절단하여 그린 것이다.

④ 단면도는 건축물을 수직으로 절단하여 수평 방향에서 바라보고 그린 것이다.

정답   77 ①   78 ④   79 ③   80 ④   81 ①   82 ③

83 투시도법에 쓰이는 용어 중 관찰자가 서 있는 면을 나타내는 것은?

① 화면   ② 기선
③ 기면   ④ 수평면

해설 투시도에 쓰이는 용어
- G.P.(Ground Plane, 기면) : 관찰자가 서 있는 면
- P.P.(Picture Plane, 화면) : 물체와 시점 사이에 기면과 수직한 평면
- H.P.(Horizontal Plane, 수평면) : 눈높이에 수평한 면
- G.L.(Ground Line, 기선) : 기면과 화면의 교차선

84 단면도에 표기할 사항이 아닌 것은?

① 건축면적
② 지붕의 물매
③ 지반에서 1층 바닥까지의 높이
④ 건축의 높이, 총 높이, 처마 높이

해설 단면도 주요 표기 사항
- 건물의 최고 높이, 층간 높이, 처마 높이 및 거실의 높이
- 창대 및 창의 높이
- 지반 및 1층 바닥의 높이
- 건축물의 내외부 마감 재료 표시

85 건축도면 중 입면도에 표기해야 할 사항으로 적합한 것은?

① 실의 배치와 높이
② 기초판 두께와 너비
③ 건축물과 기초와의 관계
④ 창호의 형상, 외벽, 지붕

해설 입면도 주요 표시 사항 : 건물, 외벽, 처마, 창문, 창대, 지붕, 개구부 등의 외부 형상의 높이, 너비, 재료, 경사 등

86 다음 중 기초 도면 작성시 가장 먼저 해야 할 사항은?

① 테두리선을 긋는다.
② 지반선과 벽체 중심선을 긋는다.
③ 표제란을 기입한다.
④ 기초 크기에 알맞게 축척을 정한다.

해설 도면 배치 계획의 순서
- 완성된 표현 요소를 결정한다.
- 강조하고 싶은 부분과 설명하여야 할 부분을 구분한다.
- 표현 방법을 여러 관점에서 검토해 본다.
- 글자의 크기, 도면의 축척 등을 조절한다.
- 계획에 따라 패널을 완성해 나간다.

87 단면도에 표기하여야 할 사항으로 틀린 것은?

① 처마 높이   ② 창대 높이
③ 지붕 물매   ④ 도로 높이

해설 단면도 주요 표기 사항
- 건물의 최고 높이, 층간 높이, 처마 높이 및 거실의 높이
- 창대 및 창의 높이
- 지반 및 1층 바닥의 높이
- 건축물의 내외부 마감 재료 표시

88 다음 중 창호도에 표기되는 내용이 아닌 것은?

① 개폐방법   ② 기초
③ 재료   ④ 마감

해설 창호도 표현 사항
- 창호 및 문의 길이와 높이, 형태
- 창호 및 문의 재질과 설치 위치
- 도면 명 및 축척(1/50~1/100)
- 개폐 방법, 재료, 마감이 표기

정답   83 ③   84 ①   85 ④   86 ④   87 ④   88 ②

89 설계도면이 갖추어야 할 요건에 대한 설명 중 옳지 않은 것은?

① 객관적으로 이해되어야 한다.
② 일정한 규칙과 도법에 따라야 한다.
③ 정확하고 명료하게 합리적으로 표현되어야 한다.
④ 모든 도면의 축척은 하나로 통일되어야 한다.

해설 기초도면 작성 시 기초 크기에 맞게 축척을 가장 먼저 정하는데 도면의 용도에 따라서 축척을 결정해야 한다.

90 철골구조의 주각부에 사용되는 부재가 아닌 것은?

① 래티스(Lattice)
② 베이스 플레이트(Base plate)
③ 사이드 앵글(Side angle)
④ 윙 플레이트(Wing plate)

해설 주각부(Column base) : 기둥에서 전달되는 하중을 철근콘크리트 기초를 통하여 지반으로 전달하는 역할을 하며 주로 베이스 플레이트(base plate), 리브 플레이트(rib plate), 윙 플레이트(wing plate)로 구성된다.

91 다음 중 구조양식이 같은 것끼리 짝지어지지 않은 것은?

① 목구조와 철골구조
② 벽돌구조와 블록구조
③ 철근콘크리트조와 돌구조
④ 프리패브와 조립식 철근콘크리트조

해설 철근 콘크리트구조는 일체식, 돌구조는 조적식 구조이다.

92 층고를 최소화할 수 있으나 바닥판이 두꺼워서 고정하중이 커지며, 뼈대의 강성을 기대하기가 어려운 구조는?

① 튜브 구조
② 전단벽 구조
③ 박판 구조
④ 무량판 구조

해설 보 없이 슬래브만으로 되어 있으며, 하중을 직접 기둥에 전달하는 무량판 구조(mushroom construction)의 슬래브를 플랫 슬래브(Flat slab)라고 한다. 보를 사용하지 않기 때문에 내부 공간을 크게 이용할 수 있고 층고를 낮출 수 있다. 하지만 기둥과 연결되는 슬래브 부분의 배근이 복잡하고, 전체적으로 슬래브가 두꺼워지는 단점이 있다.

93 강재나 목재를 삼각형을 기본으로 짜서 하중을 지지하는 것을 절점이 핀으로 구성되어 있으며 부재는 인장과 압축력만 받도록 한 구조는?

① 트러스 구조
② 내력벽 구조
③ 라멘 구조
④ 아치 구조

해설 트러스 구조는 절점을 핀(pin) 접합으로 취급한 삼각형 형태의 부재를 조합한 구조 형식이다. 각 부재에는 원칙적으로 축방향력만 발생한다. 트러스 구조는 가느다란 부재로 큰 공간을 구성할 수 있다.

94 철근콘크리트구조에서 철근과 콘크리트의 부착에 영향을 주는 요인에 관한 설명으로 옳지 않은 것은?

① 철근의 표면 상태 – 이형철근의 부착강도는 원형철근보다 크다.
② 콘크리트의 강도 – 부착강도는 콘크리트의 압축강도나 인장강도가 작을수록 커진다.
③ 피복두께 – 부착강도를 제대로 발휘시키기 위해서는 충분한 피복두께가 필요하다.
④ 다짐 – 콘크리트의 다짐이 불충분하면 부착 강도가 저하된다.

정답 89 ④ 90 ① 91 ③ 92 ④ 93 ① 94 ②

해설 철근과 콘크리트의 부착에 영향을 주는 요인
- **콘크리트의 강도** : 콘크리트의 압축강도가 클수록 부착강도(부착력)가 크다.
- **피복두께** : 부착강도를 제대로 발휘시키기 위해서는 충분한 피복두께가 필요하다.
- **철근의 표면 상태** : 이형철근이 원형철근보다 부착강도가 크다(이형철근이 원형철근의 2배).
- **다짐** : 콘크리트의 다짐이 불충분하면 부착강도가 저하된다.
- 콘크리트의 부착강도는 철근의 주장(둘레길이)에 비례한다.

95 프리스트레스트 콘크리트구조의 특징으로 옳지 않은 것은?

① 스팬을 길게 할 수 있어서 넓은 공간을 설계할 수 있다.

② 부재 단면의 크기를 작게 할 수 있고 진동이 없다.

③ 공기를 단축하고 시공 과정을 기계화할 수 있다.

④ 고강도 재료를 사용하므로 강도와 내구성이 크다.

해설 프리스트레스트 콘크리트구조(prestressed concrete structure) : 외력에 의하여 발생되는 응력을 소정의 한도까지 상쇄할 수 있도록 PC봉, PC강연선 등의 긴장재를 이용하여 미리 계획적으로 압축력을 작용시킨 콘크리트(PS 콘크리트 또는 PSC 콘크리트라고 함)를 말한다.

96 철골구조에서 사용되는 고력볼트 접합의 특성으로 옳지 않은 것은?

① 접합부의 강성이 크다.

② 피로강도가 크다.

③ 노동력절약과 공기단축 효과가 있다.

④ 현장 시공설비가 복잡하다.

해설 고력 볼트 접합은 강한 인장력 때문에 너트의 풀림이 없고, 반복 응력에 의한 영향을 거의 받지 않기 때문에 리벳이나 볼트 접합보다 안전하고 강한 접합이 될 수 있다. 공장에서 제작한 보와 기둥 등을 현장에서 조립할 때의 접합에 많이 쓰인다.

97 벽돌 쌓기법 중 모서리나 끝에 반절이나 이오토막을 사용하는 것으로 가장 튼튼한 쌓기법은?

① 미국식 쌓기   ② 프랑스식 쌓기

③ 영식 쌓기   ④ 네덜란드식 쌓기

해설 영국식(영식) 쌓기는 길이 쌓기 켜와 마구리 쌓기 켜를 번갈아서 쌓아 올리는 방법으로 마구리 켜의 모서리 부분에는 반절 또는 이오토막을 사용한다. 통줄눈이 생기지 않으며 가장 튼튼한 쌓기법으로 내력벽에 사용된다.

98 블록조에서 창문의 인방보는 벽단부에 최소 얼마이상 걸쳐야 하는가?

① 5cm   ② 10cm

③ 15cm   ④ 20cm

해설 폭이 1.8m를 넘는 개구부의 상부에는 철근콘크리트 구조의 인방보를 설치한다. 인방은 좌우측에 20cm 이상 물려야 한다.

99 다음 중 벽돌구조의 장점에 해당하는 것은?

① 내화, 내구적이다.

② 횡력에 강하다.

③ 고층 건축물에 적합한 구조이다.

④ 실내면적이 타 구조에 비해 매우 크다.

해설 벽돌구조
- **장점** : 내구, 방화적이고 외관이 장중하며 방한, 방서적
- **단점** : 벽체에 습기가 차기 쉽고 횡력에 대한 저항성이 약함

정답 95 ② 96 ④ 97 ③ 98 ④ 99 ①

100 목구조에 사용되는 철물에 대한 설명으로 옳지 않은 것은?

① 듀벨은 볼트와 같이 사용하여 접합재 상호 간의 변위를 방지하는 강한 이음을 얻는 데 사용된다.

② 꺾쇠는 몸통이 정방향, 원형, 평판형인 것을 각각 각꺾쇠, 원형꺾쇠, 평꺾쇠라 한다.

③ 감잡이 쇠는 강봉 토막의 양끝을 뾰족하게 하고 ㄴ자형으로 구부린 것으로 두 부재의 접합에 사용된다.

④ 안장쇠는 안장 모양으로 한 부재에 걸쳐 놓고 다른 부재를 받게 하는 이음, 맞춤의 보강철물이다.

해설 감잡이쇠(stirrup) : ㄷ자형으로 평보를 대공에 달아맬 때 또는 평보와 ㅅ자보의 밑에 쓰인다.

101 가볍고 가공성이 좋은 장점이 있으나 강도가 작고 내구력이 약해 부패, 화재 위험 등이 높은 구조는?

① 목구조
② 블록구조
③ 철골구조
④ 철골철근콘크리트구조

해설 나무구조(목구조) : 건축물의 뼈대(frame)를 목재로 구성하고 보강철물로 접합하여 보강한 구조
• 장점 : 구조가 간단하고 공기가 짧으며 시공이 용이하고 외관이 아름다움
• 단점 : 부패 및 화재의 위험이 항상 존재하고 관리를 소홀하게 하면 내구성이 저하

102 철근콘크리트구조에서 콘크리트 타설 시 거푸집의 측압을 결정짓는 요소가 아닌 것은?

① 타설속도
② 압축강도
③ 거푸집 강성
④ 기온

해설 콘크리트 측압에 영향을 주는 요소
• 거푸집의 강성 : 거푸집의 강성이 클수록 측압이 크다.
• 부어넣기의 속도 : 속도가 빠를수록 측압이 크다.
• 거푸집 부재의 수평단면 : 단면이 클수록 측압이 크다.
• 기온 및 콘크리트의 온도 : 온도가 낮을수록 강화속도가 늦어지므로 측압은 크다.
• 시공연도/슬럼프 값 : 클수록 측압이 크다.
• 콘크리트의 비중 : 비중이 클수록 측압이 크다.

103 주심포식과 다포식으로 나뉘어지며 목구조 건축물에서 처마 끝의 하중을 받치기 위해 설치하는 것은?

① 공포
② 부연
③ 너새
④ 서까래

해설 공포는 목구조 건축물에서 처마 끝의 하중을 받치기 위해 설치하는 것으로 주심포식, 다포식, 익공식으로 나뉘어진다.

104 철근콘크리트구조 기둥의 띠철근 사용 목적으로 옳지 않은 것은?

① 하중의 증가 시 띠철근이 주근의 좌굴을 방지하도록 한다.
② 주근의 설계위치를 유지한다.
③ 하중에 의한 콘크리트의 축방향 변형에 저항하도록 한다.
④ 전단력에 대해 보강한다.

해설 띠 철근이나 나선 철근은 주근의 좌굴 방지와 수평 하중에 의한 발생하는 전단력에 저항하기 위한 보강의 역할을 한다.

정답 100 ③ 101 ① 102 ② 103 ① 104 ③

105 블록구조와 돌구조의 특징 중 공통적인 사항은?

① 공사비가 매우 저렴하다.
② 외관이 아름답다.
③ 횡력과 진동에 약하다.
④ 단열, 방음 효과가 크다.

해설 조적식 구조 중 블록구조와 돌구조는 횡력과 진동에 약한 특징을 갖는다.

106 목구조에 설치하는 기둥 중에서 한 층에서 일반 높이의 평기둥보다 높아 동자주를 겸하는 기둥을 무엇이라 하는가?

① 누주　　② 고주
③ 통재기둥　　④ 활주

해설 고주(高柱) : 목구조에서 건물 내부 한가운데 세운 키 큰 기둥으로 한 층에서 일반 높이의 평기둥 보다 높아 동자주를 겸하는 기둥

107 굴뚝과 같은 평면이 작은 독립구조물의 기초를 설계할 때 고려해야 할 하중으로 거리가 먼 것은?

① 지진하중　　② 고정하중
③ 적설하중　　④ 풍하중

해설 적설 하중 : 건축물 위에 쌓인 눈의 무게에 의한 하중으로, 적재 하중의 일종이다.

108 스틸하우스의 장점이 아닌 것은?

① 공사 기간이 짧다.
② 내부 공간의 변경이 용이하다.
③ 결로 현상이 생기지 않는다.
④ 쉽게 조립할 수 있으므로 시공이 간편하다.

해설 스틸 하우스는 경량형 강판을 주요 구조 부재로 사용하는 주거 형태를 말한다. 기존의 조적조나 목구조를 대체할 만한 장점을 지닌 새로운 구조 형태의 주택을 말한다. 스틸 하우스는 서유럽의 목구조를 기본으로 하며, 목재와 유사한 치수의 형강을 제작하여 구조재로 사용한다. 또, 목재의 시공법과 유사한 방법을 사용함으로써 시공성이 좋은 목재의 장점과 강재의 장점을 함께 갖추고 있다. 단점으로는 결로현상을 들 수 있다.

109 지붕의 평면과 지붕명칭을 서로 연결한 것 중 옳지 않은 것은?

① 외쪽지붕　② 합각지붕
③ 박공지붕　④ 모임지붕

해설 ② 꺾인 지붕의 평면이다.

110 벽돌쌓기 중 담 또는 처마부분에서 내쌓기를 할 때에 벽돌을 45° 각도로 모서리가 면에 돌출되도록 쌓는 방식은?

① 영롱 쌓기　　② 무늬 쌓기
③ 세워 쌓기　　④ 엇모 쌓기

해설 장식 쌓기 중 엇모 쌓기는 담장의 윗부분 또는 처마 부분 쌓기를 할 때 벽돌 모서리가 45° 각도로 벽면에서 돌출되게 쌓는 방법이다.

111 주로 I형과 H형강이 사용되고 힘을 더 많이 받게 하기 위해 플랜지 상부에 커버 플레이트를 붙이기도 하는 것은?

① 형강보　　② 트러스보
③ 래티스보　　④ 플레이트 보

정답 105 ③　106 ②　107 ③　108 ③　109 ②　110 ④　111 ①

형강 보
- H형강 또는 I형강이 많이 사용되며, 단면이 부족할 때에는 커버 플레이트(cover plate) 또는 스티프너(stiffener)를 붙이기도 한다.
- 단면을 산정할 때에는 보의 춤을 보통 간사이의 1/10~1/30 이상으로 한다.

112 목구조에서 널리 쓰이는 판재연결 방식으로 마루널 시공에 가장 많이 쓰이는 쪽매방식은?

① 맞댄쪽매   ② 반턱쪽매
③ 제혀쪽매   ④ 오늬쪽매

제혀쪽매 : 혀를 내민 형태와 흡사하여, 부재의 혀를 다른 쪽 홈에 끼워놓는 방법이다. 밖으로 나온 혀가 몸통과 한 몸이다. 마루널 시공에 가장 많이 사용된다.

113 강구조 기둥에서 발생하는 다음과 같은 현상을 무엇이라 하는가?

> 단면에 비하여 길이가 긴 장주가 중심축하중을 받는 과정 중 편심 모멘트가 발생함에 따라 압축응력이 허용강도에 도달하기 전에 휘어져 버리는 현상

① 처짐   ② 좌굴
③ 인장   ④ 전단

좌굴(buckling) : 단면에 비하여 길이가 긴 기둥에서 중심축 하중을 받는데도 부재의 불균일성에 기인하여 하중이 집중되는 부분에 편심 모멘트가 발생함에 따라 압축응력이 허용강도에 도달하기 전에 휘어져 버리는 현상이다.

114 목구조에 대한 설명으로 틀린 것은?

① 부재에 흠이 있는 부분은 가급적 압축력이 작용하는 곳에 두는 것이 유리하다.
② 목재의 이음 및 맞춤은 응력이 적은 곳에서 적합하다.

③ 큰 압축력이 작용하는 부재에는 맞댄이음이 적합하다.
④ 토대는 크기가 기둥과 같거나 다소 작은 것을 사용한다.

토대(土臺) : 방수문제로 지반에서 높게 설치하며, 토대의 크기는 기둥과 같이 하거나 크게 한다.

115 철골구조의 장점에 해당하는 것은?

① 기둥축소 현상이 발생하지 않는다.
② 사용성에 있어 진동의 영향을 받지 않는다.
③ 화재에 강하다.
④ 부재별 재질이 균등하며 현장 조립이 가능하다.

철골구조(강구조) : 여러 단면 모양으로 된 형강이나 강판을 짜맞추어 리벳조임 또는 용접한 구조
- 장점 : 고층 구조 가능, 내진, 대규모 구조에 유리, 해체 이동 수리 가능
- 단점 : 고가의 공사비용, 내구성과 내화성이 약함, 정밀 시공이 요구됨

116 철골철근콘크리트구조에 대한 설명으로 틀린 것은?

① 초고층건물의 하부층에 많이 사용된다.
② SRC구조라고도 한다.
③ 철골 철근콘크리트구조는 철근콘크리트구조에 비해 내진성능이 떨어진다.
④ 강재가 콘크리트로 피복되어 있기 때문에 철골구조에 비해 내화성능이 뛰어나다.

철골 철근콘크리트구조 : 철골조의 각 부분을 콘크리트로 피복한 구조
- 장점 : 고층건물이나 대건물에 적합, 저층부의 유효공간 확보 유리, 내진성이 우수
- 단점 : 다리 부재의 중량이 큼, 고가, 긴 공기, 시공이 복잡

---

112 ③   113 ②   114 ④   115 ④   116 ③

117 조립식 건축에 관한 설명으로 틀린 것은?

① 공장생산이 가능하며 대량생산을 할 수 있다.

② 기계화 시공으로 단기 완성이 가능하다.

③ 기후의 영향을 덜 받는다.

④ 각 부품과 접합부가 일체가 되므로 접합부 강성이 높다.

> **해설** 조립식 구조는 공장에서 규격화된 건축 부재를 다량 제작하여 현장에서 조립하여 구조체를 완성하는 방식으로, 공사 기간이 매우 짧고 대량 생산이 가능하다. 조립식 구조는 프리캐스트 콘크리트 구조 등이 해당된다.

118 건축구조의 분류 중 구성방식에 의한 분류에서 조적식 구조끼리 짝지어진 것은?

① 벽돌구조 – 돌구조

② 철골구조 – 벽돌구조

③ 목구조 – 돌구조

④ 블록구조 – 철골구조

> **해설** 조적식 구조에는 벽돌 구조, 블록 구조, 돌 구조 등이 해당한다.

119 목구조의 구조부위와 이음방식이 잘못 짝지어진 것은?

① 서까래 이음 – 빗이음

② 걸레받이 – 턱솔이음

③ 난간두겁대 – 은장이음

④ 기둥의 이음 – 엇걸이산지 이음

> **해설** 기둥의 이음에는 +자 어긋 몸통붙이기 이음이나 조개입 이음을 주로 사용한다.

120 2층 이상의 기둥 전체를 하나의 단열재로 사용되는 것은?

① 층도리　　　　② 평기둥

③ 샛기둥　　　　④ 통재기둥

> **해설** 통재기둥(본기둥) : 2층 이상의 중층건물에서 아래층부터 위층까지의 기둥 전체를 하나의 단일재로 사용한다.

121 아래에서 설명하는 구조는 무엇인가?

> 와이어로프, 또는 PS 와이어 등을 사용하여 구조물의 주요 부분을 매달아서 주로 인장재가 힘을 받도록 설계된 구조이다. 대표적인 예로 남해대교가 있다.

① 쉘구조　　　　② 돔구조

③ 절판구조　　　④ 현수구조

> **해설** 현수식 구조 : 경간이 큰 다리 구조에 많이 사용하는 방법으로 바닥판을 케이블로 매달아 형성시킨 구조로 케이블내에는 인장응력만 발생시키도록 한 것

122 건축물의 구조상 주요 구조부에 해당하지 않는 것으로 짝지어진 것은?

① 기초, 기둥　　② 벽, 바닥

③ 천장, 칸막이벽　④ 계단, 지붕

> **해설** 건축물의 주요 구조부는 기초, 벽, 기둥, 바닥보, 지붕 및 주계단 등으로 구성된다.

123 건축구조의 3요소에 해당하지 않는 것은?

① 미　　　　　　② 기능

③ 비용　　　　　④ 구조

> **해설** 건축의 3요소
> • **구조(構造)** : 지진등 자연재해나 외부의 충격으로 부터 안전하고 내구성, 경제성, 거주성을 확보한다.
> • **기능(機能)** : 건축물의 필요한 기능들과 동선을 검토하여 각 공간을 구분 짓는다.
> • **미(美)** : 건축물도 아름다운 외관을 위하여 디자인되어져야 하며 건축물이 쾌적하고 아름다운 주거환경과 도시미관을 위하여 갖추어야 할 중요한 요소이다.

정답	117 ④　118 ①　119 ④　120 ④　121 ④　122 ③　123 ③

124 철근콘크리트구조의 형식에서 라멘(Rahmen) 구조에 대한 설명으로 옳은 것은?

① 보를 설치하지 않고 실내공간을 넓게 한다.
② 기둥과 보를 서로 연결하여 하중을 부담 시킨다.
③ 판상의 벽체와 바닥 슬래브를 일체적으로 구성한다.
④ 곡면 바닥판을 이용하여 간사이가 큰 구조를 형성한다.

해설 라멘(Rahmen) 구조
• 기둥, 보, 바닥 슬래브 등이 강접합으로 서로 연결돼 하중에 저항하는 구조를 말한다.
• 슬래브, 벽, 기둥, 보 등의 뼈대가 일체로 된다.
• 내부 벽의 설치가 자유롭고, 수직·수평 하중에 대하여 큰 저항력을 가지는 구조이다.

125 곡면판이 지니는 역학적 특성을 응용한 구조로서 외력은 주로 판의 면 내력으로 절단되기 때문에 경량이면서 내력이 큰 구조물을 구성할 수 있는 구조는?

① 현수구조   ② SRC 구조
③ 철골구조   ④ 셸구조

해설 셸(shell) 구조
• 곡면판이 지니는 역학적 특성을 응용한 구조로서 외력은 주로 판의 면내력으로 전달되기 때문에 경량이고 내력이 큰 구조물을 구성할 수 있는 구조이다.
• 면에 분포되는 하중을 인장력·압축력과 같은 면내력으로 전달시키는 역학적 특성을 가지고 있다.
• 곡면바닥판을 구조재로 이용하며, 가볍고 강성이 우수한 구조 시스템이다.

126 철골 보에서 웨브 플레이트(Web plate)의 좌굴을 방지하기 위하여 설치하는 것은?

① 프랜지(Flange)
② 거셋 플레이트(Gusset Plate)

③ 스티프너(Stiffener)
④ 필러(Filler)

해설 스티프너(Stiffener) : 웨브의 두께가 폼에 비해서 얇을 때, 웨브 플레이트의 국부 좌굴을 방지하기 위해 평강이나 L형강을 사용한다.

127 철골구조의 용접접합에 대한 설명으로 옳은 것은?

① 강재의 사용량이 증가한다.
② 공해 및 소음이 적어 도심지 공사에 유리하다.
③ 응력전달이 불리하다.
④ 단면 이음이 복잡하고, 자유롭지 못하다.

해설 용접 접합
• 2개 이상의 강재를 국부적으로 일체화시키는 접합이다.
• 접합 성능이 우수하고 소음으로 인한 민원이 생길 수 있는 도심지 공사에 적합하며 굴곡이 있는 면의 접합이 용이하다.

128 사진은 서울 상암동 월드컵경기장의 지붕 모습이다. 이와 같이 지붕을 텐트의 원리를 이용하여 만든 구조를 무엇이라 하는가?

① 셸구조   ② 막구조
③ 라멘구조   ④ 플랫슬래브구조

해설 막 구조(Membrane structure) : 얇은 섬유 재료의 천과 같은 막으로 텐트처럼 구조체의 지붕이나 벽체 등을 덮는 구조 방식을 말한다. 막구조는 공기막구조, 골조막 구조와 현수막 구조로 구분할 수 있으며, 다른 구조 방식에 비해 지붕의 형태를 다양하게 표현할 수 있고, 투과성, 경량성, 시공성 및 경제성이 우수하다.

정답   124 ②   125 ④   126 ③   127 ②   128 ②

129 대형 건축물에 널리 쓰이는 SRC구조가 의미하는 것은?

① 철골철근콘크리트조

② 철근콘크리트

③ 철골조

④ 철판구조

해설 철골 철근콘크리트구조(SRC 구조) : 철골조의 각 부분을 콘크리트로 피복한 구조
- 장점 : 고층건물이나 대건물에 적합, 저층부의 유효공간 확보 유리
- 단점 : 다리 부재의 중량이 큼, 고가, 긴 공기, 시공이 복잡, 자중이 무거움

130 철근콘크리트가 성립할 수 있는 이유로 옳지 않은 것은?

① 철근과 콘크리트의 부착 강도가 크다.

② 콘크리트와 철근의 열팽창 계수가 거의 같다.

③ 콘크리트가 알칼리성이므로 콘크리트 속에 묻힌 철근은 녹슬지 않는다.

④ 철근은 압축력이 우수하고 콘크리트는 인장력이 우수하기에 함께 사용된다.

해설 콘크리트는 압축력이 강하지만 인장력이 약하고, 철근은 인장력이 강하지만 압축력이 약해 상호보완 관계이다.

131 콘크리트충전 강관구조(CFT)에 대한 설명으로 옳지 않은 것은?

① 기둥 시공 시 별도의 특수 거푸집이 필요하다.

② 원형 또는 각형 강관이 주로 사용된다.

③ 일종의 합성구조이다.

④ 에너지 흡수능력이 뛰어나 초고층 구조물에 적응 가능하다.

해설 콘크리트 충전 강관 구조(CFT)
- 원형 또는 각형 강관의 내부에 고강도 콘크리트를 충전한 구조이다.
- 강관을 거푸집으로 이용하므로 별도의 거푸집이 필요 없다.
- 강관이 콘크리트를 구속하는 특성에 의해 강성, 내력, 변형, 내화 시공 등 여러 면에서 뛰어난 공법이다.

132 벽돌 아치 구조에 대한 설명으로 옳지 않은 것은?

① 아치는 인장력만 전달되게 만든 구조이다.

② 아치를 이루는 부재 내에서 전단력만이 작용한다.

③ 아치의 줄눈은 모두 아치의 중심에 모이도록 해야 한다.

④ 아치는 구조적으로 불안정하나 시공이 용이해 많이 사용된다.

해설 아치(arch) 구조
- 개구부 상부의 하중을 지지하기 위하여 돌이나 벽돌을 곡선형으로 쌓아올린 구조
- 상부에서 오는 수직압력이 아치의 축선에 따라 좌우로 나누어져 밑으로 압축력만을 전달하게한 것이고, 부재의 하부에 인장력이 생기지 않게 구조화한 것

133 단변 길이가 30cm 되는 정방향에 가까운 네모뿔 형돌로서 간단한 석축이나 돌쌓기에 쓰이는 석재는?

① 견치돌   ② 잡석

③ 각석   ④ 판석

해설 견치돌(견칫돌, 견치석) : 돌을 뜰 때에 앞면, 길이, 접촉부 등의 치수를 지정해서 깨낸 돌로 면을 정사각형이나 마름모꼴로 네모뿔형태로 만든 것

정답   129 ①   130 ④   131 ①   132 ①   133 ①

134 블록의 빈공간에 철근과 모르타르를 채워 넣어 보강하는 방식으로 블록쌓기에서 가장 튼튼한 구조이며, 블록조로 지어지는 비교적 규모가 큰 건물에 이용하는 구조는?

① 조적식 블록조   ② 보강 블록조
③ 장막벽 블록조   ④ 거푸집 블록조

해설 보강 블록조
- 통줄눈 쌓기로 하며 블록의 빈공간에 철근과 모르타르를 채워 넣은 구조이다.
- 수직하중, 수평하중에 견딜 수 있는 구조로 블록구조 중 가장 이상적인 구조형식이다.
- 보강블록구조는 통줄눈으로 시공하는 것을 원칙으로 한다(수직철근을 사용하기 때문임).

135 목재 접합 방법 중 길이 방향에 직각이나 일정한 각도를 가지도록 경사지게 붙여대는 것은?

① 이음   ② 맞춤
③ 쪽매   ④ 산지

해설 맞춤은 두 재가 직각 또는 경사로 맞추어지는 것을 말하며, 상하, 전후, 좌우 또는 대각선상으로 물리게 된다.

136 선모양의 부재로 만든 트러스를 평면이나 곡면의 형태로 구성한 입체 트러스 구조는?

① 셸구조
② 막구조
③ 라멘구조
④ 스페이스 프레임구조

해설 스페이스 프레임(space frame, 입체 트러스 구조)
- 트러스를 평면이나 곡면의 형태로 종횡으로 배치하여 입체적으로 구성한 구조이다.
- 평면 트러스보다 좌굴에 유리하다는 장점이 있고, 더욱 큰 공간을 구성할 수 있다.
- 형강이나 강관을 사용하여 적은 수의 기둥으로 넓은 공간을 구성할 수 있다.
- 구성 부재를 규칙적인 3각형으로 배열하면 구조적으로 안정이 된다.

137 용접봉과 모재를 동시에 녹이면서 용접하는 방법으로 철골 공사 현장에서 가장 많이 사용되는 용접법은?

① 가스압접   ② 아크용접
③ 전기저항용접   ④ 가스용접

해설 가스용접 : 가스불꽃의 열을 이용하여 용접봉을 이용해 모재(철재)의 일부를 녹여 접합하는 것으로 철골공사 현장에서 주로 많이 사용

138 철근콘크리트구조의 형식에서 보와 기둥 대신 슬래브와 벽이 일체가 되도록 구성한 것으로 아파트에 많이 적용되는 구조는?

① 셸구조   ② 라멘구조
③ 벽식구조   ④ 플랫 슬래브구조

해설 벽식 구조(Box frame construction)
- 벽체나 바닥판을 평면적인 구조체만으로 구성한 구조물
- 보나 기둥 없이 판으로 바닥 슬래브와 벽으로 연결되어 전체적으로 대단히 강한 구조물

139 다음의 보기와 같은 특징을 갖는 구조는?

〈보기〉
- 구조방식이 간단하다.
- 시공성이 좋고 미관이 우수하다.
- 긴 부재를 얻기 곤란하고, 내화성이 약하다.
- 부패 우려가 있고, 내구성이 떨어진다.

① 목구조   ② 벽돌구조
③ 철골구조   ④ 철근콘크리트

해설 나무구조(목구조) : 건축물의 뼈대(frame)를 목재로 구성하고 보강철물로 접합하여 보강한 구조
- 장점 : 구조가 간단하고 공기가 짧으며 시공이 용이하고 외관이 아름다움
- 단점 : 부패 및 화재의 위험이 항상 존재하고 관리를 소홀하게 하면 내구성이 저하

정답   134 ②   135 ②   136 ④   137 ④   138 ③   139 ①

140 아래에서 설명하는 철골 보로 적합한 것은?

보 웨브의 사재와 수식재를 거셋 플레이트로 플랜지 부분과 조립한 부재이며 모든 하중이 압축력과 인장력으로 작용한다.

① 형강보
② 트러스보
③ 래티스보
④ 플레이트 보

해설 트러스 보(truss girder)
- 플레이트 보의 웨브재로서 빗재, 수직재를 사용하고, 접합 판(Gusset plate, 거셋 플레이트)을 대서 접합한 조립보이다.
- 휨 모멘트는 현재(트러스 상하에 배치되어 그 하나는 인장을, 다른 하나는 압축을 받는 재)가 부담한다.
- 전단력은 웨브재의 축방향력으로 작용하므로 부재는 모두 인장재 또는 압축재로 설계한다.

141 절충식 지붕틀에서 처마도리, 중도리, 마룻대 위에 지붕물매의 방향으로 걸쳐 대는 부재는?

① 동자기둥
② 지붕 꿸 대
③ 지붕 널
④ 서까래

해설 서까래 : 처마도리와 중도리 및 마룻대에 지붕물매의 방향으로 걸쳐 대고 지붕널을 덮는 부재이다.

142 절충식 지붕틀에서 낮은 동자기둥 사이에 보를 이중으로 걸고 그 위에 대공을 세우기도 하는데 이 보의 명칭은?

① 왕대공
② 종보
③ 대공 밑잡이
④ 빗대공

해설 종보(마룻보) : 동자기둥이나 대공이 길면 좌굴이 생기므로, 짧은 동자기둥과 동자기둥 사이에 종보를 걸고, 이 위에 동자기둥, 대공을 세우기도 한다.

143 건물의 구성물 구조재와 비구조재로 구별할 때 구조재가 아닌 것은?

① 기초
② 기둥
③ 천장
④ 내력벽

해설 구조재는 건물의 뼈대가 되며 큰 하중을 받는 부재이다. 천장은 칸막이벽과 함께 비구조재에 해당한다.

144 목구조에서 보, 도리 등의 가로재가 서로 수평 방향으로 만드는 귀 부분을 안정한 삼각형 구조로 만드는 것으로 가새로 보강하기 어려운 곳에 사용되는 부재는?

① 꿸대
② 귀잡이보
③ 깔도리
④ 버팀대

해설 귀잡이 보 : 지붕틀과 도리가 네모 구조로 된 것을 튼튼하게 하기 위하여 귀에 45° 방향으로 보강한 수평 가새로서 보통 지붕틀 하나에 걸러대든지 또는 벽체의 모서리 및 중간 요소에 배치한다.

145 철골구조에서 주각부의 구성재가 아닌 것은?

① 베이스 플레이트
② 리브 플레이트
③ 거셋 플레이트
④ 윙 플레이트

해설 주각부 구성재 : 주로 베이스 플레이트(base plate), 리브 플레이트(rib plate), 윙 플레이트(wing plate)로 구성된다.

146 시멘트 블록구조의 벽량에 대한 설명으로 옳은 것은?

① 기둥 높이의 총합계를 그 층의 바닥면적으로 나눈 값
② 내력벽 길이의 총합계를 그 층의 바닥면적으로 나눈 값
③ 개구분 면적을 제외한 벽 면적의 총합계를 그 층의 바닥면적으로 나눈 값
④ 보 길이의 총합계를 그 층의 바닥면적으로 나눈 값

정답 140 ② 141 ④ 142 ② 143 ③ 144 ② 145 ③ 146 ②

- 내력벽 길이의 총합계를 그 층의 바닥면적으로 나눈 값을 말한다.
- 벽량(cm/m²)=벽의 길이(cm)/실면적(m²)

147 다음 설명에 해당하는 것은?

색이 짙은 것으로 지나치게 높은 온도로 구워 만든 것이다. 흡수율은 매우 적고 압축강도는 매우 크다. 모양이 바르지 않아 기초 쌓기나 특수장식용으로 이용된다.

① 이형 벽돌　　② 다공질 벽돌
③ 과소품 벽돌　④ 내화 벽돌

해설 **과소품 벽돌** : 벽돌을 지나치게 구워 흡수율이 매우 적고, 압축강도는 매우 크나 모양이 바르지 않아 기초 쌓기나 특수 장식용으로 이용하는 벽돌

148 다음 내용이 설명하는 것은?

실내공간을 크게 하기 위하여 보를 설치하지 않고 철근콘크리트 슬래브가 보를 겸한 형식으로 주상복합, 지하주차장, 창고, 공장 등에 많이 이용된다.

① 벽식구조　　　② 라멘구조
③ 플랫슬래브 구조　④ 셸구조

해설 플랫(flat) 슬래브=무량판 구조(mushroom construction)
- 보 없이 슬래브만으로 되어 있으며, 하중을 직접 기둥에 전달하는 무량판 구조의 슬래브이다.
- 보를 사용하지 않기 때문에 내부 공간을 크게 이용할 수 있고 층고를 낮출 수 있다.

149 벽돌을 한 켜씩 내쌓기 하는 경우 내미는 길이의 한도는?

① 1/2B　　　② 1/4B
③ 1/6B　　　④ 1/8B

해설 벽돌면에서 내쌓기를 할 때에는 2켜씩 1/4B 내쌓기 또는 1켜 1/8B 내쌓기로 하고 맨 위에는 2켜 쌓기로 한다.

150 목재구조 반자틀의 구성요소가 아닌 것은?

① 반자돌림대　　② 반자틀받이
③ 걸레받이　　　④ 달대받이

해설 **반자틀의 구성요소**
- **반자틀** : 달대받이, 달대, 반자틀받이, 반자틀, 반자 돌림대로 짜 만든다.
- **걸레받이** : 벽 밑의 보호와 장식을 겸한 것으로서, 바닥에 접한 벽 밑에 가로로 돌려대는 부재이다.

151 다음 중 연약지반에서 부동침하를 방지하는 대책과 가장 관계가 먼 것은?

① 건물 상부 구조를 경량화한다.
② 상부 구조의 길이를 길게 한다.
③ 이웃 건물과의 거리를 멀게 한다.
④ 지하실을 강성제로 설치한다.

해설 **연약지반의 부동침하에 대한 대책**
- **상부구조에 대한 대책** : 건물의 경량화, 구조강성을 높일 것, 건물중량의 평균화, 이웃건물과의 거리를 둘 것, 지상구조물과 지하구조물을 강성체로 설치, 건물은 너무 길지 않게 한다.
- **하부구조에 대한 대책** : 경질지층에 둘 것, 말뚝 또는 피어기초를 고려할 것, 강체 기초구조로 할 것, 인접건물의 손상이 없게 할 것, 지하실을 강성체로 설치

152 다음 중 초고층 건물의 구조로 가장 적합한 것은?

① 현수구조　　　② 절판구조
③ 입체트러스구조　④ 튜브구조

정답　147 ③　148 ③　149 ④　150 ③　151 ②　152 ④

해설 튜브구조(tube structure)
- 외부벽체에 강한 피막을 두르는 건축구조로, 횡력에 저항하는 건축구조
- 강한 피막이 수평하중을 줄여주므로 초고층 건물에 사용되며, 내부기둥을 줄여 내부공간을 넓게 조성할 수 있는 이점이 있다.

153 다음 중 건축 구조법을 선정할 때 필요한 선정 조건과 가장 관계가 먼 것은?

① 입지 조건
② 요구 성능
③ 건물의 색채
④ 건축의 규모

해설 건축구조법을 선정할 때는 입지 조건, 건축 규모, 요구 성능, 사용 가능한 재료를 고려해야 한다.
※ 건축의 3요소
- 구조(構造) : 지진등 자연재해나 외부의 충격으로 부터 안전하고 내구성, 경제성, 거주성을 확보한다.
- 기능(機能) : 건축물의 필요한 기능들과 동선을 검토하여 각 공간을 구분 짓는다.
- 미(美) : 건축물도 아름다운 외관을 위하여 디자인 되어져야 하며 건축물이 쾌적하고 아름다운 주거환경과 도시미관을 위하여 갖추어야 할 중요한 요소이다.

154 건축구조의 구조 형식에 따른 분류 중 가구식 구조로만 짝지어진 것은?

① 벽돌구조 – 돌구조
② 철근콘크리트구조 – 목구조
③ 목구조 – 철골구조
④ 블록구조 – 돌구조

해설 가구식 구조(framed structure)
- 목재, 철재 등 단면적에 비해 가늘고 긴 강력한 재료를 조립하여 구성한 구조
- 각 부재의 짜임새 및 접합부의 강성에 따라 강도가 좌우됨
※ 종류 : 목구조, 경량철골구조, 철골구조 등

155 목재의 이음과 맞춤을 할 때에 주의해야 할 사항이 아닌 것은?

① 이음과 맞춤의 위치는 응력이 큰 곳으로 하여야 한다.
② 공작이 간단하고 튼튼한 접합을 선택하여야 한다.
③ 맞춤면은 정확히 가공하여 서로 밀착되어 빈 틈이 없게 한다.
④ 이음ㆍ맞춤의 단면은 응력의 방향에 직각으로 한다.

해설 이음과 맞춤을 할 때 주의 사항
- 이음과 맞춤의 위치는 응력이 작은 곳으로 하여야 한다.
- 이음, 맞춤의 끝부분에 작용하는 응력이 균일하도록 배치한다.
- 이음, 맞춤의 단면은 응력 방향에 직각으로 한다.

156 다음 중 조립식 건축에 관한 설명으로 옳지 않은 것은?

① 공장생산이 가능하여 대량생산을 할 수 있다.
② 기계화 시공으로 단기 완성이 가능하다.
③ 기후의 영향을 덜 받는다.
④ 각 부품과의 접합부가 일체가 되므로 접합부 강성이 높다.

해설 조립식구조(prefabricated construction) : 건축구조 부재를 공장에서 생산하여 조립하거나 부분 조립하여 반입한 후 현장에서는 조립만 할 수 있도록 한 구조
- 장점 : 공기단축, 부재의 대량생산, 경제적인 면에서 유리
- 단점 : 접합부 강성이 작아 튼튼하지 못함

157 건물 전체의 무게가 비교적 가볍고 강도가 커 고층이나 스팬이 큰 대규모 건축물에 적합한 건축구조는?

---

① 철골구조　　　② 목구조

③ 석구조　　　　④ 철근콘크리트구조

해설 철골구조(강구조) : 여러 단면 모양으로 된 형강이나 강판을 짜맞추어 리벳조임 또는 용접한 구조
- 장점 : 고층 구조 가능, 내진, 대규모 구조에 유리, 해체 이동 수리 가능
- 단점 : 고가의 공사비용, 내구성과 내화성이 약함, 정밀 시공이 요구됨

158 다음 중 철골 구조에서 플레이트 보에 사용하는 부재가 아닌 것은?

① 커버 플레이트　　② 웨브 플레이트

③ 스티프너　　　　④ 베이스 플레이트

해설 플레이트 보(판 보)에 사용하는 부재 : 플랜지, 커버 플레이트, 웨브 플레이트, 스티프너 등

159 다음의 벽돌쌓기에 대한 설명 중 옳지 않은 것은?

① 벽돌벽 등에 장식적으로 구멍을 내어 쌓는 것을 영롱쌓기라 한다.

② 벽돌쌓기법 중 영국식 쌓기법은 가장 튼튼한 쌓기법 이다.

③ 하루 쌓기의 높이는 1.8m를 표준으로 한다.

④ 줄눈의 나비는 10mm를 표준으로 한다.

해설 벽돌의 하루 쌓기 높이 : 표준 1.2m(18켜)로 하고, 최대 1.5m (22켜) 이하

160 블록구조의 종류 중 조적식 블록구조에 대한 설명으로 옳지 않은 것은?

① 공사비가 비교적 싸다.

② 횡력과 진동에 강하다.

③ 공기가 짧다.

④ 방화성이 있다.

해설 조적식 블록구조
- 모르타르로 접착하여 쌓아올려 벽체를 구성하고 바닥, 지붕 등은 목조, 철조 또는 철근콘크리트조로 한다.
- 건물 내부에 칸막이 역할 쌓는 블록벽을 비내력벽이라 하고 상부에서 오는 하중을 받아 기초에 전달하는 내력벽으로서 소규모 건물 또는 2층 건물에 적당하다.
- 횡력과 진동에 약한 구조이다.

161 철근콘크리트구조에 관한 설명 중 틀린 것은?

① 각 구조부를 일체로 구성한 구조이다.

② 역학적 작용이 크게 다른 서로의 단점을 보완하도록 결합한 구조이다.

③ 내구·내화성은 뛰어나나 자중이 무겁고 시공과정이 복잡하다.

④ 철근과 콘크리트는 선팽창계수가 달라 그 점을 보완한 것이다.

해설 철근과 콘크리트 두 재료는 온도 변화에 따라 수축과 팽창되는 정도(선팽창계수)가 거의 동일하다.

162 다음 중 허용 지내력도가 가장 작은 지반은?

① 점토　　　　　② 모래+점토

③ 자갈+모래　　④ 자갈

해설 지반의 허용지내력도

지 반		장기응력에 대한 허용응력도	단기응력에 대한 허용응력도
경암반	화강암·섬록암·편마암·안산암 등의 화성암 및 굳은 역암 등의 암반	4,000	장기응력에 대한 허용응력도의 각각의 값의 1.5배로 한다.
연암반	판암·편암 등 수성암의 암반	2,000	
	혈암·토단반 등의 암반	1,000	
자 갈		300	
자갈과 모래와의 혼합물		200	
모래 섞인 점토 또는 롬		150	
모래 또는 점토		100	

163 벽돌벽체의 작도순서로 가장 올바른 것은?

① 벽체중심선 – 각 벽두께 – 창문틀나비 –
   각 세부완성

② 벽체중심선 – 창문틀나비 – 각 벽두께 –
   각 세부완성

③ 창문틀나비 – 벽체중심선 – 각 벽두께 –
   각 세부완성

④ 창문틀나비 – 각 벽두께 – 벽체중심선 –
   각 세부완성

해설 벽돌 벽체의 작도는 벽체중심선-각 벽두께-창문
틀나비-각 세부완성 순이다.

164 철근의 정착 길이에 관한 설명 중 틀린 것은?

① 콘크리트의 강도가 클수록 짧게 한다.

② 철근의 지름이 클수록 길게 한다.

③ 철근의 항복강도가 클수록 짧게 한다.

④ 철근의 종류에 따라 정착길이는 달라진다.

해설 정착의 길이
 • 정착 길이는 철근의 종류, 철근의 배치부위에 따라
   다르다.
 • 철근의 정착 길이는 철근의 지름이나 항복강도가
   클수록 길어진다.
 • 갈고리의 유무에 따라 달라진다.

165 철근 콘크리트조에서 철근에 대한 콘크리트의
역할이 아닌 것은?

① 콘크리트는 알칼리성이기 때문에 철근이
   녹슬지 않는다.

② 콘크리트와 철근이 강력히 부착되면 철근
   의 좌굴이 방지된다.

③ 화재시 철근을 열로부터 보호한다.

④ 철근의 인장력을 크게 증가시킨다.

해설 콘크리트는 압축력이 강하지만 인장력이 약하고,
철근은 인장력이 강하지만 압축력이 약해 상호보완
관계이다.

166 다음 치장 줄눈의 이름은?

① 민줄눈   ② 평줄눈
③ 오늬줄눈   ④ 맞댄줄눈

해설 치장 줄눈 : 벽돌 벽면에 의장적 효과를 주기 위한
줄눈으로 줄눈 모르타르가 굳기 전에 줄눈파기를
한다.

※ 줄눈의 종류

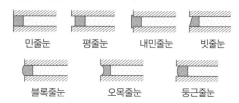

민줄눈   평줄눈   내민줄눈   빗줄눈

블록줄눈   오목줄눈   둥근줄눈

167 보통 점토벽돌의 품질시험에서 가장 중요한
사항은?

① 흡수율 및 전단강도

② 흡수율 및 압축강도

③ 흡수율 및 휨강도

④ 흡수율 및 인장강도

해설 점토벽돌의 품질(KS L 4201, 2012년 7월부터 변경)

구분	종류		
	1종	2종	3종
흡수율(%)	10 이상	13 이상	15 이상
압축강도(N/mm²)	24.5 이상	20.59 이상	10.78 이상

168 벽돌구조의 아치에 대한 설명으로 적당하지 않은 것은?

① 아치는 수직 압력을 분산하여 부재의 하부에 인장력이 생기지 않도록 한 구조이다.
② 창문의 너비가 1m 정도일 때 평아치로 할 수 있다.
③ 문꼴 나비가 1.8m 이상으로 집중하중이 생길 때에는 인방보로 보강한다.
④ 본아치는 보통 벽돌을 사용하여 줄눈을 쐐기 모양으로 만든 것이다.

해설 아치(Arch)
• 상부에서 오는 수직압력을 아치 축선을 따라 하부에 직압력을 전달하게 함으로써 아치 하부에 인장력이 생기지 않게 한 구조이다.
• 보통 개구부 너비가 1m 이내일 경우에는 평아치로 할 수 있다.
• 다만 개구의 폭이 1.8m 이상일 때는 철근콘크리트 인방보를 설치하여 보강한다.
• 아치쌓기는 그 축선을 따라 미리 벽돌나누기를 하고 아치의 어깨에서부터 좌우 대칭형으로 균등하게 쌓는다.

169 철근콘크리트보에서 늑근을 사용하는 가장 중요한 이유는?

① 주근의 위치 보존
② 휨모멘트 보강
③ 축방향력 증대
④ 전단력에 의한 균열방지

해설 늑근(Stirrup, 스터럽) : 보의 전단력에 대한 강도를 크게 하기 위하여 보의 주근 주위에 둘러 감은 철근을 말한다.

170 목재의 접합에서 좁은 폭의 널을 옆으로 붙여 그 폭을 넓게 하는 것으로 마루널이나 양판문의 양판제작에 사용되는 것은?

① 쪽매
② 산지
③ 맞춤
④ 이음

해설 쪽매
• 비교적 폭이 좁은 널재를 옆으로 붙여 그 폭을 넓게 하는 것이다.
• 목재는 신축, 우그러짐 등이 생기며 쪽매 솔기에 틈이 나기 쉬우므로 강력한 접착법을 쓰거나 미리 줄눈을 두는 것이 바람직하다.

171 건축물의 구성 요소 중 건물의 수평체로서 그 위에 실리는 하중을 받아 이것을 기둥 또는 벽에 전달하는 것은?

① 벽
② 바닥
③ 기초
④ 계단

해설 바닥은 벽과 더불어 공간을 구분하는 기본적인 요소로 수평으로 공간을 구분하는 구조체이다. 바닥은 보, 벽, 기둥 등으로 하중을 전달한다. 또한 기둥이나 벽과 같은 수직 구조체를 안정되게 연결하여 건축물의 형태를 완성하는 역할을 한다.

172 벽돌 구조에 대한 설명 중 옳지 않은 것은?

① 내구, 내화적이다.
② 방한, 방서에 유리한다.
③ 구조 및 시공이 용이하다.
④ 지진, 바람 등의 횡력에 강하다.

해설 벽돌 구조의 장·단점

장점	단점
• 내화적이며 비교적 내구적이다.	• 풍하중, 지진 하중 등 수평 하중, 즉 횡력에 약하다.
• 구조 및 시공법이 간단하며 공사비가 저렴하다.	• 목 구조나 경량 구조에 비해 벽체가 두꺼워 실내 면적이 감소한다.
• 외관이 장중하고 아름다우며 재료가 자연친화적이다.	• 벽체에 습기가 차기 쉽고 백화 현상도 발생할 수 있다.
	• 건물 자체 무게가 목구조에 비해 무겁다.

173 셸(sell) 구조에 대한 설명으로 옳지 않은 것은?

① 큰 공간을 덮는 지붕에 사용되고 있다.

② 가볍고 강성이 우수한 구조 시스템이다.

③ 상암동 월드컵 경기장이 대표적이 셸(sell)구조물이다.

④ 면에 분포되는 하중을 인장과 압축과 같은 면내력으로 전달시키는 역학적 특성을 가지고 있다.

> **해설** 셸(shell) 구조
> • 곡면판이 지니는 역학적 특성을 응용한 구조로서 외력은 주로 판의 면내력으로 전달되기 때문에 경량이고 내력이 큰 구조물을 구성할 수 있는 구조이다.
> • 면에 분포되는 하중을 인장력·압축력과 같은 면내력으로 전달시키는 역학적 특성을 가지고 있다.
> • 곡면바닥판을 구조재로 이용하며, 가볍고 강성이 우수한 구조 시스템이다.

174 건축구조의 구성방식에 의한 분류에 속하지 않는것은?

① 조적식 구조　　② 철근콘크리트 구조

③ 가구식 구조　　④ 일체식 구조

> **해설** 구조형식에 의한 분류 : 조적식 구조(masonry structure), 가구식 구조(framed structure), 일체식 구조(monolithic structure)이다. 철근콘크리트 구조는 구조재료에 따른 분류이다.

175 목조벽체를 수평력에 견디게 하고 안정한 구조로 하기 위해 사용되는 부재는?

① 인장　　　　　② 기둥

③ 가새　　　　　④ 토대

> **해설** 가새 : 사각형으로된 목구조는 수평력을 받으면 그 모양이 일그러지기 쉬운데 이를 막기 위하여 대각선 방향에 삼각형 구조로 댄 부재이다.

176 건축 구조의 특성으로 옳지 않은 것은?

① 목구조는 시공이 용이하며 외관이 미려, 경쾌하나 내구성이 부족하다.

② 블록구조는 외관이 장중하고, 횡력에 강하나 내화성이 부족하다.

③ 철근콘크리트구조는 내진, 내화, 내구성이 우수하나 중량이 무겁고 공기가 길다.

④ 철골구조는 고층 및 대건축에 적합하나 내화성이 부족하고 공사비가 고가이다.

> **해설** 블록구조 : 모르타르 또는 콘크리트로 만든 블록을 쌓아 만든 구조
> • 장점 : 공사비 저렴, 방화적, 방한 및 방서
> • 단점 : 균열이 발생, 수평력(횡력)과 진동에 약함

177 납작 마루에 대한 설명으로 맞는 것은?

① 콘크리트 슬래브 위에 바로 멍에를 걸거나 장선을 매어 마루를 짠다.

② 층도리 또는 기둥 위에 층보를 걸고 그 위에 장선을 걸친 다음 마룻널을 깐다.

③ 호박돌 위에 동바리를 세운 다음 멍에를 걸고 장선을 걸치고 마룻널을 깐다.

④ 큰보 위에 작은보를 걸고 그 위에 장선을 대고 마룻널을 깐다.

> **해설** 납작마루 : 간단한 창고, 공장, 공작실 및 임시적인 건물 등의 마루를 낮게 놓을 때 적합한 마루로 콘크리트 슬래브 위에 바로 멍에를 걸거나 장선을 매어 마루를 짠다.

178 철골구조의 접합 방법 중 아치의 지점이나 트러스의 단부, 주각 또는 인장재의 접합구에 사용되며, 회전자유의 절점으로 구성되는 것은?

① 리벳접합　　　② 핀접합

③ 용접　　　　　④ 고력볼트접합

정답 173 ③ 　174 ② 　175 ③ 　176 ② 　177 ① 　178 ②

해설 핀 접합 : 빔의 워이브 부분 만을 고정시키는 방법으로 부재 상호간에는 작용선이 핀을 통하는 힘은 전하나, 휨 모멘트는 생기지 않고 또 부재 상호간의 각도는 구속없이 변화할 수 있다.

179 연속기초라고도 하며 조적조의 벽기초 또는 철근콘크리트조 연결기초로 사용되는 것은?

① 독립기초   ② 복합기초

③ 온통기초   ④ 줄기초

해설 연속기초(줄기초) : 벽체나 1열의 기둥을 받칠 때 사용하는 구조형식으로, 구조적인 측면에서 복합기초보다 튼튼하다.

180 철근콘크리트구조에서 철근과 콘크리트의 부착력에 대한 설명 중 옳지 않은 것은?

① 콘크리트의 부착력은 철근의 주장에 비례한다.

② 철근의 표면상태와 단면모양에 따라 부착력이 좌우 된다.

③ 철근에 대한 콘크리트의 피복두께가 얇으면 얇을수록 부착력이 감소된다.

④ 압축강도가 큰 콘크리트일수록 부착력은 작아진다.

해설 철근과 콘크리트의 부착에 영향을 주는 요인
- **콘크리트의 강도** : 콘크리트의 압축강도가 클수록 부착강도(부착력)가 크다.
- **피복두께** : 부착강도를 제대로 발휘시키기 위해서는 충분한 피복두께가 필요하다.
- **철근의 표면 상태** : 이형철근이 원형철근보다 부착강도가 크다(이형철근이 원형철근의 2배).
- **다짐** : 콘크리트의 다짐이 불충분하면 부착강도가 저하된다.
- **콘크리트의 부착강도는 철근의 주장(둘레길이)에 비례한다.

181 벽돌구조의 벽체에 대한 설명으로 옳은 것은?

① 내력벽의 길이는 8m를 초과할 수 없다.

② 문꼴 위와 그 바로 위의 문꼴과의 수직거리는 60cm이상으로 한다.

③ 나비 120cm를 넘는 문꼴의 상부에는 반드시 철근콘크리트 인방보를 설치하여야 한다.

④ 내력벽으로 둘러싸인 부분의 바닥면적은 60cm^{2}를 넘을 수 없다.

해설 벽돌구조의 벽체 : 문이나 창문의 개구부 모서리에는 대각선 방향으로 사인장 균열이 발생하므로 이를 보강하기 위해 개구부 대각선의 직각 방향에 벽철근 보다 굵은 D13(ϕ12)의 빗 방향 보강근을 2개 이상 배근하며, 정착 길이는 60cm 이상으로 한다.

182 벽돌벽쌓기에서 바깥벽의 방습·방열·방한·방서 등을 위하여 벽돌벽을 이중으로 하고 중간을 띄어 쌓는 법은?

① 공간쌓기   ② 내쌓기

③ 들여쌓기   ④ 띄어쌓기

해설 공간 쌓기 : 바깥 벽돌 벽의 방습, 방열 등을 위하여 벽돌 벽 중간에 공간을 두어 쌓는 것이다. 안팎벽의 공간나비는 0.5B이내 5㎝ 정도로 하는 것이 가장 유효하다.

183 다음 하중 중에서 주로 수평방향으로 작용하는 것은?

① 고정하중   ② 활하중

③ 풍하중   ④ 적설하중

해설 작용 방향에 따른 하중의 종류
- **수직하중**(연직하중) : 고정하중, 적재하중, 적설하중 등
- **수평하중** : 풍하중, 지진하중 등

정답   179 ④   180 ④   181 ②   182 ①   183 ③

184 벽돌구조의 아치(arch) 중 특별히 주문 제작한 아치벽돌을 사용해서 만든 것은?

① 본 아치   ② 층두리아치

③ 거친아치   ④ 막만든아치

해설 | 아치쌓기의 종류
- **본아치** : 특별히 주문 제작한 아치벽돌을 사용해서 만든 것
- **막만든아치** : 보통 벽돌을 쐐기 모양으로 다듬어 쌓는 것
- **거친아치** : 보통 벽돌을 사용하여 줄눈을 쐐기 모양으로 만든 것
- **층두리아치** : 아치 너비가 클 때 여러 층으로 겹쳐 쌓는 것

185 철골조의 판보에서 웨브판의 좌굴을 방지하기 위하여 사용되는 것은?

① 래티스   ② 스티프너

③ 거싯 플레이트 ④ 커버 플레이트

해설 | 스티프너는 웨브의 두께가 품에 비해서 얇을 때, 웨브 플레이트의 국부 좌굴을 방지하기 위해 평강이나 L형강을 사용한다.

186 다음 중 가장 이상적인 쪽매 형태로 못으로 보강시 진동에도 못이 솟아오르지 않는 특성이 있는 것은?

① 빗 쪽매   ② 오니쪽매

③ 제혀쪽매   ④ 반턱쪽매

해설 | 제혀쪽매 : 혀를 내민 형태와 흡사하여, 부재의 혀를 다른 쪽 홈에 끼워놓는 방법이다. 밖으로 나온 혀가 몸통과 한 몸이다.

187 곡면판이 지니는 역학적 특성을 응용한 구조로서 외력은 주로 판의 면내력으로 전달되기 때문에 경량이고 내력이 큰 구조물을 구성할 수 있는 구조는?

① 현수구조   ② 입체격자구조

③ 철골구조   ④ 셸구조

해설 | 셸(shell) 구조
- 곡면판이 지니는 역학적 특성을 응용한 구조로서 외력은 주로 판의 면내력으로 전달되기 때문에 경량이고 내력이 큰 구조물을 구성할 수 있는 구조이다.
- 면에 분포되는 하중을 인장력 · 압축력과 같은 면내력으로 전달시키는 역학적 특성을 가지고 있다.
- 곡면바닥판을 구조재로 이용하며, 가볍고 강성이 우수한 구조 시스템이다.

188 다음의 각종 건축구조에 관한 설명 중 옳지 않은 것은?

① 가구식 구조는 내화적이며, 고층에 적합하다.

② 조적식 구조는 벽돌 등과 같은 조적재인 단일 부재와 접착제를 사용하여 쌓아올려 만든 구조이다.

③ 일체식 구조는 건물의 구조체를 연속적으로 일체가 되게 축조하는 것이다.

④ 습식 구조는 현장에서 물을 사용하는 공정을 가진 구조이다.

해설 | 가구식 구조(framed structure)
- 목재, 철재 등 단면적에 비해 가늘고 긴 강력한 재료를 조립하여 구성한 구조
- 각 부재의 짜임새 및 접합부의 강성에 따라 강도가 좌우됨
- ※ 종류 : 목구조, 경량철골구조, 철골구조 등

189 다음 중 목구조의 2층 마루에 속하지 않는 것은?

① 홑마루   ② 보마루

③ 동바리 마루   ④ 짠마루

정답   184 ①   185 ②   186 ③   187 ④   188 ①   189 ③

해설 동바리 마루는 마루 밑에 동바릿돌(주춧돌)을 놓고 그 위에 동바리를 세우며, 여기에 멍에를 건 다음 그 위에 직각 방향으로 장선을 걸치고 마룻널을 깐 마루로 1층 마루에 속한다.

190 다음 중 목구조에 대한 설명으로 옳지 않은 것은?

① 가볍고 가공성이 좋다.

② 큰 부재를 얻기 쉬우며 내구성이 좋다.

③ 시공이 용이하며 공사기간이 짧다.

④ 강도가 작고 화재 위험이 높다.

해설 나무구조(목구조) : 건축물의 뼈대(frame)를 목재로 구성하고 보강철물로 접합하여 보강한 구조
  • 장점 : 구조가 간단하고 공기가 짧으며 시공이 용이하고 외관이 아름다움
  • 단점 : 부패 및 화재의 위험이 항상 존재하고 관리를 소홀하게 하면 내구성이 저하

191 건물의 지하부의 구조부로서 건물의 무게를 지반에 전달하여 안전하게 지탱시키는 구조부분은?

① 기초   ② 기둥

③ 지붕   ④ 벽체

해설 기초의 정의 : 건축물에서 각층의 하중을 지반에 전달하여 지반반력에 의해 안전하게 지지하도록 설치된 지정을 포함한 하부 구조체

192 표준형 벽돌의 치수가 바르게 된 것은? (단위 : mm)

① 190 × 90 × 57

② 210 × 100 × 60

③ 190 × 90 × 60

④ 190 × 100 × 60

해설 벽돌의 규격
  • 표준형 벽돌의 규격 : 190×90×57mm
  • 기본형 벽돌의 규격(재래식) : 210×100×60mm

193 벽돌 등을 모르타르로 쌓아서 축조하는 구조로 지진과 바람 같은 횡력에 약하고 균열이 생기기 쉬운 구조는?

① 나무구조   ② 조적구조

③ 철골구조   ④ 철근콘크리트구조

해설 조적식 블록조
  • 모르타르로 접착하여 쌓아올려 벽체를 구성하고 바닥, 지붕 등은 목조, 철조 또는 철근콘크리트조로 한다.
  • 횡력과 진동에 약한 구조이다.

194 조립구조의 일종으로, 기둥, 보 등의 골조를 구성하고 바닥, 벽, 천장, 지붕 등을 일정한 형태와 치수로 만든 판으로 구성하는 구조법은?

① 쉘구조

② 프리스트레스트 콘크리트 구조

③ 커튼월구조

④ 패널구조

해설 조립식 구조의 종류 : 가구 조립식 구조, 패널 구조(일정한 형태와 치수로 만든 판으로 구성), 상자 조립식 구조

195 철골보에서 웨브플레이트의 두께는 최소 얼마 이상으로 하는가?

① 3mm   ② 6mm

③ 10mm   ④ 15mm

해설 플레이트 보(판 보)는 강판과 강판 또는 ㄱ형강과 강판을 조립한 후 용접 또는 볼트 접합하여 만든 보이다. 웨브 플레이트의 두께는 최소 6mm 이상으로 한다.

196 철근콘크리트구조의 특징이 아닌 것은?

① 내구, 내화, 내진적이다.

② 자중이 가볍다.

③ 설계가 자유롭다.

④ 고층 건물이 가능하다.

정답 190 ② 191 ① 192 ① 193 ② 194 ④ 195 ② 196 ②

> **해설** 철근 콘크리트구조 : 철근을 짜고 콘크리트를 부어 일체식으로 구성한 구조로 다른 구조에 비해 자중이 무거운 구조이다.
> - 장점 : 내구, 내화, 내진, 설계 자유, 부재 모양의 자유로운 축조
> - 단점 : 긴 공사기간, 비교적 고가, 균일 시공 곤란, 중량이 큼

197 나무구조에 대한 설명 중 틀린 것은?

① 토대는 상부의 하중을 기초에 전달하는 역할을 한다.

② 평기둥은 2층 이상의 기둥 전체를 하나의 단일재로 사용하는 기둥이다.

③ 층도리는 2층 이상의 건물에서 바닥층을 제외한 각 층을 만드는 가로 부재이다.

④ 샛기둥의 크기는 본기둥의 1/2 또는 1/3로 한다.

> **해설** 평기둥
> - 기둥 상하에서 가로재와의 맞춤은 내다지 장부 산지치기로 하거나 짧은 장부맞춤으로 하고 꺾쇠, 볼트 및 띠쇠 등으로 보강한다.
> - 층별로 배치되는 기둥으로 토대와 층도리, 층도리와 층도리, 층도리와 깔도리, 또는 처마도리 등의 가로재로 구분된다.

198 속빈 콘크리트 기본블록의 두께 치수가 아닌 것은?

① 220mm ② 190mm

③ 150mm ④ 100mm

> **해설** 콘크리트 블록(기본형 블록)의 치수
> - 압축강도에 따라 A, B, C 종으로 구분한다.
> - 기본형 블록의 치수 : 390mm(길이)×190mm(높이)×(두께 100mm, 150mm, 190mm 3종류)

199 조적조 벽체 중 공간벽에 대한 설명으로 잘못된 것은?

① 공간벽은 습기차단에 유리하다.

② 공기층에 의한 단열효과가 있다.

③ 주로 내벽에 이용된다.

④ 벽체에 공간을 두어서 이중으로 쌓는 벽이다.

> **해설** 공간벽(중공벽, 이중벽) : 주로 외벽에 방습, 차음 및 단열을 목적으로 하는 것으로써 중간에 공간을 띄우거나 또는 단열재를 넣어 이중벽으로 쌓는 것

200 블록조에서 창문의 인방보는 벽단부에 최소 얼마 이상 걸쳐야 하는가?

① 5cm ② 10cm

③ 15cm ④ 20cm

> **해설** 인방은 좌우측에 20cm 이상 물려야 하고 개구부 폭이 1.8m 이상일 때는 철근콘크리트 인방을 설치한다.

201 철근콘크리트구조 기둥의 최소단면적은?

① $300cm^2$ 이상 ② $400cm^2$ 이상

③ $500cm^2$ 이상 ④ $600cm^2$ 이상

> **해설** 기둥의 최소 단면 치수는 20cm 이상, 최소 단면적은 $600cm^2$ 이상 이어야 한다.

202 건축물 중 일반주택건축의 실내구성에서 반자의 최소 높이는?

① 2,000mm ② 2,100mm

③ 3,000mm ④ 3,100mm

> **해설** 반자 : 천장을 가리워 댄 구조체를 반자라 하며, 실내 상부를 아름답게 꾸미는 동시에 각종 설비 관계의 배선, 배관을 감추고, 방의 상부에서 소리, 열, 기류를 차단 또는 흡수하거나, 빛, 소리를 반사하여 실내의 환경을 좋게 하기 위한 것이다. 일반주택건축의 실내구성에서 반자의 최소 높이는 2,100mm로 한다.

정답 197 ② 198 ① 199 ③ 200 ④ 201 ④ 202 ②

203 블록구조에 대한 설명으로 옳지 않은 것은?

① 조적식 블록조 – 블록과 모르타르로 접합 시켜 쌓아올려 벽체를 구성한다.
② 장막벽 블록조 – 칸막이벽으로서 블록을 쌓는 방식으로 상부에서 오는 하중을 받지 않는다.
③ 보강 블록조 – 중공부(中空部)에 철근을 배근하고 콘크리트를 부어 저항력을 보강한다.
④ 거푸집 블록조 – 특성이 서로 다른 벽돌과 블록을 혼용해서 벽체를 구성한다.

해설 거푸집 블록조 : 속이 비어 있는 ㄱ자형, T자형, ㅁ자형 블록을 거푸집으로 생각하고 빈 속안에 철근과 콘크리트를 타설하는 방법이다.

204 주택에서 주로 쓰이는 계단 너비 1m 정도의 소형 계단으로 상자계단이라고 불리는 것은?

① 사다리   ② 틀계단
③ 옆판계단   ④ 따낸옆판계단

해설 상자계단(틀계단) : 주택에서 주로 쓰이는 계단 너비 1m 정도의 소형 계단

205 조적식 구조에 관한 설명중 틀린 것은?

① 조적재를 모르타르로 쌓아서 벽체를 축조하는 구조이다.
② 개개의 재료와 교착제의 강도가 전체 강도를 좌우한다.
③ 철사, 철망 등을 써서 보강하면 더욱 튼튼하다.
④ 철골조, PC구조, 목조 등이 있다.

해설 조적식 구조(masonry structure) : 벽돌, 블록, 돌 등 객개의 재료를 교착제인 모르타르를 사용하여 적층, 구성하는 구조
예 벽돌구조, 콘크리트블록구조, 석구조 등

206 벽돌쌓기에 있어 줄눈에 관한 설명 중 옳지 않은 것은?

① 벽돌과 벽돌사이의 모르타르 부분을 줄눈이라 한다.
② 수평을 가로줄눈, 수직을 세로줄눈이라 한다.
③ 세로줄눈의 위아래가 막힌 것을 막힌줄눈이라 한다.
④ 통줄눈은 위에서 오는 하중을 균등하게 밑으로 전달시킬 수 있어 좋다.

해설 통줄눈 : 세로 줄눈의 아래 위가 일직선으로 연결된 줄눈으로 상부 하중을 하부로 균등히 전달하지 못하므로 내력벽에서는 가능한 통 줄눈을 피하는 것이 좋다.

207 계단에 대치되는 경사로의 경사도는 얼마가 적당한가?

① 1/8   ② 1/7
③ 1/6   ④ 1/5

해설 계단 대체 경사로(ramp) : 보통 경사가 1/8 이하로 표면은 거친 면으로 하여 미끄럼이 없도록 함

208 철골구조에 대한 설명 중 틀린 것은?

① 철골구조는 재료에 의해 보통형강구조, 경량철골구조, 강관구조, 케이블구조 등으로 나눌 수 있다.
② 고층건물에 적합하고 스팬을 길게 할 수 있다.
③ 내화력이 약하고 녹슬 염려가 있어, 피복에 주의를 기울여야 한다.
④ 본질적으로 조립구조이므로 접합에 유의할 필요가 없다.

정답 203 ④ 204 ② 205 ④ 206 ④ 207 ① 208 ④

해설 철골구조(강구조) : 여러 단면 모양으로 된 형강이나 강판을 짜맞추어 리벳조임 또는 용접한 구조
- 장점 : 고층 구조 가능, 내진, 대규모 구조에 유리, 해체 이동 수리 가능
- 단점 : 고가의 공사비용, 내구성과 내화성이 약함, 정밀 시공이 요구됨

209 철근콘크리트 보에서 늑근의 주된 사용 목적은?

① 압축력에 대한 저항
② 인장력에 대한 저항
③ 전단력에 대한 저항
④ 휨응력에 대한 저항

해설 늑근(Stirrup, 스터럽)은 보의 전단력에 대한 강도를 크게 하기 위하여 보의 주근 주위에 둘러 감은 철근을 말한다.

210 목조 벽체에서 외력에 의하여 뼈대가 변형되지 않도록 대각선 방향으로 배치하는 빗재는?

① 처마도리   ② 가새
③ 층보   ④ 샛기둥

해설 가새 : 사각형으로된 목구조는 수평력을 받으면 그 모양이 일그러지기 쉬운데 이를 막기 위하여 대각선 방향에 삼각형 구조로 댄 부재이다.

211 보강 블록조에서 내력벽으로 둘러싸인 부분의 바닥 면적은 얼마를 넘지 않도록 하여야 하는가?

① 60m^2 ② 80m^2
③ 100m^2 ④ 120m^2

해설 보강 블록조 내력벽 : 건축물의 각층에 있어서 건축물의 길이 방향 또는 너비 방향의 내력벽의 길이는 각각 그 방향의 내력벽의 길이의 합계가 그 층의 바닥면적 1제곱미터에 대하여 0.15m 이상이 되도록 하되, 그 내력벽으로 둘러쌓인 부분의 바닥면적은 80m^{2}를 넘을 수 없다.

212 다음 중 구조체인 기둥과 보를 부재의 접합에 의해서 축조하는 방법으로, 목구조, 철골구조 등이 해당되는 구조는?

① 가구식 구조   ② 조적식 구조
③ 아치 구조   ④ 일체식 구조

해설 가구식 구조(framed structure)
- 목재, 철재 등 단면적에 비해 가늘고 긴 강력한 재료를 조립하여 구성한 구조
- 각 부재의 짜임새 및 접합부의 강성에 따라 강도가 좌우됨
※ 종류 : 목구조, 경량철골구조, 철골구조 등

213 난간의 웃머리에 가로대는 가로재로 손스침이라고도 불리우는 것은?

① 난간동자   ② 난간두겁
③ 챌판   ④ 엄지기둥

해설 난간두겁 : 난간의 웃머리에 가로대는 가로재로 손스침이라고도 한다.

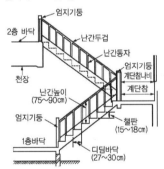

214 래티스보에 접합판(Gusset Plate)을 대서 접합한 보는?

① 허니콤보   ② 격자보
③ 플레이트보   ④ 트러스보

해설 트러스 보(truss girder) : 플레이트 보의 웨브재로서 빗재, 수직재를 사용하고, 래티스보에 접합 판(Gusset plate, 거셋 플레이트)을 대서 접합한 조립 보이다.

정답 209 ③ 210 ② 211 ② 212 ① 213 ② 214 ④

215 블록조에서 테두리보의 설치 이유가 아닌 것은?

① 수직균열을 막기 위하여

② 벽체 한 부분에 하중을 집중시키기 위하여

③ 세로철근의 끝을 정착시키기 위하여

④ 분산된 벽체를 일체로 연결하기 위하여

해설 테두리보
- 조적조의 벽체를 보강하기 위해 내력벽의 상부에 벽두께의 1.5배 이상의 철근콘크리트보나 철골보를 설치하는 것이다.
- 테두리보를 설치하면 상부의 집중 하중을 벽돌 내력벽에 균등하게 분산시켜 벽면의 수직 균열을 방지하고, 벽돌 벽체를 일체화하여 벽체의 안전성을 확보할 수 있다.

216 다음 중 건축물의 주요 구조부의 조건과 가장 관계가 먼 것은?

① 각종 하중에 대해 강도와 강성을 가져야 한다.

② 지역의 인구밀도를 고려하여야 한다.

③ 내구성을 갖추어야 한다.

④ 단열, 방수, 차음 등 차단성능을 확보하여야 한다.

해설 건축물의 주요 구조부에는 기초, 기둥, 보, 벽체, 슬래브, 지붕, 계단 등이 있다. 안전성, 거주성, 내구성, 경제성, 구조미 등의 조건을 갖추도록 한다.

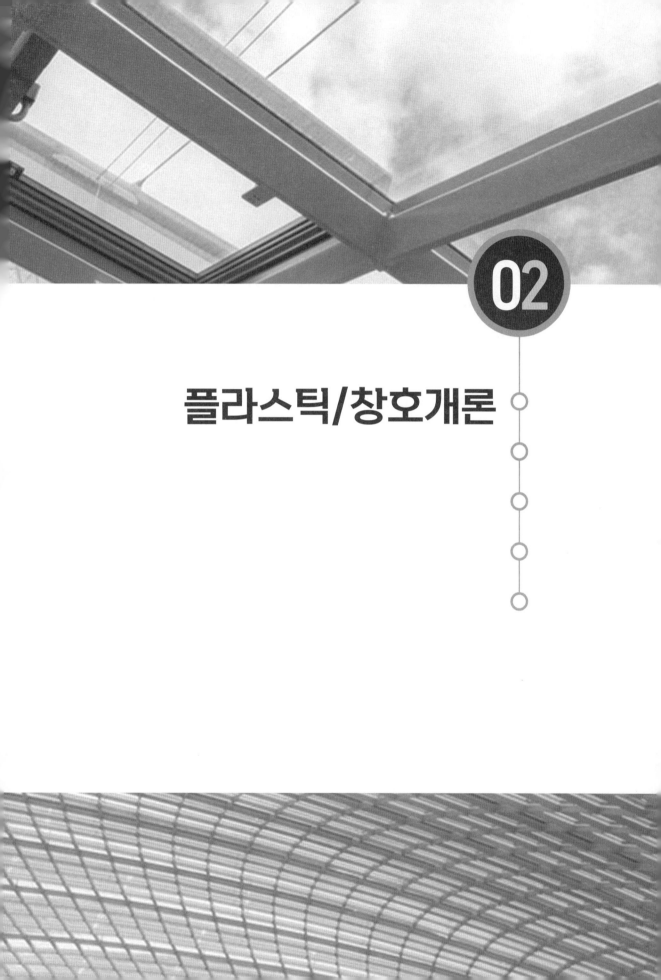

02

플라스틱/창호개론

Chapter 01 플라스틱 개요

THEME 01 플라스틱(plastics)의 정의와 특성

(1) 플라스틱(plastics)의 정의

① 플라스틱(plastics) : '가소성 있는 물질'을 뜻하며, 보통 최종 상태는 고체지만 열이나 압력 등의 작용으로 유동화하고 자유로이 성형되는 한 무리의 재료를 총칭한다.

② 플라스틱 재료의 장·단점

장점	단점
• 가공이 용이하고, 여러 가지 성질의 제품이 만들어진다. • 가볍고 강한 제품이 만들어진다. • 전기 절연성이 좋고, 전도성도 가질 수 있다. • 착색이 쉽고, 내식성이 풍부하다. • 재료의 목적에 따라 알맞은 여러 가지 형태로 바꿀 수 있다. • 석유에서 추출된 합성수지를 주원료로 하며 제작이 용이하다. • 내수성이 좋아 녹의 발생이나 재료의 부식이 없다. • 소량이든 대량이든 가공에 대응할 수 있고, 또 사용하는 에너지가 적다. • 다른 재료와의 복합이 용이하고, 이로 인해 재료의 기본적인 성질을 바꿀 수 있다.	• 내열성이 낮고, 고온에서 물리적 성질이 저하되며, 연소하기 쉽다. • 금속에 비해 강도와 강성이 부족하고, 특히 반복 하중에 약하다. • 정전기의 발생이 크고, 용제에 약하다. • 기후에 민감하여 온도 변화에 따라 변형과 변색, 노화 등이 발생한다. • 내구성이 낮고, 정밀도가 떨어진다. • 생분해가 잘 되지 않고, 생산 시 유해 물질을 방출하여 자연 환경을 오염시킬 수 있다. • 열팽창 계수가 크며, 치수 안전성이 나쁘다. • 표면의 경도가 낮으며, 상처가 생기기 쉽다. • 유기 용제가 약한 것과 흡습성을 가진 것이 있다.

(2) 플라스틱의 특성

① 비중

㉠ 플라스틱 재료는 비교적 가벼운 재료로 물보다 가볍다.

㉡ 비중 수치 : 폴리프로필렌(0.9로 가장 작음), 폴리에틸렌(0.91~0.97의 비중), 폴리 −4−플루오르화에틸렌(2.2 정도의 비중)

② **기계적 성질** : 보통의 플라스틱 재료는 다른 공업용 재료에 비하여 기계적 강도는 약하나 폴리아세탈, 나일론, 폴리카보네이트 등은 같은 무게당 기계적 강도가 강철과 비슷하다.

③ **내후성**

  ㉠ 플라스틱은 내후성(외부의 영향에 견디는 힘)이 좋지 않고 자외선에 약해 유기 금속 화합물을 이용한 자외선 흡수제로 내후성을 개선하는 경우도 있다.

  ㉡ 태양 광선으로 인하여 변색되는 수지 : 염화비닐 수지, 폴리에스테르 등

  ㉢ 옥외에 노출하여 사용할 경우 자외선으로 인하여 노화하기 쉬운 제품 : 폴리에틸렌, 폴리스티렌, 폴리프로필렌, 천연고무 등

④ **화학적 성질**

  ㉠ 플라스틱 재료는 용제에 녹지 않더라도 표면 활성제에 담그면 제품에 금이 가는 현상이 나타나기도 한다.

  ㉡ 기름, 물, 산, 알칼리 등에 강한 것 : 폴리-4-플루오르화에틸렌

  ㉢ 기름에 약하고 물에 잘 녹는 것 : 폴리비닐알코올

⑤ **열적 성질**

  ㉠ 플라스틱 재료는 열전도율이 낮기 때문에 부분적으로 과열되기 쉽다.

  ㉡ 열팽창계수가 크고, 내열성이 낮아서 가열하면 연화하거나 타기 쉽다.

⑥ **성형성** : 비중이 작고 성형성이 좋아 다른 재료에 비해 경제적이다.

⑦ **도전성** : 플라스틱 재료에 은가루를 섞으면 도전성이 향상되어서 플라스틱 표면에 쉽게 도금을 할 수 있다.

THEME 02 플라스틱의 분류

(1) 플라스틱의 일반적 분류

① **열가소성 플라스틱**

  ㉠ 가열하면 소성 변형을 일으키지만, 냉각하면 가역적으로 단단해지는 성질을 이용한 것으로, 보통 고체 상태의 고분자 물질로 이루어진다.

  ㉡ 재료 그 자체는 분자량이 비교적 낮은 물질에서 이루어지며 선상 구조를 하고 있다.

  ㉢ 일반적으로 무색투명하며, 성형 시 화학적 변화가 없다.

  ㉣ 선 모양의 구조를 가진 고분자 화합물을 가열하면 가소성이 생겨 여러 가지 모양으로 변형할 수 있고, 냉각하면 모양을 그대로 유지하면서 굳는다.

  ㉤ 다시 열을 가하면 물렁물렁해지며, 높은 온도로 가열하면 유동체인 플라스틱이 된다.

② 열경화성 플라스틱

    ㉠ 열경화성 플라스틱은 재료 자체가 이미 길다란 사슬형의 고분자 물질로 되어 있다.

    ㉡ 열경화성 플라스틱은 큰 응력을 가해도 변형되지 않고 용제나 고온에도 녹지 않는다. 종류에 따라서는 열을 가하면 어느 정도 물러지거나 강도가 떨어지는 것도 있지만, 대부분은 분해되거나 증발한다.

    ㉢ 일반적으로 내열성, 내용제성, 내약품성, 기계적 성질, 전기 절연성이 좋으며, 충전제를 넣어 강인한 성형물을 만들 수가 있다.

    ㉣ 고강도 섬유와 조합하여 섬유 강화 플라스틱을 제조하는 데에도 사용된다.

③ 열경화성 플라스틱과 열가소성 플라스틱의 비교

구 분	열가소성 플라스틱	열경화성 플라스틱
일반형 온도	일반형 온도가 낮아 150℃를 전후로 변형하는 것이 대분분이다.	제품은 불용·불융이며, 일반적으로 150℃ 이상에서도 견디는 것이 많다.
성형 능률	사출성형을 사용하기 때문에 능률적	압축, 적층, 성형 등의 가공 방법에 의하기 때문에 비능률적
재사용	성형시에 화학적 변화를 일으키지 않기 때문에 다시 사용할 수 있다.	성형시 3차원적 구조가 되기 때문에 성형 불량품은 다시 사용할 수 없다.
투명도	대부분의 재료에서 투명 제품을 얻을 수 있다.	거의 전부가 반투명 또는 불투명 제품이다.

(2) 플라스틱의 종류별 용도

	폴리염화비닐 수지	전선 피복, 관, 필름, 비닐 장판, 호스, 인조 가죽, 병 등
열가소성	폴리프로필렌 수지	카드 파일, 화물 상자, 주방 용기, 포장 재료, 화장품 갑 등
	나일론 수지	섬유, 플라스틱 베어링, 기어, 제도용 자 등
	폴리스티렌 수지	스티로폼, 고주파 전기 절연재, 포장재 등
	폴리에틸렌 수지	포장용 필름, 코팅 재료, 전기 절연 재료, 장난감 등
	아크릴 수지	섬유, 광고 표지판, 광학 렌즈, 전등 케이스 등
열경화성	멜라민 수지	각종 식기류, 건축용 장식판, 종이, 밥공기, 섬유 가공 등
	페놀 수지	전화기, 전기 배전판, 자동차 브레이크, 목재 접착제 등
	에폭시 수지	금속·유리 접착제, 건물 방수 재료, 도료 등
	요소 수지	화장품 용기, 조명 기구, 식기류, 라디오 케이스 등
	폴리우레탄 수지	완충재, 단열재, 도료, 접착제, 인공 피혁 등

(3) 플라스틱의 원료에 따른 분류

① 석탄계 : 아세틸렌(염화비닐 수지), 석탄 질소(멜라민 수지), 코크스(요소 수지), 콜타르(마크론 수지, 페놀 수지)

② 석유계 : 에틸렌(테플론 수지, 폴리스티렌 수지), 프로필렌(아크릴 수지), 스타이렌(폴리스티렌 수지)

③ 목재계 : 셀룰로오스

(4) 합성수지 제품

① 바닥 재료

㉠ 수지타일 : 아름다운 무늬와 광택, 탄성이 있는 재료로 염화비닐 타일, 아스팔트 타일 등이 있다.

  ⓐ **비닐 타일**
  - 아스팔트, 합성수지, 석면 등을 혼합 가열하여 제작한다.
  - 착색이 자유롭고 약간의 탈력성, 내마멸성, 내약품성이 있고 값이 싸다.
  - 바닥마감재 또는 마루재 등으로 쓰인다.

  ⓑ **아스팔트 타일** : 비닐타일에 비해 가열변형이 크고 유지용제로 연화되기 쉬워 중량물이나 기름용제를 사용하는 곳에는 부적당하다.

㉡ 시트
  ⓐ 아름다운 색채와 무늬가 있는 재료로 염화비닐 시트, 초산비닐 시트 등이 있다.
  ⓑ **비닐 시트** : 모노륨, 골드륨 등의 제품이 있다.

㉢ 폴리스틸렌 타일
  ⓐ 성형원료를 사출 성형하여 만든 것으로 바탕에 접착이 잘된다.
  ⓑ 점토 타일보다 치수가 정확하다.
  ⓒ 흠이 잘 생겨 마루나 바닥에는 적당하지 않고 건축물 벽에 사용한다.

㉣ 바름바닥 : 초산비닐계 바름바닥, 폴리에스테르계 바름바닥, 에폭시계 바름바닥 등이 있다.

② 천장, 벽 재료

㉠ 경질판 : 합판대용으로 사용
  ⓐ **폴리에스테르 강화판** : 유리섬유로 보강한 판이다.
  ⓑ **베이클라이트 강화판** : 페놀 수지를 충전재(유리 섬유, 목재 펄프, 종이)로 강화한 판이다.
  ⓒ **적층판** : 얇은 나무판으로 페놀 수지를 강화, 적층한 판이다.

   ⓛ 수장판 : 표면이 깨끗하고 아름다운 무늬와 광택이 있는 판이다.

   ⓒ 투명판 : 아크릴 투명판과 염화비닐 투명판은 우수한 채광채이다.

  ③ 기타제품

   ㉠ 골판

    ⓐ **경질 PVC 골판** : 값이 싸고 자유로운 착색성, 좋은 채광성이 있어 간이 지붕재로 사용한다.

    ⓑ **FRP 골판** : 유리 섬유로 강화된 불포화 폴리에스테르 수지로 만든 것으로 사용 온도가 −50~120℃로 넓고 강도가 크고 PVC보다 유리하나 값이 비싸다.

   ㉡ 천장, 돔

    ⓐ **메타크릴 수지** : 자외선 투과율이 무기 유리보다 크고 PVC에 비해 사용 온도가 높아 돔재로 적합하다.

    ⓑ **FRP천장** : 공장, 체육관 등의 천장용으로 적합하다.

   ㉢ 발포 제품

    ⓐ **저발포 제품**(우드스틱) : 목재와 비슷하고 흡수율은 목재의 1/60 정도로 거푸집의 부속재료(제물, 쇠시리 모양)으로 사용한다.

    ⓑ **고발포 제품** : 단열재(경질 제품), 가구의 쿠션제(연질 포움, 스폰지)로 사용된다.

   ㉣ 판류, 유기 유리문

    ⓐ 무기 유리와 투명도가 비슷하고 인성이 좋다.

    ⓑ 충격 강도가 유리의 8~10배 정도 된다.

    ⓒ 가볍고 접착이 쉬우며 착색이 자유로우나, 온도 차이에 의해 판문이 휘어지기 쉽다.

    ⓓ 경량으로 표면경도가 낮고 먼지가 앉기 쉽다.

THEME 03 플라스틱의 가공방법

(1) 플라스틱의 제조

 ① 중합 반응(polymerization)

  ㉠ 단량체 단위들이 연속적으로 결합하여 거대 분자를 형성하는 과정이며, 각 화합물의 기본 구조가 변화하지 않는 화학 반응이다.

  ㉡ 중합 반응 전의 화합물을 단위체라고 하며, 중합한 것을 중합체라고 한다.

  ㉢ 다수의 화합물의 분자가 중합하여 고분자량의 중합체를 생성하는 반응을 고중합 반응이라고 한다.

② 축합(condensation) 반응

　㉠ 관능기(functional group)를 가진 화합물이 간단한 구조의 분자를 분리·생성하여 서로 화합하는 반응이다.

　㉡ 관능기는 화합물의 분자 중에 존재하는 그 화합물의 고유한 역반응성을 가진 원자 단이며, 그 종류가 화학적 특성을 결정하는 역할을 한다.

　㉢ 축합으로 고분자를 생성하기 위해서는 관능기를 두 개 이상 가지고 있는 화합물이 필요하다.

③ 부가(addition) 반응

　㉠ 두 종의 화합물이 그대로 결합하는 반응으로 관능기가 존재하여야 하며, 간단한 분자를 분리하지 않고 결합한다는 점이 축합 반응과 다르다.

　㉡ 플라스틱 생성의 기본 반응으로서는 중합, 축합, 부가 반응이 있으나 반응은 점차 적으로 일어나야 하며, 또한 부가와 축합 반응이 반복되어 생성되는 경우도 있다.

(2) 플라스틱 성형 가공 원리

① 플라스틱 재료 성형 공정 : 용융 상태로 가열 → 성형 장치로 주입 → 냉각

② 열경화성 플라스틱

　㉠ 재료를 높은 온도로 가열하면 경화하는 성질을 가지고 있으므로 성형에 사용되는 플라스틱을 금형에 넣은 채로 가열하고 가압하여 성형품을 만든다.

　㉡ 열경화성 수지를 금형 속에 넣고 가열하면 온도의 상승에 의하여 점도가 떨어져서 유동성을 띠게 되는데, 이것을 가압하여 금형의 구석까지 충전시킨다.

　㉢ 잠시 방치하면 경화가 시작되어 유동성이 적어지고 굳어져 성형이 끝난다.

　㉣ 경화한 플라스틱 성형품은 온도가 높아도 경화되어 있으므로 금형을 냉각하지 않 아도 성형품을 금형에서 쉽게 빼낼 수가 있다.

③ 열가소성 플라스틱

　㉠ 가열 용융하여 금형 속에 압력을 가하여 채운 다음 냉각을 시켜 성형품을 만들기 때문에 성형 재료의 온도 상승에 따른 용융 점도의 관계가 중요하다.

　㉡ 열가소성 수지의 성형 온도, 즉 가소화 온도는 수지의 종류에 따라 다르다.

　㉢ 폴리에틸렌과 같은 수지는 성형하기 쉽지만 경질 염화비닐과 같은 경우 과열하면 분해되어 변질하기 쉬우므로 가소화 온도의 범위는 좁고 성형하기 힘들다.

　㉣ 성형품은 냉각해서 금형을 열고 빼내야 하므로 금형의 온도는 성형품의 연화 온도 보다도 다소 낮게 해야 한다.

　㉤ 금형의 온도가 너무 낮으면 수지의 유동이 나빠지고 성형품에 좋지 않은 영향을

준다.

    ⓗ 물로 냉각할 때도 많지만 온도의 변동이 심해지기 쉬우므로 일정하게 유지하는 금형 온도 조절기를 사용하는 것이 좋다.

(3) 플라스틱 성형 가공 방법

① 사출 성형(injection molding)

  ⓖ 사출 성형의 특징

    ⓐ 플라스틱 성형의 대표적인 것으로, 생산성도 높고 고품질의 성형품 생산이 가능한 가공법이다.

    ⓑ 열가소성 플라스틱의 대부분이 이 사출 성형에 의한 것이다.

    ⓒ 사출 성형기는 플라스틱 재료를 녹여서 사출하는 사출 기구와 금형을 고압으로 체결하는 형체 기구, 이들을 자동적으로 동작하게 하는 제어 기구로 구성된다.

    ⓓ 플라스틱 재료가 호퍼에서 사출 실린더에 주입된 뒤, 스크루 회전에 의하여 앞으로 이송되면서, 가소화된 플라스틱을 고압으로 금형 내에 사출한 후 냉각시켜 성형품을 만들게 된다.

  ⓛ 사출 성형의 장·단점

장점	단점
• 고속, 대량, 자동화 생산이 가능하다. • 치수가 정밀하고 모양이 복잡한 제품을 생산할 수 있다. • 모양이 단순한 것에서 복잡한 것까지 복수 부품의 일체화가 가능하다. • 성형과 동시에 다양한 표면 가식이 가능하다. • 원료의 낭비와 마무리 손질이 극히 적다. • 다량 생산할 경우에는 성형품의 가격 절감이 가능하다. • 아름다운 외관을 만들 수 있다.	• 소량 또는 중량 생산에는 적합하지 않다. • 설비 및 금형의 제작비가 매우 비싸다. • 살 두께가 얇은 대형 성형품에는 적합하지 않다. • 설계상의 제약이 비교적 많다.

  ⓒ 사출 방식에 따른 사출 성형기의 분류

    ⓐ **플런저형** : 플라스틱 원료를 호퍼에 넣고 실린더에서 용융시킨 플라스틱을 플런저(plunger)로 밀어서 노즐을 통해 금형에 공급하는 방식

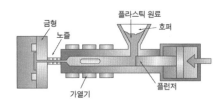

[플런저형 사출 성형기]

ⓑ **스크루형** : 플런저 대신 스크루(screw)에 의하여 사출하는 방식

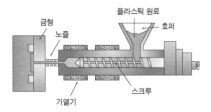

[스크루형 사출 성형기]

ⓒ **플런저 스크루형** : 플런저형 사출기와 스크루형 사출기를 병행한 방식

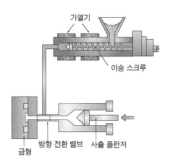

[플런저–스크루형 사출 성형기]

ⓔ **사출성형 공정순서** : 원료 건조 → 사출기에 원료 투입 → 계량 → 금형의 캐비티로
용융수지 사출 → 냉각 및 고화 → 금형으로부터 제품 취출

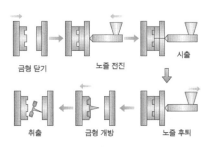

[사출 성형 공정]

② 압출 성형(extrusion molding)

　㉠ 압출 성형의 특징

　　ⓐ 열가소성 수지 중 폴리에틸렌이나 염화비닐 수지 등에서 사용하는 성형법이다.

　　ⓑ 재료를 가열 실린더 내에 녹이고 스크루 회전에 의한 압출 압력으로 가열 실린더 내에 설치된 노즐에서 압출한 뒤, 물 또는 공기로 냉각시켜 제품을 만든다.

　　ⓒ 파이프, 필름, 시트 등 봉상이나 관상의 동일 단면을 가진 성형품을 연속적으로 성형하는 방법이다.

　　ⓓ 대량생산에 적합하며, 사용하는 스크루가 1개인 단축 식이 가장 많이 사용되고 있다.

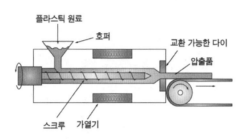

[압출 성형]

　㉡ 압출 성형의 장·단점

장점	단점
• 단면이 같은 장척 부재를 연속 생산할 수 있다 • 단면의 모양이 단순한 것에서 복잡한 것까지 만들 수 있다. • 복수 부재 및 복수 기능을 일체화한 성형이 가능하다. • 무인 자동 성형이 가능하므로 대량 생산에 적합하다. • 같은 종류 또는 다른 종류의 소재와의 복합성이 용이하다.	• 모양에 따라서는 기술적으로 성형이 곤란한 것이 있다. • 단면의 모양이 복잡한 것은 높은 정밀도를 얻을 수 없다. • 단면의 모양이 복잡하면 금형비가 비싸다. • 염화비닐 수지 이외의 가공 기술이 뒤떨어졌다.

　㉢ 인플레이션 성형법(Inflation molding)

　　ⓐ 튜브 내부에 공기를 불어넣으면 팽창을 하여 얇은 통 모양의 필름을 만드는 성형방법으로 압출 성형의 한 종류이다.

　　ⓑ 필름 및 시트를 만들 때 주로 사용한다.

③ 압축 성형(compression molding)

　㉠ 압축 성형 개요

　　ⓐ 대표적인 열경화성 플라스틱의 성형법이다.

　　ⓑ 가열된 암수 한 쌍의 금형 내에 분말이나 펠릿 상태의 플라스틱을 넣고 압력을 가한 후 충분히 응고시켜 금형에서 떼어 내는 방법이다.

　　ⓒ **장점** : 압축 성형의 장비는 간단하여 설비비가 적게 들고, 탕구와 탕도가 없기 때문에 재료의 낭비가 없다.

　　ⓓ **단점** : 생산 시간이 오래 걸리고 큰 제품이나 복잡한 모양의 제품은 만들기 어렵다.

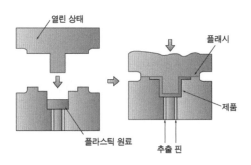

[압축 성형법]

　㉡ 트랜스퍼 성형(Transfer molding)

　　ⓐ 열경화성 플라스틱 재료의 성형법의 한 종류로 압축 성형법을 개선하여 생산성을 향상시킨 것이다.

　　ⓑ 성형 재료를 트랜스퍼 포트에 넣어 가열 가압으로 탕구와 탕도를 통하여 몇 개의 금형을 연결하여 동시에 제품을 성형할 수 있다.

　　ⓒ 압축 성형보다 정밀하고 복잡한 제품을 생산할 수 있다.

　　ⓓ 페놀 수지를 가공할 때 가장 많이 사용되고, 요소나 멜라민 수지에도 적용한다.

　　ⓔ 사출 성형이나 트랜스퍼 성형과 같이 가는 노즐을 통하여 재료가 금형에 들어가는 성형법의 경우, 재료가 노즐 부위에서 굳게 되면 기계 고장의 원인이 되므로 가열 온도와 압력 조절에 유의하여야 한다.

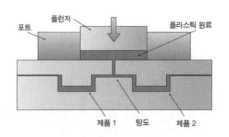

[트랜스퍼 성형]

ⓒ 압축 성형의 순서

ⓐ 가열한 금형에 성형 재료를 넣고, 금형을 닫고 가열, 가압하여 재료를 경화시켜 성형품을 꺼낸다.

ⓑ 트랜스퍼 성형은 금형의 기본 형태로, 플래시 몰드(flash mold, 유동성)와 포지티브 몰드(positive mold, 압입형)의 두 가지가 있다.

ⓒ 플래시 몰드는 약간의 과잉 원료를 사용하여 금형이 닫혔을 때 과잉의 원료가 그 사이에 넘쳐 흐르게 되어 있다. 성형 후 이 부분, 즉 플래시를 떼어 내야 한다.

ⓓ 포지티브 몰드는 정확한 양의 원료를 사용하여 압력을 유효하게 작용시킬 수 있다. 성형 압력, 온도, 시간은 수지 종류에 따라 다르며, 압력은 대개 70~200kgf/cm^{2}를 사용하고 있다.

ⓔ 온도와 시간은 상관 관계가 있어 온도가 높으면 시간이 단축된다.

ⓕ 일반적으로 페놀 수지, 멜라민 수지는 150~170℃에서 사용되고, 아미노 수지는 이보다 낮은 온도인 130~150℃에서 사용되고 있다.

④ 디프 성형(Deep molding)

㉠ 디프 성형 개요

ⓐ 열경화성 플라스틱 재료의 성형법의 한 종류로 성형품의 안쪽 모양으로 만들어진 수형에 PVC 피복막을 침착시키는 방법이다.

ⓑ 재료의 직경을 줄이거나, 판재의 주변부를 중앙으로 좁혀서 용기상으로 가공하는 방법을 말한다.

ⓒ 장점

• 복잡한 언더컷이 있는 성형품도 분할형을 사용하지 않고 만들 수 있다.

• 파팅 라인이나 돌출 핀 등 금형의 형 자국이 생기지 않고, 또 중공 성형품을 만들 수 있다.

ⓓ 단점
- 외관이 미끌한 느낌이 있고, 두께와 치수의 정밀도가 낮다.
- 외관을 중요시하는 성형품에는 적합하지 않다.

ⓛ 성형 단계 : 금형의 가열 → 디핑 → 가열경화 → 발형완성 순으로 진행

⑤ 주조 성형(Casting Molding)

ㄱ 열경화성 수지의 성형가공법 중의 하나로 금속, 유리 등으로 만들어진 틀(금형) 안에 액상 수지를 주입하여 열 또는 촉매로 경화시켜 성형품을 생산한다.

ㄴ 소량생산에 적합하며 주로 가구, 문 장식, 장신구, 투명판 등을 만들 때 주로 사용한다.

⑥ 적층 성형(Laminated molding)

ㄱ 유상의 열경화성 수지를 종이, 면포, 유리포 등에 침지시킨 다음 건조하여, 이를 금속판에 끼우거나 적당한 철형에 넣어서 $50 \sim 200 kg/cm^2$으로 가압하는 성형방법이다.

ㄴ 열 또는 촉매로서 경화시킨다.

⑦ 블로 성형(blow molding, 주입 성형, 중공 성형)

ㄱ 개요

ⓐ 압출된 튜브형 플라스틱(패리슨)을 바로 금형에 수직으로 세운 후 패리슨 내에 뜨거운 공기를 넣어 금형 내에 밀착시킨 뒤 냉각시켜 성형품을 빼내는 방법이다.

ⓑ 공기의 주입에 의하여 제작된 병이나 용기는 두께가 얇고 균일하며, 작은 병부터 큰 기름통에 이르기까지 다양한 종류의 제품을 만들 수 있다.

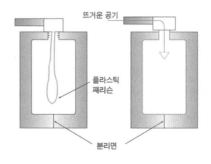

[블로 성형]

ⓛ 불로 성형의 장·단점

장점	단점
• 병 모양의 중공 성형품을 만들 수 있다. • 손잡이와 함께 1차 성형한 복잡한 중공체도 가능하다. • 소형에서 대형 성형품까지 만들 수 있다. • 살이 얇고, 가볍고, 값싼 성형품을 만들 수 있다. • 중량에서 대량 생산까지 할 수 있다.	• 살 두께의 조절이 어려우며, 고르지 않는 두께가 되기 쉽다. • 예리한 모서리의 성형은 곤란하다. • 표면에 반드시 분할선과 금형이 물린 부분이 자국이 생긴다. • 소량 생산에 적합하지 않다. • 치수의 정밀도가 낮다.

⑧ **열 성형**(thermo forming, 진공 성형)

    ㉠ 경질 염화 비닐 수지, 내충격성 폴리스티렌, ABS 수지 등 열가소성 플라스틱의 시트, 필름을 금형 위에서 가열 연화시켜 시트와 금형 간에 압력을 가하거나 진공으로 잡아당겨 제품을 성형하는 방법이다.

    ㉡ 금형에는 공기 배출용의 작은 구멍이 다수 설치되어 있다.

    ㉢ 원래 소량 생산을 위해서 개발되었지만, 최근에는 자동화된 공정으로 대량 생산도 가능하게 되었다.

    ㉣ 일반적으로 주형은 열 전달이 잘 되는 알루미늄으로 제작하며, 특수한 모양을 소량 생산하는 경우에는 목재 또는 석고를 이용하기도 한다.

⑨ **캘린더링**(calendering, 시트 성형, 필름 성형)

    ㉠ 열가소성 플라스틱을 판재, 필름, 바닥재 등으로 생산하는 가공법으로 플라스틱 압연이라고 할 수 있다.

    ㉡ 장치는 복잡하지는 않지만 큰 공간을 필요로 하며, 능률적이며 연속 작업이 가능하다.

    ㉢ 주로 고무와 같이 유연한 재료를 가공할 때 사용되지만, ABS 수지, 폴리염화비닐, 폴리에틸렌 등과 같은 재료에도 사용할 수 있다.

⑩ **발포 성형**(expanded foam molding)

    ㉠ 발포제를 함유한 알갱이를 금형 안에 넣고 가열하면 입자들이 원래 부피보다 20배 이상 부풀으며 서로 녹아 붙으면서 형상이 만들어진다.

    ㉡ 낮은 온도와 압력으로 성형이 가능하고 가벼우며, 내수, 단열, 방음성이 좋다.

    ㉢ 일회 용기, 단열재, 구명 장비, 헬멧 등을 만드는 데 많이 사용한다.

    ㉣ 최근에는 생산 시 프레온 가스 배출이 없고, 재료가 적게 들어가서 친환경 소재로 관심 받고 있다.

THEME 04 플라스틱의 표면 처리

(1) 플라스틱의 도금법

① 플라스틱 도금의 공정 개요

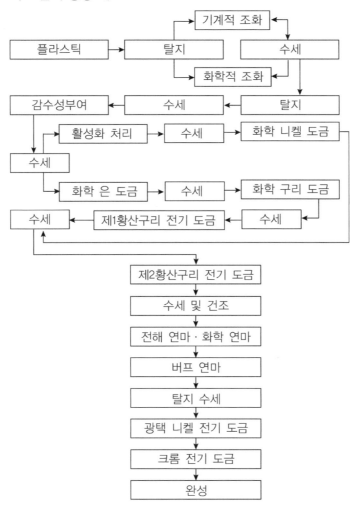

② 전처리

㉠ 일반적으로 플라스틱 표면에 적당한 조면을 부여한 다음 음각부에 금속 도금이 스며들어서 도금 금속과 플라스틱의 밀착성을 개선하는 방법으로 많이 쓰인다.

㉡ 샌드 블라스트나 샌딩 처리, 화학적 부식 처리로 표면적을 극대화시켜 친화성면으로 조정하는 것이 일반적인 방법이다.

㉢ 그 다음 도금할 때에는 촉매 작용을 부여할 수 있도록 표면을 활성화 처리해서 도금 공정에 넘어간다.

③ 공업적 도금
　　㉠ 구리의 화학 도금
　　　ⓐ 실온에서 약 0.1mL/h의 속도로 감수성화한 플라스틱 표면에 도금된다.
　　　ⓑ 마무리 겉모양은 조면이며, 색채는 암갈색이다.
　　　ⓒ 최종 마무리 도금으로 이용하기도 하지만 일반적으로 전기 도금을 행하기 위한 전초 작업으로 전도성 부여에 쓰이는 경우가 많다.
　　㉡ 니켈의 화학 도금
　　　ⓐ 구리의 화학 도금에 비해 욕(浴)의 수명이 길고, 플라스틱의 밀착성도 수십 배에 이른다.
　　　ⓑ 도금 표면의 경도, 평활도, 광택 등도 구리의 화학 도금과는 비교가 안 될 정도로 뛰어나다.
　　　ⓒ 도금할 때에 욕의 온도가 높으므로 내열성이 높은 플라스틱에 한정되는 것이 결점이다.
　　　ⓓ 구리 도금의 밀착성을 높이고 위한 전처리 도금으로 많이 행해진다.
　　㉢ 코발트의 화학 도금
　　　ⓐ 니켈, 코발트의 합금으로 도금에 이용된다.
　　　ⓑ 코발트는 은백색의 강한 금속으로 자성이 있어 내열성 자성 재료로 이용된다.
　　㉣ 크롬의 화학 도금
　　　ⓐ 요철면에도 균일하게 도금이 되며, 굴곡에 대해서도 균열이 발생하지 않는다.
　　　ⓑ 도금욕에서 꺼내면 산화가 빨리 진행되어 표면의 광택이 없어지므로 다듬질해서 제품화한다.
④ 증착법
　　㉠ 증착법 개요
　　　ⓐ 대개 진공 속에서 이루어지므로 진공 증착법이라 한다.
　　　ⓑ 진공 속에서 금속 및 합금, 그 밖의 화합물을 가열, 용해하여 증발시켜 증발물이 표면에 피복되는 원리를 이용하고 있다.
　　　ⓒ 광택과 평활 도면에서 화학 도금보다 우수하지만, 설치비가 많이 들며, 대량 생산에 제한이 따른다.
　　㉡ 장점
　　　ⓐ 부도체의 모든 재료에 도금이 가능하다.
　　　ⓑ 증착 후에도 색조 조절 등 후가공이 용이하다.
　　　ⓒ 광학적 성질이 좋으므로 렌즈, 반사경 등에 이용된다.

ⓒ 단점

  ⓐ 마찰 충격에 약하고, 증착 후에는 반드시 보존 가공이 필요하다.

  ⓑ 복잡한 형태나 뒷면의 도금이 어렵다.

  ⓒ 전기 도금과 같이 두꺼운 피막 형성이 불가능하다.

⑤ 은경법

 ㉠ 플라스틱으로 유리와 같은 은경을 만들 수 있는데 작업 순서로는 표면을 잘 탈지하여 염화제 1주석, 염화팔라듐으로 전처리한 것에 질산은의 암모니아성 용액을 황산히드라진으로 환원한다.

 ㉡ 은경액은 환원제를 첨가해도 투명하며 24시간 후에는 사용이 가능하다.

 ㉢ 도장한 다음 가열하면 튼튼하게 밀착된 광택이 좋은 거울을 얻을 수 있다.

⑥ 기상 도금

 ㉠ 기상 도금이란 금속 할로겐 화합물, 유기 화합물 등의 열분해에 의하는데, 수소 환원에 의하여 소재 표면에 금속이 도금된다.

 ㉡ 외부로부터 차단된 용기내에서 행해지므로 두껍게 도금하거나, 순수한 녹는점을 얻기 위해서는 이 방법을 사용하면 유리하다.

 ㉢ 적용되는 금속은 녹는점이 낮고 휘발성이 없는 것이며, 화합물을 쉽게 형성할 수 있고, 고온에서 이와 같은 금속 화합물을 분해할 수 있는 것이어야만 한다.

⑦ 침지 도금

 ㉠ 외부로부터 전류를 흘리지 않고 금속 표면에 다른 종류의 금속을 석출시키는 방법이다.

 ㉡ 대개 착색을 위해 이용하는 경우가 많다.

⑧ 플라스틱의 라이닝

 ㉠ 특징

  ⓐ 화학적으로 안정하고, 화학 공업의 공장용 재료로서 적합하다.

  ⓑ 금속 합금보다 경제적이다.

  ⓒ 열전도율이 낮아 보온 효과가 크다.

 ㉡ **플라스틱 판에 의한 라이닝** : 플라스틱 판을 금속에 붙여서 라이닝하는 방법으로 경질 PVC판이 사용된다.

 ㉢ **액상 수지를 사용하는 라이닝** : 폴리에스테르 수지나 에폭시 수지를 사용해서 벽면 라이닝을 하는 방법이다.

  ⓐ **시트 라이닝**(sheet lining) : 미리 성형된 시트상의 폴리에스테르 유리 섬유 적층판을 일정한 치수로 절단하여 붙이는 방법으로 가공이 용이하다.

ⓑ **수지의 시멘트 라이닝** : 폴리에스테르 플라스틱에 자기 분말, 실리카 분말, 유리 칩 등을 가한 수지 시멘트로 벽면에 붙이는 방법이다.

ⓒ **FRP 라이닝** : 가장 널리 사용되는 방법으로, 유리 섬유에 폴리에스테르 수지를 침투시켜 라이닝 가공하는 방법이다.

ⓔ **플라스틱 분말을 사용하는 라이닝** : 수지 분말을 고온 기류 속에 분출시켜 용융, 접착시키는 방법이다.

(2) 플라스틱의 표면 인쇄

합성 수지 잉크는 일반적으로 증발이 빠르고, 유기 염제이므로 작업자의 건강을 해치고, 공해의 요인이 된다. 합성 수지 인쇄를 할 때 잉크의 용제는 유기질이므로 내성이나 내마멸성이 좋은 폴리우레탄 수지 제품을 사용하는 것이 좋다.

① 폴리비닐, PVC의 인쇄

ㄱ 일반적으로 사용되는 잉크는 폴리비닐, PVC 겸용 잉크로 접착성을 향상시키기 위하여 단말 고무를 첨가하여 인쇄하기도 한다.

ㄴ 얇은 비닐의 인쇄는 흡착 인쇄기를 이용하든지 작업대 위에 유리판을 깔고 유리판에 물걸레로 수분을 준 다음 작업한다. 이 때, 작업대를 평행식으로 길게 하는 것이 가장 중요하다.

ㄷ 프린트가 잘못되었을 때에 잉크의 제거 방법으로는 산성이나 용해력이 약한 유기 용제 중 톨루엔을 탈지면에 묻혀 살며시 잉크를 닦아 낸다.

② PS, ABS, AS의 인쇄

ㄱ PS, ABS, AS 수지는 유기 용제에 약하다.

ㄴ 인쇄가 잘못되었을 때에는 즉시 DAA(diacetic alcohol)를 탈지면에 묻혀 닦아내면 어는 정도 재질에 손상 없이 인쇄할 수 있다.

ㄷ 발포 폴리스티렌의 경우에 석유계의 잉크나 합성 수지의 수용성 공중합을 한 특수 잉크를 사용하는 것이 좋다.

③ 아크릴 수지의 인쇄

ㄱ 염화비닐용 잉크를 사용하되 수지와 강도가 높으므로 잉크의 용제를 시클로헥사논 또는 니트로벤젠과 같은 용해력이 강한 유기 용제를 사용한다.

ㄴ 특히 정밀성이 요구되는 인쇄는 원고를 2~10배 확대하여 도안하고 축소 촬영하여 제판해야 한다.

ㄷ 아크릴 작업의 순서

ⓐ 자르기

ⓑ **다듬기** : 줄로 다듬는다.

ⓒ **성형** : 가열하여 성형한다.

ⓓ **부착** : 클로로포름을 넣어 접촉면에 뿌리면 아크릴 수지가 용해되어 완전히 부착된다.

④ PP의 인쇄

㉠ 일반적으로 염화비닐 잉크 7에 PP 매즘(투명 접착제) 3의 비율로 혼합하여 인쇄하거나, 폴리에틸렌 수지와 같이 표면을 프로판가스 화염 처리를 한 다음, PE 잉크로 인쇄하는 두 가지 방법이 있다.

㉡ 잉크의 접착 시험은 다양하지만, 간단한 방법으로 셀로판 테이프를 부착하고 손톱으로 잘 문지른 다음 빠른 동작으로 테이프를 떼어 묻어 나오는 정도를 점검한다.

⑤ PE의 인쇄

㉠ 일반적으로 플라스틱류 중에서 재질이 까다롭다.

㉡ 표면을 프로판가스 화염 처리를 하고, 카보닐기를 형성시켜 인쇄하거나 강산 처리를 하든지 코로나 방전 처리를 실시한 다음 에폭시 수지의 특수 잉크로 인쇄한다.

㉢ 표면 처리 방법 중에서 가장 많이 사용하고 있는 방법은 프로판가스 화염 처리이다.

㉣ 에폭시 수지 잉크는 대개 2액형으로 되어 있는데 A액은 잉크, B액은 경화제로서 혼합 비율은 다소 차이가 있으나 일반적으로 5:5 또는 5:4의 비율이다.

㉤ 혼합한 다음 7~10시간 이상 경과하면 경화제의 반응으로 사용이 불가능할 때가 있으므로 주의한다.

㉦ 에폭시 잉크는 인쇄한 다음 가열 건조를 하면 건조가 빠르고 접착력이 양호해진다.

⑥ 열경화성 플라스틱의 인쇄

㉠ 표면의 강도가 높으므로 일반 잉크로는 접착이 불가능하다.

㉡ 표면을 유기 용제로 닦아 준 다음 에폭시 수지 잉크로 인쇄하여 가열 건조시킨다.

㉢ 플라스틱류 인쇄 잉크는 건조가 빠르기 때문에 인쇄 판면에 있는 잉크의 건조가 빨라 판이 금방 막히어 작업에 지장을 초래한다.

㉣ 증발이 느린 유기 용제는 키시렌, 시클로헥사논, 니트로벤젠 등이다.

㉤ 증발이 빠른 유기 용제는 톨루엔, 아세톤, 아세트산에틸렌 등이다.

더 알고가기	플라스틱 인쇄 잉크의 종류	
구분	명칭	스크린 인쇄 사용 잉크
열가소성 플라스틱	폴리비닐(PVC 염화비닐)	PVC 잉크
	폴리에틸렌(PE)	PE 잉크
	폴리스티렌(PS)	PS 잉크
	AS수지	ABS 잉크
	ABS수지	ABS 잉크
	폴리프로필렌(PP)	PE 잉크
	메타크릴(아크릴 AC) 수지	PVC 잉크
열경화성 플라스틱	멜라민 수지	PE 잉크, 금속 잉크
	페놀 수지	PE 잉크, 금속 잉크
	요소 수지	PE 잉크, 금속 잉크
	폴리우레탄	우레탄 잉크

(3) 플라스틱의 코팅

① 플라스틱의 코팅 개요

㉠ 절연성, 방식성, 내약품성, 내마멸성, 단열성, 표면의 탄성, 장식성, 진동에서 오는 소음의 방지, 내후성 등의 향상을 위한 것이다.

㉡ 주된 방법은 플라스틱 졸에 침지, 플라스틱 분체에 침지, 스프레이, 캐스트 라이닝 등이다.

㉢ 사용하는 수지는 연질 및 경질 염화비닐, 연질 및 경질 나이론, 염화폴리에틸렌, 프루오르 수지, 폴리삼플루오르화염화에틸렌, 플루오르화에틸렌, 프로필렌 수지, 폴리우레탄, 작산 섬유소 수지, 에폭시 수지 등 종류가 많다.

② 파우더법

㉠ 유동 침지 코팅이라고도 하는데 재료는 폴리에틸렌, 나일론 염화비닐 등의 고운 분말을 사용한다.

㉡ 전처리를 하여 예열한 성형품을, 활성화시킨 파우더를 담은 통 속에 넣어 파우더를 표면에 침착시켜 코팅하는 방법이다.

㉢ 수지 방울이나 흐름 자국이 없고, 경질 및 연질 표면이 모두 가능하고, 특히 경질 품은 아름다운 광택을 낸다.

㉣ 다른 코팅 방법으로는 할 수 없는 모양이 복잡한 것도 가능하며, 처리 속도도 빠르다.

㉤ 가공 제품은 옥외 가구, 난간, 도로 표지, 디스플레이 기구, 접시를 씻는 바구니, 선반, 자동차 부품 등 모든 산업 분야와 생활 용품에 걸쳐 있다.

③ 스프레이법

㉠ 손으로 하는 스프레이 또는 정전 도장으로 그다지 경제적이지 못하다.

㉡ 침지법이나 그 밖의 라이닝으로 할 수 없는 대형품, 나일론이나 폴리에틸렌으로 하는 한 면만의 라이닝, 그 밖에 플루오르 수지나 폴리플루오르화염화 에틸렌과 같이 다른 방법으로 코팅할 수 없는 재료의 피복, 에폭시의 정전 코팅 등을 하기 위해서는 주요한 방법이다.

④ 캐스트

㉠ 라이닝법을 계량한 플라스틱 졸을 전처리를 한 다음 예열한 피코팅체 속에 주입하여 이것을 고르게 하기 위해 1축 또는 그 이상의 방향으로 회전하여 그 안쪽 면에 침착, 경화시키는 방법이다.

㉡ 컨테이너 안에 여분의 플라스틱 졸이 나올 때에는 그것을 제거한 다음 가열, 경화시킨다.

㉢ 사용하는 재료는 주로 PVC 플라스틱 졸이고, 간혹 폴리에틸렌 분말을 사용하기도 한다.

⑤ 플라스틱 졸 코팅법

㉠ 프라이머를 바른 금속 성형품을 가열하여 이것을 액상의 염화비닐 속에 집어 넣어 성형품의 표면에 침착시켜 이것을 꺼낸 다음 다시 가열, 경화시킨 방법이다.

㉡ 좋은 탄력성과 내부식성, 전기 절연성을 가진 코팅이 된다.

㉢ 이 방법에 이용할 수 있는 원료는 염화비닐뿐이다.

㉣ 피복층이 두껍기 때문에 코팅은 할 수 없고, 처지거나 흐름 자국이 생기기 쉽고, 아름다운 표면을 만들 수 없는 등의 단점이 있다.

㉤ 제품은 선반, 바구니, 행거, 공구 자루, 파이프 배관 부품, 자동차, 항공기 등 많이 있다.

⑥ 코팅할 때의 유의 사항

㉠ 코팅할 성형품의 재질은 가공 온도에 견딜 수 있는 것이라야 한다.

㉡ 피코팅체는 공기를 함유하고 있어서는 안 되는데 다공질의 성형품이나, 깊은 구멍, 점 용접, 심한 언더컷이나 굽힘 등은 코팅 중에 공기가 들어가 다음의 가열, 경화하는 단계에서 이 공기를 밀어 내어 피막면이 부풀기 쉽다.

㉢ 작은 구멍이나 좁은 격자, 굽혀진 좁은 틈새는 코팅에 의해 막히기 쉽다.

㉣ 코팅 두께를 예측하여 디자인한다.

㉤ 빈번히 분해하거나 떼어 내는 밸브나, 가동 부분이 있는 힌지나 행거 등의 코팅은 부품을 분해한 상태에서 하는 것이 좋다.

㉥ 너무 얇은 성형품은 열용량이 낮기 때문에 좋은 코팅이 안된다.

THEME 05 플라스틱 재료

(1) 열가소성 플라스틱의 용도

① 폴리에틸렌(PE) 수지

    ㉠ 유백색의 반투명이며, 상온에서 유연성이 있고, 내충격성이 좋으며 고주파 절연성이 좋다.

    ㉡ 저밀도 폴리에틸렌(LDPE) : 필름제조, 압출 코팅 제품, 사출 성형품, 전선 피복, 분말 성분, 분말 피복 가공 등

    ㉢ 고밀도 폴리에틸렌(HDPE) : 과자류, 식품류의 포장 재료, 사출 성형품, 파이프 등으로 사용

    ㉣ 열을 가하면 연화·용융되는 성질을 가지고 있어 창호재로 적합하지 않다.

② 폴리프로필렌 수지

    ㉠ 플라스틱의 내한성과 내충격성을 보완한 재료로 가볍고, 무색, 무취, 무독하여 위생적이며 강성이 우수하고 광택이 좋다.

    ㉡ 내열성과 내약품성이 우수하고, 투명성과 미끄럼성이 좋다.

    ㉢ 기체 투과성이 있고, 열접착성, 내한성이 좋지 않다.

    ㉣ 비중이 0.9로 합성수지 중 가장 작은 수지이다.

③ 염화비닐 수지(PVC)

    ㉠ 플라스틱 창호의 주요 원재료로 압출재의 성형에 가장 많이 사용된다.

    ㉡ 시멘트, 석면 등을 가하여 수지 시멘트로 사용할 수 있다.

    ㉢ 장점 : 경량으로 화학약품에 대한 저항성이 크며, 난연성 재료로 자기 소화성을 갖는다. 전기적 성질이 우수하고 가공이 용이한데 경질성이지만 가소제의 혼합에 따라 유연한 고무형태 제품을 만들 수 있다. 또한, 진공 성형성이 좋고, 보향 효과가 뛰어나며 가격이 저렴하다.

    ㉣ 단점 : 숙련된 가공 기술이 필요하고 제조시 염소 가스의 배출로 유해 가능성이 있으며, 사용 온도 범위가 작다. 또한, 유연성이 작고 오염되기 쉬우며, 표면에 흠이 잘 생긴다.

④ 폴리아미드(나일론) 수지

    ㉠ 합성 폴리아미드는 나일론으로 대표된다.

    ㉡ 용도 : 의료용·가정용 섬유로서의 사용이 가장 많고, 산업용으로는 로프, 타이어 코드, 어망 등 각종 분야에 사용

ⓒ 특성 : 강인하고 내구성이 좋다, 가스 베리어성이 좋고 위생성이 있다, 미관이 아름답다, 내열성과 기계 적성(내마멸성)이 좋다.

⑤ 폴리스티렌(Polystyrene) 수지

　　㉠ **용도** : 투명 용기, 1회용 위생 용기, 방온 · 방습용 시트 제품, 고주파 절연 재료, 발포 제품은 저온 단열재로 많이 사용

　　㉡ **특성**

　　　　ⓐ 열가소성 수지로 벤젠과 에틸렌으로부터 제조된 수지이다.

　　　　ⓑ 특수한 성분에 녹는 성질이 있어 사용할 때 철저한 시험을 거쳐 사용해야 된다.

　　　　ⓒ 두께가 얇은 시트(보통 1~1.5mm)를 만들어 방수 및 방습시트로 사용한다.

　　　　ⓓ 산, 알칼리, 염류 등에는 안정하나 유기 용제에는 약하다.

⑥ 메타크릴 수지(아크릴 수지)

　　㉠ 유기 유리라고 부르며, 투명성이 뛰어나 착색이 자유롭고, 반투명 상태의 색판을 얻을 수 있어 채광판, 조명 등에도 쓰인다.

　　㉡ **장점** : 플라스틱 중에서 투명도가 뛰어나며 염, 안료에 의한 선명한 착색품을 얻을 수 있으며, 내후성이 좋다. 성형성과 기계적 가공성이 좋고, 인체에 무독하고 내약품성이 좋다.

　　㉢ **단점** : 대전성과 표면에 흠이 생기기 쉬우며 가연성 등의 단점이 있다.

⑦ ABS 수지

　　㉠ 내열성이 좋은 아크릴로니트릴, 내충격성이 좋은 부타디엔, 공중합체에 강도를 부여하는 스티렌으로 구성된다.

　　㉡ 일반적으로 가공하기 쉽고 내충격성이 크고 내열성도 좋다.

　　㉢ 치수 안정성, 경도 등이 좋고 무독성, 방음성, 단열성 등이 우수하다.

　　㉣ 자동차부품 · 헬멧 · 전기기기 부품 · 방적기계 부품 등 공업용품에 금속 대용으로 사용된다.

⑧ 폴리카보네이트(PC)

　　㉠ 실용 온도 범위가 고온에서 저온까지 폭이 넓고 성질의 변화가 거의 없다.

　　㉡ **용도** : 내열, 투명성을 요하는 용기, 인스턴트 식품 포장, 고급 상자 등

　　㉢ **장점** : 기계적 강도가 뛰어나고, 내충격성은 좋다, 온도 변화에 잘 적응하며, 내후성과 투명성이 뛰어나다.

　　㉣ **단점** : 뜨거운 물에서 균열을 일으키기 쉬우며 가공 온도가 높고 압축시 많은 힘이 필요하다.

⑨ 메타 아크릴산 수지

ⓒ 메타아크릴산으로 하벙한 에스테르의 중합에 의한 수지이다.

ⓒ 투명도가 높고 내후성에 우수하기 때문에 실외 사용 용도에 적합하다.

ⓒ 용도 : 항공기 방풍 유리, 조명 기구, 도료, 접착제 등

⑩ 폴리아세탈(Polyacetal resin) 수지

ⓒ 포름알데히드(CH_2O)와 트리옥산($CH_2O)_3$을 중합(重合)하여 제조하는 유백색 열가소성 수지이다.

ⓒ 강도, 치수 안정성, 내마모성 등이 뛰어나, 엔지니어링 플라스틱 중에서 가장 금속에 가깝다.

ⓒ 호모폴리머와 고폴리머 두 종류가 있으며 박막은 안전유리에 사용된다.

ⓒ 도료 접착제, 전기 · 전자부품, 기계부품, 자동차부품, 건재 · 배관부품 등에 이용되고 있다.

(2) 열경화성 플라스틱의 용도

① 페놀 수지(베이클라이트)

ⓒ 값이 싸고 견고하며 전기 절연성, 접착성이 우수하다.

ⓒ 내열성은 0~60℃ 정도이며, 일반적으로 견고하나 잘 부서지므로 목면, 석면 등과 혼합하여 사용한다.

ⓒ 페놀과 포르말린, 알칼리의 촉매 반응작용에 의해 만든 것이다.

ⓒ 용도 : 전기, 통신 기재 관계의 재료, 보드류, 도료, 접착제 등이 있으며, 멜라닌 화장판, 내수 합판의 접착제

② 요소 수지(우레아 수지)

ⓒ 단단하고 내용제성이나 내약품성이 양호하며, 무색이므로 착색이 자유롭다.

ⓒ 벤졸, 알코올 등 유지류에 거의 침해를 받지 않으며, 전기 저항은 페놀수지보다 약간 약하다.

ⓒ 강도와 단열성이 크고 내열성(100℃ 이하)이 있다.

ⓒ 노화성이 있고, 열탕에 약해 뜨거운 수증기를 쐬면 표면의 광택을 잃는다.

ⓒ 용도 : 기계적 성질이 비교적 약해 공업용보다는 일상 용품, 장식품 등

③ 멜라민 수지

ⓒ 축합 반응에 의하여 얻어지는 고분자 물질에 속한다.

ⓒ 단단하며 착색성 및 내수성, 내약품성과 내열성이 우수하다.

ⓒ 용도 : 색깔과 광택이 좋아 내부 장식재로 사용하며, 독성이 없어 식기류에 많이 사용

④ 불포화 폴리에스테르 수지

    ㉠ 비중은 강철의 1/3 정도이면서도 강도가 크므로, 항공기, 선박, 간벽 등의 구조재, 천장의 루버로 사용되고, 비교적 온도 변화에 강한 편이다.

    ㉡ 용도 : 접착제, 도료, 성형품의 충진제 등으로 사용

⑤ 실리콘 수지

    ㉠ 성질 : 고온에서의 사용도가 좋으며, 내알칼리성, 전기 절연성, 내후성이 좋고, 내수성과 혐수성이 우수하여 방수 효과가 좋다.

    ㉡ 제법에 따라 오일(Oil), 고무(Gum), 수지(Resin) 등이 만들어진다.

    ㉢ 용도 : 성형품, 접착제, 전기 절연 재료에 사용

⑥ 에폭시 수지

    ㉠ 에피클로로히드린과 비스페놀에 알칼리를 가하여 반응시켜 만든다.

    ㉡ 접착성이 매우 좋고 경화시에도 휘발성이 없으며, 경화시간이 길다.

    ㉢ 다른 물질과의 접착성이 뛰어나므로 금속용 접착제나 도료 또는 유리 섬유와의 적층용 재료로 이용되고 있다.

    ㉣ 제품의 최고 사용온도는 80℃ 정도이다.

    ㉤ 경금속의 리벳 접합 항공기 공업, 적층품 제조용 등으로 쓰인다.

⑦ 폴리우레탄 수지

    ㉠ 폴리우레탄 연질 발포체는 밀도가 작고 반발 특성이 뛰어나며 반복 압축 강도가 뛰어나기 때문에 완충재로 적합하다.

    ㉡ 경질 발포체는 기계적 성질과 내열성이 뛰어나고, 특히 단열성이 좋기 때문에 단열재나 구조재에 적합하다.

    ㉢ 폴리우레탄 탄성체는 탄성, 내마모성, 내유성, 내용제성, 내노화성 및 저온 특성이 뛰어나고 액체 그대로 주형할 수 있다.

⑧ 알키드 수지(Alkyd resin) : 폴리에스테르수지의 한 종류로 요소 수지, 멜라민 등과 혼합하여 금속도료로 많이 사용된다.

더 알고가기   **접착제의 조건**

- 충분한 접착성과 유동성이 있을 것
- 피접착물 분자와 접착제 분자간에 긴밀한 결합성이 있을 것
- 수축 팽창으로 인하여 발생하는 내부 응력이 적을 것
- 진동이나 충격에 안정될 것
- 내수, 내열, 내약품성 및 전기 절연성, 투명성, 속건성이 있을 것

(3) 섬유소계 플라스틱

① 특징 : 식물성 물질의 구성 성분으로, 자연계에 존재하는 고분자 물질이다. 반합성 플라스틱이라고도 한다.

② 섬유소계의 종류

종류	장점	단점	용도
셀룰로이드	• 강인하고 충격 강도가 크며, 탄성과 가공성이 좋다. • 안전성과 접착성이 좋다. • 대부분의 자외선을 투과시키나 적외선은 차단한다.	일광에 의한 변색이 심하고 가연성이 있다.	레커
아세트산 섬유소	강인하고 충격 강도가 크며, 성형 가공이 유리하고, 잘 타지 않는다.	흡수성이 크고 안전성이 약하다.	시트, 판, 막대, 파이프, 사진 필름, 도료

(4) 고무 및 기타 제품

① 라텍스
  ㉠ 고무 나무의 수피에서 분비되는 비중 1.02의 흰색 또는 회백색의 유상의 즙액이다.
  ㉡ 암모니아를 응고 방지제로 사용하여 농축하여 사용하거나 수분을 제거하여 생고무로 사용한다.

② 생고무(천연고무) : 라텍스를 가황제 등으로 처리하여 물리적 성질을 개량한 것으로 광선에 분해되어 균열이 발생하고 점성으로 변한다.

③ 합성 고무
  ㉠ 화학적으로 처리한 고무로 내유성과 내후성이 있고, 천연 고무보다 물리적 강도 등 기계적 성질이 우수하다.
  ㉡ 부나에스(CR-S), 부나엔(CR-N), 네오브렌 등이 있다.

④ 가황 고무
  ㉠ 생고무에 황을 더한 고무로 가황되면 물리적 성질이 아주 개선된다.
  ㉡ 내유성이 약하고 광선, 열에 의해 산화, 분해되어 균열이 발생하여 노화되지만 생고무에 비해 내노화성이 개선이 된 것이다.

⑤ 리놀륨(Linoleum)
  ㉠ 탄력성이 풍부하고, 내수성·내구성이 있으며 표면이 매끈하다.
  ㉡ 아마인유에 수지를 가해서 만들어 낸 리놀륨 시멘트에 코르크 분말, 안료, 건조제 등을 혼입하여 삼베에 압착하여 만든다.

ⓒ 장기간 방치하면 탄성이 줄고 취약해진다.

ⓔ 공장 생산된 마감재로 시공이 용이하다.

⑥ 우레아 폼(Urea foam)

ⓐ 요소 수지계를 원료로 하여 경화제를 사용 현장 발포시킨 후 시공부위에 분사, 주입시키는 단열재이다.

ⓑ 단열, 흡음, 방수성능을 가지고 있으며, 내한성, 내수성, 내충격성, 내마모성, 내약품성의 특성을 가진다.

ⓒ 방수코팅제로도 사용하며, 조립식 건축물의 지붕이나 옥상, 벽체, 욕실 등에 사용한다.

⑦ 레저(Leather, 인조가죽, 합성 피혁) : 폴리우레탄 등을 소재로 하여 인공적으로 만든 가족 모조품

(5) 유리 섬유 강화 플라스틱(FRP : Fiber Reinforced Plastic)

① 특징

ⓐ 유리 섬유를 가한 폴리에스테르 제품, 에폭시 수지 제품인 섬유 강화 플라스틱이다.

ⓑ 시공이 용이하며 가격이 낮은 편이다.

ⓒ 내약품성, 방수성이 좋다.

ⓓ 가볍고 강도가 아주 높으며 보온성이 좋고 감촉이 부드럽다.

② 용도 : 여러 가지 탱크류, 컨테이너, 드럼, 오일 탱크, 파이프, 밸브, 팬, 닥트, 스크라이버, 펌프, 시설물, 건축 부품, 도금조 욕조 등

③ 성형법

ⓐ 강화재를 고정 또는 유동시켜 수지가 액체 상태에서 고체 상태가 되는 경화 반응에 의해 행해진다.

ⓑ 손작업에 의한 핸드 레이업법과 최근에는 FRP 성형의 대표적인 성형법이 되고 있는 진보적인 기계 성형법이 발전, 실행되고 있다.

(6) 플라스틱 부재료(플라스틱 첨가제)

플라스틱을 실제로 제품화하기 위해 그 취약성을 보완하고 특성을 살리기 위한 보조 재료

① 충전제(보강제)

ⓐ 충전제는 성형품의 강도, 외관 등의 물성을 개량하고, 증량하여 원가를 줄일 목적으로 첨가하는 플라스틱의 부재료이다.

ⓑ 열경화성 플라스틱은 일반적으로 내열성, 내용제성, 내약품성, 기계적 성질, 전기

절연성이 좋으며, 충전제를 넣어 강인한 성형물을 만들 수가 있다.

　　ⓒ **충전제의 종류** : 셀룰로오스 · 석면 · 목분(木粉) 등

② **착색제**

　　㉠ 플라스틱 제품을 아름답게 하기 위하여 제품에 색깔을 넣을 때 사용한다.

　　ⓝ **플라스틱 착색제의 조건** : 분산성이 좋고, 내용제성 · 내약품성일 것, 플라스틱의 분해를 촉진하지 않을 것

　　ⓒ 빨간색에는 칼슘(Ca)과 마그네슘(Mg)이 쓰이고, 푸른색에는 프탈시아닌 블루(blue)가 쓰인다.

　　ⓡ 노란색에는 카드뮴(Cd)과 크롬(Cr)이, 흰색에는 산화티탄이 쓰인다.

③ **가소제** : 플라스틱을 부드럽고 유연하게 만드는 첨가제이다. 열가소성 플라스틱을 보다 쉽게 만들기 위하여 사용한다.

④ **발포제** : 플라스틱에 유기 발포제를 넣고 압축 · 가열하면 질소(N_2)가 발생되어 거품을 만드는 원리를 이용한 것이다.

⑤ **안정제** : 가공 도중 플라스틱이 열에 의하여 분해되는 것을 방지하기 위한 열안정제와 제품이 햇빛 속의 자외선을 흡수하여 분해되는 것을 막아 주기 위한 광안정제가 있다.

⑥ **정전기 방지제** : 정전기를 감소시키거나, 제거하는 작용을 하는 플라스틱 보조 재료이다.

⑦ **활제** : 플라스틱을 가공할 때 수지의 흐름을 좋게 하고 모양내기도 양호하며, 제품을 형틀에서 쉽게 떼어내기 위하여 사용한다.

⑧ **난연제** : 플라스틱 제품이 불에 타지 않게 하기 위하여 사용한다.

Chapter 02 건축 재료

THEME 06 건축 재료의 발달과 일반적 성질

(1) 건축 재료의 발달

① 원시시대 : 나무, 흙, 돌 등의 천연재료를 그대로 이용

② 20세기 건축물의 3대 재료 : 시멘트, 철, 유리

③ 현대 건축 : 건축 재료의 고성능화, 공업화가 요구됨

(2) 건축 재료의 분류

① 제조 분야별 분류

    ㉠ **천연 재료(자연 재료)** : 석재, 목재, 흙 등

    ㉡ **인공 재료(공업 재료)** : 금속 재료, 요업 재료, 합성수지 재료 등

② 화학 조성에 의한 분류

    ㉠ **무기 재료**

        ⓐ **비금속** : 석재, 흙, 콘크리트, 도자기 등

        ⓑ **금속** : 철재, 알루미늄, 구리, 합금 등

    ㉡ **유기 재료**

        ⓐ **천연 재료** : 목재, 대나무, 아스팔트, 섬유판, 옻나무 등

        ⓑ **합성 수지** : 플라스틱재, 도장재, 실링재, 접착재 등

③ 사용 목적에 의한 분류

    ㉠ **구조 재료** : 건축물의 뼈대를 이루는 기둥, 보, 벽체 등 내력부를 구성하는 재료로 목재, 석재, 콘크리트, 철재 등

    ㉡ **마감 재료** : 내력부 이외의 칸막이, 장식 등을 목적으로 하는 바닥 등의 내·외장재로 타일, 유리, 금속관, 보드류, 도료 등

    ㉢ **차단 재료** : 방수, 방습, 차음, 단열 등을 목적으로 사용하는 재료로 아스팔트, 페어글라스, 실링제 등

    ㉣ **방화 내화 재료** : 화재의 연소 방지 및 내화성의 향상을 목적으로 사용하는 재료로 방화문, 석면 시멘트판, 규산 칼슘판 등

(3) 건축 재료의 일반적 성질

① 역학적 성질

　㉠ **탄성** : 물체에 외력이 작용하면 순간적으로 변형이 생겼다가 외력을 제거하면 원래의 상태로 되돌아가는 성질

　㉡ **소성** : 가소성이라고도 하며, 재료가 외력을 받아 변형이 생겼을 때 외력을 제거해도 원상태로 되돌아가지 않고 변형된 상태로 남아있는 성질

　㉢ **점성** : 재료에 외력이 작용했을 때 변형이 하중 속도에 따라 영향을 받는 성질

　㉣ **강도** : 재료에 외력이 작용할 때 그 외력에 의한 변형과 파괴 없이 저항할 수 있는 응력으로서 압축강도, 인장 강도, 휨강도, 전단 강도 등이 있음(강도의 단위는 kg/cm^2)

　㉤ **경도** : 재료의 단단한 정도

　㉥ **강성**(stillness) : 재료에 외부에서 변형을 가할 때 그 재료가 주어진 변형에 저항하는 정도를 수치화한 것

　㉦ **취성** : 외력을 받았을 때 극히 미비한 변형에도 파괴되는 성질

　㉧ **연성** : 재료가 인장력에 의해 잘 늘어나는 성질

　㉨ **인성** : 재료가 외력을 받아 파괴될 때가지 큰 응력에 저항하며 변형이 크게 일어나는 성질

　㉩ **전성** : 재료를 두드릴 때 얇게 펴지는 성질

　㉪ **응력** : 외부 압력에 저항하여 재료 내부에 단위 면적당 생긴 힘

　　ⓐ **응력 변형도** : 물체를 변형시켰을 때 생긴 응력과 비틀림의 관계
　　　• 응력도 : 외력을 연강재의 단면적으로 나눈 값
　　　• 변형도 : 늘어난 길이를 원래의 길이로 나눈 값

　　ⓑ **응력-변형률 곡선**
　　　• 금속 재료는 탄성과 소성을 동시에 지니고 있는데 어느 한도까지의 변형에서는 탄성을 나타내지만, 그 한도를 지나면 소성을 나타내어 영구 변형하게 된다.
　　　• 소성 변형된 소재는 모양, 크기, 성질 등이 변형 전에 비하여 달라지는데, 시험편의 변형 전후의 크기 차이를 최초의 크기로 나눈 값을 변형률(strain)이라고 한다.
　　　• 변형순서는 비례한계-탄성한계-상위항복점-하위항복점-파괴강도 순이다.

② 물리적 성질

　㉠ **비중** : 어느 물체의 질량과 표준 대기압에서 물체와 같은 체적을 가진 4℃의 물의 질량의 비

ⓛ 함수율 : 재료 속에 포함된 수분의 중량을 건조시의 중량으로 나눈 값

ⓒ 흡수율 : 재료를 일정시간 물속에 넣었을 때 재료의 건조 중량에 대한 흡수량의 비

② 연화점 : 재료에 열을 가하면 물러져 액체로 변하는 상태에 달하는 온도

ⓜ 인화점 : 연화상태에 계속 열을 가하면 가스가 발생해 불에 닿으면 인화하는 지점

ⓑ 열전도율 : 재료의 마주하는 면에 단위 온도차를 주었을 때 단위 시간당 전해지는 열량

ⓢ 비열 : 질량 1g의 물체를 1℃올리는데 필요한 열량

ⓞ 흡음률 : 흡음이란 재료가 음을 흡수하는 정도로서 소리의 에너지에 대하여 반사되지 않은 소리의 에너지 비율

③ 화학적 성질

ⓣ 알카리와 산성 : 알루미늄 새시는 콘크리트에 부식된다.

ⓛ 산성 : 탄산화가 철근의 표면에 이르면 철근 표면의 알카리성을 상실하고 철근이 부식되고, 철근의 부식에 의해 콘크리트 체적이 팽창하여 결국 콘크리트는 균열이 발생되고 심한 경우 탈락된다.

ⓒ 염분 : 철강재의 경우 염분이 많은 해안지방에서는 빨리 부식된다.

④ 내구성

ⓣ 재료가 외부에 작용하는 재해에 대하여 변질되지 않고 오래 유지되는 성질을 말한다.

ⓛ 내구성에 영향을 주는 요소는 바람, 지진, 화재 등이다.

ⓒ 풍화란 태양광선, 풍우, 습기, 열 등의 영향을 받아 재료가 변질 작용을 일으키는 현상이다.

THEME 07 건축 재료의 요구 성능

(1) 건축 재료의 요구 성능 일반

성질\재료	역학적 성능	물리적 성능	내구 성능	화학적 성능	방화, 내화 성능	감각적 성능	생산 성능
구조 재료	강도, 강성, 내피로성	비수축성	동해, 변질, 내부후성	녹 부식 중성화	불연성, 내열성		가공성, 시공성
마감 재료		열, 음, 광, 투과 반사			비 발 연 성 비유독가스	색채, 촉감	
차단 재료		열, 음, 광, 수분의 차단					
내화 재료	고온강조, 고온변형	고융점			불연성		

(2) 건축 부위에 요구되는 성질

① 구조 재료

  ㉠ 재질이 균일하고 강도가 큰 것으로 한다.(가장 최우선)

  ㉡ 내화, 내구성이 큰 것으로 한다.

  ㉢ 가볍고 큰 재료를 용이하게 얻을 수 있는 것이어야 한다.

  ㉣ 가공이 용이한 것이어야 한다.

② 구조 부재료

  ㉠ 지붕 재료

    ⓐ 재료가 가볍고, 방수, 방습, 내화, 내수성이 큰 것이어야 한다.

    ⓑ 열전도율이 작은 것이어야 한다.

    ⓒ 외관이 좋은 것이어야 한다.

  ㉡ 벽, 천장 재료

    ⓐ 차음이 잘되고 내화, 내구성이 큰 것이어야 한다.

    ⓑ 외관이 좋은 것이어야 한다.

    ⓒ 열전도율이 작은 것이어야 한다.

    ⓓ 시공이 용이한 것이어야 한다.

  ㉢ 바닥, 마무리 재료

    ⓐ 탄력성이 있고, 마멸이나 미끄럼이 작으며 청소하기가 용이한 것이어야 한다.

    ⓑ 외관이 좋은 것이어야 한다.

    ⓒ 내화, 내구성이 큰 것으로 한다.

  ㉣ 창호, 수장 재료

    ⓐ 외관이 좋고 내화, 내구성이 큰 것으로 한다.

    ⓑ 변형이 작고, 가공이 용이한 것이어야 한다.

THEME 08 목재의 분류 및 성질

(1) 목재의 장·단점

장점	단점
• 촉감이 우수하고 질감이 부드러우며 비중과 비교하면 강도가 크다.	• 화재에 매우 취약하고 자연 풍화나 충해에 약한 편이다.
• 아름다운 색채와 무늬가 있어 우수한 장식재로 사용할 수 있다.	• 부패균에 의하여 부식되기 쉬우므로 내구성이 작다.
• 금속, 석재, 유리 등의 재료에 비하여 비중이 작고 가공성이 우수하다.	• 수분의 흡수와 같은 흡습성이 크다.
• 열전도율과 열팽창률이 작아 보온, 방서, 방한의 효과가 크다.	• 건조 수축의 변형이 크고 뒤틀림이 생겨서 제품의 치수나 형태가 변하기 쉽다.
• 탄성이 우수하여 외력에 의한 변형에 쉽게 파괴되지 않는다.	• 재질 및 섬유방향에 따라 강도의 차이가 있다.
• 절연성이 우수하고 산성, 염분, 약품에 강한 성질을 가진다.	• 건조할 때 수축변형이 일어나 치수나 형태가 변한다.

(2) 목재의 분류와 조직

① 목재의 분류

성장	외장수	소나무, 낙엽송	길이와 두께가 모두 성장하는 것
	내장수	대나무, 야자수류	길이만 성장하는 것
외관	침엽수	삼나무, 소나무, 전나무류 등	
	활엽수	느티나무, 벚나무, 밤나무류 등	
재질	연재	침엽수류(소나무, 참나무)	
	경재	활엽수류(떡갈나무, 참나무)	
용도	구조용재	구조물의 뼈대를 형성하는데 사용하는 목재(침엽수)	
	장식용재	내부치장용이나 가구를 만드는 데 사용하는 목재(활엽수)	

② 목재의 조직

㉠ 세포 조직

ⓐ **목섬유**(섬유세포)

• 헛물관(가도관)이라 하는데, 수목 전 용적의 90~97% 를 차지하고 있다.

• 수액의 통로가 되며 수목에 견고성을 주는 역할도 한다.

ⓑ **도관**(물관)

　　　　　• 주로 활엽수에만 있는 것으로서 섬유 세포보다 크고, 길며, 줄기 방향으로 배치되어 있다.
　　　　　• 건조재의 종단면위에 크고 진한 무늬를 띠는 원인이다.
　　　ⓒ **수선** : 수목 줄기의 중심에서 겉껍질 방향에 방사상으로 들어 있는 물관과 비슷한 세포로서 물관 세포와 같은 역할을 하는 것이다.
　Ⓛ 나이테(연륜)
　　　ⓐ 수목은 계절에 따라서 자라는 정도가 다르므로 목재의 횡단면 상에서 수심을 중심으로 동심원 모양의 엷은 색과 진한 색의 무늬가 1년에 한 쌍씩 나타나는 것이다.
　　　ⓑ 나이테 간격이 좁을수록, 추재부가 차지하는 면적이 클수록 비중과 강도가 크다.
　　　ⓒ **춘재**(조재) : 봄부터 여름 동안 빨리 자란 연륜 부위로 세포가 크고 세포막이 얇으며 조직이 치밀하지 못하고 색이 연하다.
　　　ⓓ **추재**(만재) : 가을부터 겨울 동안 천천히 자란 연륜 부위로 세포가 작고 세포막은 두꺼우며 나무 조직이 치밀하고 단단하며 색이 진하다.
　Ⓒ 심재와 변재

변재	심재
• 목재 바깥 부분인 껍질쪽의 엷은 색 조직을 말한다. • 재는 무르고 연하여 탄력성이 우수하고 수액이 많다. • 건조시 수축 변형이 심하며, 탄력성이 우수하고 단단하고 내구성이 크다.	• 목재의 수심 가까이 위치한 색이 짙은 부분의 조직을 말한다. • 고무질, 수지 등이 생활 기능을 잃어 재질이 단단하고 내구성이 크다. • 수축 변형도 변재보다 적어 양질의 조직에 속한다. • 심재는 갈라지기 쉽다.

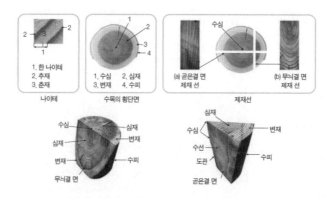

[목재의 조직과 결]

② 나뭇결

ⓐ **곧은결재** : 건조 수축률이 낮아 목재의 변형이 작게 일어나며 나뭇결이 평행한 직선으로 되어있다.

ⓑ **무늿결재** : 제재가 쉽고 폭이 넓은 판재를 얻을 수 있으나 곧은결보다 건조에 의한 변형이 크게 일어나서 균열이 발생하기 쉽다. 곧은결재에 비해 가격이 저렴하고 폭이 넓은 판재를 얻기 쉬우며 무늬가 아름다워 장식용 목재로 이용된다.

⑩ 목재의 결함

ⓐ **할렬**(갈라짐) : 수간 내부의 목부세포의 변화로 생기는 생장응력, 외력에 의한 응력, 수분의 동결 등에 의해 목재의 조직이 갈라지는 현상이다.

ⓑ **옹이** : 옹이는 수간의 비대 생장으로 인하여 줄기나 나뭇가지가 목부에 파묻히는 현상이다.

• 산옹이(생절) : 형성층이 줄기와 연결되어 살아 있는 것으로 제재 후에 옹이가 빠지지 않고 다른 목질부보다 단단하여 가공이 불편하다.

• 죽은 옹이(사절) : 가지가 말라서 목부에서 떨어져 형성층과 연결되어 있지 않고 줄기 내부에 묻혀 있는 것으로 목질이 굳고 단단하여 가공하기 어려워 목재로서는 적당하지 않다.

ⓒ **상해 조직** : 나무가 성장 과정에서 외상을 입어 형성층이 상하거나 사멸되면 상처가 아물면서 상처 주위에 상해 유조직이 만들어진다.

ⓓ **혹** : 균류의 작용으로 섬유의 일부가 부자연스럽게 발달하여 생긴 것이다.

ⓔ **껍질백이** : 나무의 상처 등으로 수피가 목질 내부로 몰입한 것이다.

ⓕ **썩정이** : 노목의 수심이 비었고 벌목 후에도 환기가 불충분할 때는 여러 군데가 썩어서 얼룩이 생기는 것을 말한다.

(3) 목재의 성질

① 비중

㉠ 목재와 같은 체적의 4℃에서 물의 중량($1cm^3$ = 1g)과 비교한 것으로 목재의 비중은 전건 상태를 기준으로 한다.

㉡ 비중목재의 비중은 1.54이며 비중은 목재의 물리적 성질과 강도를 좌우하는 가장 큰 요인이다.

㉢ 비중이 크면 세포막이 두꺼워 지므로 강도가 크고 단단하며, 수축과 팽창이 심하게 나타난다.

㉣ 전건 비중이 작은 목재 일수록 공극률을 커진다.

ⓜ 공극률이 큰 목재는 강도가 작아진다.

　　　ⓗ 비중이 작은 목재는 강도가 낮고 비중이 큰 목재는 강도가 높다.

　② 함수율

　　　㉠ 목재에 포함된 수분의 양을 완전히 건조한 목재에 대하여 백분율로 나타낸 것이다.

　　　㉡ 함수율 = $\dfrac{\text{목재의 중량} - \text{건전 상태의 무게}}{\text{전건 상태의 무게}} \times 100$

　　　㉢ 생나무에서는 40~80%의 수분이 포함되어 있다.

　　　㉣ 함수량은 수종, 수령, 생산지 및 심재, 변재 등에 따라서 다르고, 계절에 따라서도 다소 차이가 있다.

　　　㉤ 함수율에 따른 목재의 상태

　　　　ⓐ **섬유포화점**(FSP) : 수증기 중에 있는 목재가 수분을 흡수하여 더 이상 흡수할 수 없을 때까지의 한계점(30% 전후)

　　　　ⓑ **기건재** : 대기 중의 습도와 균형 상태로 함수율 15% 정도이다.

　　　　ⓒ **전건재** : 기건재가 더욱 건조되어 0% 함수율을 가진 목재이다.

　③ **수축과 팽창**

　　　㉠ **수축에 의한 변형** : 목재는 건조하면 수축되고, 수분을 흡수하면 팽창한다.

　　　㉡ 수축률= $\dfrac{\text{수축된 양}}{\text{수축되기 전의 양}} \times 100$

　　　㉢ **부분별 수축률** : 목재의 부분별 수축 정도(변재>심재, 춘재>추재)

　　　㉣ **방향별 수축률** : 목재의 부분별 수축 정도(널결 방향>곧은결 방향>섬유 방향)

　④ **강도**

　　　㉠ **목재의 강도** : 인장강도>휨강도>압축강도>전단강도 순서로 작아진다.

　　　㉡ **가력 방향과 강도** : 섬유 방향에 평행하게 가한 힘에 대해서는 가장 강하고, 이에 직각으로 가한 힘에 대해서는 가장 약하다.

　　　㉢ **비중과 강도** : 목재의 강도는 비중과 비례하는데 함수율이 일정하고 결함이 없으면 비중이 클수록 강도는 크다.

　　　㉣ **함수율과 강도** : 섬유 포화점(30%) 이하로 건조되면 강도는 증가한다.

　　　㉤ 기건재의 강도는 약 1.5배, 전건재의 강도는 3배 이상이 된다.

　　　㉥ 심재가 변재에 비하여 강도가 크다.

　　　㉦ 목재의 허용 강도는 최고 강도의 1/7~1/8이다.

　　　㉧ **옹이와 강도** : 목재의 인장강도와 압축강도는 옹이가 많을수록 감소하며, 산옹이 보다는 죽은 옹이가 또 옹이의 지름이 클수록 강도의 감소율이 크다.

⑤ 내구성

　㉠ 부패

　　ⓐ 목재가 부패되면 강도가 떨어지고 건조의 속도도 빨라지며 착화점도 낮아진다.

　　ⓑ 부패균의 번식은 온도, 습도, 산소, 양분 등과 밀접한 관계가 있으며 이중 하나
라도 없으면 생존할 수 없다.

　㉡ **온도** : 부패균은 25~35℃ 범위에서 활동이 가장 왕성하고, 4℃ 이하에서는 번식하
지 못하고 55℃ 이상에서는 거의 사멸된다.

　㉢ **습도** : 균의 발육이 가장 왕성해질 수 있는 조건은 40~50%인데 15% 이하로 건조
하면 번식이 중단된다.

　㉣ **공기** : 공기가 차단된 목재는 부패되지 않는다.

　㉤ **풍화** : 목재가 외부에 노출되면, 먼지, 수분 등의 영향을 받아 변색, 마모, 균열을
일으키게 된다.

　㉥ **충해** : 충해를 일으키는 것으로는 흰개미와 굼벵이 등을 들 수 있다.

　㉦ 연소

　　ⓐ **인화점** : 목재에 열을 가하면 100℃에서 수분이 증발하고 160℃이상 되면 가연
성 가스가 발생하는 온도이다.

　　ⓑ **착화점** : 온도가 260~270℃가 되면 가연성 가스의 발생이 많아지고 불꽃에 의
하여 불이 붙는다.

　　ⓒ **발화점** : 목재의 온도가 400~450℃가 되면 화기가 없더라도 자연 발화된다.

　　ⓓ **화재의 위험온도** : 불이 붙기 쉽고 저절로 꺼지기 어려운 온도로 260~270℃를
말한다.

(4) 목재의 벌목과 제재

① 벌목

　㉠ 벌목은 여름보다 가을이나 겨울에 하는 것이 좋으며, 제재 시에는 최대한 취재율
을 높여야 한다.

　㉡ 가을, 겨울에는 수목의 성장이 정지되고 수액에 적으므로 이 시기에 벌목한 목재
는 건조가 빠르고 목질도 견고하다.

　㉢ 가을, 겨울에는 산중 운반도 편하고, 벌목 노임도 싸다.

　㉣ **벌목의 적령기** : 장목기에 수목을 벌목하는 것이 재적도 많고 재질도 좋다.

② 목재의 취급 단위 환산표

명 칭	내 용	단위	m^3	재	b. f.
입방미터	1m×1m×1m	m^3	$1m^3$	299.475재	425.55
재(才)	1치×1치×12자	재	$0.00324m^3$	1재	1.421
보드피트	$1''\times1''\times12'$	b. f.	$0.00228m^3$	0.703재	1

(5) 목재의 건조

① 목재 건조의 중요성

㉠ 잘 건조되지 않은 목재를 쓰면 휨, 비틀림 또는 균열이 일어난다.

㉡ 목재의 수축이나 변형을 방지하고 강도를 생목보다 2~3배 증대시킬 수 있다.

㉢ 부패의 방지와 내구성을 높이며 중량의 감소로 가공이나 운반이 쉬워진다.

㉣ 접착성과 도장 성능이 개선되고 방부제나 합성수지의 주입이 쉬워진다.

㉤ 전기나 열에 대한 절연성이 증가하고 못이나 나사 등의 유지력이 높아진다.

② 건조 속도를 지배하는 요인

㉠ 목재의 비중이 클수록 두께가 두꺼울수록 건조 시간은 길어진다.

㉡ 일반적으로 기온이 높을수록 습도가 낮을수록 건조 속도가 증가한다.

㉢ 구조용재는 함수율 15%이하, 수장재 및 가구용재는 10%까지 건조시키는 것이 바람직하다.

㉣ 건조 속도는 도관의 크기와 처음 함수율과 관계가 있는데 보편적으로 침엽수가 활엽수보다 빠르다.

③ 목재 건조법

㉠ 수액 제거법(침수법)

ⓐ 원목을 현지에 1년 이상 방치하여 두거나 강물에 6개월쯤 담가 두는 방법으로 자연스럽게 수액을 제거하는 방법이다.

ⓑ 목재를 열탕으로 삶으면 수액이 제거되고 건조도 빨라진다.

㉡ 자연 건조법(자연대기 건조법, 천연건조법)

ⓐ 목재를 옥내에 쌓아 놓거나 옥외에 쌓아두고 직사광선을 막기 위하여 짚으로 덮고 통풍으로만 건조시키는 방법이다.

ⓑ 건조비가 적게 들고 재질의 변질이 적어서 좋으나, 건조 기간이 길고 변형이 생기기 쉬우므로, 목재를 쌓은 다음 그 위에 무거운 하중을 가하여 변형되는 것을 막아야 한다.

ⓒ 목재를 쌓을 때에는 지면에서 약 20~30cm 이상의 높이로 굄목을 설치하여 목재와 지면 사이의 거리를 충분히 유지하여 통풍이 잘되게 하며 바람의 방향과 직각이 되도록 한다.

ⓓ 건조 기간은 보통 두께 3cm 정도의 판재의 경우 침엽수는 2~6개월이 활엽수는 6~12개월이 걸린다. 원목의 경우는 건조 기간이 1~3년 정도 소요된다.

ⓒ 인공 건조법

ⓐ 건조실에 제재품을 쌓아 넣고, 처음에는 저온, 다습의 열기를 통과시키다가 점차 고온, 저습으로 조절하여 건조시키는 건조 방법이다.

ⓑ 초기부터 고온으로 건조시키면 건조 속도는 빠르나, 표면이 갈라지거나 경화되어 재질이 나빠질 우려가 있다.

ⓒ 건조는 빠르고 변형도 적으나, 시설비, 가공비가 많이 들어 목재 가격이 비싸진다.

ⓓ 증기로 가열하여 건조시키는 증기법, 공기를 가열하거나 가열 공기를 넣어 건조시키는 열기법, 연기를 건조실에 도입하여 건조시키는 훈연법, 원통형의 탱크 속에 목재를 넣고 밀폐하여 고온·저압 상태에서 수분을 빼내는 진공법 등이 있는데, 주로 증기법이 많이 쓰인다.

(6) 목재의 방부

① 특징

㉠ 목재는 균류에 의하여 부패되어 변색, 변질되는 피해를 받아 구조물에 손상을 주게 되므로, 미리 방부 처리를 해야 한다.

㉡ 방부법으로는 간단한 환경 개선법으로 건조시키거나 물 속에 담그거나 햇볕에 쬐어 자외선에 살균시키거나, 표면만을 태워 탄화시키는 방법 등도 있으나, 약제 처리가 주로 이용된다.

② 유성 방부제

㉠ 유효성분 그 자체가 유성 화합물 또는 그 혼합물로써 원체가 유성의 방부제로 되어 있다.

㉡ 가격이 싼 편이나 화재의 위험성과 악취로 인해 사용을 거의 안하는 편이다.

㉢ 크레오소트유

ⓐ 흑갈색의 용액으로서, 방부력이 우수하고 내습성도 있으며, 값도 싸다.

ⓑ 일반적으로, 미관을 고려하지 않는 외부에 많이 쓰이지만, 페인트를 그 위에 칠 할 수도 없고, 또 좋지 않은 냄새가 나므로 실내에서는 쓸 수 없다.

ⓒ 침투성이 좋아서 목재에 깊게 주입할 수 있다.

ⓓ 토대, 기둥, 도리 등에 사용한다.

ⓔ **콜타르** : 가열하여 칠하면 방부성이 좋으나 페인트칠이 불가능하므로 보이지 않는 곳이나 가설재 등에 이용한다.

ⓜ **아스팔트** : 흑색으로 착색되어 페인트칠이 불가능하므로 보이지 않는 곳에만 사용한다.

ⓗ **페인트** : 방습, 방부 효과가 있고, 색올림이 자유로우므로 외관을 아름답게 하는 효과도 겸하고 있다.

ⓢ **펜타클로로 페놀**(PCP)

ⓐ 무색이거, 방부력이 가장 우수하다.

ⓑ 페인트 칠을 할 수 있으나, 크레오소트에 비하여 값이 비싸다.

ⓒ 석유등의 용제로 녹여 써야 한다.

③ **수용성 방부제**

㉠ 수용성 화합물을 주체로 하여 물에 용해해서 사용하는 방부제를 말한다.

㉡ 주성분은 대부분의 무기화합물이나 유기화합물을 포함한다.

㉢ 수용성 방부제의 종류에는 황산동, 염화아연, 염화 제2 수은 불화 나트륨 등이 있다.

THEME 09 목재의 이용

(1) 합판(plywood)

① **합판의 정의**

㉠ 목재의 얇은 판을 한 장마다 섬유 방향과 직교가 되도록 3, 5, 7, 9 등의 홀수 겹으로 겹쳐 붙여 댄 것을 합판이라고 한다.

㉡ 합판을 구성하는 1장의 얇은 판을 단판(veneer)이라 한다.

㉢ 합판의 크기는 3자×6자(910mm×1,820mm)와 4자×8자(1,220mm×2,440mm)가 있으며 4자×8자 크기를 주로 사용한다.

② **합판의 특성**

㉠ 판재에 비하여 균질, 목재의 이용률을 높일 수 있다.

㉡ 단판의 교차 접착으로 수축 팽창을 줄이고 강도를 증가시킬 수 있다.

㉢ 원목직경 이상의 폭이 넓은 판을 얻을 수 있고, 쉽게 곡면판으로 만들 수 있다.

㉣ 아름다운 무늬판을 대량으로 얻을 수 있고 가격도 저렴하다.

ⓜ 습기가 있는 곳에서는 부착된 단판이 떨어지는 경우도 있다.

ⓗ 습기에 의한 신축이 적고, 두께에 비해 강도가 크다.

ⓢ 원목보다 표면의 긁힘에 약하다.

③ 단판의 제조 방법

  ㉠ 로터리 베니어(rotary veneer)

    ⓐ 일정한 길이(2~5 m)로 자른 통나무의 양마구리를 중심축으로 하여, 기계 대패로 나이테에 따라 두께 0.5~3mm(보통 1.5mm)정도로 두루마리를 펴듯이 연속적으로 벗기는 방법이다.

    ⓑ 단판이 널결 무늬이므로 신축에 의한 변형이 크며 쪼개지기 쉬운 결점은 있으나, 원목의 낭비가 없고 넓은 단판을 얻을 수 있다.

  ㉡ 슬라이스드 베니어(sliced veneer)

    ⓐ 통나무를 미리 적당한 각재(보통 3m 정도)로 만든 다음, 상하로 이동하는 나비가 넓은 대팻날로 두께 1.0~1.5mm 정도로 얇게 절단하는 방법이다.

    ⓑ 합판 표면에 아름다운 무늬를 장식적으로 이용할 때 쓰이는데 넓은판을 얻기 힘든 것이 단점이다.

  ㉢ 소드 베니어(sawed veneer) : 원목을 미리 각재로 만든 것을 띠톱이나 둥근톱으로 얇게 켜내는 것으로서, 현재는 거의 쓰이지 않는다.

④ 합판의 제조 방법

  ㉠ 각 단판을 서로 섬유방향이 직각이 되도록 교착제로 붙여 만든다.

  ㉡ 접착제의 종류에 따라 열압(熱壓) 또는 상온가압(常溫加壓)하는데, 열압 온도는 150~160℃ 정도로 하고 압력은 10~18kg/cm^{2}으로 한다.

  ㉢ 일정한 시간이 경과된 후 다시 상온에서 12~24시간 크램프(cramp)로 죄어둔다.

  ㉣ 다시 건조실에서 기건 상태까지 건조시켜서 일정한 치수로 재단하고 표판을 샌드페이퍼(sand paper)로 끝마감하여 제품화 한다.

⑤ 합판의 종류와 특성

  ㉠ 접착제에 따른 분류

    ⓐ 1류 합판 : 페놀 수지(phenol resin)를 사용한 것으로서, 장기간의 외기나 습윤 상태에서도 견디며, 내수성이 가장 큰 것이다.

    ⓑ 2류 합판 : 요소 수지 또는 멜라민(melamine) 수지를 쓴 것으로, 습도가 비교적 높은 곳에서도 견디며, 높은 내수성을 가진 것이다.

    ⓒ 3류 합판 : 접착제로 카세인 등을 사용하며, 보통 합판을 말한다.

  ㉡ 심재료(core)에 따른 종류

ⓐ **럼버 코어**(lumber core) **합판** : 목재를 가늘게 톱질한 것을 가로 세로 붙여 폭이 넓고 두꺼운 판을 만들고 심재료로 사용한 합판이다.

ⓑ **허니 코어**(honey core) **합판** : 페놀 수지나 요소 수지 등을 함유한 크라프트지를 벌집 모양으로 성형한 것을 심재로 쓴 합판이다.

ⓒ **파티클 보드 코어**(particle board core) **합판** : 폐재를 이용해서 만든 파티클 보드를 심재로 쓰기 때문에 목재 자원이 부족할 때에 만든 합판이다.

ⓓ **베니어 코어**(veneer core) **합판** : 심재료로 보통 단판을 쓴 것이다.

ⓒ 보통 합판과 특수 합판

ⓐ **보통 합판** : 표면에 아무것도 붙이지 않고 칠하지도 않은 합판이다.

ⓑ **특수 합판** : 보통 합판의 심재에 단판 이외의 재료를 사용한 것으로, 보통 합판이 가지고 있는 결점을 개량해서 만들어진 제품이다.

(2) 집성 목재(목재 집성재)

① 개요

㉠ 집성목은 목재를 일정한 크기의 각재로 켠 다음, 섬유 방향을 서로 평행하게 하여 못 등을 이용하지 않고 접착으로 집성한 것이다. 세로 방향으로 강한 소재의 특성을 강조한 재료이다.

㉡ 집성목재는 두께 1.5~5cm의 널을 여러 장 겹쳐 접착시켜서 만든 것인데, 합판과 다른 점은 판자를 모두 섬유 방향에 평행하게 붙이되, 붙이는 매수는 홀수가 아니라도 된다는 점, 또 합판과 같은 얇은 판이 아니라, 보나 기둥에 사용할 수 있는 큰 단면으로 만들 수 있다는 점이다.

㉢ 접착제로는 요소 수지가 많이 쓰이고, 외부의 수분, 습기를 받는 부분에는 페놀 수지를 쓴다.

② 집성 목재의 특성

㉠ 장점

ⓐ 목재의 강도를 자유롭게 조절할 수 있다.

ⓑ 응력에 따라 필요한 단면으로 성형하여 목재의 합리적인 이음이 가능하다.

ⓒ 길고 단면이 큰 판재를 만들 수 있다.

ⓓ 필요에 따라 아치와 같이 굽은 재료를 만들 수 있다.

㉡ 단점

ⓐ 접착의 신뢰도와 내구성의 판정이 어렵다.

ⓑ 값이 비싸며, 외부용으로 사용하기 곤란하다.

ⓒ 장대한 재료는 현장 수송에 제한을 받는다.

(3) 인조 목재

① 톱밥, 대팻밥, 나무 부스러기 등의 원료를 사용하여 적당히 처리한 다음 고열, 고압으로 목재섬유를 고착시켜 만든 견고한 판이다.

② 크기는 91×182cm이다.

(4) 파티클보드

① 개요

ㄱ 칩보드라고도 하며, 원목의 폐자재를 활용한 것으로 원자재를 분쇄하여 작은 목재 조각으로 만들어 건조한 후 접착제를 혼합하여 성형과 열압 과정을 통해 만든 판이다.

ㄴ 규격은 900mm×1,800mm와 1,200mm×2,400mm의 크기에 두께는 8, 10, 12, 15, 18, 20, 22, 25, 30, 35, 40mm이다.

② 파티클보드의 특성

ㄱ 목재, 합판, MDF보다 가격이 저렴하며 가공성이 우수하다.

ㄴ 강도와 섬유 방향에 따른 방향성이 없고, 큰 면적의 판을 만들 수 있다.

ㄷ 합판, MDF와 거의 같은 규격이 생산되어 선박, 마룻널, 칸막이, 가구 등에 쓰인다.

ㄹ 충격에 매우 약하고 합판이나 MDF보다 나사못 유지력이 약하다.

ㅁ 무게가 무겁고 강도가 낮으며 내수성에 취약하다.

ㅂ 흡음성과 열의 차단성도 좋은 편이고 칩이 거칠어 곡면 가공이나 칠을 할 수 없다.

ㅅ 두께를 자유롭게 선택하여 만들 수 있다.

(5) 섬유판(fiber board)

① 개요

ㄱ 섬유판은 목재, 볏짚, 톱밥, 대나무 등의 식물성 섬유를 원료로 이를 펄프화하여 이것에 접착제를 첨가하여 인공적으로 얇은 판으로 제품화 한 것이다.

ㄴ 첨가제로는 수용성 석탄수지, 파라핀, 로진, 착색제 등이며 내화처리를 위하여 제2 인산암모니아, 붕산 등이 사용된다.

ㄷ 섬유판은 천연 재료에서 얻기 어려운 결점없는 넓은 제품을 다량으로 생산할 수 있다.

ㄹ 2차 가공이 쉬우며 종류가 다양하여 성능에 따른 선택이 비교적 자유로운 장점들이 있다.

ㅁ 제작과정 : 나무 부스러기 → 건조 → 판모양으로 핌 → 열압 → 재단 → 수송

② 종류 : 목재를 섬유화하여 성판(成板)할 때 압축공정의 유무로써 대별

    ㉠ **연질섬유판** : 비중 0.2~0.4로 건조시켜 고형판으로 제조

    ㉡ **반경질섬유판** : 비중 0.4~0.8로 섬유판은 저온 저압으로 열압하여 제조

    ㉢ **경질섬유판** : 비중이 0.9 이상으로 섬유판을 고온 고압으로 열압하여 제조

③ **중밀도 섬유판(MDF)** : 조각낸 목재 톱밥, 대팻밥, 볏짚, 보릿짚 등 식물성 재료를 원료로 펄프를 만든 다음, 합성수지 접착제를 열과 압력에 의하여 접착한 섬유판이다.

    ㉠ 일반 목재나 합판보다 가격이 싸다.

    ㉡ 합판과 같은 규격이 생산되어 각종 가구의 판재와 건축용 자재로 사용할 수 있다 (MDF의 규격은 900mm×1,800mm와 1,200mm×2,400mm의 크기에 두께는 5, 6, 9, 12, 18, 20, 22, 25mm).

    ㉢ 수축이나 팽창이 거의 없으며 표면이 깨끗하며 두께가 일정하다.

    ㉣ 무늬목이나 멜라민 등의 가공과 직접 도장이 쉬우며 곡면 가공성이 좋다.

    ㉤ 목재나 합판보다 충격에 약하고 내수성이 낮으며 나사못의 유지력이 약하다.

    ㉥ 면의 질이 부드러워 톱질한 면이 정밀하고 깨끗하게 처리된다.

    ㉦ 밀도가 낮을수록 나사못 지지력이 작고, 흡수력도 커서 휨의 원인이 될 수 있다.

(6) 합성 목재(켐우드)

① 목재부스러기(대패밥·톱밥)와 발포제를 혼합한 플라스틱을 성형할 때 발포시켜서 천연목재와 비슷한 외관이나 성질을 갖게 한 재료이다.

② 합성수지의 저발포 제품으로 가볍고, 표면이 딱딱하다.

③ 사출 또는 압출성형으로 만드는데 사출성형품은 텔레비전 수상기의 캐비닛 등에, 압출성형품은 건재에 주로 사용된다.

(7) 벽, 천장재

① **코펜하겐 리브**(copenhagen rib)

    ㉠ 면적이 넓은 강당, 극장 등의 안벽에 음향 조절 효과로 사용된다.

    ㉡ 두꺼운 판에다 표면을 자유 곡면으로 파내서 수직평행선이 되게 리브를 만든 것이다.

② **코르크 판**(cork board)

    ㉠ 코르크나무 껍질에서 채취하여 알갱이에 톱밥, 삼, 접착제 등을 혼합열압하여 만든 것이다.

    ㉡ 무게가 가볍고, 탄성, 단열성, 흡수성 등이 있다.

    ㉢ 흡음판은 음악 감상실, 방송실의 천장에 단열판은 냉장고, 냉동고, 제빙공장 등에 사용된다.

(8) 바닥재

① **플로어링 판**(flooring board) : 참나무, 미송, 나왕, 아피통 같은 굳고 무늬가 좋은 목재를 잘 건조시켜 두께 1.5~2.1cm, 나비 4~15cm, 길이 1.8~3.6m 정도로 만든 판이다.

② **플로어링 블록**(flooring block) : 플로어링 판의 길이를 그 나비의 정수배로 하여 3장 또는 5장씩 붙여서 길이와 나비가 같고 4면 제혀쪽매로 가공한 정사각형의 블록이다.

③ **쪽매 마루널** : 목조 바닥을 장식하게 위해서 두께 0.6~1.2cm의 무늬가 좋은 경목토막을 세로 가로 또는 빗방향으로 붙여 깐다.

THEME 10 석재의 분류 및 성질

(1) 석재의 장·단점

장점	단점
• 가공시 아름다운 광택을 내며, 색상과 무늬 등 외관이 아름답다. • 타 재료에 비해 내구성과 압축강도가 크다. • 변형되지 않고 가공성이 있다. • 열전도율이 낮고 보온성이 뛰어나다. • 내화학성, 내수성이 크고 마모성이 적다. • 불연성, 내마모성, 내구성이 크다.	• 중량이 커서 가공하기 어렵다. • 열을 받을 경우 균열이나 파괴되기 쉽다. • 비중이 크고, 인장 강도가 낮다. • 긴 재료를 얻기 힘들다. • 운반비와 가격이 비싸다.

(2) 석재의 조직과 분류

① 석재의 조직

ㄱ **석리** : 석재 표면의 구성 조직으로 돌결(화강암, 현무암)이다.

ㄴ **절리** : 암석이 냉각에 따른 수축과 압력등에 의하여 자연적으로 수평과 수직 방향으로 갈라져서 생긴 것이다.

ㄷ **석목** : 절리보다 작게 가장 쪼개지기 쉬우면으로 석재의 가공에 영향을 준다.

② 석재의 분류

ㄱ 용도에 의한 분류

ⓐ **구조용** : 구조 하중을 받는 곳에 쓰이는 것으로서, 기초, 기둥, 벽, 보용이 있다.

ⓑ **마감용** : 마감용 장식용에 쓰이는 것으로서, 외장용과 내장용이 있다.

ⓒ **골재용** : 골재 모르타르, 콘크리트를 혼합할 때 쓰이는 것으로, 자갈, 모래, 부

순돌, 부순 모래 등이 있다.

  ⓛ 생성 원인에 의한 분류

    ⓐ **화성암계** : 화강암, 안산암, 감람석, 화강암, 현무암 등이 있다.

    ⓑ **수성암계** : 사암, 점판암, 응회암, 석회석 등이 있다.

    ⓒ **변성암계** : 대리석, 사문석 등이 있다.

  ⓒ 압축 강도에 의한 분류

    ⓐ **연석** : 압축 강도가 100kg/cm²이하의 것으로서 연질 사암, 응회암 등이 있다.

    ⓑ **준경석** : 압축 강도가 연석보다 더 높아 100~500kg/cm²의 것으로서 경질 사암, 연질 안산암 등이 있다.

    ⓒ **경석** : 압축 강도가 500kg/cm²이상의 것으로서, 화강암, 대리석, 안산암 등이 있다.

(3) 석재의 성질

① 물리적 성질

  ㉠ 석재의 비중은 기건 상태를 표준으로 한다.

  ㉡ 압축강도는 비중이 클수록 크다.

  ㉢ 석재의 압축강도는 공극이나 흡수율이 많은 것일수록 작다.

  ㉣ 인장 강도가 극히 약하여 압축강도의 1/20~1/10에 불과하다.

  ㉤ 석재의 압축강도순서 : 화강암＞대리석＞안산암＞사암

더 알고가기	석재의 압축, 인장 및 휨강도(kg/cm²)		
종 류	압 축 강 도	인 장 강 도	휨 강 도
화강암	500~1940	37~50	104~132
안산암	1035~1680	36~82	78~177
응회암	86~372	8~35	23~60
사암	266~674	25~29	54~94
대리석	1180~2140	39~87	34~90
사문암	740~1200	28~74	–
점판암	1410~1640	–	–

② 석재의 내화성

  ㉠ 석재는 고온에서 붕괴되고 강도가 떨어진다.

  ㉡ 내화성이 큰 순서 : 콘크리트＞석회암, 대리석＞유리＞화강암

③ 석재의 내구성이 감소하는 이유

  ㉠ 빗물 속의 산소, 이산화탄소 등에 의해 석재의 표면이 침해된다.

ⓛ 온도의 변화에 따라 암석을 구성하는 광물이 팽창과 수축을 반복한다.

ⓒ 동결과 용해작용을 반복한다.

ⓔ 채석이나 가공 과정에서 충격을 받는다.

(4) 석재의 가공

① **석재의 가공순서** : 혹따기(메다듬음, 쇠메) → 정다듬(정) → 도드락다듬(도드락망치) → 잔다듬(양날망치) → 물갈기(숫돌, 모래, 철사)

② **혹두기** : 혹두기는 쇠메나 망치로 면을 대강 다듬는 것이다.

③ **정다듬** : 정다듬은 혹두기면을 정으로 곱게 쪼아 대략 평탄하기는 하나 거친면으로 남아 있는 것이다.

④ **도드락다듬** : 도드락다듬은 거친 정다듬한 면을 도드락 망치로 더욱 평탄하게 다듬는 것이다.

⑤ **잔다듬** : 정다듬한 면을 날망치(외날망치, 양날망치)를 이용하여 평행 방향으로 치밀하고 곱게 쪼아 표면을 더욱 평탄하게 만든 것이다.

⑥ **물갈기** : 화강암, 대리석과 같은 치밀한 돌을 갈면 광택이 난다. 각종 숫돌로 거친 갈기, 중갈기, 마무리 갈기 등을 한다.

THEME 11 석재의 이용

(1) 화성암

① 화강암

㉠ 압축강도가 크며 색깔은 흰색 또는 담회색이다.

ⓛ 경도 · 강도 · 내마모성이 우수하고 흡수성이 작다.

ⓒ 외관이 아름답지만 내화도가 적어서 고열을 받는 곳에서는 부적합하다.

ⓔ **용도** : 기둥, 보, 등 구조재로 사용, 내 · 외 수장재로 사용한다.

② 안산암

㉠ 내화성 · 강도 · 내구성이 크다.

ⓛ 판상, 주상의 절리가 있어 채석이 쉬우나 큰 재를 얻기가 어렵다.

ⓒ 담회색, 담적갈색, 암회색으로 장식이나 조각용으로 사용한다.

③ 부석

㉠ **색조** : 회색 또는 담홍색을 띤다.

ⓛ 비중 : 0.7~0.8로 경량콘크리트 골재로 쓰인다.

ⓒ 용도 : 내화성이라 단열재로 사용하며, 화학 공장의 특수 장치용·방열용으로 사용한다.

④ 현무암

㉠ 석질은 세립질이고 치밀하여 단단하다.

ⓛ 주상절리가 있어 기둥모양으로 갈라지는 것이 많다.

ⓒ 돌 색깔은 회색 또는 검은색으로 제주도의 돌이 대부분 포함된다.

(2) 수성암(퇴적암)

① 석회암

㉠ 유무기질 물질에서 석회질이 용해되어 침전된 것이 쌓여 응고된 것이다.

ⓛ 재질이 치밀하고 강도가 크며 회색을 띤다.

ⓒ 용도 : 석회나 시멘트의 주원료로 사용한다.

② 사암

㉠ 모래가 쌓여 굳어서 된 것으로 사질에 따라 석영질 사석, 화강질, 사석, 운모질 사석등이 있다.

ⓛ 강도 : 규산질 > 산화질 > 탄산석회 > 점토 순이다.

ⓒ 흡수성이 커 산화 속도가 화강암보다 빠르고 석질이 치밀하다.

ⓔ 용도 : 구조재로 사용한다.

③ 점판암

㉠ 점토가 침전 응고된 이판암이 다시 압력을 받아 변질, 경화된 것이다.

ⓛ 특징 : 얇은 판으로 석질이 치밀하고 방수성이 있다.

ⓒ 석질이 치밀하여 방수성이 있으므로 기와 대신 지붕재로 쓴다.

④ 응회암

㉠ 내화성이 강하고 흡수성과 내수성이 크다.

ⓛ 비중이 작고 강도가 약하나 채석과 가공이 용이하다.

ⓒ 용도 : 내화재, 장식재 등으로 사용한다.

(3) 변성암

① 대리석

㉠ 석회암이 변성된 암석으로 색채와 무늬가 화려하다.

ⓛ 석질이 치밀, 견고하고 연해 가공하기 쉽다.

ⓒ 열과 산, 마모에 약해 실내용으로 사용한다.

ⓔ 용도 : 실내 장식재로 사용, 조각재료로 사용한다.

② 트래버틴

ⓐ 대리석의 일종으로 다공질로 되어 있으며 황갈색의 반문이 있다.

ⓑ 특수 실내 장식용 등으로 사용한다.

③ 사문암

ⓐ 흑록색 바탕에 적갈색 무늬를 띤다.

ⓑ 용도 : 대리석 대용으로 사용한다.

(4) 석재 제품

① 암면

ⓐ 석회나 규산이 주성분으로 안산암, 사문암 등을 고열로 녹여 작은 구멍으로 분출시킨 것을 고압 공기로 불려 날려 솜 모양으로 만든 것이다.

ⓑ 흡음, 단열, 보온성 등이 우수한 불연재이다.

ⓒ 용도 : 단열재나 음향의 흡음재로 사용한다.

② 질석

ⓐ 운모계와 사문암계의 광석을 800~1,000℃로 가열하여 부피를 5~6배로 팽창시키면 다공질의 경석으로 된다.

ⓑ 비중은 0.2~0.4로 단열, 흡음, 보온, 내화성이 우수하다.

ⓒ 용도 : 질석 모르타르, 질석 플라스틱, 콘크리트판, 블록 등에 사용한다.

③ 펄라이트

ⓐ 진주석, 흑요석을 분쇄하여 가열, 팽창시킨 다공질의 경석이다.

ⓑ 용도 : 단열재, 흡음재의 원재료로 사용한다.

④ 인조석

ⓐ 제조과정 : 대리석, 화강암 등의 아름다운 쇄석(종석)과 백색시멘트, 안료 등을 혼합하여 물로 반죽해 만든 것으로 천연 석재와 비슷하다.

ⓑ 용도 : 바닥, 벽의 마감 등에 사용된다.

THEME 12 시멘트의 분류 및 성질

(1) 시멘트의 개요

① 석회석과 점토 등을 혼합하여 구운 다음 가루로 만든 일종의 결합체이다.

② 단위 : 포대, 1포대 – 40kg(0.026㎥), 시멘트 1㎥ = 1,500kg

③ 시멘트의 비중 : 3.05~3.15

④ 3대 구성성분 : 산화칼슘(CaO), 실리카(SiO_2), 산화알루미늄(Al_2O_3)

(2) 시멘트의 분류

① 포틀랜드 시멘트 : 보통 포틀랜드 시멘트, 중용열 포틀랜드 시멘트, 조강 포틀랜드 시멘트, 저열 포틀랜드 시멘트, 내황산 포틀랜드 시멘트, 백색 포틀랜드 시멘트 등

② 혼합 시멘트 : 슬래그 시멘트, 플라이 애쉬 시멘트, 포졸란 시멘트 등

③ 특수 시멘트 : 알루미나 시멘트, AE 포틀랜드 시멘트, 초조강 포틀랜드 시멘트, 팽창 시멘트 등

(3) 시멘트의 제조

① 제조

ㄱ 원료 : 석회석(CaO)과 점토를 4:1의 비율로 사용한다.

ㄴ 석고를 소량 첨가하여 시멘트의 응결시간을 조절한다.

ㄷ 시멘트 제조의 3공정은 원료배합 → 고온 소성 → 분쇄로 구성 된다.

② 원료배합

ㄱ 건식법 : 각 재료를 개별적으로 함수율 1%이하로 건조하여 분쇄, 배합하여 소성하는 방법이다.

ㄴ 습식법 : 각 원료를 건조시키지 아않고 분쇄, 배합하여 수분 36~40%정도에서 소성하는 방법으로, 고급 시멘트 제조에 쓰인다.

ㄷ 반습식법 : 수분 10~20%정도에서 소성하는 방법이다.

③ 분쇄 : 클링커에 2~3%이하의 석고를 첨가하여 미세하게 분쇄하면 포틀랜드 시멘트를 얻을 수 있다.

(4) 시멘트의 일반적인 성질

① 비중

ㄱ 보통 포틀랜드시멘트의 비중은 3.05~3.15정도로 시멘트의 풍화 정도를 알 수 있다.

ⓛ 시멘트의 단위 용적 무게는 1,500kg/m³를 표준으로 한다.

ⓒ 응결시간 : 초결 1시간, 종결 10시간 이하로 한다.

ⓔ 시멘트의 비중이 작아지는 이유 : 클링커의 소성이 불충분할 때, 혼합물이 섞여 있을 때, 시멘트가 풍화되었을 때, 저장기간이 길었을 때

② 분말도

ⓘ 시멘트의 분말도 : 시멘트 입자의 크고 작음을 나타내는 것이다.

ⓛ 분말도와 수화도가 높으면 강도는 증가한다.

ⓒ 시멘트의 분말도는 브레인법, 피크노미터법, 표준체법 등에 의해 측정된다.

ⓔ 분말도가 높을 때 장·단점

장점	단점
• 시공연도가 좋다. • 수화작용이 빠르다. • 조기강도가 높다. • 재료 분리 감소 • 수밀성이 커진다.	• 풍화되기 쉽다. • AE제 발포량이 적다. • 수축 균열이 크다.

③ 안정성

ⓘ 안정성이란 시멘트가 경화될때 용적이 팽창하는 정도를 말한다.

ⓛ 안전성이 나쁘면 시멘트가 경화되는 도중 또는 경화 후에 팽창, 균열, 뒤틀림의 변형 등이 생겨 불안정하게 된다.

ⓒ 시멘트의 안정성 측정은 오토클레이브 팽창도시험 방법으로 행한다.

④ 강도

ⓘ 강도에 영향을 주는 요인은 분말도, 수량, 풍화정도, 양생조건, 시멘트의 조성, 재령, 사용 모래 등이 있다.

ⓛ 풍화 : 시멘트는 제조직후 강도가 제일 크며, 점점 공기 중의 습도를 흡수하여 풍화되면서 강도는 저하된다.

ⓒ 분말도 : 분말도가 크면 조기 강도가 증가 된다.

ⓔ 양생조건 : 양생온도는 30℃이하에서는 비례, 재령과 비례한다. 온도가 낮으면 강도가 저하된다.

ⓜ 물시멘트비(수량) : 최적의 수량보다 많으면 강도에 반비례한다.

(5) 주요 시멘트의 특징

① 포틀랜드 시멘트

  ㉠ 보통 포틀랜드 시멘트

    ⓐ 일반적인 시멘트로 우리나라에서 생산하는 시멘트의 90% 이상을 점유하고 있다.

    ⓑ 시멘트 중에서 가장 많이 사용되며, 공정이 비교적 간단하고 생산량이 많다.

    ⓒ 용도로는 일반적인 콘크리트 공사에 광범위하게 쓰인다.

  ㉡ 조강 포틀랜드 시멘트

    ⓐ 보통 포틀랜드 시멘트에 비하여 경화가 빠르고, 조기 강도가 크므로 재령 7일 이면 보통 포틀랜드 시멘트의 28일 정도의 강도를 나타낸다.

    ⓑ 콘크리트의 수밀성이 높고 경화에 따른 수화열이 크므로 낮은 온도에서도 강도의 발생이 크다.

    ⓒ 한중(寒中) 또는 수중(水中) 긴급공사 시공에 가장 적합한 시멘트이다.

  ㉢ 중용열 포틀랜드 시멘트

    ⓐ 장기 강도를 크게 해 주는 규산 이칼슘이 많이 함유되어 있다.

    ⓑ 수화열이 작고 단기강도가 보통 포틀랜드 시멘트 보다 작으나 내침식성과 내수성이 크고 수축률도 매우 작아서 댐공사나 방사능 차폐용 콘크리트에 사용된다.

    ⓒ 조기강도는 낮으나 장기강도는 크며, 체적의 변화가 적어서 균열이 적다.

    ⓓ 화학저항성이 크고 내산성이 좋아 매스콘크리트, 서중콘크리트 등에 많이 사용된다.

② 혼합 시멘트

  ㉠ 고로 시멘트(슬래그 시멘트)

    ⓐ 포틀랜드 시멘트에 혼화재를 첨가하여 시멘트로 초기강도나 화학 저항성이 크다.

    ⓑ 보통 포틀랜드 시멘트보다 비중이 작고 발열량이 적다.

    ⓒ 제철소의 용광로에서 생긴 광재(Slag)를 넣고 만들어 균열이 적다.

    ⓓ 공장 폐수, 하수 등의 공사에 적합하며 하중이 작은 공사에 유리하다.

  ㉡ 포졸란 시멘트(실리카 시멘트)

    ⓐ 포틀랜드 시멘트 클링커에 실리카질 혼화재 30% 이하를 첨가하여 미분쇄한 혼합시멘트이다.

    ⓑ 워커빌리티, 수밀성, 내구성이 좋고, 장기강도가 크다.

    ⓒ 화학적 작용에 대한 저항, 수밀성, 장기강도가 뛰어나다.

ⓒ 플라이 애시(flay ash) 시멘트

ⓐ 플라이 애시란 미분탄을 연료로 하는 보일러의 연도에서 집진기로 채취한 미립
자의 재를 말하는데, 무게로 5~30%의 플라이 애시를 시멘트 클링커에 혼합하
여 만든 것이다.

ⓑ 콘크리트의 워커빌리티를 좋게하며 수밀성을 크게 할 수 있다.

ⓒ 단위 수량을 감소시킬 수 있어 하천, 해안, 해수 공사 등에 많이 사용되고, 기
초, 댐 등에 유리하다.

ⓓ 모르타르 및 콘크리트 등의 화학적 저항성이 강하며 장기강도가 좋다.

③ 특수 시멘트

㉠ 알루미나 시멘트(산화알루미늄 시멘트)

ⓐ 산화알루미늄을 많이 함유하고 있는 보크사이트와 같은 양의 석회석을 분쇄 분
말로 만들어, 이것을 전기로에서 완전히 용융하였다가 갑자기 냉각시킨 것을
다시 분말로 만든 시멘트이다.

ⓑ 조기 강도가 크기 때문에 재령 1일이면 보통 포틀랜드 시멘트 재령 28일의 강
도가 발휘된다.

ⓒ 수화열이 크고, 화학 작용에 대한 저항이 크며, 수축이 적고, 내화성이 크다.

ⓓ 산, 염류, 해수 등의 화학적 작용에 대한 적응성이 크다.

ⓔ 겨울철 공사, 해수 공사, 긴급 공사 등에 쓰인다.

㉡ 팽창 시멘트(무수축 시멘트) : 보통 시멘트는 경화 후 건조하면 수축하나 석고, 보
크사이트, 탄산칼슘의 분말을 혼합, 소성한 칼슘클링커는 팽창성이 있어, 여기에
다 광재 및 포틀랜드 클링커의 혼합물을 넣으면 팽창 시멘트가 된다.

㉢ 백색 포틀랜드 시멘트

ⓐ 철분의 거의 없는 백색 점토를 써서 시멘트에 포함되어 있는 산화철, 마그네시
아의 함유량을 제한한 시멘트이다.

ⓑ 주로 건축물의 표면 마무리 및 도장에 사용된다.

ⓒ 바닷물에 제일 약한 시멘트로 구조체의 축조에는 거의 사용되지 않는다.

(6) 시멘트의 저장

① 시멘트의 풍화

㉠ 시멘트는 공기 중의 수분 및 이산화탄소와 접하여 반응을 일으켜 수화작용으로 굳
는 현상이다.

㉡ 풍화된 콘크리트의 성질 : 비중이 감소, 응결이 지연, 강도발현 지연, 감열감량 증가

② 시멘트 저장 및 창고의 구비조건

    ㉠ 지붕은 비가 새지 않는 구조로 하고, 벽이나 천장은 기밀하게 한다.

    ㉡ 지면에서 30cm 이상 바닥을 띄우고 방습처리한다.

    ㉢ 시멘트는 13포 이상 쌓지 않고 장기간 저장할 경우 7포대 이상 쌓지 않는다.

    ㉣ 반입구와 반출구를 따로 두어 먼저 쌓는 것 부터 사용한다.

    ㉤ 3개월 이상 저장한 시멘트 또는 습기를 받았다고 생각되는 시멘트는 실험을 하고 사용한다.

    ㉥ 시멘트 저장면적 산출

$$A = 0.4 \times \frac{N}{n} (\text{m}^2)$$

(단, A = 시멘트 저장면적, N = 저장할 수 있는 시멘트 량, n = 쌓기 단수)

THEME 13 콘크리트 골재 및 혼화재료

(1) 골재와 물

① 골재의 분류

    ㉠ 입자 크기에 따른 분류

        ⓐ **잔 골재**(모래) : 5mm체에 전 무게의 85% 이상 통과하는 것

        ⓑ **굵은 골재**(자갈) : 5mm체에 전 무게의 85% 이상 걸리는 것

    ㉡ 생산수단에 따른 분류

        ⓐ **천연골재** : 강모래, 강자갈, 산모래, 산자갈, 천연경량골재

        ⓑ **가공골재** : 부순 돌, 부순 모래, 인공경량골재(혈암 등을 적당한 크기로 부수어 소성 팽창시킨것)

    ㉢ 비중(전건)에 따른 분류

        ⓐ **경량 골재** : 비중 2.0이하인 경석, 인조경량골재, 화산재, 인공의 질석, 펄라이트

        ⓑ **보통 골재** : 비중 2.5~2.7정도인 강모래, 강자갈, 깬자갈

        ⓒ **중량 골재** : 비중 2.8이상의 철광석, 중정석

② 콘크리트용 골재에 요구되는 성질

    ㉠ 형태는 거칠고 구형에 가까운 것이 좋으며 편평하고 길쭉한 것은 좋지 않다.

    ㉡ 강도는 시멘트풀이 경화된 때의 최대강도 보다 높아야 한다.

    ㉢ 내마멸성이 있고, 화재에 견딜 수 있는 성질을 갖추어야 한다.

    ㉣ 석회석이나 운모가 포함되면 강도를 저하시키고 풍화가 쉽게 된다.

ⓜ 입형은 가능한 한 편평하고 세장하지 않는것이 좋다.

ⓑ 잔 것과 굵은 것이 적당히 혼합된 것이 좋다.

ⓢ 진흙이나 유기 불순물 등의 유해물이 없어야 한다.

③ **골재의 비중**

㉠ 골재의 비중은 함수상태와의 관계로부터 표건비중과 절건비중으로 표시한다.

㉡ 골재의 비중은 2.5~2.7정도인데 비중이 클수록 치밀하고 흡수량이 적으며 내구성
   이 크다.

㉢ 골재의 비중으로 골재의 경도, 강도, 내구성 등을 알 수 있다.

④ **골재의 입도**

㉠ 크고 작은 알갱이가 혼합되어 있는 정도를 말한다.

㉡ 소요 품질의 콘크리트를 경제적으로 만드는데 필요하다.

㉢ 좋은 입도는 크고 작은 알갱이가 고루 섞여 있어 공극률이 작아서 시멘트량이 적
   어진다.

㉣ 콘크리트용으로 적당한 조립률은 모래는 2~3.6, 자갈은 6~7 정도이다.

⑤ **공극률(간극률)과 실적률**

㉠ 공극률은 골재의 단위용적 중 공간의 비율을 백분율로 표시한 것으로 암석의 전체
   부피에 대한 공극(空隙, 비어있는 공간)의 비율이다.

㉡ 잔 골재와 굵은 골재의 공극률은 30~40%이다.

㉢ 잔 골재와 굵은 골재를 혼합하면 단위용적당 무게가 커지며, 적당히 혼합하면 공
   극률이 20%까지 줄어든다.

㉣ 공극률이 적은 골재를 사용한 콘크리트는 수밀성과 내구성이 증가한다.

㉤ 공극률이 너무 크면(지나친 잔골재) 분리되고, 너무 작으면(지나친 굵은 골재) 몰
   탈소요량이 적어진다.

㉥ **골재의 실적률과 공극률 계산식**

   ⓐ 골재의 실적률(%) = $\dfrac{\text{단위 용적 중량}}{\text{비중}} \times 100(\%)$

   ⓑ 골재의 공극률(%) = $(1 - \dfrac{\text{단위용적중량}}{\text{비중}}) \times 100(\%) = 100 - \text{실적률}$

⑥ **골재의 수분**

㉠ **절대건조상태** : 노건조상태라고도 하며 건조로(oven)에서 100~110℃의 온도로 일
   정한 중량이 될때 까지 완전히 건조시킨 상태

㉡ **공기중 건조상태** : 기건조상태라고도 하며 골재의 표면은 건조하나 내부에서 포화

하는데 필요한 수량보다 작은 양의 물을 포함하는 상태로서 물을 가하면 약간 흡수할 수 있는 상태

    © **표면건조포화상태** : 골재의 표면에는 수분이 없으나 내부의 공극은 수분으로 충만된 상태로서 콘크리트 반죽 시에 물양이 골재에 의하여 증감되지 않는 이상적인 상태

    ② **습윤상태** : 골재의 내부가 완전히 수분으로 채워져 있고 표면에도 여분의 물을 포함하고 있는 상태

    ⑩ 표건상태의 골재에 함유되어 있는 전수량을 절건상태의 골재중량으로 나누어 백분율로 나타낸 값이다.

    ⑪ 골재의 흡수율은 잔골재는 3.5%, 굵은 골재는 3.0%이하가 좋다.

⑦ 물

    ⊙ 콘크리트는 물과 시멘트가 화학반응으로 경화, 수분이 있는 동안 장기간에 걸쳐 강도가 증가한다.

    ⓒ 강도 증가기간 동안 물의 질은 콘크리트의 강도나 내구력에 매우 큰 영향을 미친다.

    © 기름, 산, 알카리, 당분, 염분 등의 유기물이 없는 순수한 물을 사용한다.

    ② 약한 알카리는 해가 없고 산은 약산이라도 해가 있다.

    ⑩ 철근의 녹을 방지하기 위해서는 염분은 0.01%이하이어야 한다.

    ⑪ 당분은 0.1~0.2%가 함유되어도 응결이 늦고, 그 이상이면 강도도 떨어진다.

(2) 주요 혼화제(chemical admixture, chemical agent)

혼화재료중 사용량이 비교적 적어서 그 자체의 부피가 콘크리트 등의 비비기 용적에 계산되지 않아도 좋은 것으로 보통은 1% 이하라는 적은 양을 사용

① AE제(공기연행제)

    ⊙ 독립된 작은 기포를 콘크리트 속에 균일하게 분포시키기 위해 사용하는 화학혼화제이다.

    ⓒ 콘크리트가 굳기 전에는 시공연도가 개선되고 단위수량이 감소된다.

    © 콘크리트가 굳은 후에는 수밀성, 내구성, 동결작용에 대한 저항성이 커진다.

    ② 흡수율이 커져서 수축량이 커진다.

    ⑩ 물·시멘트비가 일정할 경우 공기량 1%증가에 압축강도는 4~6%감소되며, 공기량은 콘크리트 체적의 2~5%가 적당하다.

② 촉진제

    ⊙ 주로 염화칼슘이 많이 사용되는데 4%이상 첨가하면 흡수성이 커지고 철근을 부식

시킨다.

ⓛ 1~2%의 양을 사용하면 응결이 촉진되어 방동에 효과가 있어, 동절기 공사나 수중

공사에 사용된다.

③ 지연제

㉠ 시멘트의 응결을 늦추기 위해 사용하는 것이다.

ⓛ 여름철 공사, 장시간 수송의 레미콘, 수조, 사일로 등의 조인트 방지에 효과가 있다.

④ 급결제, 방수제

㉠ 급결제는 응결을 촉진한다.

ⓛ 방수제는 화학적 변화에 의해 수밀성을 증가시키거나 방수 효과가 있어 도료로 사

용한다.

⑤ 방청제

㉠ 콘크리트 내부의 철근이 콘크리트에 혼입되는 염화물에 의해 부식되는 것을 억제

한다.

ⓛ 철근표면의 보호피막을 보강하는 것이다.

⑥ 기포제 : 콘크리트의 경량, 단열, 내화성 등을 목적으로 사용된다.

(3) 주요 혼화재

사용량이 많아 그 자체용적이 콘크리트 배합 계산에 포함되는 것으로 포졸란, 플라이애
시, 슬래그, 실리카흄, 착색재, 팽창재 등이 있다.

① 포졸란(고로 슬래그)

㉠ 화산회 등의 광물질(실리카 질)로 수경성이 없으나 석회 또는 수산화칼슘과 결합

하여 경화한다.

ⓛ 시공연도가 좋아지며 블리딩이 감소된다.

㉢ 발열량이 적으나, 분말도가 큰 것은 콘크리트의 단위수량을 증가시킨다.

㉣ 건조 수축이 크다.

㉤ 조기강도는 작으나 장기 습윤 양생하면, 장기강도, 수밀성, 염류에 대한 저항성이

커진다.

② 플라이애시

㉠ 수중양생에 의해 장기 강도가 증가하고 수화열이 감소한다.

ⓛ 포졸란에 비해 실리카가 적고 알루미나가 많으며 비중이 작아 표면이 매끈한 구형

입자이다.

㉢ 수밀성이 증대되며 일정한 슬럼프에서는 단위수량이 감소된다.

THEME 14 콘크리트의 성질

(1) 콘크리트 개요

① 콘크리트의 구성

　⊙ **콘크리트**(Concrete) : 시멘트, 모래 , 자갈 또는 부순 돌 등 필요에 따라 혼화재를 혼합하여 만든 것

　ⓒ **시멘트 풀**(시멘트 페이스트, Cement Paste) : 시멘트와 물을 혼합한 것

　ⓒ **모르타르**(Mortar) : 시멘트, 잔골재, 물을 비벼 혼합한 것

② 콘크리트의 장·단점

장점	단점
⊙ 재료의 채취와 운반이 용이하며, 쉽게 구할 수 있음 ⓒ 압축강도가 크며, 모양을 임의대로 만들 수 있음 ⓒ 내화성, 내구성, 내수성이 우수 ⓔ 시공이 간단해 완성 후에 유지보수가 그다지 필요 없어 유지관리비가 적게 듦 ⓜ 철근을 피복하여 녹을 방지하며 철근과의 부착력을 높임 ⓗ 고강도의 구조물을 시공할 수 있음 ⓢ 내진성과 차단성이 좋음	⊙ 중량이 크고 인장강도 및 휨강도가 작음 (철근으로 인장력 보강) ⓒ 균열이 생기기 쉽고 보수 및 제거가 곤란 ⓒ 콘크리트가 경화되기까지 어느 정도 양생 일수 필요 ⓔ 시공이 조잡해지기 부분적 파손이 일어나기 쉬움

③ 콘크리트 공사의 순서

　⊙ **콘크리트의 배합**

　ⓒ **비비기** : 재료의 혼합상태가 균등질이 되어 성형성, 작업성이 좋아지고 큰 강도를 낼 수 있도록 하는 과정

　ⓒ **운반**

　ⓔ **치기**(타설) : 운반한 콘크리트를 거푸집 속에 넣는 작업

　ⓜ **다지기** : 공극을 없애고 거푸집 구석구석 들어가도록 하기 위함

　ⓗ **보양** : 응결·경화가 완전히 이루어지도록 표면을 덮어 수분증발하지 않도록 하는 것

(2) 콘크리트의 성질

① 굳지 않은 생 콘크리트의 성질

Consistency (반죽질기)	• 수량에 의해 변화하는 콘크리트 유동성의 정도를 의미한다. • 혼합물의 묽기 정도를 말한다. • 콘크리트의 변형능력을 총칭하여 부른다.
Workability (시공연도)	• 복합적인 의미에서의 시공 난이 정도를 의미한다. • 콘시스턴시에 의한 작업의 용이도 및 재료분리에 저항하는 정도 등

② 굳은 콘크리트의 성질

강 도	• 사용재료, 배합, 시공 및 양생방법, 시험방법 등에 영향을 받는다. • 압축, 인장, 휨, 전단, 부착강도 등이 있다. • 물시멘트비가 큰 것보다는 상대적으로 작은 것이 유리하다.
수밀성	• 물에 대한 저항이 치밀한 것을 의미한다. • 흡수, 투수, 균열 등이 발생하면 떨어진다.
내화성	• 불에 대하여 견디는 성질을 의미한다. • 피복두께, 골재의 품질 등에 영향을 받는다.

(3) 콘크리트의 성질에 영향을 주는 요인

① 시공연도에 영향을 주는 요소

  ㉠ 단위수량 : 많으면, 재료분리 우려, Bleeding 증가

  ㉡ 단위시멘트량 : 부배합이 빈배합보다 향상

  ㉢ 시멘트의 성질 : 분말도 클수록 향상

  ㉣ 골재의 입도 및 입형 : 연속입도, 둥근골재 유리

  ㉤ 공기량 : 적당 공기량은 시공연도 향상

  ㉥ 혼화재료 : AE제, 포졸란, 플라이애시(fly ash) 등 향상

  ㉦ 비빔시간 : 적정한 비빔시간

  ㉧ 온도 : 온도가 높으면 시공연도 감소

② 블리딩(Bleeding)과 레이턴스(Laitance)

  ㉠ 블리딩(Bleeding)

    ⓐ 아직 굳지 않은 시멘트풀, 모르타르 및 콘크리트에 있어서 물이 윗면에 솟아오르는 현상이다.

    ⓑ 재료분리 현상의 일종으로 침하균열의 원인으로 된다.

    ⓒ 블리딩으로 인해 상부 철근의 부착력이 감소된다.

ⓛ 레이턴스(Laitance) : 블리딩 수의 증발에 따라 콘크리트 면에 찌꺼기로 남아있는 백색의 미세한 물질을 말한다.

③ 물시멘트비

ⓐ 물의 중량을 시멘트로 나눈 중량비를 퍼센트로 표현한 것이다(시멘트의 중량을 100이라고 가정할 때 물의 중량이 얼마 정도인지를 표현한 것이다).

ⓛ 물시멘트비는 수화반응에 필요한 물 이상을 확보하되, 시공상 시공연도를 유지하고, 재료분리를 억제하는 정도로 물시멘트비를 확보한다.

ⓒ 물시멘트비는 콘크리트의 용도와 사용목적에 따라 최대값 제한이 다름에 유의한다.

ⓔ 다만, 물시멘트비는 강도와 밀접한 관계가 있기 때문에 시공성능을 확보했다면 가급적 작게 사용하는 것이 강도에 유리하다.

④ 슬럼프(Slump)

ⓐ 콘크리트의 반죽질기정도를 나타내는 것으로서 일반콘크리트는 반죽상태에서 내려앉는 정도를 측정하며 유동화 콘크리트에서는 옆으로 퍼져나가는 flow test에 의해서 측정한다.

ⓛ 슬럼프치가 크다는 것은 그만큼 반죽이 묽어서 콘크리트의 유동성이 좋다는 뜻이다.

ⓒ 시공연도(Workability, 워커빌리티)는 굳지 않은 콘크리트의 부어 넣기가 쉬운지 어려운지를 나타내는 척도를 말하는데 슬럼프(Slump) 시험은 시공연도(Workability)를 측정하는 방법으로 가장 일반적으로 사용되고 있다.

THEME 15 점토·금속재·유리

(1) 점토

① 점토 : 각종 석암이 오랜 시간을 걸쳐 풍화 분해되면서 가소성이 생겨나고 용융하여 입자가 치밀해진 것으로 냉각 경화된 세립분말

② 점토의 특징

ⓐ 비중

ⓐ 비중은 일반적으로 2.5~2.6 정도이다.

ⓑ 점토의 비중은 알루미나 분이 많을수록 크고, 불수물이 많은 점토일수록 작다.

ⓛ 입도

ⓐ 양질의 점토일수록 가소성과 성형성이 좋다.

ⓑ 입자가 고울수록 내 마모도가 높으며, 강도가 크다.

ⓒ 함수율과 건조 수축

    ⓐ 함수율이 작은 것은 10%, 큰 것은 40~50%이다.

    ⓑ 함수율과 건조 수축율은 비례하여 증감된다.

ⓔ 자소성

    ⓐ 외력이 작용하면 변형을 외력이 제거되어도 변형된 형태를 유지하는 성질이다.

    ⓑ 알루미나가 많은 점토나 입자가 고운 양질의 점토가 가소성이 좋다.

ⓜ 강도

    ⓐ 점토의 압축강도는 인장강도의 5배 정도이다.

    ⓑ 순수한 점토일수록 용융점이 높고 강도가 크다.

    ⓒ 불순물이 많을수록 강도는 작아진다.

③ 점토 제품의 분류

종류	원료	소성온도(℃)	투명도	흡수율 (%)	건축재료	특성
토기	토기 전답의 흙	790~1,000	불투명한 회색	20	기와, 벽돌, 토관	흡수성이 크고 깨지기 쉽다.
석기	양질의 점토 (내화점토)	1,160~1,350	불투명하고 색깔이 있다.	3~10	경질기와, 바닥타일	• 흡수성이 극히 작다. • 경도와 강도가 크다. • 두드리면 청음이 난다.
도기	석영, 운모의 풍화물(도토)	1,100~1,230	불투명하고 백색	10	타일, 위생도기	다공질, 흡수성이 있기 때문에 시유한다.
자기	양질의 도토와 자토	1,230~1,460	투명하고 백색	0~1	자기질 타일	• 흡수성이 극히 작다. • 경도, 강도가 가장 크다. • 투명한 유약을 사용한다.

④ 점토의 이용

ⓐ 원료 : 양질의 점토에 장석, 납석, 규석, 도석 등을 분쇄하여 배합한다.

ⓒ 성형법 : 물의 함수량에 따라 건식 압축법과 습식 압축법이 있다.

ⓒ 특징 : 대량생산이 용이하며 시공이 간단하여 건축의 내외장재로 널리 사용된다.

② 모양에 따른 분류

  ⓐ **스크래치 타일** : 규격은 60×227mm로, 표면이 긁힌 모양인 외장용이며, 먼지가 끼는 것이 결점이다.

  ⓑ **모자이크 타일** : 소형 타일로 바닥에 많이 쓰이며, 다수의 색을 사용하여 아름다운 무늬를 만들 수 있다.

  ⓒ **크링커 타일** : 고온으로 충분히 소성한 타일로, 표면이 거칠게 요철무늬를 만들 수 있으며, 바닥 또는 옥상에 사용된다.

  ⓓ **보더 타일** : 길이가 폭의 3배 이상인 타일로, 실내용 이형타일을 말하며, 특수장식용, 걸레받이, 징두리에 사용한다.

  ⓔ **논슬립 타일** : 계단 디딤판의 미끄럼 방지용으로 사용하며, 저항성은 금속제품보다 우수하다.

⑤ 테라코타

 ㉠ **원료** : 고급 점토에 도토를 혼합하여 사용한다.

 ㉡ **용도** : 버팀벽, 주두, 돌림띠 등 장식적으로 사용한다.

 ㉢ **특징**

  ⓐ 속빈 입체타일로 석재보다 색이 자유롭다.

  ⓑ 한 개의 크기는 제조와 취급상 $0.5m^3$이하로 한다.

  ⓒ 일반 석재보다 가볍고, 압축강도는 $800{\sim}900kg/cm^2$으로 화강암의 1/2이다.

  ⓓ 화강암보다 내화력이 강하고 대리석보다 풍화에 강하므로 외장에 적당하다.

  ⓔ 테라코타는 흡음재로 사용할 수 없다.

⑥ 기타

 ㉠ **점토제품의 흡수율** : 자기질<석기질<도기질<토기질

 ㉡ **타일의 흡수율**(한국산업규격) : 자기질 3%, 석기질 5%, 도기질 18%, 클링커타일 8% 이하

 ㉢ **점토의 제조공정** : 원토 처리 → 조합 → 혼합 → 성형 → 건조 → 유약 처리 → 소성 → 선별 및 장식

(2) 금속재

① 금속 개요

 ㉠ 금속 재료는 광석으로부터 필요한 물질을 추출하고 이것을 정련하여 얻는다.

 ㉡ 금속의 분류

  ⓐ **철재** : 순철, 강, 주철

ⓑ **비철금속** : 철강을 제외한 모든 금속 (구리, 경합금, 신금속, 귀금속 등)

② 금속의 일반적인 성질

　㉠ 장점

　　ⓐ 열 전도도나 전기 전도도가 좋다.

　　ⓑ 열, 빛을 반사한다.

　　ⓒ 내화성과 내마멸성을 갖고 있으며, 전성 및 연성이 크다.

　　ⓓ 외력에 대한 저항이 크고, 다른 재료와 잘 조화되고 장식적 효과가 있다.

　　ⓔ 주조할 수 있는 것이 많으며, 때가 끼지 않고 깨끗이 유지할 수 있다.

　㉡ 단점

　　ⓐ 대부분의 금속은 비중이 크기 때문에 무겁다.

　　ⓑ 열에 의해 팽창, 수축한다.

　　ⓒ 열과 전기의 절연성이 없다.

　　ⓓ 금속이 갖는 특징 때문에 금속 기공 설비와 기공 과정에 비용이 많이 든다.

　　ⓔ 공기나 화약 약품에 의해서 변색, 산화, 부식되기 쉽다.

③ 강의 열처리와 성형방법

　㉠ 강의 열 처리방법 : 불림, 풀림, 담금질, 뜨임

　　ⓐ **불림** : 강을 가열한 다음 공기 중 냉각

　　ⓑ **풀림** : 높은 온도로 가열된 강을 노속에서 천천히 냉각

　　ⓒ **담금질** : 가열된 강을 물 또는 기름 속에서 급히 식힘

　　ⓓ **뜨임** : 담금질한 강을 200~600℃ 가열한 다음 공기중에서 서서히 식혀 내부변형을 없앤다.

　㉡ 강의 성형방법 : 단조, 압연, 인발

　　ⓐ **단조** : 금속 재료를 두드리거나 누르거나 휘는 등 여러 방법으로 변형을 주어 특별한 모양으로 만들어 내는 것

　　ⓑ **압연** : 금속의 소성을 이용해서 고온 또는 상온의 금속재료를, 회전하는 2개의 롤 사이로 통과시켜서 여러 가지 형태의 재료, 즉 판·봉·관·형재 등으로 가공하는 방법이다.

　　ⓒ **인발** : 철사나 못과 같이 5mm 이하의 철선을 만드는 방법으로 형틀을 통해 뽑아내어 가공한다.

④ 철

　㉠ 순수한 철은 일반적으로 약해서 성형할 수가 없기 때문에 합금을 하면 순수한 철보다 더 강하면서 유연성이 있어지고 깨지는 것도 보완할수 있다.

   ⓛ 합금으로 제작된 철은 가구 건축의 구조재 창문틀 장식 철제품 등으로 많이 사용된다.

   ⓒ 철은 부식이 되므로 페인트로 칠하거나 도금을 하는 것이 좋다.

   ⓔ **스틸**(steel, 강철)**의 구분**

      ⓐ **고탄소강** : 탄소 함유량이 0.5% 이상을 함유한 강을 말함

      ⓑ **중탄소강** : 탄소 함유량이 0.2~0.45%를 함유한 강을 말함

      ⓒ **저탄소강** : 탄소 함유량이 0.12~0.2%를 함유한 강을 말함

⑤ 비철 금속

구리와 합금	구리 : 원광석을 용광로, 전로에서 녹인 후 전기분해에 의해 정련하여 생산
	황동 : 구리+ 아연
	청동 : 구리 + 주석
알루미늄과 합금	알루미늄 : 보오크사이트에서 얻은 순수 알루미나를 전기 분해하여 생산
	두랄루민 : 알루미늄 + 구리4% + 마그네슘 0.5%, 망간0.5%
주석, 납, 아연	납(Pb) : 비중(11.36)이 매우 크며 연질, 전연성(展延性) 및 내식성이 풍부, 알칼리에 침식됨
	주석 : 비중7.30
	아연 : 비중 7.06
니켈과 그 합금	니켈 : 구리합금
	니켈 : 구리 아연 합금

⑥ 알루미늄

   ㉠ 비중이 철의 1/3 정도로 경량이고, 내풍압성 및 내구도가 높다.

   ㉡ 은백색의 금속으로 가벼운 정도에 비하여 강도가 크다.

   ㉢ 내식성이 우수하며 연하고, 전기 전도성이 동 다음으로 좋다.

   ㉣ 산이나 알카리에 약하다.

   ㉤ 성형 가공으로 다양한 형태를 만들 수 있고 도금이나 코팅으로 원하는 색상을 표현할 수 있어 현대에 와서 널리 사용되고 있다.

⑦ 금속의 방식법

   ㉠ 도료나 내식성이 큰 금속으로 표면에 피막(시멘트액)을 하여 보호한다.

   ㉡ 표면은 깨끗하게 하고 물기나 습기가 없도록 한다.

   ㉢ 균질한 재료를 사용한다.

   ㉣ 아스팔트, 콜탈을 바른다.

   ㉤ 다른 종류의 금속을 서로 잇대어 쓰지 않는다.

ⓑ 큰 변형을 준 것은 가능한 한 풀림하여 사용한다.

(3) 유리

① 유리의 성질

    ㉠ 비중 : 2.5 ~ 2.6정도이다.

    ㉡ 강도 : 유리의 강도는 휨강도를 말한다.

    ㉢ 열전도율 : 열에 대해서는 불량도체로 열전도율이 작다.

    ㉣ 내약품성 : 약산에는 침식되지 않으나, 염산, 황산, 질산 등에는 천천히 침식한다.

    ㉤ 점성 : 실온에서는 매우 큰 점성값을 가지고 있으나, 온도가 높아짐에 따라 점차 낮아지며, 표면장력이 크면 용융유리 표층부에서의 혼합작용이 좋아진다.

    ㉥ 자외선의 투과율이 낮은 편이다.

② 유리의 종류

종류	성질	용도
소다 석회 유리	• 비교적 융점이 낮다. • 산에 강하고 알칼리에 약하다. • 풍화되기 쉽다. • 비교적 팽창률이 크고, 강도가 크다.	일반 건축용, 창유리, 일반병 종류
칼륨 석회 유리	• 융점이 높다. • 내약품성이 크다. • 투명도가 크다.	고급 용품, 장식품, 공예품, 식기, 이화학용 기기
칼륨 납 유리	• 융점이 가장 낮다. • 산, 열에 약하다. • 가공이 쉽다. • 광선 굴절률 · 분산율이 크다.	고급 식기, 광학용 렌즈, 진공 관, 인조 보석
석영 유리	• 내열, 내식성이 크다. • 자외선 투과가 양호하다.	전등, 살균등용, 유리면의 원료
물 유리	소다석회 유리에 석회분을 제거한 것으로 물에 녹는다.	방수도료, 내산도료

③ 유리제품의 종류

    ㉠ 판유리

        ⓐ **박판유리** : 두께 6mm 이하의 채광용 유리로 창유리 등에 사용된다.

        ⓑ **후판유리** : 두께 6mm 이상의 판유리로 진열장, 일괄욕실, 출입문, 고급창문, 기차, 전차, 자동차의 창유리 등에 사용된다.

ⓛ 가공판유리

    ⓐ **서리 유리** : 빛을 확산시키며, 투시성이 적으므로 시선 차단 장소의 채광용으로 쓰인다.

    ⓑ **무늬 유리** : 강도는 낮아지나 광선을 산란시키고, 투시 방지의 효과가 있으며, 장식 효과가 크다.

    ⓒ **표면 연마 유리** : 표면이 매우 평활하므로 고급 창유리, 거울용 유리 등에 사용된다.

    ⓓ **곡 유리** : 건축물에 유연성과 구조미를 부여하여 주며, 곡의 모양이 다양하여 선택의 폭이 넓어 좋은 유리이다.

ⓒ **특수 판유리**

    ⓐ **강화 판유리**
- 유리를 500~600℃로 가열한 다음 특수 장치를 이용 균등하게 급격히 냉각시킨 유리이다.
- 보통 유리 강도의 3~4배 크다.
- 충격강도는 7~8배나 된다.
- 모래처럼 잘게 부서지므로 파편에 의한 부상이 적다.
- 손으로 절단할 수 없다.

    ⓑ **복층 유리**
- 2장 혹은 3장의 판유리의 간격을 유지하기 위한 스페이서는 알루미늄 재질, 전도성을 낮춘 금속재(스틸 등)와 플라스틱재의 복합재료, 강화플라스틱 재질을 사용하며, 금속테로 기밀하게 테두리를 한다.
- 유리사이의 내부에는 흡습제를 넣어 사용한다.
- 방음 · 단열 창유리, 결로 방지용 등에 사용된다.

    ⓒ **망입 유리**
- 용융 유리 사이에 금속그물을 넣어 롤러로 압연하여 만든 판유리이다.
- 도난방지, 화재방지 등에 사용된다.

    ⓓ **착색 유리**(스테인드 글라스)
- I형 단면의 납테로 여러 가지 모양을 만든 다음 그 사이에 색유리를 끼워 만든 유리이다.
- 장식용 등에 사용된다.

    ⓔ **자외선 투과 유리**
- 자외선을 차단하는 주성분의 산화제이철을 최소로 한 유리이다.

• 온실, 병원의 일광욕실 등에 사용된다.

ⓕ **자외선 흡수 유리**

  • 자외선 투과유리와는 반대로 약 10%의 산화제이철을 함유시키고 기타 크롬, 망간 등의 금속산화물을 포함시킨 유리이다.

  • 상점의 진열창, 용접공의 보안경 등에 사용된다.

ⓖ **열선 흡수 유리**

  • 단열유리라 한다.

  • 철, 니켈, 크롬 등을 가하여 만든 유리로 엷은 청색을 띤다.

  • 서향의 창, 차량유리 등에 사용된다.

ⓗ **X선 차단 유리**

  • 유리 원료에 납을 섞어 유리에 산화납 성분을 포함시키면 X선의 차단성이 크다.

  • 산화납의 포함한도는 6%이다.

  • 병원의 X선실 등에 사용한다.

④ **2차 성형 유리제품**

  ㉠ **유리블록(glass block)**

  ⓐ 속이 빈 상자모양의 유리 둘을 맞대어 저압공기를 넣고 녹여 붙인 것이다.

  ⓑ 양쪽 표면의 안쪽에는 오목, 볼록한 무늬가 있다.

  ⓒ 실내가 들여다보이지 않으면서 채광을 할 수 있다.

  ⓓ 보온, 방음, 장식, 도난방지 등에 사용된다.

  ㉡ **폼 글라스(foam glass)**

  ⓐ 가루로 만든 유리에 발포제를 넣어 가열하면 미세한 기포가 생겨 다공질의 흑갈색 유리판이 된다.

  ⓑ 경량재료로 충격에 매우 약하다. 압축강도 $10kg/cm^2$ 정도이다.

  ⓒ 광선의 투과가 안 되며 방음, 보온 등에 사용된다.

  ㉢ **프리즘 유리(프리즘 타일)**

  ⓐ 입사 광선의 방향을 바꾸거나 확산 또는 집중시킬 목적으로 프리즘 원리를 이용해서 만든 일종의 유리블록이다.

  ⓑ 지하실, 옥상의 채광용 등에 사용된다.

  ㉣ **물 유리**

  ⓐ 점성이 있는 액체 상태의 유리이다.

  ⓑ 도료, 방수제, 보색제, 접착제 등에 사용된다.

  ㉤ **유리섬유**

ⓐ 녹인 유리를 압축공기로 비산시켜 가는 섬유모양으로 만든 건축용의 판상으로 만든다.

ⓑ 유리섬유의 최고 안전 사용 온도는 300℃ 정도, 비중은 0.1이하, 인장강도는 200kg/cm² 정도 이다.

ⓒ 유리섬유판은 보온, 전기절연제로 유용하고 공기여과, 흡음 또는 방음재로 우수하다.

THEME 16 미장재료·방수재료·단열재료

(1) 미장재료

① 미장재료의 특징

㉠ 건축물의 내·외벽이나 바닥, 천장 등에 흙손 또는 스프레이를 이용하여 일정한 두께로 마무리하는데 사용되는 재료를 말한다.

㉡ 단일재료로서 사용되는 경우보다 주로 복합재료로서 사용된다.

㉢ 물을 사용해서 시공하므로 공사기간을 단축이 어렵다.

② 미장재료의 분류

㉠ 기경성 미장재료 : 진흙질, 회반죽, 돌로마이트석회(플라스터), 아스팔트모르타르

㉡ 수경성 미장재료 : 순석고플라스터, 킨즈시멘트, 시멘트모르타르

③ 회반죽

㉠ 소석회, 풀, 여물, 모래(초벌, 재벌 바름에만 섞고, 정벌바름에는 섞지 않음.)등을 혼합하여 바른다.

㉡ 건조, 경화할 때의 수축률이 크기 때문에 삼여물로 균열을 분산, 미세화 하는 것이다.

㉢ 건조에 시일이 오래 걸린다.

㉣ 회반죽이 공기 중에서 굳을 때에는 탄산가스(CO_2)가 필요하다.

④ 돌로마이트 석회(돌로마이트 플라스터)

㉠ 소석회보다 점성이 커서 풀(해초풀)이 필요 없다.

㉡ 점성이 많으므로 물로만 반죽한다.

㉢ 여물과 모래, 시멘트를 혼합하여 사용한다.

㉣ 분말도가 미세해 시공이 용이하다.

㉤ 습기에 약하므로 내부에 사용한다.

㉥ 표면경도가 회반죽보다 크다.

⑤ 플라스터

    ㉠ 순석고 플라스터 : 석고 플라스터를 현장에서 소화하여 석회죽을 혼합한 것이다.

    ㉡ 혼합 석고 플라스터 : 석고 플라스터와 석회가 혼합되어 제품화된 것이다.

    ㉢ 경 석고 플라스터(킨즈 시멘트) : 경도가 높은 재료이나, 철재를 녹슬게 하는 성질을 가지고 있다.

⑥ 시멘트 모르타르 : 포틀랜드 시멘트에 모래를 혼합하여 물로 반죽한 것이다.

(2) 방수재료

① 아스팔트의 성질

    ㉠ 방수성, 접착성, 전기 전열성이 크다.

    ㉡ 내산성, 내알칼리성, 내구성이 있다.

    ㉢ 이황화탄소, 사염화탄소, 벤졸과 석유계 탄화수소의 용제에 잘 녹는다.

    ㉣ 변질되지 않으나 열에 의해 유동성의 액체가 된다.

② 아스팔트 방수

    ㉠ 천연 아스팔트

        ⓐ **레이크 아스팔트** : 지구 표면의 낮은 곳에 괴어 반액체나 고체로 굳은 것이다.

        ⓑ **록 아스팔트** : 사암, 석회암, 모래 등에 침투한 것이다.

        ⓒ **아스팔트 타이트** : 많은 역청분을 함유한 검고 견고한 것이다.

    ㉡ 석유 아스팔트

        ⓐ **스트레이트 아스팔트**

          • 아스팔트 성분을 될 수 있는 데로 분해, 변화되지 않도록 만든 것이다.

          • 증발 성분이 많고, 온도에 의한 강도, 신성 유연성의 변화가 크다.

          • AP펠트, AP루핑의 바탕재에 침투, 아스팔트 펠트, 아스팔트 루핑 바탕재, 지하실 방수 등에 사용한다.

        ⓑ **블론 아스팔트**

          • 증류탑에 뜨거운 공기를 불어 넣어 만든 것이다.

          • 열에 대한 안전성, 내후성이 크나 침투성, 점성이 작다.

          • 아스팔트 표층, 지붕방수, 아스팔트 콘크리트 재료 등에 사용한다.

        ⓒ **아스팔트 컴파운트**

          • 블론아스팔트의 성능을 개량하기 위해 동·식물성 유지, 광물질 미분 등을 혼입한 것이다.

          • AP방수공사에 사용, 방수재료, 일반지붕 방수공사 등에 사용한다.

③ 아스팔트 제품

  ㉠ 아스팔트 펠트 : 유기질 섬유(양털, 무명, 삼, 펠트 등)로 직포를 만들어 이것에 스트레이트 아스팔트를 침투시켜 롤러로 압착하여 만든 것이다.

  ㉡ 아스팔트 루핑 : 펠트의 양면에 아스팔트 콤파운드를 피복한 다음, 그 위에 활석, 운모, 석회석, 규조토 등의 미분말을 부착시킨 것이다.

  ㉢ 아스팔트 싱글 : 특수하게 품질을 개량한 아스팔트 사이에 강인한 글라스 매트나 다공성 원지를 심재로 하되, 표면에는 채색된 돌 입자로 코팅한 지붕재이다.

  ㉣ 아스팔트 프라이머

    ⓐ 브라운 아스팔트를 휘발성 용제로 희석한 흑갈색의 액체이다.

    ⓑ 아스팔트 방수층을 만들 때 콘크리트 바탕에 제일 먼저 사용된다.

④ 아스팔트 바닥 재료

  ㉠ 아스팔트 타일

    ⓐ 아스팔트와 쿠마론 인덴 수지, 염화비닐 수지에 석면, 돌가루 등을 혼합한 다음, 높은 열과 높은 압력으로 녹여 얇은 판으로 만든 것이다.

    ⓑ 탄성이 있고, 가공하기가 쉬우며, 여러 가지의 색으로 만들어져 있어 아름답다.

  ㉡ 아스팔트 블록

    ⓐ 모래, 깬 자갈, 광재와 가열한 아스팔트를 섞어서 정해진 틀에 채워 강압하여 만든 블록이다.

    ⓑ 공장, 창고, 철도 플랫폼 등의 바닥에 사용한다.

    ⓒ 내마멸성이 있고, 보행감이 좋으며 먼지가 덜 난다.

(3) 단열재료

① 단열재를 구입할 때 유의해야 할 점

  ㉠ 밀도가 적은 것을 사용하되, 공기가 자유롭게 드나들 수 있는 것은 오히려 단열 성능을 저하시키므로 삼간다.

  ㉡ 수분이나 습기를 흡수할 때에는 단열 성능이 저하되므로 수분의 접촉이 안 되도록 마감재의 처리를 고려한다.

  ㉢ 높은 온도를 받는 부위에 사용 할 때에는 화기에 불연성 재질과 고온에 알맞은 단열재를 선택한다.

  ㉣ 시공 후에도 인체에 무해하고, 변질이나 변형 등이 없어야 한다.

② 암면

  ㉠ 현무암, 안산암 등을 녹여 분출한 단열재로 단열 및 흡음 효과가 있다.

  ㉡ **암면제품** : 암면 펠트, 암면판, 흡음판 등이 있다(불연재료).

Chapter 03

창호 일반

THEME 17 창호의 이해

(1) 창호의 개념과 구조

① 창호의 개념

- ㉠ 창호란 창과 문을 총칭하며 창은 채광과 환기 등의 목적에 사용되고, 문은 사람이나 물품의 이동 등의 목적으로 사용된다.
- ㉡ 창호는 사용재료, 사용장소, 개폐방식, 사용용도에 따라 구분되며, 모양에 따라서도 여러 가지 종류로 나눌 수 있다.

② 창호의 구조

- ㉠ 문
  - ⓐ 문틀과 문짝으로 구분되며, 경첩 등으로 연결하여 개폐가 되도록 한다.
  - ⓑ 주택의 문은 여닫이와 미세기형이 주로 사용된다.
  - ⓒ 출입구의 밑틀은 문지방이라고도 하는데, 너비는 선틀(문짝을 끼워 달기 위하여 문의 양쪽에 세운 기둥)보다 넓게 할 때가 있으며, 바닥면에서 1~2cm 정도의 높이에 문을 열었을 때 지나치게 열리지 않도록 멈게 하는 돌출물인 문소란(door stop)을 만들거나 바닥면과 같게 한다.
  - ⓓ 여닫이문의 경우 문틀의 높이는 2.1m, 너비는 현관문 1.0m, 침실문 0.9m, 욕실문 0.8m 정도가 적당하며, 손잡이 높이는 바닥에서 80~90cm 높이에 있는 것을 표준으로 한다.
  - ⓔ 문지방은 마멸되기 쉬우므로 참나무, 느티나무 등 단단한 나무를 쓰기도 한다.
- ㉡ 창
  - ⓐ 창틀과 창문으로 구분되는데 방문 두 짝을 한편으로 밀어 겹쳐서 여닫는 문인 미세기 형태를 많이 사용된다.
  - ⓑ 창문틀은 좌우 선틀·밑틀·윗틀로 되어 있고, 필요에 따라 중간틀·중간 흠대·중간 선대 등을 대고 문소란(door stop)을 만들어 견고하게 짜 댄다.
  - ⓒ 창유리가 복층 유리인 경우에는 외겹창으로 한다.

ⓓ 일반 유리인 경우에는 이중창으로 하며, 내구성과 의장을 고려하여 외부는 금속이나 합성수지재, 내부는 목재로 하는 경우가 대다수이다.

ⓔ 외부에 접하는 창 또는 문의 밑틀에는 물돌림 · 물흘림 물매 · 물끊기 홈을 만들어 빗물막이를 한다.

(2) 창호의 종류

① 창호의 재질에 의한 분류

㉠ 강재 창호

ⓐ 강재를 주재료로 한 창호로 스틸 도어, 스틸새시, 스테인리스 강제 창호 등이 있다.

ⓑ 대형 건축물에서 적용되는 것으로 대형의 철판문, 스틸 행거도어, 접이문, 강재 커튼월 등이 있으며 주택용도에서는 많이 사용되지 않는다.

ⓒ 주택에서 사용되는 경우는 보일러실의 방화문, 주차장의 셔터 정도다.

ⓓ 전시판매장, 대형 건축물의 현관 방풍실 등에 적용되는 스테인리스 스틸을 이용한 창호는 스틸을 이용한 강제 창호와 구분되나 강제 창호로도 볼 수 있다.

㉡ 목재 창호

ⓐ 목재를 주재료로 한 창호로 고건축을 제외하고 실외보다는 실내에 주로 사용한다.

ⓑ 대부분의 각종 실내 문들로 화장실과 같은 경우는 습기에 강한 ABS소재를 사용하기도 한다.

ⓒ 창문에 적용할 경우는 외부는 알루미늄 또는 비닐계 창틀을 사용하고 이중창으로 실내측에 목재 창호를 설치하여 장식성 및 기밀성을 보완하기도 한다.

ⓓ 알루미늄, 비닐계 창호는 공장제작, 현장설치이지만 목재 창호는 인테리어 목적상 현장제작도 이루어지는데 함수율 관리가 잘된 건조 목재류를 사용한다.

㉢ 알루미늄 창호

ⓐ 알루미늄은 비중이 철의 1/3 정도로 가볍고 내풍압성 및 내부식성이 높다.

ⓑ 컬러는 다양하지만 재고의 확보 또는 생산일정을 고려해 샘플 확인을 통한 컬러 선택이 되도록 준비한다.

ⓒ 열전도율이 PVC 창호보다 높아 단열성능이 떨어지고, 모르타르, 회반죽 등의 알칼리에 약하므로 콘크리트 등에 접촉하는 부분에 대해서는 합성수지계의 도막처리를 해야 부식을 방지할 수 있다.

ⓓ 녹슬지 않고 여닫음이 경쾌하여 소형에서부터 커튼월과 같은 대형에 이르기까지 폭넓게 사용된다.

ⓔ 공작이 자유롭고 기밀성이 좋다.

ⓔ 비닐 창호

　ⓐ 비닐수지를 이용한 것으로 플라스틱 창, PVC 창 등 여러 가지 명칭으로 사용된다.

　ⓑ 가볍고 내구성과 소재 자체의 단열성이 좋아 주택의 창호로 많이 사용된다.

　ⓒ 문보다는 창으로 사용되고 있으며 색상은 백색이 주로 이용된다.

ⓜ 플라스틱 창호

　ⓐ 알루미늄 창호에 비해 15~20% 정도 비싸지만 색상이 다양하고 단열효과, 흡음성이 뛰어나며 창문을 열고 닫을 때 유연성이 좋다.

　ⓑ 무게가 가볍고 이동과 시공이 용이하며 목재와 알루미늄의 대체재로 인기가 상승하고 있다.

　ⓒ 제작공법에 따라 용접식과 조립식으로 구분하는데 용접식은 밀폐성, 기밀성이 우수하나 제작상의 어려움이 있고 시공성이 떨어지는 반면, 조립식은 현장설치가 용이하며 장소에 관계없이 빠른 시공이 가능하다.

　ⓓ 내부 도어로 사용하는 ABS도어는 특수합성수지로 성형해서 만든 실내 도어로 PVC 성형용 시트(sheet)를 사용하여 문양과 일체 성형을 통한 다양한 무늬목 느낌을 재현할 수 있고, 특히 PVC라 내구성이 우수하다.

　ⓔ 습기에 의한 변형 뒤틀림으로 시트의 박리가 없고 충격에도 비교적 강하다.

　ⓕ 목재 창이나 금속 창에 비해 현장에서 재조립, 재가공성은 떨어진다.

② 창호의 용도에 따른 분류

　㉠ 현관문

　　ⓐ 재질은 목재문, 파이버 글라스문, 알루미늄문, 스테인리스 스틸문 등이 있다.

　　ⓑ 현관문 양쪽에 옆창 또는 고창을 설치하여 현관의 고급화와 인지도를 높이는 효과를 얻을 수 있다.

　　ⓒ 단열재가 내장된 현관문은 양면 스틸, 알루미늄 또는 파이버 글라스 마감을 적용하여 가격적인 면에서 단판의 알루미늄이나 스테인리스 스틸과 같은 경금속제의 섀시 제품보다 비싸지만 단열성능에서 우수하다.

　　ⓓ 단열재가 내장된 현관문을 적용하고 현관 진입 시 맞벽의 아트월이 적용된 경우는 중문을 설치하지 않아도 단열상의 문제가 별로 없고 현관 진입부가 넓고 고급스러운 이미지를 형성할 수 있다.

　㉡ 방문

　　ⓐ 사생활 보호를 주 기능으로 하는 문이다.

ⓑ 하부 문틀이 있으면 기밀성 유지에는 보다 도움이 되지만 요즘은 문턱이 없는 문을 적용하는 경향이 많다.

ⓒ 중문

　　ⓐ 바깥의 소음이나 바람을 막아줄 뿐만 아니라 현관을 가려 실내 분위기를 정돈시켜 주는 역할을 하는 문이다.

　　ⓑ 보통 공간활용도가 높은 슬라이딩 도어를 사용하며, 공 틀 일체형 창이 대표적이다.

ⓒ 다용도실 문

　　ⓐ 좁은 면적에 별도의 창을 내기가 어려운 경우 창이 있는 제품을 적용하면 실내를 보다 밝게 할 수 있다.

　　ⓑ 문을 열지 않고 채광 및 환기가 가능한 창이 설치된 다용도실 문은 보조 주방이 있는 다용도실에 사용한다.

ⓓ 방창(내창)

　　ⓐ 주택의 각 방 내부에 사용하는 창이다.

　　ⓑ 단열과 소음방지 성능이 뛰어나 실내 생활공간을 편안하고 자유롭게 지켜 주며 세련된 인테리어 공간연출이 가능한 실내용 창이다.

ⓔ 거실, 발코니 창(외창)

　　ⓐ 주택의 입면에 큰 영향을 미치는 창호로 가장 대형 창이다.

　　ⓑ 창이면서도 발코니로의 출입이 가능한 문의 기능을 함께하고 넓은 면적으로 열손실도 그 만큼 커 단열성능에 유의하여야 한다.

　　ⓒ 통상 픽스 앤 슬라이딩(fix & sliding) 형태로 많이 사용된다.

　　ⓓ 양측의 문이 대칭으로 있을 때와 달리 한쪽에서만 진입되는 편개 슬라이딩의 경우는 동선 및 가구의 배치에 맞도록 문이 배치되어야 한다.

ⓕ 욕실문

　　ⓐ 바닥 문턱은 석재 또는 인조석재 등의 내수성이 강한 재료를 적용한다.

　　ⓑ 지속적인 물기의 양향으로 부식, 변형 등이 진행되지 않도록 소재를 적용하거나 문짝 하단 마구리면까지 내구성이 강한 도장 또는 내수처리를 한다.

　　ⓒ 방문을 달기 전 도면상의 개폐 방향이 실제의 사용에 문제가 없는지, 위생기구들과의 간섭은 없는지 확인을 하고 설치한다.

③ 성능에 따른 창호의 분류

　ⓐ 방음 창호

　ⓑ 방충 창호

ⓒ 방화 창호

④ 사용 장소에 따른 분류

    ㉠ **외부** 창호 : 일반창문, 현관문, 다용도실문, 방화문, 셔터 등

    ㉡ **내부** 창호 : 각 실의 방문과 공간의 분리를 만들어 내는 중문 등

⑤ 개폐방식에 따른 분류

    ㉠ 여닫이문

        ⓐ 일반적으로 가장 많이 사용되는 문이다.

        ⓑ 위치와 용도에 따라 입면의 모양이 다르므로 창호 기호 및 창호도에서 소재, 하드웨어의 범위지정 및 입면상의 표현이 정확히 되도록 한다.

        ⓒ 밀폐형 여닫이문은 일반 방문, 유리를 적용한 여닫이문은 중문, 통풍이 가능한 갤러리형 여닫이문은 드레스 룸에 주로 사용된다.

    ㉡ 여닫이창

        ⓐ 창틀 소재와 사양 등급에 따라 제작이 불가능한 경우도 있다. 대패질을 하고 난 다음 먹매김을 하고, 먹매김이 끝난 목재는 마름질을 해야 한다.

        ⓑ Casement 또는 Turning 창이라고도 칭하며, 창문의 옆쪽에 힌지를 설치하여 내미는 창으로 고급창의 경우는 틸팅 기능(방범상태에서의 환기기능)을 적용할 수 있다.

    ㉢ 양여닫이문 : 현관문에 주로 사용하는 문으로 입면 형태와 소재, 하드웨어, 성능에 대한 정확한 표기가 필요하다.

    ㉣ 미닫이문, 미닫이창

        ⓐ 문틀과 문짝이 노출된 상태에서 사용되는 문으로 아래위의 문틀에 한 줄 홈을 파고 창. 문을 이 홈에 끼워 옆벽에 몰아 붙이거나 벽 중간에 몰아 넣을 수 있게 한 것이다.

        ⓑ 여닫이하는 면적이 필요하지 않으므로 문골이 넓을 때에는 유리하다.

        ⓒ 방음과 기밀한 점에서는 불리하다.

    ㉤ 미서기문

        ⓐ 사생활 보호기능보다는 공간구획을 위한 창호로 중문에 주로 사용된다.

        ⓑ 일반적으로 하부 문틀에 레일을 설치하여 사용하는 경우가 많다.

        ⓒ 슬라이딩 도어, 실외 창호로 파티오 도어라고도 한다. 하부 문턱을 없앨 경우는 문을 상부 레일에 매다는 형식의 미서기형 폴딩도어로 불리기도 한다.

    ㉥ 미서기창

        ⓐ 가장 많이 사용되는 창으로 기능이 단순하여 작동상 하자가 적고 경제적이다.

ⓑ 슬라이딩창이라고도 하며, 고급창의 경우는 슬라이딩 기능의 창에 틸팅 기능을 적용할 수 있다.

ⓢ 오르내리창(오르내림 창)

ⓐ 아래위로 오르내릴 수 있도록 만든 것으로 창의 형태가 길어 내부가 외부에 노출되기 쉽다.

ⓑ 좁은 폭으로 채광, 조망, 환기를 할 수 있는 창으로 상하로 슬라이딩을 개폐되며 Hung 창이라고도 한다.

ⓒ 선틀의 옆은 상자 모양으로 짜서 창 무게와 평형이 되는 추를 넣는데 이 상자를 추갑이라 한다.

ⓞ 접이문(주름문)

ⓐ 협소한 공간 구획 시 적용하는 문으로 시각적인 차폐가 필요한 경우에 사용된다.

ⓑ 칸막이를 문짝으로 만들어 2개의 방을 필요에 따라 하나의 큰 방으로 사용할 수 있게 한 것이다.

ⓩ 회전문

ⓐ 원통형을 기준으로 3~4개의 문으로 구성되며, 축을 중심으로 회전시켜 개폐하는 창호이다.

ⓑ 외풍이나 먼지 등을 막는 것에는 편리하나, 큰 물건이나 많은 사람이 출입하는 곳에는 적당하지 않다.

ⓒ 동선의 흐름을 원활히 해 주고 통풍·기류를 방지하고 열손실을 최소로 줄일 수 있다.

ⓒ 붙박이창

ⓐ 창문을 크게 낼 때 쓰이는 것으로 열지 못하도록 고정된 창이다.

ⓑ 개폐가 불가능하고 채광과 전망만을 목적으로 한다.

ⓚ 양판문

ⓐ 울거미를 짜고 그 울거미 사이에 양판(Panel)을 끼워 만든 문이다.

ⓑ **울거미의 두께** : 30~60mm

ⓒ **선대의 너비** : 90~120mm

ⓓ 윗막이는 선대의 1.5배, 밑막이는 선대의 1.8배 정도이며, 중간대는 선대와 같은 폭으로 한다.

ⓔ 중간 띠장, 중간 선대는 선대의 0.8배 내외로 하는 것이 보통이다.

ⓣ 플러시문(Flush Door)

ⓐ 울거미를 짜고 중간 살을 30cm 이내 간격으로 배치하여 양면에 합판을 접착제

로 붙인 것이다.

    ⓑ 뒤틀림이나 변형이 작고, 경쾌감을 준다.

  ⓟ 비늘살문(갤러리) 문 : 차양이 되며 통풍도 할 수 있는 문으로서, 넓은 살의 간격을 3cm 정도로 하고 45°로 선대에 빗댄 것이다.

  ⓗ 자재문(자유여닫이문) : 여닫이문과 기능은 비슷하나 자유 경첩의 스프링에 의해 내·외부로 모두 개폐되는 문

(3) 플라스틱 창호의 특성

① 창호의 5대 요구 성능

  ㉠ 방음성 · 외부 소음의 차단 정도를 나타내는 기준으로 단위는 [dB]이다.

  ㉡ 기밀성 · 내부와 외부의 압력차에 따른 공기량을 측정하는 기준으로 낮을수록 기밀성이 우수하다.

  ㉢ 단열성 · 내부의 열이 외부로 손실되는 정도로 단위 면적당 1시간 동안 내·외부 온도 차가 1℃ 변할 때 발생하는 열손실을 의미한다.

  ㉣ 수밀성 : 외부 풍압에 의한 빗물이 창문 내부로 침투하는 것을 차단하는 정도로 등급이 높을수록 수밀성능이 우수하다.

  ㉤ 내풍압성 : 외부풍압을 창호 및 유리가 견디는 정도를 말한다.

② 성능에 따른 창호의 분류

  ㉠ 일반 창호

    ⓐ 창의 기본적인 기능에 충실한 창이다.

    ⓑ 단순히 창틀 위에 롤러를 설치하여 창을 미서기 방식으로 여닫는 방식으로, 문의 경우 정첩이나 힌지에 의해 여닫는 방식이다.

    ⓒ 주로 일반주택이나 단열 등 크게 상관없는 공간에 설치된다.

    ⓓ 가격이 저렴하고 시공이 용이하다.

    ⓔ 문틈과 문사이 틈이 많아 기밀성이 떨어져 방음 및 단열 성능이 낮다.

  ㉡ 시스템 창호

    ⓐ 일반창에 과학적이고 정밀적인 시스템을 추가한 기능성 창이다.

    ⓑ 단창 구조에서도 일반 이중창에 비해서 더 우수한 성능을 가질 수 있다.

    ⓒ 창틀과 문틀 사이의 틈을 없애기 위해 기밀성, 수밀성, 단열성, 방음성, 내풍압성을 탁월하게 개선한 제품으로 이에 맞게 특수한 부품을 사용한다.

    ⓓ 가격이 비싸고 창호의 무게가 무겁다.

③ 창호의 계획과 설계

㉠ 채광

ⓐ 채광은 설계단계에서 창문의 개수, 치수, 위치를 결정할 때 신중히 고려되어야 한다.

ⓑ 모든 실의 자연채광을 갖추는 것이 바람직하지만, 욕실과 다용도실, 지하실, 부엌(전기조명이 있는 한) 등은 꼭 필요한 것은 아니다.

ⓒ 대부분의 주택 관련 법규는 거실, 응접실, 침실, 기타 거주공간의 창문에 대하여 규정하는데 특정 실에서 유리가 차지하는 면적은 바닥면적에 대한 최소 비율로 규정한다.

ⓓ **채광을 위한 면적**

실명	비율(유리면적/바닥면적)
거실과 응접실	10%
침실	5%
기타 거주하는 방	5%

㉡ 조망 : 눈에 거슬리는 곳에는 창문을 설치하지 않거나 최소화시킨다.

㉢ 환기

ⓐ 효과적인 자연환기를 하기 위하여 열리는 창은 주기류의 장점을 취할 수 있도록 배치시킨다.

ⓑ 대체적으로 자연환기가 필요한 대부분 방의 열리는 창문은 최소 $0.25m^2$의 면적을 가져야 한다.

ⓒ 욕실의 열리는 창문의 면적은 $0.10m^2$ 이상, 지하실은 바닥 면적의 0.2% 이상으로 해야 한다.

㉣ 안전과 보안

ⓐ 화재 발생 시 창호는 거주자의 피난통로가 되고 소방관의 진입구로 활용한다.

ⓑ 창문은 한 건축물에서 인접 건축물로 화재가 확산되는 통로가 될 수 있기 때문에 건축물과 건축물 사이는 공간 분리를 위한 구조가 필요하다.

ⓒ 창호는 강제침입의 방지를 위하여 보안장치가 요구된다.

ⓓ 유리는 심하게 충격을 가하면 깨어지기 때문에 지방조례에서 미닫이 유리문 등 특수 용도의 문에는 안전유리를 사용하도록 규정하기도 한다.

㉤ 에너지 보전

ⓐ 에너지 보전은 창호에서 매우 중요한 사항이며, 특히 극한 기후에서 더욱 중요하다.

ⓑ 추운 기후에서는 전체 창문 면적의 절반 정도를 정남향으로부터 30°이내로 향하게 하여 태양 에너지를 최대로 받도록 한다.

ⓒ 기타 방향의 외벽 특히, 북향의 창문은 에너지 효율이 높은 것을 사용하여야 한다.

④ 창호의 일반 선택사항

㉠ 창호의 요구기능 즉, 방음성, 기밀성, 단열성, 수밀성, 내풍압성 등에 적합한가를 확인한다.

㉡ 여름, 겨울철 냉·난방비를 절감하기 위해 로이유리가 적용된 복층유리를 사용해야 한다.

㉢ 창호는 인테리어에 있어 가장 중요한 요소로 집안 분위기와 잘 어울리는 컬러를 선택해야 한다.

㉣ 건물의 향이나 주택 내에서도 각 실의 위치, 건물의 구조 등을 고려하여야 한다.

㉤ 창호 모양, 크기, 위치에 맞는 창호를 적용해야 한다.

㉥ 완벽한 시공과 사후관리에 문제가 발생하지 않아야 한다.

(4) 창호 틀 및 창·문짝

① 울거미 : 창호의 뼈대가 되는 가장자리를 이루는 틀이다.

② 창틀 : 창짝을 다는 개구부에 붙인 뼈대 틀로 위, 아래 옆의 위치에 따라 웃틀(웃홈대), 밑틀(밑홈대), 선틀(벽선)로 구분한다.

③ 문틀 : 문짝을 다는 개구부에 붙인 뼈대 틀로 위, 아래, 옆의 위치에 따라 웃틀(윗틀), 밑틀(문지방), 선틀(문설주, 문짝을 끼워 달기 위하여 문의 양쪽에 세운 기둥)로 구분한다.

④ 막이 : 문짝과 창짝을 이루는 뼈대로 위, 아래, 중간, 옆의 위치에 따라 윗막이, 밑막이, 중간막이, 선대라 부른다.

⑤ 문선 : 문틀과 벽의 틈새를 막아 마무림을 위해 대는 부재로 문틀의 나비를 크게 하여 문선을 겸하기도 한다.

⑥ 창선 : 창틀과 벽의 틈새를 막아 마무림을 위해 대는 부재로 창틀의 나비를 크게 하여 창선을 겸하게 하기도 한다.

⑦ 여밈대 : 미서기, 미닫이, 오르내리창이 서로 여며지는 선대이다.

⑧ 마중대 : 미닫이, 여닫이문에서 서로 맞닿는 선대로 서로 턱솔 또는 딴혀를 대어 방풍을 목적으로 물려지게 하는 것을 말한다.

⑨ 풍소란 : 미서기문에 방풍목적으로 마중대와 여밈대가 서로 접하는 부분에 틈새가 나

지 않도록 한 것이다.

⑩ 멀리온 : 스틸 섀시에서 창면적이 클 때 창의 보강 및 미관을 위하여 강판을 중공형으로 접어 가로·세로로 댄 것이다.

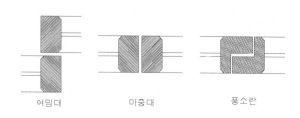

어밈대   마중대   풍소란

[창호 선대 접합방식]

(5) 창호 철물

① 일반적인 창호철물의 종류

　ㄱ **자유정첩** : 안팎으로 개폐할 수 있는 정첩, 자재문에 사용

　ㄴ **래버토리 힌지**(Lavatory Hinge) : 공중전화박스, 공중화장실에 사용, 15cm 정도 열려진 것

　ㄷ **플로어 힌지**(Floor Hinge) : 정첩으로 지탱할 수 없는 무거운 자체 여닫이문에 사용

　ㄹ **피벗 힌지**(Pivot Hinge) : 용수철을 쓰지 않고 문장 부시그로 된 힌지, 가장 중량문에 사용

　ㅁ **도어 체크**(Door Check, Door Closer) : 문 윗틀과 문짝에 설치하여 자동으로 문을 닫는 장치

　ㅂ **함자물쇠** : 래치 볼트(손잡이를 돌리면 열리는 자물통)와 열쇠로 회전시켜 잠그는데 데드 볼트가 있음

　ㅅ **실린더자물쇠** : 자물통이 실린더로 된 것으로 텀블러 대신 핀을 넣은 실리더록으로 고정

　ㅇ **나이트 래치**(Night Latch) : 밖에서는 열쇠, 안에서는 손잡이로 여는 실린더 장치

　ㅈ **도어 홀더, 도어 스톱** : 도어 홀더(문열림 방지), 도어 스톱(벽, 문짝보호)

　ㅊ **오르내리 꽂이쇠** : 쌍여닫이문(주로 현관문)에 상하고정용으로 달아서 개폐하는 장치

　ㅋ **크레센트** : 오르내리창이나 미서기창의 잠금장치(자물쇠)

　ㅌ **멀리온**(mullion) : 창면적이 클 때 기존 창 프레임을 보강하는 중간선대, 커튼월 구조에서 버팀대, 수직지지대로 칭함

　ㅍ **모노 로크**(Mono lock) : 문손잡이 속에 실린더 장치가 있는 문 자물쇠

② 강제 창호에 부착되는 창호철물

  ㉠ 문손잡이(door lockset)

    ⓐ 출입문을 열거나 닫히게 하고 시건하는 기능의 철물

    ⓑ 문손잡이의 종류

  레버형 손잡이   실린더형 손잡이   디지털 도어록   분리형 도어록   통합형 도어록

  ㉡ 도어 클로저

    ⓐ 문 위의 틀과 문짝에 설치하여 문이 자동으로 닫히게 하는 철물

    ⓑ 도어클로저의 종류

             일반형 도어클로저   방화형 도어클로저

더 알고가기   **문손잡이와 도어클로저의 구조**

문손잡이   도어클로저

  ㉢ 도어홀더(door stay) : 문이 열린 상태로 고정하는 장치

  ㉣ 오르내리꽂이쇠(flush bolt) : 양개문의 한쪽문 상, 하 고정에 사용

  ㉤ 엘보 래치(elbow latch) : 팔꿈치 조작방식의 문 개폐장치

     도어홀드   오르내리꽂이쇠   엘보 래치

[창호 부속철물]

③ 알루미늄 창호에 부착되는 창호철물

    ⊙ 크리센트 : 오르내림 창이나 미서기 창의 잠금장치

    ⓛ 데드락 : 밖에서는 열쇠, 안에서는 손잡이로 여는 실린더 장치

    ⓒ 잠금쇠 : 문이나 창을 간단하게 잠글 수 있는 장치

크리센트(AL용)

데드락

잠금쇠

[알루미늄 창호 부속철물]

④ 플라스틱 창호에 부착되는 창호철물

    ⊙ 크리센트 : 오르내림 창이나 미서기 창의 잠금장치

    ⓛ PVC 스토퍼 : 사용하지 않는 문짝의 고정이나 창문의 열리는 폭을 조정

    ⓒ 손잡이 : 창호의 열림 및 닫힘 시 편의장치

크리센트(PI용)

PVC 스토퍼

손잡이

[플라스틱 창호 부속철물]

⑤ 기타 부속물

    ⊙ 핌 모헤어 : 결로방지 세대현관문의 밀폐효과를 높이기 위해 현관문의 짝에 설치

    ⓛ 방충망 : 해충의 침투방지 기능

    ⓒ 가스켓 : 창호의 소음방지 및 공기차단, 유리 고정, 방수기능의 부속자재

핌 모헤어

방충망

가스켓

[기타 부속철물]

THEME 18 창호 공사

(1) 창·문틀 보양재 제거하기

① 창·문짝의 설치에 영향이 있는 부위를 최소화하여 창호시공이나 기타 작업으로 인한 창호자재의 손상을 최소화한다.

② 창호 자재의 손상에 유의한다.

③ 창호 설치작업으로 인하여 보양재가 피착물에 부착되지 않도록 유의한다.

(2) 창·문짝 설치 전 검사하기

① 창·문짝 설치 확인하기

ㄱ 창·문짝이 설치되는 개구부의 위치 및 크기를 확인한다.

ㄴ 현장시공 상태 및 시공상세도, 작업지침서 등에 명시된 위치의 창·문짝의 설치 시의 문제점을 파악한다.

ㄷ 하부 실(sill)의 유무 및 위치(내, 외부), 방향, 높이를 확인한다.

ㄹ 창·문짝 설치 전 창·문틀 주위의 사춤 상태를 확인한다.

② 창·문짝의 상태 확인하기

ㄱ 창호제품 문 열림 표준도

구분		Push	Pull	비고
외여닫이문	오른손(Right hand)	RH	RHR	RH(내부 좌사용)RHR(외부 우사용)
	왼손(Left Hand)	LH	LHR	LH(내부 우사용)LHR(외부 좌사용)
쌍여닫이문	오른손(Right hand)	RH	RHR	RH(내부 우고정 좌사용)RHR(외부 좌고정 우사용)
	왼손(Left Hand)	LH	LHR	LH(내부 좌고정 우사용)LHR(외부 우고정 좌사용)

ㄴ 창·문짝에 부착되는 도어록, 정첩, 도어체크 부위 등과 밑틀의 보강 철판은 적정하게 설치되었는지 확인한다.

ㄷ 창·문짝은 바닥 마감선의 구배를 고려한 적정높이를 고려하여 제작되었는지 확인한다(문짝과 바닥 마감과의 틈·10mm).

③ 창·문짝 설치하기

　㉠ 호차 설치하기

　　ⓐ 호차의 고정은 KS D 3698의 STS 304에 적합한 스테인리스제 나사못으로 한다.

　　ⓑ 호차고정은 나사못으로 반드시 돌려서 고정(망치 사용 금지)한다.

　　ⓒ 호차부위의 나사못 고정부위는 1.6mm의 아연도금강판으로 보강하여 설치한다.

　㉡ 고정철물(경첩, hinge) 설치

　　ⓐ 창·문짝의 경첩부위는 공장에 가공하여 정밀하게 설치한다.

　　ⓑ 고정철물의 고정은 KS D 3698의 STS 304에 적합한 스테인리스제 나사못으로 한다.

　　ⓒ 힌지 고정은 나사못으로 반드시 돌려서 고정(망치 사용 금지)한다.

　　ⓓ 창·문짝의 설치 시 문틀 4면의 이격거리(3mm)를 일정하게 하여 설치한다.

　　ⓔ 문짝과 바닥 마감과의 간격은 구배를 고려하여 10mm를 유지한다.

　　ⓕ 문짝의 설치는 설계도서와 열림 방향과 피난 방향의 일치 여부를 확인한다.

　　ⓖ 부착철물은 틀재의 길이가 1.5m 초과할 때는 양측 및 상하 각각 3개소 이상, 1.5m 이하일 때는 양측 및 상하 각각 2개소 이상 설치하며, 부착철물 간격 위치는 각 모서리에서 150mm 이내의 위치에 설치하고, 한변의 길이가 1.2m 이상인 경우는 500mm 간격으로 등분하여 설치한다.

　　ⓗ 앵커철물은 틀재의 길이가 1.5m 초과할 때는 양측 및 상하 각각 3개소 이상, 1.5m 이하일 때는 양측 및 상하 각각 2개소 이상 설치하며, 앵커간격 위치는 각 모서리에서 150mm 이내의 위치에 설치하고, 한변의 길이가 1.2m 이상인 경우는 500mm 간격으로 등분하여 설치한다.

　㉢ 고정철물(경첩, hinge)의 종류

　　ⓐ **보주 경첩**(butt hinge)

　　　• 실내 공간에 많이 사용

　　　• 모든 창호 적용

　　ⓑ **플래그 경첩**(flag hinge) : 철제 창호에 주로 사용

　　ⓒ **피벗 경첩**(pivot hinge) : 세대 현관문에 주로 사용

　　ⓓ **자유 경첩**(double acting spring hinge)

　　　• 180° 방향으로 열리는 구조

　　　• 병원 수술실에 주로 사용

　　ⓔ **오토 경첩**(auto hinge) : 오토 힌지용 방화문에 사용

　　ⓕ **플로어 경첩**(floor hinge)

• 스테인리스 및 강화유리 창호 출입구에 사용
• 정첩으로 지탱할 수 없는 무거운 자체 여닫이문에 사용

보주 경첩   플래그 경첩   피벗 경첩   자유 경첩   오토 경첩   플로어 경첩

④ 창·문짝 보양하기

ㄱ 창호 설치가 완료되면 문틀은 두께 1.5mm 이상의 합성수지(폴리에틸렌) 보양판 또는 동등 이상 성능의 보양판을 밑틀과 선틀에 높이 1m 이상 설치한다.

ㄴ 창틀의 경우는 밑틀, 문틀의 경우는 밑틀과 선틀(높이 1m, 3면)에 설치하고 도장 또는 마무리공사 직전까지 보양한다.

ㄷ 마감공사 작업통로에 면한 창호는 폴리에틸렌 보양판 위에 합판 등으로 이중 보양한다.

ㄹ 창호의 설치로 인한 보양 손상부위는 보양필름으로 보수한다.

(3) 창·문짝 설치 검사하기

① 창·문짝 설치 검사항목

검사 항목	내 용	검사 방법
조립상태	힌지 및 호차의 조립 및 수량	육 안
정 밀 도	치수 및 수직도, 간격 등	계 측
개폐상태	창·문틀의 개폐상태	육 안
표면상태	마감면, 보양재의 파손, 손상	육 안

② 알루미늄 창호 설치 허용오차   (단위 : mm)

창호 높이	1,500 이하	1,500~1,800	1,800 이상	비 고
호차 규격	$\phi20$	$\phi22$	$\phi36$	창·문짝 면적이 2.7m^2 이상 경우 쌍바퀴 호차 적용

③ 플라스틱 창호호차 규격   (단위 : mm)

구 분	이중 및 단창호	복층유리 단창호	비 고
호차 규격	$\phi36$	$\phi40$	창문·짝면적이 2.7m^2 이상 경우 쌍바퀴 호차 적용

④ 창 · 문짝 설치 허용오차

㉠ 강제 창 · 문짝 설치 허용오차

(단위 : mm)

항목	부 재 치 수		완성치수		오차			
	옆두께	보임면나비	종	횡	비틀림	휨	직각도	대각선 길이차
허용차	+0.5	-1.0	±3.0		±2.0	±3.0	±3.0	±2.0

㉡ 알루미늄 창 · 문짝 설치 허용오차

(단위 : mm)

형재의 길이	형재의 단면	나 비	중 량	변의 안목치수
±5.0 이하	±1.5 이하	±1.5 이하	±5%	5 이하

⑤ 창 · 문짝 설치 검사결과 처리

㉠ 부적합하게 설치된 창 · 문짝의 상태를 판단하고 수정 및 재시공 여부를 판단한다.

㉡ 수정된 창 · 문짝 설치상태를 검사항목검사표에 따라 재검사를 실시한다.

㉢ 현장에서의 수정이 불가능한 창호는 철거 후 반출하고 재시공 후 재검사를 실시한다.

더 알고가기 **창호의 보양방법**

창호 설치 후 보호필름을 이용하여 오염되거나 변색되지 않도록 적절한 방법을 선택하여 보양하여야 한다.
- 창호의 유리 끼우기가 끝나면 창짝의 개폐상태, 수평, 수직 등을 검사하여 조정이 필요한 부분은 조정 및 보완한다.
- 설치된 창호의 노출되는 마감면과 레일홈 등의 부분에 모르타르, 페인트, 본드, 모래, 먼지 등의 불순물이 있는 경우 깨끗하게 청소하여야 한다.
- 창호의 설치 후 스테인 및 페인트, 기타 화학약품 등에 의하여 오염되지 않도록 하고, 오염, 변색 등으로 청소가 불가능하거나 파손 등으로 원상태로 보수할 수 없을 때는 신품으로 교체한다.

THEME 19 플라스틱창호

(1) 플라스틱창호제조

① 배합공정

㉠ 창호의 기본물성인 인장강도, 충격강도, 내후성, 치수안정성 등을 만족시키기 위해서 PVC를 주원료로 하고, 여기에 여러 종류의 부원료(첨가제)가 포함되어 배합된다.

㉡ PVC와 부원료들이 배합처방에 따라 적량으로 배합기에 투입된다.

ⓒ 투입된 원료들은 회전에 의해 상호 배합되어 일정온도 일정시간이 경과된 후 냉각기로 공급된다.

ⓔ 배합기에서의 적정 회전수, 적정 시간과 온도조건, 원료의 투입 순서 등에 따라 재료의 물성이 다르게 된다.

ⓜ 냉각기에서는 적정 온도로 냉각을 시켜준다.

ⓗ 저장시설에서는 압출공정의 생산에 따라 자동으로 적량으로 공급시켜 주는 특수 설비에 의해 작동한다.

더 알고가기	첨가제의 종류와 원료의 특성	
첨가제명	원료특성	창호의 효과
복합안정제	내열안정제 · 활제가 공조제 등등의 원료 7~10종이 복합으로 되어있음	내열성증대, 작업성증대, 내후성보강 장기 생산성 유지
충격보강제	Acryl, CPE, MBE 계열등이 있으며, 창호에서는 주로 Acryl기계가 사용됨	• 충격강도 강화 • 내한 충격강도 강화 • 인장강도 유지
안료	Rutile, Anatage가 있으며 창호에서는 주로 Rutile계가 사용됨	• 내후성 증대 • 백색도 유지 • 분산도 유지
필러	$CaCO_3$	치수 안전성 증대

② 압출공정

㉠ 단순압출 : 대칭성이 있는 제품생산에 적용된다.

㉡ 이형압출 : 창호생산에 적용되며 단면구조가 다양한 특정적 제품에 적용되는데 기밀성, 수밀성, 내풍압성, 슬라이딩성, 단열성이 좋다.

㉢ 공압출 : 색상의 다양화와 내후성 증대효과를 동시에 만족하는 공법이다.

㉣ 압출공정의 특성과 효과

압출공정	압출특성	창호의 효과
압출기 운전	• 제품에 적합한 압출능력 • 압출온도의 적절성 • 압출압력의 적절성 • 겔상태의 적절성 • 원료투입의 적량성 등	• 인장, 충격강도 유지 • 백색도 유지 • 광택도 증대 • 치수 안정성 유지 • 표면상태 양호 유지
다이 유로	• 적정한 유로설계 • 적절한 겔 • 적절한 압축비 • 제품에 맞는 랜드비 등	• 장기 생산성 유지 • 제품 외관 양호 유지

교정기	• 적당한 유로설계 • 알맞은 냉각수의 온도와 압력 • 냉각, 진공 유로상태	• 치수 안정성 증대 • 인장, 충격강도 증대 • 외관상태 양호 • 생산성 증대
인취기	• 적정 압력 • 적당한 안휘능력 • 적합한 Pad 형상	• 치수 안전성 유지 • 생산성 증대

③ 조립공정

ⓐ 조립전에는 단순한 원 · 부자재일 뿐이다.

ⓑ 창호로써의 모든 기능을 갖춘 상태로 소비자가 사용하고, 품질을 평가 받음으로써 우수한 플라스틱 창호로서의 기능을 다할 수 있다.

> **더 알고가기** **플라스틱 창호 공정**
>
> ① 플라스틱 창의 완전품 공정 : 배합 → 압축 → 가공조립 → 시공단계 순
> ② 플라스틱 창호의 일반적인 제작공정 : 절단 → 개공 → 용접 → 사상 → 조립 순

(2) 부자재

창 및 창틀의 강도를 튼튼하게 하려고 별도로 설치한 자재

① 보강재(Reinforcement)

ⓐ 구조부재(構造部材)의 좌굴(挫屈:buckling)을 방지하기 위해 장치되는 판 또는 작은 부재

ⓑ 자재의 내부 공간에 고정되어 자재의 굽힘을 방지하기 위한 철재 보강재

ⓒ 플라스틱 창에 있어서는 자체하중 및 풍압 등에 의한 변형을 방지하기 위해 사용되는 재료

ⓓ 보강재가 자재에 삽입되어 휨강도를 보완해 주기 위해서는 반드시 나사못으로 자재와 보강재를 고정한다.

ⓔ 나사못의 간격은 50cm 이내로 하되, 양 끝부분은 30cm를 초과해서는 안된다.

② 가스켓류 : 주로 연질 PVC로 제작하여 충격흡수 및 기밀유지를 위한 기밀재료로 사용된다.

③ 창짝 스토퍼 : 창짝 개폐시 프레임과의 충격을 흡수하고 창문을 닫았을 때 일정한 간격을 유지하기 위해 삽입하는 연질 완충제이다.

④ 크리센트 : 오르내리 창호의 참 짝 간 잠금장치로 사용된다.

⑤ 크리센트 스토퍼(프레임 스토퍼) : 창짝 개폐시 크리센트가 창틀에 부딪혀 파손되는 것

을 방지하기 위해 창틀에 부착하는 고정구이다.

⑥ **풍지판**(필링피스) : 창틀 중심부의 상·하에 각각 설치되어 기밀성 향상을 위하여 사용되는 부자재이다.

⑦ **호차**(Roller, 롤러) : 창문이나 문의 바퀴로 창문 개폐의 원활함을 위해서 창짝의 하부에 장착되며 하중에 따라 선별 사용된다.

⑧ **방풍모**(Mohair, 모헤어)

    ㉠ 창호의 밀폐 효과를 높이기 위해 틈새에 부착한 비닐 코팅된 자재를 말한다.

    ㉡ 창틀과 창짝의 기밀성 향상 및 해충의 침입방지를 위해 삽입하는 기밀재이다.

⑨ **유리고정테**(GB, Glazing Bead) : 창짝에 고정되어 유리를 고정하는 테이다.

⑩ **벽면 연결구**(Bracket) : 창문틀의 시공시에 벽면과 창틀에 고정하여 외력에 의한 창틀의 이탈 및 휨을 방지해주는 철재 고정구이다.

⑪ **방풍틀**(MC, Middle Closing) or (IL, Inter Lock) : 창짝과 창짝이 만나는 여밈대 부분의 기밀을 유지해 주는 부재이다.

⑫ **중앙방풍틀**(CI, Center Insertion) : 네 짝의 창짝을 갖는 창호의 중앙부 창짝과 창짝 사이의 기밀을 유지해 주는 부재이다.

⑬ **기밀유지구**(FP, Filling Piece) : 창호의 기밀성 향상을 위해 삽입하는 부재이다.

⑭ **창틀**(BF, Blank Frame) : 벽체에 고정되어 있는 레일 형상의 틀로 창의 기밀과 수밀 성능에 영향을 준다.

⑮ **창짝**(SF, Sash Frame) : 유리하중을 지지하는 이동이 가능한 틀로 기밀부자재와 롤러 등의 부재가 고정이 되는 부재이다.

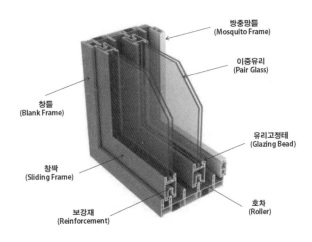

[창호 각 부위별 명칭]

| 더 알고가기 | 주요 자재의 약칭 |

- 창틀(Blank Frame, B/F)
- 창짝(Sliding Frame, S/F)
- 방풍틀(Inter Lock, I/L)
- 유리고정테(Glazing Bead, G/B)
- 중간살(Center Stile, C/S)
- 고정틀(Fix Main, F/M)
- 중앙방풍틀(Center Insertion, C/I)

(3) 창호시공용 공구 및 기계

① 창호공사 소요장비

　㉠ 스크롤톱(scroll saw) : 톱날을 상하, 앞뒤로 이동시켜 부재를 절단하는 장비

　㉡ 에어 타카(air tacker) : 압축공기를 이용해서 못을 박는 장비

　㉢ 공기압축기 : 압축공기를 만들어 에어를 이용하는 공구를 사용할 수 있게 하는 공기 펌프

　㉣ 수직, 수평계 : 창호의 제작, 설치 중 수직도 및 수평도를 검사하는 장비

　㉤ 드릴 : 창호부재를 구조물에 고정하기 위하여 VIS(나사못)를 박기 위한 장비

② 창호제작 기계의 종류

　㉠ 절단기(cutting)

　　ⓐ 창호를 만들 부재를 일정한 길이로 절단하기 위해 사용한다.

　　ⓑ 부재의 절단각도에 따라 45도 절단기, 90도 절단기, V홈 절단기로 나뉜다.

　㉡ 용접기(welding)

　　ⓐ PVC창호 제작 시 부재를 가열하여 접합을 시키는 기계이다.

　　ⓑ 한 번에 용접이 가능한 지점의 수에 따라 1point 용접기, 2point 용접기, 4point 용접기 등으로 나뉘며, 사상작업도 가능한 용접기가 있다.

　㉢ 개공기(roller hole slotting)

　　ⓐ 롤러장착부 개공 및 배수홀의 개공 등에 사용되며 공압식과 유압식이 있다.

　　ⓑ 플라스틱 창호 제작에서 호차(로울러)를 고정시키기 위한 암나사를 만들 때 이용된다.

　㉣ 코너 클램핑기(coner clamping) : 금속제 창호제작 시 창틀 및 창짝을 45도 절단하고, 조립 시 밖에서 특수강날로 양쪽을 가압하여 90도의 창호를 제작하는 기계이다.

202　PART 02 플라스틱/창호 개론

　　ⓜ 사상기 : 금형에 연마작업을 할 때 유용한 장비로 플라스틱 창호의 부재와 부재의
　　　　용접 후 친부분의 마무리(비드의 제거 등)에 사용한다.

　　ⓗ 그라인더 : 보강재 절단시에 사용한다.

(4) 창호의 가공 조립

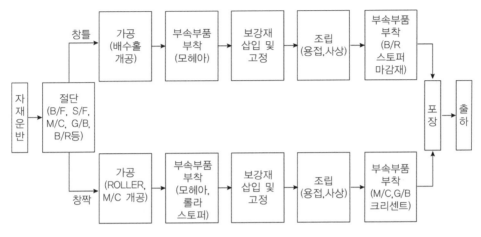

[창 가공 공정]

① 절단작업

　　㉠ 자재가 외부 적재되어 있는 경우에는 절단하기 전에 상온에서 24시간 동안 저장한다.

　　㉡ 자재의 절단부위가 먼지, 오일, 칩, 물 등에 오염되지 않도록 보관한다.

　　㉢ 절단된 자재는 48시간 이내에 용접되어야 하므로 한번에 2일 이상 작업분을 절단
　　　하지 않는다.

　　㉣ 절단기 작동시는 톱날의 회전반경 내 다른 사람의 접근을 금지한다.

　　㉤ 작업전에는 반드시 절단기의 각도를 확인한다.

　　㉥ 용접용 자재의 절단시는 용접 Loss(3mm)를 감안하여 절단한다.

　　㉦ 절단시에는 안전보호장구(보안경)를 반드시 착용한 후에 사용한다.

② 개공작업

　　㉠ 창틀에 배수공이 있어야 할 경우에는 필히 개공하여야 한다.

　　㉡ 레일홈의 개공위치는 한쪽 호차에 하중이 편중되지 않도록 창짝 끝에서 동일한 간
　　　격으로 한다.

③ 보강재 삽입

　　㉠ 자재의 양끝단에서 내측으로 10mm 위치에 고정하여야 한다.

　　㉡ 휨방지를 위하여 반드시 나사못으로 고정한다.

④ 방풍모(모헤어) 삽입 : 틈이 발생하지 않도록 절단된 창짝의 양끝단까지 삽입한다.

⑤ 호차조립

　　㉠ 창호 규격에 합당한 호차를 사용한다.

　　㉡ 창짝 하단에 개공한 호차 삽입구에 삽입하고 스텐 나사못으로 고정한다.

THEME 20 목업(Mock up) 시험

(1) 목업시험 개요

① 목업(mock up)시험의 정의 : 외벽의 기능적 측면을 사전 검토하는 과정으로 전체 외벽 중 일부를 절취하여 실제와 똑같은 크기의 시료를 만들어 그 성능을 평가하는 것

② 목업시험의 분류

　　㉠ 시험소시험(lab test) : 본격적 생산에 앞서 인위적으로 조성한 시설에서 요구성능을 평가하는 시험방법

　　㉡ 현장시험(field test) : 건물시공 중 설치한 창호의 성능을 현장에서 확인하는 과정

(2) 목업 제작

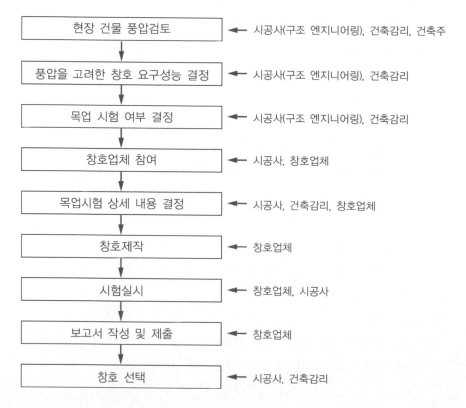

현장 건물 풍압검토	← 시공사(구조 엔지니어링), 건축감리, 건축주
풍압을 고려한 창호 요구성능 결정	← 시공사(구조 엔지니어링), 건축감리
목업 시험 여부 결정	← 시공사(구조 엔지니어링), 건축감리
창호업체 참여	← 시공사, 창호업체
목업시험 상세 내용 결정	← 시공사, 건축감리, 창호업체
창호제작	← 창호업체
시험실시	← 창호업체, 시공사
보고서 작성 및 제출	← 창호업체
창호 선택	← 시공사, 건축감리

(3) 목업 시험

① 목업시험 방법 및 범위 선정

    ㉠ **합리적인 시험부위의 선정** : 목업시험을 위한 부위는 최소 2개 층과 3경간을 대상으로 해야 하며, 가능하다면 모서리를 포함하고, 밴트(vent)가 있을 경우 반드시 이를 시험체에 고려해야 한다.

    ㉡ **정확한 요구성능 결정** : 만약 잘못된 요구성능으로 목업시험을 수행하는 경우 성능을 만족시킬 수 있다 하더라도 실제 창호 시스템에는 큰 문제가 발생할 수 있음에 유의해야 한다.

    ㉢ **정확한 창호 목업 샵드로잉 작성** : 목업시험 샵드로잉이 정확하고 자세하지 않으면 제작과 시공단계에서 문제점을 발견하기 어렵거나, 문제가 발생해도 그 원인을 파악하기 어렵다.

    ㉣ **정확한 목업시험체 설치** : 목업시험을 위한 창호설치과정에 대해서도 전문가나 감리의 감독이 필요하다.

> **더 알고가기**   **시공자가 검토해야 할 사항**
>
> • 도면과 같게 시공되지 못하는 부분 확인
> • 도면과 같게 시공되더라도 난이도 파악
> • 샵드로잉과 별개로 추가되는 공정확인(추가 용접 등)

② 목업(mock up)시험의 종류

    ㉠ **기밀성능시험** : 시료를 사이에 두고 내외부 공간의 압력차에 의한 공기투과의 정도를 파악하는 시험방법

    ㉡ **수밀성능시험** : 건물의 외벽에 부착한 창호가 물에 대하여 얼마만큼의 저항성능을 확보하고 있는지 알아보기 위한 시험

    ㉢ **구조성능시험** : 안정성에 관한 시험

    ㉣ **결로시험ㆍ열순환 성능시험** : 결로란 창호유리 또는 창호틀 안쪽에 맺히는 물방울 현상을 말한다. 결로의 발생원인은 매우 다양하지만 일반적으로 내외부 온도차 및 열순환의 문제로 알려져 있다.

    ㉤ **차음시험** : 리시빙 룸과 음원을 발생하는 룸으로 구성되며, 각 헤르츠(Hz)별 발생하는 소음을 반대편에서 측정하는 시험

    ㉥ **열관류율시험** : 창호의 단열성능을 수치상으로 표기하기 위한 시험

(4) 목업 평가 : 국내 창호 성능표시방법 및 성능등급기준(KS F 3117)

성능항목	등급	등급과 대응값	성능
개폐력	–	개폐 하중(N) 50	창이 원활하게 작동할 것
개폐 반복성		개폐 횟수 10,000회	개폐에 이상이 없고, 사용상 지장이 없을 것
내풍압성	80 120 160 200 240 280 360	최대 가압 압력(Pa) 800 1,200 1,600 2,000 2,400, 2,800 3,600	• 가압 중 파괴되지 않을 것 • 슬라이딩은 여밈대, 마중대, 선틀의 최대변위가 각각의 부재에 평행한 방향에서 안쪽 치수의 1/70 이하일 것 • 스윙은 창틀, 중간막이틀, 중간선태 등 창 주변에 접하는 부재에서 최대 상대변위가 15mm 이하일 것. 또한 쌍여닫이 등의 여밈대는 최대변위가 그 부재에 평행한 방향에서 안쪽 치수가 1/70 이하일 것 • 중간 막이틀과 중간 선대가 있는 경우는 그 휨률이 1/00 이하일 것 • 6.8mm 이상의 유리를 사용한 경우는 각 부재의 휨률이 다음 표의 규정에 적합할 것 | 부재명 || 휨률 | |---|---|---| | 중간막이 및 중간선틀 || 1/150 이하 | | 여밈대, 마중대, 선틀 | 중간막이, 중간선틀 있음 | 1/85 이하 | || 중간막이, 중간 선틀 없음 | 1/100 이하 | • 압력 제거 후 창틀재, 창 부재, 철물, 그밖의 기능상 지장이 없을 것
기밀성	120 30 8 2	기밀등급선 120등급 30등급 8등급 2등급	해당되는 등급에 대하여 통기량이 KS F 2292에 규정된 기밀 등급선을 초과하지 않을 것
수밀성	10 15 25 35 50	압력차(Pa) 100 150 250 350 500	• 가압 중 KS F 2293에 규정된 다음의 상황이 일어나지 않을 것 – 창틀 밖으로의 유출 – 창틀 밖으로의 물보라 발생 – 창틀 밖으로의 내뿜음 – 창틀 밖으로의 물의 넘침

01 다음 중 열가소성 수지가 아닌 것은?

① ABS 수지

② 메타크릴 수지

③ 폴리프로필렌 수지

④ 실리콘 수지

해설 플라스틱의 종류
- 열가소성 플라스틱(열가소성 수지) : 폴리염화비닐 수지, 폴리프로필렌 수지, 나일론 수지, 폴리스티렌 수지, 폴리에틸렌 수지, 아크릴 수지
- 열경화성 플라스틱(열경화성 수지) : 멜라민 수지, 페놀 수지, 에폭시 수지, 요소 수지, 폴리우레탄 수지

02 유기 유리문(합성수지 판문)에 사용되는 합성수지 특징을 설명한 것으로 틀린 것은?

① 대전성이 커서 먼지가 앉기 쉽다.

② 접착이 쉽고, 착색이 자유롭다.

③ 표면 경도가 커서 흠이 나지 않는다.

④ 유리에 비하여 투명도가 떨어지지 않는다.

해설 메타크릴 수지(아크릴 수지)는 유기 유리라고 부른다.
- 장점 : 플라스틱 중에서 투명도가 뛰어나며 염, 안료에 의한 선명한 착색품을 얻을 수 있으며, 내후성이 좋다. 성형성과 기계적 가공성이 좋고, 인체에 무독하고 내약품성이 좋다.
- 단점 : 대전성과 표면에 흠이 생기기 쉬우며 가연성 등의 단점이 있다.

03 다음과 같이 설명한 플라스틱 성형 방법은?

플라스틱을 가열한 실린더 안에서 녹여, 이것을 회전하는 스크루에 의해 노즐을 통해 압출하여 냉각, 경화시켜 단면이 같은 장척 부재를 만드는 방법

① 압출 성형

② 주조법

③ 압축 성형

④ 사출 성형

해설 압출 성형(extrusion molding) : 주로 열가소성 수지를 사용하고 파이프, 필름, 시트 등 봉상이나 관상의 동일 단면을 가진 성형품을 연속적으로 성형하는 방법이다. 재료를 가열 실린더 내에 녹이고 스크루 회전에 의한 압출 압력으로 가열 실린더 내에 설치된 노즐에서 압출한 뒤, 물 또는 공기로 냉각시켜 제품을 만든다.

04 합성수지 제품으로 방수재료에 사용되는 폴리에틸렌 시트의 두께는 보통 몇 mm인가?

① 1~1.5mm

② 2~3mm

③ 3.5~4.0mm

④ 최소 5mm 이상

해설 폴리스티렌 수지
- 무색 투명한 액체이며 유기용제에 약하다.
- 내수성, 내화학약품성, 전기절연성, 가공성이 우수하다.
- 벽타일, 천장재, 블라인드, 도료, 저온 단열재 등에 사용된다.
- 보통 1~1.5mm 정도의 두께가 얇은 시트를 만들어 방수 및 방습시트, 저온 단열재 등으로 사용한다.

05 다음의 ( )안에 공통으로 들어갈 수지는?

제법에 따라 오일, 고무, 수지 등이 만들어진다. 내열, 내한성이 극히 우수하며, 발수성이 있어 방수제로도 쓰인다. 액체인 ( )오일은 펌프유, 절연유, 방수제 등으로 쓰인다. ( ) 고무는 -60~260℃의 범위에서 탄성이 유지되므로 개스킷 패킹재로 쓰인다.

① 멜라닌

② 폴리에스테르

③ 염화비닐

④ 실리콘

정답 01 ④ 02 ③ 03 ① 04 ① 05 ④

실리콘수지
- 전기절연성, 내수성, 내열성이 좋고 발수성이 있다.
- 윤활유, 절연체, 방수제, 개스킷, 패킹, 접착제, 전기 절연체 등에 사용된다.
- 고무는 −60~260℃의 범위에서 탄성이 유지되므로 개스킷, 패킹재로 쓰인다.

06 그림과 같이 주로 염화비닐, 스티롤, 아크릴, 폴리에틸렌 수지에 쓰이는 성형법은?

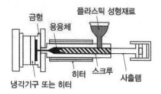

① 사출 성형법
② 압출 성형법
③ 취입 성형법
④ 진공 성형법

사출 성형(injection molding)
- 사출 성형기는 플라스틱 재료를 녹여서 사출하는 사출 기구와 금형을 고압으로 체결하는 형체 기구, 이들을 자동적으로 동작하게 하는 제어 기구로 구성된다.
- 플라스틱 재료가 호퍼에서 사출 실린더에 주입된 뒤, 스크루 회전에 의하여 앞으로 이송되면서, 가소화된 플라스틱을 고압으로 금형 내에 사출한 후 냉각시켜 성형품을 만들게 된다.

07 다음 중 염화비닐 수지에 대하여 바르게 설명한 것은?

① 페놀과 포르말린을 원료로 하여 산 또는 알칼리를 촉매로 하여 만든다.
② 보통 축합 반응에 의하여 얻어지는 고분자 물질이다.
③ 열경화성 수지이다.
④ 경질성이지만 가소제의 혼합에 따라 유연한 고무형태 제품을 만들 수 있다.

염화비닐 수지(PVC) : 경질 PVC는 가소제가 전혀 포함되지 않아 굳고 탄력성이 있으며, 용기 기기 등 제조에 쓰이는데 매우 위생적이다.

08 고체형상의 것에 열을 가하면 연화 또는 용융하여 가소성 또는 점성이 생기고, 이것을 냉각하면 다시 고체형상으로 되는 성질을 갖고 있는 수지는?

① 페놀 수지
② 요소 수지
③ 에폭시 수지
④ 폴리에틸렌 수지

폴리에틸렌(PE) **수지** : 유백색의 반투명이며, 상온에서 유연성이 있고, 내충격성이 좋으며 고주파 절연성이 좋다. 취화 온도는 −60℃ 이하, 연화점은 90~120℃로 저온에서 유연성을 상실한다.

09 벤젠과 에틸렌으로부터 제조된 것으로 특히, 발포제품은 저온 단열재로 널리 쓰이는 것은?

① 염화비닐 수지
② 폴리프로필렌 수지
③ 폴리아미드 수지
④ 폴리스티렌 수지

폴리스티렌(Polystyrene) **수지**
- 에틸렌을 고온, 고압으로 중합하여 만들며 화학적으로는 파라핀과 유사한 성질을 가진다.
- 전기절연 재료로 사용되며, 발포 제품은 저온 단열재로 많이 사용된다.
- 산, 알칼리, 염류 등에는 안정하나 유기 용제에는 약하다.

10 에폭시 수지에 대한 설명으로 틀린 것은?

① 에피클로로히드린과 비스페놀에 알칼리를 가하여 반응시켜 만든다.
② 경화시간이 짧아서 최고 강도를 내는 시간이 단축된다.
③ 도료에 쓰이고 적층품으로는 유리섬유의 보강제품을 만든다.
④ 열경화성 수지이다.

에폭시 수지
- 접착성이 매우 좋고 경화시에도 휘발성이 없으며 경화시간이 길다.
- 다른 물질과의 접착성이 뛰어나므로 금속용 접착제나 도료 또는 유리 섬유와의 적층용 재료로 이용되고 있다.

정답 06 ① 07 ④ 08 ④ 09 ④ 10 ②

11 합성수지계 접착제에 대한 설명으로 **틀린 것은?**

① 페놀 수지 접착제는 목재의 접착제로서 접착력, 내열성, 내수성이 우수하다.
② 멜라민 수지 접착제는 내열, 내수성이 우수하여 금속, 유리 접합에 적합하다.
③ 에폭시 수지 접착제는 알루미늄, 철제의 접착제로 우수한 성능을 갖고 있다.
④ 요소 수지 접착제는 상온에서 경화되어 합판, 집성목재, 파티클 보드, 가구 등에 널리 쓰인다.

해설 멜라민 수지 접착제 : 멜라민과 포르말린과의 반응으로 얻어지는 점성이 있는 수용액으로, 형상이나 외관상 요소수지와 유사하다. 내수성, 내약품성, 내열성이 우수하고 착색도 자유롭다. 그러나 가격이 비싸고, 저장 안전성이 좋지 않으며, 그 기간도 짧다. 주로 목재에 주로 사용되며 금속, 고무, 유리의 접합용으로는 부적합하다.

12 다음 중 열경화성 수지의 성형 가공법이 **아닌 것은?**

① 압축 성형법   ② 이송 성형법
③ 진공 성형법   ④ 주조 성형법

해설 성형 가공법
• 열가소성 수지 : 압출 성형법, 사출 성형법, 진공 성형법
• 열경화성 수지 : 압축 성형법, 이송 성형법, 주조 성형법, 적층 성형법, 블로 성형법, 디프 성형법, 트랜스퍼 성형법 등

13 요소 수지에 대한 설명으로 **틀린 것은?**

① 수지 자체는 무색이어서 착색이 자유롭다.
② 내열성이 우수하여 200℃ 이상에서 연속으로 사용하여도 견딜 수 있다.
③ 약산, 약알칼리에 견디고 벤졸, 알코올, 여러 가지 유류에는 거의 침해받지 않는다.
④ 이산화탄소와 암모니아에서 얻어지는 요소를 원료로 하여 포르말린과 반응시켜 만든다.

해설 요소 수지
• 단단하고 내용제성이나 내약품성이 양호하다.
• 유지류에 거의 침해를 받지 않으며, 전기 저항은 페놀수지보다 약간 약하다.
• 수지 재료 자체가 무색이므로 착색 효과가 자유롭고, 내열성(100℃ 이하)이 있다.

14 플라스틱의 특성에 대한 설명으로 **틀린 것은?**

① 가공이 용이하고, 디자인의 자유도가 높다.
② 열전도율이 낮으나 금속과 같은 차가운 느낌은 없다.
③ 일반적으로 내후성이 좋고, 특히 자외선에 강하다.
④ 철에 비해 강도가 강성이 부족하고, 특히 반복하중에 약하다.

해설 플라스틱(Plastic)의 특성 : 플라스틱은 유기 금속 화합물을 이용한 자외선 흡수제로 내후성을 개선하는 경우도 있다. 일반적으로 외부의 영향에 견디는 힘인 내후성이 좋지 않고 자외선에 약하다.

15 창호 재료로 사용되는 합성수지의 특성을 설명한 것으로 **틀린 것은?**

① PVC는 내용제성이 좋다.
② FRP는 기계 가공성이 좋다.
③ PVC는 가소성이 있다.
④ FRP는 표면 경도가 크다.

해설 보통의 플라스틱 재료는 다른 공업용 재료에 비하여 기계적 강도는 약하다. 그러나 폴리아세탈, 나일론, 폴리카보네이트 등은 같은 무게당 기계적 강도가 강철과 비슷하다.

16 메타크릴 수지에 대한 설명으로 틀린 것은?

① 채광판, 조명 등이 용도에 쓰인다.

② 투명성이 뛰어나 착색이 어렵다.

③ 진동이 심한 부분이나 안전유리 대용으로 쓰인다.

④ 조명기구, 도료, 접착제, 의치 등에도 쓰인다.

> **해설** 메타크릴 수지(아크릴 수지) : 유기 유리라고 부르며, 투명성이 뛰어나 착색이 자유롭고, 반투명 상태의 색판을 얻을 수 있어 채광판, 조명 등에도 쓰인다.
> • 장점 : 플라스틱 중에서 투명도가 뛰어나며 염, 안료에 의한 선명한 착색품을 얻을 수 있으며, 내후성이 좋다. 성형성과 기계적 가공성이 좋고, 인체에 무독하고 내약품성이 좋다.
> • 단점 : 대전성과 표면에 흠이 생기기 쉬우며 가연성 등의 단점이 있다.

17 열가소성 플라스틱에 대한 설명으로 틀린 것은?

① 제품은 불용, 불융이다.

② 압출 성형이 가능하다.

③ 성형 시 화학적 변화가 없다.

④ 투명제품을 얻을 수 있다.

> **해설** 열경화성 플라스틱과 열가소성 플라스틱의 비교

구 분	열가소성 플라스틱	열경화성 플라스틱
일반형 온도	일반형 온도가 낮아 150oC를 전후로 변형하는 것이 대부분이다.	제품은 불용·불융이며, 일반적으로 150oC이상에서도 견디는 것이 많다.
성형 능률	사출성형을 사용하기 때문에 능률적	압축, 적층, 성형 등의 가공방법에 의하기 때문에 비능률적
재사용	성형시에 화학적 변화를 일으키지 않기 때문에 다시 사용할 수 있다.	성형시 3차원적 구조가 되기 때문에 성형 불량품은 다시 사용할 수 없다.
투명도	대부분의 재료에서 투명 제품을 얻을 수 있다.	거의 전부가 반투명 또는 불투명 제품이다.

18 압출 성형의 일종으로 필름 및 시트를 만들 경우 쓰이는 것은?

① 진공 성형법   ② 추입 성형법

③ 적층법   ④ 인플레이션 성형법

> **해설** 인플레이션 성형법(Inflation molding)
> • 튜브 내부에 공기를 불어넣으면 팽창을 하여 얇은 통 모양의 필름을 만드는 성형방법으로 압출 성형의 한 종류이다.
> • 필름 및 시트를 만들 때 주로 사용한다.

19 다음은 압축 성형을 설명한 것이다. 압축 성형의 순서로 옳은 것은?

> ㉠ 가열한 금형에 성형 재료를 넣는다.
> ㉡ 금형을 닫고 가열 가압한다.
> ㉢ 재료를 경화시킨다.

① ㉠ - ㉡ - ㉢   ② ㉡ - ㉠ - ㉢

③ ㉠ - ㉢ - ㉡   ④ ㉢ - ㉠ - ㉡

> **해설** 압축 성형(compression molding)은 가열된 암수 한 쌍의 금형 내에 분말이나 펠릿 상태의 플라스틱을 넣고 압력을 가한 후 충분히 응고시켜 금형에서 떼어내는 방법이다.

20 플라스틱 창호의 가공·조립에 사용되는 기구가 아닌 것은?

① 용접기   ② 절단기

③ 각끌기   ④ 개공기

> **해설** 플라스틱 창호제작 기계의 종류
> • **절단기**(cutting) : 창호를 만들 부재를 일정한 길이로 절단하기 위해 사용한다.
> • **용접기**(welding) : PVC창호 제작 시 부재를 가열하여 접합을 시키는 기계이다.
> • **개공기**(roller hole slotting) : 롤러장착부 개공 및 배수홀의 개공 등에 사용된다.
> • **코너 클램핑기**(coner clamping) : 금속제 창호제작 시 창틀 및 창짝을 45도 절단하고, 조립 시 밖에서 특수강날로 양쪽을 가압하여 90도의 창호를 제작하는 기계이다.

21 천연고무에 해당하지 않는 것은?

① 라텍스　　　　　② 생고무
③ 부나에스　　　　④ 가황고무

해설 천연고무의 종류 : 라텍스, 생고무, 가황고무 등

22 폴리프로필렌 수지에 대한 설명으로 옳지 않은 것은?

① 기체투과성이 있다.
② 열접착성이 좋지 않다.
③ 내약품성이 우수하다.
④ 내한성이 우수하다.

해설 폴리프로필렌 수지 : 기체 투과성이 있고, 열접착성, 내한성이 좋지 않다.

23 플라스틱 재료의 특성이 옳지 않은 것은?

① 정전기의 발생량이 크다.
② 일반적으로 내후성이 나쁘고, 특히 자외선에 약하다.
③ 내수성이 좋아 녹의 발생이나 재료의 부식이 없다.
④ 철에 비해 강도와 강성이 크고, 반복하중에 강하다.

해설 플라스틱(Plastic)은 금속에 비해 강도와 강성이 부족하고, 특히 반복 하중에 약하다.

24 내열성이 매우 우수하며 물을 튀기는 발수성을 가지고 있어서 방수재료는 물론 접착제, 도료 및 전기절연제 등으로 이용되는 합성수지는?

① 멜라민 수지　　　② 석탄산 수지
③ 실리콘 수지　　　④ 폴리에틸렌 수지

해설 실리콘 수지
• 성질 : 고온에서의 사용도가 좋으며, 내알칼리성, 전기 절연성, 내후성이 좋고, 내수성과 혐수성이 우수하여 방수 효과가 좋다.
• 용도 : 내수성이 좋아 성형품, 접착제, 전기 절연 재료에 사용

25 벤졸, 알코올 등 여러 가지 유지류에 거의 침해를 받지 않으며, 노화성이 있고, 열탕에 약해 뜨거운 수증기를 쐬면 표면의 광택을 잃는 수지는?

① 요소 수지　　　　② 페놀 수지
③ 멜라민 수지　　　④ 폴리에스테르 수지

해설 요소 수지
• 단단하고 내용제성이나 내약품성이 양호하며, 무색이므로 착색이 자유롭다.
• 유지류에 거의 침해를 받지 않으며, 전기 저항은 페놀수지보다 약간 약하다.
• 강도와 단열성이 크고 내열성(100℃ 이하)이 있다.
※ 용도 : 기계적 성질이 비교적 약해 공업용보다는 일상 용품, 장식품 등

26 플라스틱을 원료에 따라 분류한 것 중 그 종류가 다른 것은?

① 아세틸렌　　　　② 코크스
③ 콜타르　　　　　④ 셀룰로오스

해설 플라스틱의 원료에 따른 분류
• 석탄계 : 아세틸렌(염화비닐 수지), 석탄 질소(멜라민 수지), 코크스(요소 수지), 콜타르(마크론 수지, 페놀 수지)
• 석유계 : 에틸렌(테플론 수지, 폴리스티렌 수지), 프로필렌(아크릴 수지), 스타이렌(폴리스티렌 수지)
• 목재계 : 셀룰로오스

27 열경화성 수지의 성형가공법 중 금속, 유리 등으로 만들어진 틀 안에 액상 수지를 주입하여 열 또는 촉매로 경화시키는 방법은?

정답 21 ③　22 ④　23 ④　24 ③　25 ①　26 ④　27 ②

① 압축 성형법(Compression Molding)

② 주조 성형법(Casting Moldin)

③ 진공 성형법(Vacuum Molding)

④ 녹음 성형법(Blow Molding)

> **해설** 주조 성형(Casting Molding)
> • 열경화성 수지의 성형가공법 중의 하나로 금속, 유리 등으로 만들어진 틀(금형) 안에 액상 수지를 주입하여 열 또는 촉매로 경화시켜 성형품을 생산한다.
> • 소량생산에 적합하며 주로 가구, 문 장식, 장신구, 투명판 등을 만들 때 주로 사용한다.

28 빛의 투과율이 85~95% 정도로 유리와 흡사하고 내충격 강화도가 뛰어나 채광판, 도어판 등에 사용되는 것은?

① 폴리스티렌 수지 ② 폴리에틸렌 수지

③ 메타크릴 수지 ④ 폴리아미드 수지

> **해설** 메타크릴 수지(아크릴 수지) : 유기 유리라고 부르며, 투명성이 뛰어나 착색이 자유롭고, 반투명 상태의 색판을 얻을 수 있어 채광판, 조명 등에도 쓰인다.

29 금속, 유리, 플라스틱, 도자기, 목재, 고무 등에 우수한 접착성을 나타내며, 특히 알루미늄과 같은 경금속의 접착에 가장 좋은 수지는?

① 폴리에틸렌 수지 ② 폴리스티렌 수지

③ 에폭시 수지 ④ ABS 수지

> **해설** 에폭시 수지 접착제 : 경화 수축이 일어나지 않는 열경화성 수지로 현재의 접착제 중 가장 우수한 것이다. 액체 상태나 응용 상태의 수지에 경화제를 넣어서 쓴다. 압력을 가할 필요가 없고 상온에서 사용할 수 있으며, 접착력이 강하고 내수성, 내산성, 내 알칼리성, 내용제성, 내열성 등이 우수한 접착제이다. 합성수지, 유리, 목재, 천 콘크리트 등을 붙이는 데 쓰이고, 특히 항공기, 기계부품의 접착에도 이용된다.

30 시멘트, 석면 등을 가하여 수지 시멘트로 사용할 수 있는 것은?

① 염화비닐 수지

② 폴리에틸렌 수지

③ 폴리프로필렌 수지

④ 폴리스티렌 수지

> **해설** 염화비닐 수지(PVC) : 플라스틱 창호의 주요 원재료로 연질, 경질, 반경질의 3종류로 나뉘는데 시멘트, 석면 등을 가하여 수지 시멘트로 사용할 수 있다.

31 플라스틱 창호의 일반적인 제작공정 순서로 옳은 것은?

① 절단 → 사상 → 용접 → 개공 → 조립

② 개공 → 절단 → 사상 → 용접 → 조립

③ 절단 → 개공 → 용접 → 사상 → 조립

④ 용접 → 절단 → 사상 → 개공 → 조립

> **해설** 플라스틱 창호 공정
> • 플라스틱 창의 완전품 공정 : 배합 → 압축 → 가공 조립 → 시공단계 순
> • 플라스틱 창호의 일반적인 제작공정 : 절단 → 개공 → 용접 → 사상 → 조립 순

32 다음 그림과 같이 유상의 열경화성 수지를 종이, 면포, 유리포 등에 침지시킨 다음 건조하여, 이를 금속판에 끼우거나 또는 적당한 철형에 넣어서 50~200[kg/cm^2]으로 가압하는 성형방법은?

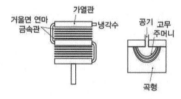

① 적층 성형법 ② 이송 성형법

③ 주조 성형법 ④ 취입 성형법

> **해설** 적층 성형(Laminated molding)
> • 유상의 열경화성 수지를 종이, 면포, 유리포 등에 침지시킨 다음 건조하여, 이를 금속판에 끼우거나 적당한 철형에 넣어서 50~200kg/cm^{2}으로 가압하는 성형방법이다.
> • 열 또는 촉매로서 경화시킨다.

정답 28 ③ 29 ③ 30 ① 31 ③ 32 ①

33 합성수지 제품 중 바닥 재료가 아닌 것은?

① 경질 PVC 골판 ② 비닐 타일
③ 아스팔트 타일 ④ 비닐 시트

해설 경질 PVC 골판 : 값이 싸고 자유로운 착색성, 좋은 채광성이 있어 간이 지붕재로 사용한다.

34 실리콘(Silicon)의 종류에 속하지 않는 것은?

① 유(Oil) ② 고무(Gum)
③ 겔(Gel) ④ 수지(Resin)

해설 실리콘 수지
- 성질 : 고온에서의 사용도가 좋으며, 내알칼리성, 전기 절연성, 내후성이 좋고, 내수성과 혐수성이 우수하여 방수 효과가 좋다.
- 용도 : 성형품, 접착제, 전기 절연 재료에 사용
- 종류 : 제법에 따라 오일(Oil), 고무(Gum), 수지(Resin) 등이 만들어진다.

35 주로 열가소성 수지에 이용되며, 봉, 파이프, 필름, 시트제작에 가장 적합한 성형법은?

① 압출 성형법 ② 압축 성형법
③ 이송 성형법 ④ 진공 성형법

해설 압출 성형(extrusion molding)은 주로 열가소성 수지를 사용하고 파이프, 필름, 시트 등 봉상이나 관상의 동일 단면을 가진 성형품을 연속적으로 성형하는 방법이다.

36 유기 유리문의 단점에 해당하지 않는 것은?

① 겨울철에 옥 내외의 온도 차로 인하여 판문이 휘어지기 쉽다.
② 표면 경도가 낮아서 흠이 나기 쉽다.
③ 대전성이 커서 먼지가 앉기 쉽다.
④ 유리에 비해 투명도가 떨어진다.

해설 메타크릴 수지(아크릴 수지)는 유기 유리라고 부르며, 투명성이 뛰어나 착색이 자유롭고, 반투명 상태의 색판을 얻을 수 있어 채광판, 조명 등에도 쓰인다.

37 열경화성 수지에 대한 설명으로 옳지 않은 것은?

① 고형체로 된 후 열을 가해도 연화되지 않는다.
② 요소 수지, 멜라민 수지 등이 있다.
③ 식기나 전화기 등의 재료로 쓰인다.
④ 열가소성 수지에 비해서 열과 화학약품에 대한 안전성이 떨어진다.

해설 열경화성 플라스틱은 일반적으로 내열성, 내용제성, 내약품성, 기계적 성질, 전기 절연성이 좋으며, 충전제를 넣어 강인한 성형물을 만들 수가 있다.

38 아크릴(Acryl) 수지에 대한 설명으로 옳지 않은 것은?

① 채광판 및 건물의 내·외장재 등으로 사용한다.
② 내충격 강도는 보통 유리보다 강하다.
③ 내화학약품성, 유연성, 성형성이 뛰어나다.
④ 유리, 철, 콘크리트에 비해 열팽창 계수가 작다.

해설 메타크릴 수지(아크릴 수지) : 유리, 철, 콘크리트에 비해 열팽창 계수가 크다. 성형성과 기계적 가공성이 좋고, 인체에 무독하고 내약품성이 좋다.

39 다음 중 페놀 수지에 대한 설명으로 옳지 않은 것은?

① 베이클라이트라고도 하며, 열경화성 수지에 속한다.
② 멜라민과 포르말린을 반응시켜 제조한다.

③ 절연성이 커서 전기재료로 많이 사용한다.

④ 내열성은 0~60℃ 정도이다.

> **해설** 페놀 수지(베이클라이트) : 페놀과 포르말린, 알칼리의 촉매 반응작용에 의해 만든 것으로 값이 싸고 견고하며 전기 절연성, 접착성이 우수하다.

40 다음 중 유리섬유로 보강하여 비중이 강철의 1/3 정도로 가볍고 강도가 커서 항공기, 선박, 차량 등의 구조재나 건축의 창호재로 사용되는 수지는?

① 폴리에틸렌 수지

② 불포화 폴리에스테르 수지

③ 실리콘 수지

④ 염화비닐 수지

> **해설** 불포화 폴리에스테르 수지 : 비중은 강철의 1/3 정도이면서도 강도가 크므로, 항공기, 선박, 간벽 등의 구조재, 천장의 루버로 사용되고, 비교적 온도 변화에 강한 편이다.
> ※ 용도 : 접착제, 도료, 성형품의 충진제 등으로 사용

41 다음의 플라스틱을 원료에 따라 분류한 것이다. 잘못 연결된 것은? (단, '원료 : 플라스틱' 순서이다.)

① 아세틸렌 : 염화비닐

② 에틸렌 : 폴리스티렌

③ 콜타르 : 우레아 수지

④ 프로필렌 : 아크릴 수지

> **해설** 요소 수지(우레아 수지) : 탄산 가스나 암모니아에서 얻어지는 요소에 포르말린으로 초기 축합물을 탈수하여 반응시켜, 펄프, 착색제 등을 첨가하여 제조한다.

42 다음의 합성수지 중 비중이 가장 작은 것은?

① 폴리프로필렌 수지

② 폴리에틸렌 수지

③ 염화비닐 수지

④ 폴리스티렌 수지

> **해설** 플라스틱의 비중
> • 플라스틱 재료는 비교적 가벼운 재료로 물보다 가볍다.
> • 비중 수치 : 폴리프로필렌(0.9), 폴리에틸렌(0.91~0.97의 비중), 폴리-4-플루오르화에틸렌(2.2 정도의 비중)

43 플라스틱의 용도로 가장 적합하지 않은 것은?

① 도료　　　　　② 건축의 구조재

③ 방수 피막제　　④ 장식 마감재

> **해설** 플라스틱(Plastic)은 금속에 비해 강도와 강성이 부족하고, 특히 반복 하중에 약해 구조재로 사용하기 어렵다.

44 ABS 수지에 대한 설명으로 틀린 것은?

① 아크릴로니트릴, 벤젠, 에틸렌 등으로 이루어졌다.

② 내충격성이 우수하다.

③ 치수 안정성, 경도 등이 우수하다.

④ 파이프, 판재, 전기 부품 등에 사용된다.

> **해설** ABS 수지
> • 아크릴로니트릴, 부타디엔, 스티렌으로 구성된다.
> • 일반적으로 가공하기 쉽고 내충격성이 크고 내열성도 좋다.
> • 자동차부품 · 헬멧 · 전기기기 부품 · 방적기계 부품 등 공업용품에 금속 대용으로 사용된다.
> • 치수 안정성, 경도 등이 좋고 무독성, 방음성, 단열성 등이 우수하다.

45 유기 유리라고 불리우며 투명성이 뛰어나 조명용으로 사용되는 수지는?

① 스티렌 수지　　② 염화비닐 수지

③ 메타크릴 수지　④ 프로필렌 수지

정답 40 ② 41 ③ 42 ① 43 ② 44 ① 45 ③

해설 메타크릴 수지(아크릴 수지)는 유기 유리라고 부른다.
- 장점 : 플라스틱 중에서 투명도가 뛰어나며 염, 안료에 의한 선명한 착색품을 얻을 수 있으며, 내후성이 좋다. 성형성과 기계적 가공성이 좋고, 인체에 무독하고 내약품성이 좋다.
- 단점 : 대전성과 표면에 흠이 생기기 쉬우며 가연성 등의 단점이 있다.

46 플라스틱의 일반적인 특성으로 옳지 않은 것은?

① 성형성이 좋다.
② 부식되기 쉽다.
③ 정전기의 발생량이 크다.
④ 전기절연성이 우수하다.

해설 플라스틱(Plastic)은 생분해가 잘 되지 않고, 생산 시 유해 물질을 방출하여 자연 환경을 오염시킬 수 있다.

47 염화비닐 수지에 관한 설명 중 옳지 않은 것은?

① 투명성이 좋고 표면 광택이 우수하다.
② 제조 시 염소가스의 배출로 유해 가능성이 크다.
③ 표면에 흠이 잘 생기지 않으며 유연성이 크다.
④ 주로 건축 재료나 전선 피복재로 이용되고 있다.

해설 염화비닐 수지(PVC)
- 장점 : 경량으로 화학약품에 대한 저항성이 크며, 난연성 재료로 자기 소화성을 갖는다. 전기적 성질이 우수하고 가공이 용이한데 경질성이지만 가소제의 혼합에 따라 유연한 고무형태 제품을 만들 수 있다. 또한, 진공 성형성이 좋고, 보향 효과가 뛰어나며 가격이 저렴하다.
- 단점 : 숙련된 가공 기술이 필요하고 제조시 염소가스의 배출로 유해 가능성이 있으며, 사용 온도 범위가 작다. 또한, 유연성이 작고 오염되기 쉬우며, 표면에 흠이 잘 생긴다.

48 플라스틱 성형방법 중 가열하여 유동상태로 된 플라스틱을 닫힌 상태의 금형에 고압으로 충전하여 이것을 냉각 경화시킨 다음, 금형을 열어 성형품을 얻는 방법은?

① 블로 성형
② 사출 성형
③ 트랜스퍼 성형
④ 압축 성형

해설 사출 성형(injection molding)
- 사출 성형기는 플라스틱 재료를 녹여서 사출하는 사출 기구와 금형을 고압으로 체결하는 형체 기구, 이들을 자동적으로 동작하게 하는 제어 기구로 구성된다.
- 플라스틱 재료가 호퍼에서 사출 실린더에 주입된 뒤, 스크루 회전에 의하여 앞으로 이송되면서, 가소화된 플라스틱을 고압으로 금형 내에 사출한 후 냉각시켜 성형품을 만들게 된다.

49 요소 수지에 대한 설명으로 틀린 것은?

① 수지 자체는 무색이고 착색이 자유롭다.
② 약산, 약알칼리에 견딘다.
③ 기계적 성질이 매우 우수하다.
④ 벤졸, 알코올 등 여러 가지 유지류에 거의 침해받지 않는다.

해설 요소 수지
- 단단하고 내용제성이나 내약품성이 양호하다.
- 유지류에 거의 침해를 받지 않으며, 전기 저항은 페놀수지보다 약간 약하다.
- 수지 재료 자체가 무색이므로 착색 효과가 자유롭고, 내열성(100℃ 이하)이 있다.

50 플라스틱의 성형법 중 디프 성형의 단계로 올바른 것은?

① 금형가열 – 디핑 – 가열경화 – 탈형완성
② 탈형완성 – 가열경화 – 금형가열 – 디핑
③ 디핑 – 금형가열 – 가열경화 – 탈형완성
④ 금형가열 – 가열경화 – 탈형완성 – 디핑

해설 디프 성형(Deep molding) 성형 단계 : 금형의 가열 → 디핑 → 가열경화 → 탈형완성 순으로 진행

정답 46 ② 47 ③ 48 ② 49 ③ 50 ①

51 플라스틱의 코팅법 중 파우더법에 대한 설명으로 옳지 않은 것은?

① 유동 침지 코팅이라고 한다.
② 재료는 폴리에틸렌, 나일론, 염화비닐 등의 고운 분말을 사용한다.
③ 수지 방울이나 흐름 자국이 없고 특히 경질품은 아름다운 광택을 낸다.
④ 모양이 복잡한 것에는 적용이 불가능하고 처리 속도가 느리다.

해설 파우더법
- 유동 침지 코팅이라고도 하는데 재료는 폴리에틸렌, 나일론 염화비닐 등의 고운 분말을 사용한다.
- 수지 방울이나 흐름 자국이 없고, 경질 및 연질 표면이 모두 가능하고, 특히 경질품은 아름다운 광택을 낸다.
- 다른 코팅 방법으로는 할 수 없는 모양이 복잡한 것도 가능하며, 처리 속도도 빠르다.

52 플라스틱 재료에 대한 설명 중 맞는 것은?

① 열팽창계수가 크다.
② 온도 상승으로 취성이 된다.
③ 온도 상승으로 경화된다.
④ 내수성이 좋지 않아 재료의 부식이 발생한다.

해설 플라스틱(Plastic)의 열적 성질
- 플라스틱 재료는 열전도율이 낮기 때문에 부분적으로 과열되기 쉽다.
- 열팽창계수가 크고, 내열성이 낮아서 가열하면 연화하거나 타기 쉽다.

53 다음 중 섬유소계 수지에 속하는 것은?

① 셀룰로이드
② ABS 수지
③ 폴리프로필렌 수지
④ 아세트산비닐 수지

해설 섬유소계 수지(Cellulosic plastic) 섬유소계의 종류 : 셀룰로이드, 아세트산 섬유소, 프로피온산 섬유소 등

54 화장판, 벽판, 천장판, 카운터(Counter) 등에 쓰이며 무색투명하여 착색이 자유롭고, 내열성, 강도내수성 등이 우수한 플라스틱의 종류는 무엇인가?

① 페놀 수지   ② 요소 수지
③ 멜라민 수지   ④ 알키드 수지

해설 멜라민 수지 : 단단하며 착색성 및 내수성, 내약품성과 내열성이 우수하다.
※ 용도 : 색깔과 광택이 좋아 내부 장식재로 사용하며, 독성이 없어 식기류에 많이 사용

55 접착성이 아주 우수하며, 경화할 때 휘발물의 발생이 없고, 알루미늄과 같은 경금속의 접착에 가장 좋은 것은?

① 에폭시 수지
② 불포화 폴리에스테르 수지
③ 알키드 수지
④ 실리콘 수지

해설 에폭시 수지 접착제 : 경화 수축이 일어나지 않는 열경화성 수지로 현재의 접착제 중 가장 우수한 것이다. 액체 상태나 응용 상태의 수지에 경화제를 넣어서 쓴다.

56 다음 플라스틱 원료 중 석탄계에 속하지 않는 것은?

① 아세틸렌   ② 콜타르
③ 프로필렌   ④ 코크스

해설 석탄계 : 아세틸렌(염화비닐 수지), 석탄 질소(멜라민 수지), 코크스(요소 수지), 콜타르(마크론 수지, 페놀 수지)

정답   51 ④   52 ①   53 ①   54 ③   55 ①   56 ③

57 다음 중 열경화성 수지가 아닌 것은?

① 페놀 수지　　② 폴리아미드 수지

③ 알키드 수지　　④ 요소 수지

해설 플라스틱의 종류
- 열가소성 플라스틱(열가소성 수지) : 폴리염화비닐 수지, 폴리프로필렌 수지, 나일론 수지(폴리아미드 수지), 폴리스티렌 수지, 폴리에틸렌 수지, 아크릴 수지
- 열경화성 플라스틱(열경화성 수지) : 멜라민 수지, 페놀 수지, 에폭시 수지, 요소 수지, 폴리우레탄 수지

58 플라스틱 재료 중 석유로부터 만들어지는 것은?

① 염화비닐 수지　　② 아세트산 비닐 수지

③ 멜라민 수지　　④ 아크릴 수지

해설 석유계 : 에틸렌(테플론 수지, 폴리스티렌 수지), 프로필렌(아크릴 수지), 스타이렌(폴리스티렌 수지)

59 다음 재료 중 열경화성 수지에 속하지 않는 것은?

① 폴리아미드 수지　② 요소 수지

③ 에폭시 수지　　④ 멜라민 수지

해설 플라스틱의 종류
- 열가소성 플라스틱(열가소성 수지) : 폴리염화비닐 수지, 폴리프로필렌 수지, 나일론 수지(폴리아미드 수지), 폴리스티렌 수지, 폴리에틸렌 수지, 아크릴 수지
- 열경화성 플라스틱(열경화성 수지) : 멜라민 수지, 페놀 수지, 에폭시 수지, 요소 수지, 폴리우레탄 수지

60 멜라민 수지에 대한 설명으로 옳지 않은 것은?

① 멜라민과 포르말린을 반응시켜 만든다.

② 내수성이 뛰어나다.

③ 120~150℃의 고열에서도 잘 견딘다.

④ 갈색의 불투명한 수지로 천장, 내벽 등의 재료로 사용된다.

해설 멜라민 수지
- 축합 반응에 의하여 얻어지는 고분자 물질에 속한다.
- 단단하며 착색성 및 내수성, 내약품성과 내열성이 우수하다.
- ※ 용도 : 색깔과 광택이 좋아 내부 장식재로 사용하며, 독성이 없어 식기류에 많이 사용

61 다음과 같은 설명에 해당하는 수지는?

- 투명도가 매우 높은 것으로 항공기의 방풍유리에 사용된다.
- 내후성이 뛰어나고, 착색이 자유로우며, 유기유리로 불리운다.
- 조명기구, 도료, 접착제, 의자 등에도 쓰인다.

① 폴리프로필렌 수지

② 메타크릴 수지

③ 페놀 수지

④ 폴리아미드 수지

해설 메타크릴 수지(아크릴 수지)는 유기 유리라고 부른다.
- 장점 : 플라스틱 중에서 투명도가 뛰어나며 염, 안료에 의한 선명한 착색품을 얻을 수 있으며, 내후성이 좋다. 성형성과 기계적 가공성이 좋고, 인체에 무독하고 내약품성이 좋다.
- 단점 : 대전성과 표면에 흠이 생기기 쉬우며 가연성 등의 단점이 있다.

62 다음 중 플라스틱에 유연성을 주기 위하여 첨가되는 것은?

① 경화제　　　② 가소제

③ 염료　　　　④ 충진제(Filler)

해설 가소제 : 플라스틱을 부드럽고 유연하게 만드는 첨가제이다. 열가소성 플라스틱을 보다 쉽게 만들기 위하여 사용한다.

정답　57 ②　58 ④　59 ①　60 ④　61 ②　62 ②

63 에폭시 수지에 대한 설명으로 틀린 것은?

① 접착제나 도료로 널리 사용된다.

② 내약품성, 내용제성이 뛰어나다.

③ 열경화성 수지이다.

④ 사용 한계 온도는 50℃ 이하이다.

> **해설** 에폭시 수지
> • 다른 물질과의 접착성이 뛰어나므로 금속용 접착제나 도료 또는 유리 섬유와의 적층용 재료로 이용되고 있다.
> • 열경화성 수지의 한 종류로 제품의 최고 사용온도는 80℃ 정도이다.

64 벤젠과 에틸렌으로부터 제조된 것으로 특히, 발포제품은 저온 단열재로 널리 쓰이는 것은?

① 염화비닐 수지

② 폴리프로필렌 수지

③ 폴리아미드 수지

④ 폴리스티렌수지

> **해설** 폴리스티렌(Polystyrene) 수지
> • 열가소성 수지로 벤젠과 에틸렌으로부터 제조된 수지이다.
> • 두께가 얇은 시트(보통 1~1.5mm)를 만들어 방수 및 방습시트로 사용한다.
> ※ **용도** : 투명 용기, 1회용 위생 용기, 냉동 식품 용기, 방온·방습용 시트 제품, 고주파 절연 재료

65 다음 중 염화비닐 수지(PVC)에 대한 설명으로 옳지 않은 것은?

① 열경화성 수지이다.

② 투명성이 좋고 표면 광택이 우수하다.

③ 진공 성형성이 좋다.

④ 제조 시 염소가스의 배출로 유해 가능성이 있다.

> **해설** 염화비닐 수지(PVC) : 열가소성 수지로 연질, 경질, 반경질의 3종류로 나뉜다. 진공 성형성이 좋고, 보향 효과가 뛰어나며 가격이 저렴하다.

66 인조가죽 또는 합성 피혁이라 불리는 것으로, 주로 가구에 많이 쓰이는 것은?

① 필름　　　　　　② 레저

③ 리놀륨　　　　　④ FRP 골판

> **해설** 레저(Leather, 인조가죽, 합성 피혁) : 폴리우레탄 등을 소재로 하여 인공적으로 만든 가족 모조품

67 표면을 아주 평활하게 마감한 것으로 반사나 굴절이 적어 진열용 창에 많이 이용되는 유리는?

① 무늬 유리　　　　② 자외선투과유리

③ 후판 유리　　　　④ 서리유리

> **해설** 후판유리 : 두께 6mm 이상의 판유리로 진열장, 일괄욕실, 출입문, 고급창문, 기차, 전차, 자동차의 창 유리 등에 사용된다.

68 압출 성형에 대한 설명으로 옳지 않은 것은?

① 단면이 같은 장척 부재를 연속 생산할 수 있다.

② 단면 모양이 단순한 것에서 복잡한 것까지 만들 수 있다.

③ 소량, 정밀생산에 가장 적합한 방법이다.

④ 복수 부재 및 복수 기능을 일체화한 성형이 가능하다.

> **해설** 압출 성형의 특징
> • 열가소성 수지 중 폴리에틸렌이나 염화비닐 수지 등에서 사용하는 성형법이다.
> • 재료를 가열 실린더 내에 녹이고 스크루 회전에 의한 압출 압력으로 가열 실린더 내에 설치된 노즐에서 압출한 뒤, 물 또는 공기로 냉각시켜 제품을 만든다.
> • 파이프, 필름, 시트 등 봉상이나 관상의 동일 단면을 가진 성형품을 연속적으로 성형하는 방법이다.
> • 사용하는 스크루가 1개인 단축 식이 가장 많이 사용되고 있다.

정답 　63 ④　64 ④　65 ①　66 ②　67 ③　68 ③

69 열경화성 수지에 응용되는 가장 일반적인 성형법으로 분말 또는 정제형의 성형재료를 가열된 철제형에 넣어 140~180℃으로 유압 또는 수압을 가하고, 수지를 가열 중합하여 경화시키는 성형법은?

① 이송 성형법　　② 주조 성형법

③ 압축 성형법　　④ 적층 성형법

해설 압축 성형(compression molding)은 가열된 암수한 쌍의 금형 내에 분말이나 펠릿 상태의 플라스틱을 넣고 압력을 가한 후 충분히 응고시켜 금형에서 떼어 내는 방법이다.

70 플라스틱 재료의 성질에 대한 설명으로 옳지 않은 것은?

① 가공이 용이하고, 디자인의 자유도가 높다.

② 전기절연성이 우수하다.

③ 표면의 경도가 낮으며, 상처가 생기기 쉽다.

④ 내수성이 좋지 않아 재료가 쉽게 부식이 된다.

해설 플라스틱(Plastic)은 생분해가 잘 되지 않고, 생산 시 유해 물질을 방출하여 자연 환경을 오염시킬 수 있다.

71 플라스틱 접착제에 대한 설명으로 옳지 않은 것은?

① 작업 할 때는 높은 온도는 피한다.

② 에멀션형 접착제는 겨울철에도 동결의 위험이 적다.

③ 여분의 접착제는 건조나 경화 전에 주걱이나 봉 등으로 제거한다.

④ 용제형 접착제를 사용하는 경우에는 인화하지 않도록 주의한다.

해설 에멀션형은 아교나 카세인 대용품으로 널리 사용하는데 동결의 위험이 있으므로 겨울철에는 보관 및 취급에 유의한다.

72 진공 속에서 금속 및 합금, 그 밖에 화합물을 가열, 용해하여 증발시켜 증발물이 표면에 피복되는 원리를 이용하는 플라스틱 표면 처리법은?

① 공업적 도금　　② 증착법

③ 은경법　　　　④ 침지도금

해설 증착법 개요
• 진공 속에서 금속 및 합금, 그 밖의 화합물을 가열, 용해하여 증발시켜 증발물이 표면에 피복되는 원리를 이용하고 있다.
• 광택과 평활 도면에서 화학 도금보다 우수하지만, 설치비가 많이 들며, 대량 생산에 제한이 따른다.

73 플라스틱을 연료에 따라 분류할 때 석유계에 해당하는 것은?

① 멜라민 수지　　② 아크릴 수지

③ 요소 수지　　　④ 페놀 수지

해설 석유계 : 에틸렌(테플론 수지, 폴리스티렌 수지), 프로필렌(아크릴 수지), 스타이렌(폴리스티렌 수지)

74 다음 중 합성고무의 종류에 속하는 것은?

① 네오프렌　　　② 라텍스

③ 생고무　　　　④ 가황고무

해설 고무의 종류
• 천연고무의 종류 : 라텍스, 생고무, 가황고무 등
• 합성고무의 종류 : 스티렌부타디엔고무(부나에스), 폴리클로로프렌고무(네오프렌), 니트릴고무, 부틸고무, 부타디엔고무, 이소프렌고무, 실리콘고무 등

75 강화 플리레스테르판이라고 불리는 FRP는 무엇을 보강하여 만든 플라스틱인가?

① 스티로폼　　　② 유리섬유

③ 우드스틱　　　④ 우레아폼

해설 유리 섬유 강화 플라스틱(FRP : Fiber Reinforced Plastic) : 유리 섬유를 가한 폴리에스테르 제품, 에폭시 수지 제품인 섬유 강화 플라스틱이다. 가볍고 강도가 아주 높으며 보온성이 좋다.

정답　69 ③　70 ④　71 ②　72 ②　73 ②　74 ①　75 ②

76 플라스틱의 성형방법 중 사출 성형에 대한 설명으로 옳지 않은 것은?

① 고속, 대량, 자동화 생산이 가능하다.
② 치수의 정밀도가 낮다.
③ 다량 생산할 경우에는 성형품의 가격 절감이 가능하다.
④ 금형은 고가이고, 또 제작 기간이 길다.

해설 사출 성형의 특징
• 플라스틱 성형의 대표적인 것으로, 생산성도 높고 고품질의 성형품 생산이 가능한 가공법이다.
• 가소성 플라스틱의 대부분이 이 사출 성형에 의한 것으로 정밀도가 높은 정밀 성형품을 만들 때 적합하다.

77 다음에서 설명하는 플라스틱 발포 제품은?

요소 수지 액과 발포제 등을 발포기로 섞어서 호스로 분출시켜 공간을 채울 수 있는 발포제로서, 강도가 적은 것이 흠이나 값이 싸고 현장 발포가 가능하다.

① 우레아 폼   ② 염화비닐 폼
③ 폴리우레탄 폼   ④ 스티로폼

해설 우레아 폼(Urea foam)
• 요소 수지계를 원료로 하여 경화제를 사용 현장 발포시킨 후 시공부위에 분사, 주입시키는 단열재이다.
• 단열, 흡음, 방수성능을 가지고 있으며, 내한성, 내수성, 내충격성, 내마모성, 내약품성의 특성을 가진다.
• 방수코팅제로도 사용하며, 조립식 건축물의 지붕이나 옥상, 벽체, 욕실 등에 사용한다.

78 다음 중 시트나 필름을 제외한 압출재의 성형에 가장 많이 사용되는 수지는?

① 발포 폴리스티렌
② 발포 ABS 수지
③ 경질 염화비닐 수지
④ 아크릴 수지

해설 염화비닐 수지(PVC)
• 장점 : 경량으로 화학약품에 대한 저항성이 크며, 난연성 재료로 자기 소화성을 갖는다. 전기적 성질이 우수하고 가공이 용이한데 경질성이지만 가소제의 혼합에 따라 유연한 고무형태 제품을 만들 수 있다. 또한, 진공 성형성이 좋고, 보항 효과가 뛰어나며 가격이 저렴하다.
• 단점 : 숙련된 가공 기술이 필요하고 제조시 염소 가스의 배출로 유해 가능성이 있으며, 사용 온도 범위가 작다. 또한, 유연성이 작고 오염되기 쉬우며, 표면에 흠이 잘 생긴다.

79 다음 중 상판 재료와 같은 플라스틱 제품과 가장 관계가 깊은 플라스틱의 성질은?

① 전기절연성   ② 차음성
③ 내열성   ④ 내마멸성

해설 상판 재료는 닳아 없어지는 것에 대하여 저항하는 성질인 내마멸성이 커야 한다.

80 다음 중 플라스틱의 일반적인 성질에 대한 설명으로 옳지 않은 것은?

① 가공이 용이하고, 디자인의 자유도가 높다.
② 전기절연성이 우수하다.
③ 흡수성과 투과성이 크다.
④ 내수성이 좋아 녹의 발생이나 재료의 부식이 없다.

해설 플라스탁 재료의 장단점

장점	단점
• 여러 가지 성질의 제품이 만들어진다.	• 열에 약하다.
• 가볍고 강한 제품이 만들어진다.	• 기계적 강도가 낮다.
• 전기 절연성이 좋고, 전도성도 가질 수 있다.	• 용제에 약하다.
• 착색이 쉽고, 내식성이 풍부하다.	• 표면이 부드러워 더러워지거나 흠이 생기기 쉽다.
• 다른 재료에 없는 특별한 성질의 제품도 만들 수 있다.	• 내구성이 낮다.
• 제작이 용이하다.	• 정밀도가 떨어진다.

정답   76 ②   77 ①   78 ③   79 ④   80 ③

81 섬유소계 수지에 대한 설명으로 옳지 않은 것은?

① 셀룰로이드는 강인하고 충격강도가 크다.
② 아세트산 섬유소는 충격강도가 크며 성형 가공이 유리하다.
③ 프로피온산 섬유소는 강인하고 가공성이 극히 좋다.
④ 에밀 섬유소는 비중이 크고 고온의 기계적 성질이 좋다.

해설 섬유소계 플라스틱 : 식물성 물질의 구성 성분으로, 자연계에 존재하는 고분자 물질이다. 반합성 플라스틱이라고도 한다. 셀룰로이드, 아세트산 섬유소, 프로피온산 섬유소 등이 있다.

82 일반적으로 열경화성 수지를 재료로 사용하고 소량생산에 적합하며 주로 가구, 문 장식, 장신구, 투명판 등을 제품으로 생산하는 성형방법은?

① 주조 성형법   ② 블로 성형법
③ 진공 성형법   ④ 디프 성형법

해설 주조 성형(Casting Molding)
• 열경화성 수지의 성형가공법 중의 하나로 금속, 유리 등으로 만들어진 틀(금형) 안에 액상 수지를 주입하여 열 또는 촉매로 경화시켜 성형품을 생산한다.
• 소량생산에 적합하며 주로 가구, 문 장식, 장신구, 투명판 등을 만들 때 주로 사용한다.

83 합성수지 제품 중 비닐타일에 대한 설명으로 옳지 않은 것은?

① 아스팔트, 합성수지, 석면 등을 혼합 가열하여 제작한다.
② 바닥마감재 또는 마루재 등으로 쓰인다.
③ 값이 비교적 싸고 착색이 자유롭다.
④ 내마멸성이나 내약품성은 매우 약한 편이다.

해설 비닐 타일 : 착색이 자유롭고 약간의 탄력성, 내마멸성, 내약품성이 있고 값이 싸다.

84 축합반응에 의하여 얻어지는 고분자 물질에 속하는 플라스틱은?

① 플라스티렌수지   ② 아크릴 수지
③ 염화비닐 수지   ④ 멜라민 수지

해설 멜라민 수지
• 축합 반응에 의하여 얻어지는 고분자 물질에 속한다.
• 단단하며 착색성 및 내수성, 내약품성과 내열성이 우수하다.
※ 용도 : 색깔과 광택이 좋아 내부 장식재로 사용하며, 독성이 없어 식기류에 많이 사용

85 메타크릴 수지에 대한 설명으로 옳지 않은 것은?

① 투명도가 매우 높다.
② 착색이 자유롭다.
③ 열팽창계수가 유리, 철에 비해 작다.
④ 유기유리로 불리운다.

해설 메타크릴 수지(아크릴 수지) : 유기 유리라고 부르며, 투명성이 뛰어나 착색이 자유롭고, 반투명 상태의 색판을 얻을 수 있어 채광판, 조명 등에도 쓰인다.
• 장점 : 플라스틱 중에서 투명도가 뛰어나며 염, 안료에 의한 선명한 착색품을 얻을 수 있으며, 내후성이 좋다. 성형성과 기계적 가공성이 좋고, 인체에 무독하고 내약품성이 좋다.
• 단점 : 대전성과 표면에 흠이 생기기 쉬우며 가연성 등의 단점이 있다.

86 다음 중 열경화성 수지의 성형가공법이 아닌 것은?

① 압축 성형법   ② 이송 성형법
③ 주조 성형법   ④ 사출 성형법

해설 성형 가공법
• 열가소성 수지 : 압출 성형법, 사출 성형법, 진공 성형법
• 열경화성 수지 : 압축 성형법, 이송 성형법, 주조 성형법, 적층 성형법, 블로 성형법, 디프 성형법, 트랜스퍼 성형법 등

정답 81 ④ 82 ① 83 ④ 84 ④ 85 ③ 86 ④

87 다음에서 설명하는 합성수지는?

비중이 0.9로 합성수지 중 가장 가볍고, 인장 강도 등의 기계적 강도가 뛰어나며 내열성, 전기적 성능도 우수하여 섬유제품, 필름, 정밀 부분품, 의료기구, 가정용품 등에 쓰이는 수지이다.

① 폴리스티렌수지
② 폴리프로필렌 수지
③ 불포화 폴리에스터 수지
④ 메타크릴 수지

해설 폴리프로필렌 수지
- 플라스틱의 내한성과 내충격성을 보완한 재료로 가볍고, 무색, 무취, 무독하여 위생적이며 강성이 우수하고 광택이 좋다.
- 내열성과 내약품성이 우수하고, 투명성과 미끄럼성이 좋다.
- 기체 투과성이 있고, 열접착성, 내한성이 좋지 않다.

88 페놀 수지에 대한 설명으로 옳지 않은 것은?

① 페놀과 포르말린, 알칼리의 촉매 축합 반응 작용에 의해 만든다.
② 절연성이 커서 전기재료로 많이 사용된다.
③ 내열성이 양호한 편이나 200℃ 이상에서 그대로 두면 탄화, 분해되어 사용할 수 없게 된다.
④ 목면, 석면 등을 혼합하여 사용하면 견고성이 약화되어 잘 부스러진다.

해설 페놀 수지(베이클라이트)
- 값이 싸고 견고하며 전기 절연성, 접착성이 우수하다.
- 내열성은 0~60℃ 정도이며, 일반적으로 견고하나 잘 부서지므로 목면, 석면 등과 혼합하여 사용한다.
- 페놀과 포르말린, 알칼리의 촉매 반응작용에 의해 만든 것이다.
- ※ 용도 : 전기, 통신 기재 관계의 재료, 보드류, 도료, 접착제 등이 있으며, 멜라닌 화장판, 내수 합판의 접착제

89 다음 플라스틱 재료 중 비중이 가장 큰 것은?

① 플루오르 수지
② 폴리에틸렌 수지
③ 플로프로필렌 수지
④ 염화비닐 수지

해설 플라스틱 재료는 물보다 가볍다. 폴리프로필렌, 폴리에틸렌이 0.91~0.97의 비중을 가진다. 비교적 무거운 폴리-4-플루오르화에틸렌의 경우에도 2.2 정도의 비중에 불과하다.

90 염화비닐 수지(PVC)에 관한 설명으로 옳지 않은 것은?

① 투명성이 좋고 표면 광택이 우수하다.
② 전기절연성, 내약품성이 양호하다.
③ 열경화성 수지이다.
④ 필름, 파이프 제조 등에 사용된다.

해설 염화비닐 수지(PVC) : 열가소성 수지로 전기적 성질이 우수하고 가공이 용이하다. 시멘트, 석면 등을 가하여 수지 시멘트로 사용할 수 있다.

91 플라스틱 창호 제조에서 내열성 증대, 작업성 증대, 내후성 보강, 장기 생산성 유지 등의 효과를 나타내기 위해 사용하는 첨가제는?

① 충격보완제
② 복합안정제
③ 안료
④ 필러

해설 안정제 : 가공 도중 플라스틱이 열에 의하여 분해되는 것을 방지하기 위한 열안정제와 제품이 햇빛 속의 자외선을 흡수하여 분해되는 것을 막아 주기 위한 광안정제가 있다.

92 합성수지의 원료에 의한 분류 중 석유계가 아닌 것은?

① 마크론 수지
② 아크릴 수지
③ 테플론 수지
④ 플리스티렌 수지

해설 석유계 : 에틸렌(테플론 수지, 폴리스티렌 수지), 프로필렌(아크릴 수지), 스타이렌(폴리스티렌 수지)

93 다음 중 베이클라이트(Bakelite)와 관련이 있는 것은?

① 염화비닐 수지　② 폴리에틸렌 수지
③ 폴리아미드 수지　④ 페놀 수지

해설 베이클라이트 강화판 : 페놀 수지를 충전재(유리 섬유, 목재 펄프, 종이)로 강화한 판이다.

94 다음 플라스틱 제품 중 바닥 재료로 적합하지 않은 것은?

① 멜라민 적층판(화장판)
② 아스팔트 타일
③ 비닐 타일
④ 비닐 시트

해설 바닥 재료 : 수지타일, 비닐 타일, 아스팔트 타일, 비닐 시트, 바름바닥

95 플라스틱의 성형가공법 중 압출 성형의 단점으로 옳지 않은 것은?

① 단면이 같은 장척부재를 연속 생산할 수 없다.
② 모양에 따라서는 기술적으로 성형이 곤란한 것이 있다.
③ 단면의 모양이 복잡한 것은 높은 정밀도를 얻을 수 없다.
④ 단면의 모양이 복잡하면 금형비가 비싸다.

해설 압출 성형의 단점
• 모양에 따라서는 기술적으로 성형이 곤란한 것이 있다.
• 단면의 모양이 복잡한 것은 높은 정밀도를 얻을 수 없다.
• 단면의 모양이 복잡하면 금형비가 비싸다.
• 염화비닐 수지 이외의 가공 기술이 뒤떨어졌다.

96 금형 밖에 예비성 형실을 두어 유동에는 충분하지만, 경화는 일이 크지 않을 정도로 가열한 다음 유동화 원료를 금형 내에 압입하고 열, 가입하여 경화시키는 방법은?

① 사출 성형　　② 압출 성형
③ 트랜스퍼 성형　④ 적층 성형

해설 트랜스퍼 성형(Transfer molding)
• 열경화성 플라스틱 재료의 성형법의 한 종류로 압축 성형법을 개선하여 생산성을 향상시킨 것이다.
• 성형 재료를 트랜스퍼 포트에 넣어 가열 가압으로 탕구와 탕도를 통하여 몇 개의 금형을 연결하여 동시에 제품을 성형할 수 있다.

97 내구성이 비교적 크고 탄력성, 내수성이 있으며 시공이 용이하여 마루마감 재료로 많이 사용되는 것은?

① 리놀륨　　　② 아크릴
③ 네오프렌　　④ 부나 S

해설 리놀륨(Linoleum)
• 탄력성이 풍부하고, 내수성 · 내구성이 있으며 표면이 매끈하다.
• 아마인유에 수지를 가해서 만들어 낸 리놀륨 시멘트에 코르크 분말, 안료, 건조제 등을 혼입하여 삼베에 압착하여 만든다.
• 공장 생산된 마감재로 시공이 용이하다.

98 폴리아미드 수지의 내용으로 옳지 않은 것은?

① 내화학약품성이 우수하다.
② 내마멸성이 높다.
③ 내마멸용 성형품 등에 쓰인다.
④ 항공기의 방풍 유리에 사용된다.

해설 폴리아미드(나일론) 수지는 합성 폴리아미드는 나일론으로 대표된다.
• 용도 : 의료용 · 가정용 섬유로서의 사용이 가장 많고, 산업용으로는 로프, 타이어 코드, 어망 등 각종 분야에 사용
• 특성 : 강인하고 내구성이 좋다. 가스 베리어성이 좋고 위생성이 있다. 미관이 아름답다. 내열성과 기계 적성(내마멸성)이 좋다.

정답　93 ④　94 ①　95 ①　96 ③　97 ①　98 ④

99 접착성이 매우 우수하며 금속, 유리, 플라스틱, 도자기 등에 우수한 접착력을 나타내고 특히 알루미늄과 같은 경금속의 접착에 가장 우수한 성질을 나타내는 합성수지는?

① 페놀 수지　　　② 요소 수지

③ 멜라민 수지　　④ 에폭시 수지

해설 에폭시 수지 접착제 : 경화 수축이 일어나지 않는 열경화성 수지로 현재의 접착제 중 가장 우수한 것이다. 액체 상태나 응용 상태의 수지에 경화제를 넣어서 쓴다.

100 주로 열경화성 수지에 응용되는 가장 일반적인 성형법으로 아래 그림과 같은 성형법은?

① 압축 성형법　　② 이송 성형법

③ 진공 성형법　　④ 인플레이션 성형법

해설 압축 성형(compression molding)은 가열된 암수 한 쌍의 금형 내에 분말이나 펠릿 상태의 플라스틱을 넣고 압력을 가한 후 충분히 응고시켜 금형에서 떼어 내는 방법으로 열경화성 수지에서 주로 사용하는 가장 일반적인 성형법이다.

101 압축 성형법에 대한 설명으로 옳지 않은 것은?

① 열경화성 수지에 응용되는 가장 일반적인 성형법이다.

② 분말 또는 정제형의 성형 재료를 가열된 철재에 넣어 유압, 수압을 가한다.

③ 가열온도를 200~220℃로 한다.

④ 수압은 200~500kg/cm² 로 한다.

해설 압축 성형 개요
　• 대표적인 열경화성 플라스틱의 성형법이다.
　• 가열된 암수 한 쌍의 금형 내에 분말이나 펠릿 상태의 플라스틱을 넣고 압력을 가한 후 충분히 응고시켜 금형에서 떼어 내는 방법이다.

102 열가소성 수지의 일반적인 색상은 어떠한가?

① 무색투명　　② 백색

③ 초록　　　　④ 검정

해설 열가소성 플라스틱은 일반적으로 무색투명하며, 성형 시 화학적 변화가 없다. 재료 그 자체는 분자량이 비교적 낮은 물질에서 이루어지며 선상 구조를 하고 있다.

103 플라스틱 표면을 유리와 같이 만들 수 있는 표면 처리 방법은?

① 화학도금　　② 화학적 도금

③ 증착법　　　④ 은경법

해설 은경법 : 플라스틱으로 유리와 같은 은경을 만들 수 있는데 작업 순서로는 표면을 잘 탈지하여 염화제 1주석, 염화팔라듐으로 전처리한 것에 질산은의 암모니아성 용액을 황산히드라진으로 환원한다.

104 플라스틱이 기구류, 판류, 시트, 파이프 등의 성형품으로 쓰일 수 있는 것은 플라스틱의 어떤 성질 때문인가?

① 내마멸성　　② 전성

③ 연성　　　　④ 가소성

해설 소성 : 가소성이라고도 하며, 재료가 외력을 받아 변형이 생겼을 때 외력을 제거해도 원상태로 되돌아가지 않고 변형된 상태로 남아있는 성질

정답　99 ④　100 ①　101 ③　102 ①　103 ④　104 ④

105 플라스틱 성형품의 일반적인 비중은 어느 정도인가?

① 0.001~0.005 ② 0.01~1.6
③ 3.5~5.0 ④ 7.0~9.5

해설 플라스틱 비중 수치 : 폴리프로필렌(0.9로 가장 작음), 폴리에틸렌(0.91~0.97의 비중), 폴리-4-플루오르화에틸렌(2.2 정도의 비중)

106 성형품의 강도, 외관 등의 물성을 개량하고, 중량하여 원가를 줄일 목적으로 첨가하는 플라스틱의 부재료는?

① 착색제 ② 충전제
③ 발포제 ④ 대전방지제

해설 충전제는 보강제라고도 하며, 성형품의 강도, 외관 등의 물성을 개량하고, 증량하여 원가를 줄일 목적으로 첨가하는 플라스틱의 부재료이다.

107 합성수지 제품 중 강도가 가장 크며 공장, 체육관 등의 천장용 재료로 가장 적당한 것은?

① PVC ② FRP
③ 필름 ④ 레저

해설 FRP천장 : 가볍고 강도가 아주 높아 공장, 체육관 등의 천장용으로 적합하다.

108 다음 중 플라스틱창의 제조공법으로 이용되는 것은?

① 사출 ② 압출
③ 핸드레이 ④ 프레스

해설 플라스틱의 출현과 발달에 이어 플라스틱 가공 방법도 크게 발전되었다. 점토에 물을 부어 여러 가지 형상으로 만든 토기로부터 청동의 주조, 금속의 다이캐스팅, 고무의 압출에 이르기까지, 이러한 축적된 기술을 바탕으로 플라스틱 가공법이 발달하였다.

109 다음 중 열경화성 수지는?

① 염화비닐수지 ② 프탈수지
③ 폴리에틸렌수지 ④ 메타아크릴수지

해설 플라스틱의 종류
• 열가소성 플라스틱(열가소성 수지) : 폴리염화비닐 수지, 폴리프로필렌 수지, 나일론 수지(폴리아미드 수지), 폴리스티렌 수지, 폴리에틸렌 수지, 아크릴 수지
• 열경화성 플라스틱(열경화성 수지) : 멜라민 수지, 페놀 수지, 에폭시 수지, 요소 수지, 폴리우레탄 수지, 알키드 수지, 프탈 수지 등

110 내알칼리성, 전기절연성, 내후성이 우수하고 방수성이 있어 방수제로 쓰이는 것은?

① 실리콘수지 ② 요소수지
③ 페놀수지 ④ 멜라민수지

해설 실리콘수지
• 전기절연성, 내수성, 내열성이 좋고 발수성이 있다.
• 윤활유, 절연체, 방수제, 개스킷, 패킹, 접착제, 전기 절연체 등에 사용된다.

111 다음 중 플라스틱창의 주요 배합원료가 아닌 것은?

① 복합안정제 ② 충격보강제
③ 유리섬유 ④ 충전제(Filler)

해설 플라스틱 성형 시 보조 재료 : 가소제, 난연제, 보강제, 활제, 착색제, 충전제, 복합안정제

112 합성수지의 일반적인 성질을 기술한 것 중 틀린 것은?

① 내열, 내화성이 커서 550℃ 이상에서도 견딘다.
② 경량이며 구조 재료로는 불리하다.
③ 가공하기 쉽고 착색이 비교적 자유롭다.
④ 투과성이 큰 것은 유리 대신 채광판으로 사용한다.

정답 105 ② 106 ② 107 ② 108 ② 109 ② 110 ① 111 ③ 112 ①

- 플라스틱 재료는 열전도율이 낮기 때문에 부분적으로 과열되기 쉽다.
- 열팽창계수가 크고, 내열성이 낮아서 가열하면 연화하거나 타기 쉽다.

113 여러 가지 단면형 성형이 가능하고 봉, 파이프, 필름, 시트제작에 적당한 성형가공법은?

① 사출성형법　　② 취입성형법
③ 압출성형법　　④ 진공성형법

해설 압출 성형(extrusion molding)은 주로 열가소성 수지를 사용하고 파이프, 필름, 시트 등 봉상이나 관상의 동일 단면을 가진 성형품을 연속적으로 성형하는 방법이다.

114 유리 섬유 강화 플라스틱으로 욕조, 정화조, 주택관계기기, 보트, 선박, 안전창, 가구, 그 밖의 시설물 등 광범위하게 사용되는 것은?

① FRP　　② PET
③ PVC　　④ PS

해설 유리 섬유 강화 플라스틱(FRP : Fiber Reinforced Plastic)
- 유리 섬유를 가한 폴리에스테르 제품, 에폭시 수지 제품인 섬유 강화 플라스틱이다.
- 시공이 용이하며 가격이 낮은 편이다.
- 내약품성, 방수성이 좋다.
- 가볍고 강도가 아주 높으며 보온성이 좋고 감촉이 부드럽다.
- ※ 용도 : 여러 가지 탱크류, 컨테이너, 드럼, 오일 탱크, 파이프, 밸브, 팬, 닥트, 스크라이버, 펌프, 시설물, 건축 부품, 도금조 욕조 등

115 요소수지의 설명으로 옳지 않은 것은?

① 내수성, 접착성이 우수하다.
② 내열성은 페놀보다 우수하다.
③ 착색이 자유롭다.
④ 전기저항은 페놀보다 약간 떨어진다.

해설 요소 수지
- 단단하고 내용제성이나 내약품성이 양호하다.
- 유지류에 거의 침해를 받지 않으며, 전기 저항은 페놀수지보다 약간 약하다.
- 수지 재료 자체가 무색이므로 착색 효과가 자유롭고, 내열성(100℃ 이하)이 있다.

116 화장판, 벽판, 천장판, 카운터등에 쓰이며 무색 투명하여 착색이 자유롭고, 내열성, 강도, 내수성 등이 우수한 플라스틱의 종류는 무엇인가?

① 페놀수지　　② 요소수지
③ 멜라민수지　　④ 알키드수지

해설 멜라민 수지 : 단단하며 착색성 및 내수성, 내약품성과 내열성이 우수하다.
※ 용도 : 색깔과 광택이 좋아 내부 장식재로 사용하며, 독성이 없어 식기류에 많이 사용

117 플라스틱용 착색제가 갖추어야 할 조건으로 옳지 않은 것은?

① 내용제성, 내약품성일 것
② 대량으로 선명하게 착색할 것
③ 분산성이 좋을 것
④ 플라스틱의 분해를 촉진하지 않을 것

해설 플라스틱용 착색제가 갖추어야 할 조건
- 플라스틱 제품에 색깔을 넣을 때 사용한다.
- 분산성이 좋고, 내용제성 · 내약품성일 것
- 플라스틱의 분해를 촉진하지 않을 것

118 다음 중 염화비닐(PVC)수지의 주요 용도가 아닌 것은?

① 수도용 파이프
② 전선용 파이프
③ 플라스틱 창틀
④ 온돌 파이프

해설 염화비닐 수지(PVC) : 전선 피복, 관, 필름, 비닐 장판, 호스, 인조 가죽, 병 등

정답 113 ③　114 ①　115 ②　116 ③　117 ②　118 ④

119 플라스틱 접착제에 대한 설명으로 바르지 못한 것은?

① 작업할 때에는 높은 온도는 피한다.

② 에멀션 접착제는 겨울철에도 동결의 위험이 적다.

③ 여분의 접착제는 건조나 경화 전에 봉 등으로 제거한다.

④ 용제형 접착제를 사용하는 경우는 인화하지 않도록 주의한다.

> **해설** 에멀션형은 아교나 카세인 대용품으로 널리 사용하는데 동결의 위험이 있으므로 겨울철에는 보관 및 취급에 유의한다.

120 폴리아미드 수지의 내용으로 옳지 않은 것은?

① 내화학 약품성이 우수하다.

② 내마멸성이 높다.

③ 내마멸용 성형품 등에 쓰인다.

④ 항공기의 방풍유리에 사용된다.

> **해설** 폴리아미드(나일론) 수지 : 합성 폴리아미드는 나일론으로 대표된다.
> • 용도 : 의료용·가정용 섬유로서의 사용이 가장 많고, 산업용으로는 로프, 타이어 코드, 어망 등 각종 분야에 사용
> • 특성 : 강인하고 내구성이 좋다, 가스 베리어성이 좋고 위생성이 있다, 미관이 아름답다, 내열성과 기계 적성(내마멸성)이 좋다.

121 플라스틱 재료에 속하지 않는 것은?

① 셀룰로이드　② 베이클라이트
③ 합성수지　　④ 돌로마이트

> **해설** 돌로마이트(Dolomite, 백운석)는 내화물용, 건축용, 고토 석회 비료, 유지, 연마제용, 제강용 등으로 이용된다.

122 플라스틱 코팅 중 파우더법에 대한 설명으로 틀린 것은?

① 유동 침지 코팅이라고도 한다.

② 재료는 폴리에틸렌, 나이론, 염화비닐 등의 고운 분말을 사용한다.

③ 특히 연질품은 아름다운 광택을 낸다.

④ 다른 코팅방법으로 할 수 없는 모양이 복잡한 것도 가능하다.

> **해설** 파우더법
> • 유동 침지 코팅이라고도 하는데 재료는 폴리에틸렌, 나일론 염화비닐 등의 고운 분말을 사용한다.
> • 수지 방울이나 흐름 자국이 없고, 경질 및 연질 표면이 모두 가능하고, 특히 경질품은 아름다운 광택을 낸다.
> • 다른 코팅 방법으로는 할 수 없는 모양이 복잡한 것도 가능하며, 처리 속도도 빠르다.

123 사출성형의 장점이 아닌 것은?

① 치수의 정밀도가 높고, 품질이 안정된 성형품을 얻을 수 있다.

② 살두께가 얇은 대형의 성형품에 적합하다.

③ 성형과 동시에 양색, 곱슬 주름, 나무무늬, 그 밖의 표면 가식이 가능하다.

④ 다량 생산할 경우에는 성형품의 가격 절감이 가능하다.

> **해설** 사출 성형(injection molding)
> • 사출 성형기는 플라스틱 재료를 녹여서 사출하는 사출 기구와 금형을 고압으로 체결하는 형체 기구, 이들을 자동적으로 동작하게 하는 제어 기구로 구성된다.
> • 플라스틱 재료가 호퍼에서 사출 실린더에 주입된 뒤, 스크루 회전에 의하여 앞으로 이송되면서, 가소화된 플라스틱을 고압으로 금형 내에 사출한 후 냉각시켜 성형품을 만들게 된다.
> • 살 두께가 얇은 대형 성형품에는 적합하지 않다.

정답 119 ② 120 ④ 121 ④ 122 ③ 123 ②

124 다음은 블로 성형법에 대한 설명이다. 틀린 것은?

① 병 모양의 중공 성형품을 만들 수 있다.
② 소형 성품만 가능하다.
③ 예리한 모서리의 성형은 곤란하다.
④ 살 두께의 조절이 어렵다.

> **해설** 블로 성형(blow molding, 주입 성형, 중공 성형)
> • 압출된 튜브형 플라스틱(패리슨)을 바로 금형에 수직으로 세운 후 패리슨 내에 뜨거운 공기를 넣어 금형 내에 밀착시킨 뒤 냉각시켜 성형품을 빼내는 방법이다.
> • 공기의 주입에 의하여 제작된 병이나 용기는 두께가 얇고 균일하며, 작은 병부터 큰 기름통에 이르기까지 다양한 종류의 제품을 만들 수 있다.

125 시멘트, 석면 등을 가하여 수지 시멘트로 사용할수 있는 것은?

① 염화비닐 수지
② 폴리에틸렌 수지
③ 폴리프로필렌 수지
④ 폴리스티렌 수지

> **해설** 염화비닐 수지(PVC) : 플라스틱 창호의 주요 원재료로 연질, 경질, 반경질의 3종류로 나뉘는데 시멘트, 석면 등을 가하여 수지 시멘트로 사용할 수 있다.

126 플라스틱을 얻기 위한 주원료는 무엇인가?

① 고무　　　　② 가죽
③ 석탄　　　　④ 유지

> **해설** 플라스틱의 원료에 따른 분류
> • 석탄계 : 아세틸렌(염화비닐 수지), 석탄 질소(멜라민 수지), 코크스(요소 수지), 콜타르(마크론 수지, 페놀 수지)
> • 석유계 : 에틸렌(테플론 수지, 폴리스티렌 수지), 프로필렌(아크릴 수지), 스타이렌(폴리스티렌 수지)
> • 목재계 : 셀룰로오스

127 다음은 플라스틱에 대한 설명이다. 틀린 것은?

① 플라스틱은 가소성이라는 말에서 유래된 것이다.
② 플라스틱이란 최종상태에서 액체상의 고분자 물질인 유기화합물을 말한다.
③ 당초에 천연수지의 대용을 목표로 했기 때문에 합성수지라는 말을 만든 것이다.
④ 플라스틱은 뛰어난 방수성과 비오염성 등이 있다.

> **해설** 플라스틱(plastics) : '가소성 있는 물질'을 뜻하며, 보통 최종 상태는 고체지만 열이나 압력 등의 작용으로 유동화하고 자유로이 성형되는 한 무리의 재료를 총칭한다.

128 섬유소계 수지로서 무색투명하고 투광율은 80~85%이며, 대부분의 자외선을 투과시키나 적외선은 차단하는 반합성수지는?

① 아세트산비닐　　② 폴리에틸렌
③ 셀룰로이드　　　④ 염화비닐

> **해설** 섬유소계 플라스틱의 종류
>
> | 종류 | 장점 | 단점 | 용도 |
> |---|---|---|---|
> | 셀룰로이드 | • 강인하고 충격 강도가 크며, 탄성과 가공성이 좋다.
• 안전성과 접착성이 좋다.
• 대부분의 자외선을 투과시키나 적외선은 차단한다. | 일광에 의한 변색이 심하고 가연성이 있다. | 레커 |
> | 아세트산섬유소 | 강인하고 충격 강도가 크며, 성형 가공이 유리하고, 잘 타지 않는다. | 흡수성이 크고 안전성이 약하다. | 시트, 판, 막대, 파이프, 사진 필름, 도료 |

정답　124 ②　125 ①　126 ③　127 ②　128 ③

129 페놀수지에 대한 설명 중 부적당한 것은?

① 전기기구의 절연재로 사용한다.

② 내약품성이 양호하다.

③ 내수합판의 접착제로 사용한다.

④ 내후성이 크다.

> **해설** 페놀 수지(베이클라이트) : 페놀과 포르말린, 알칼리의 촉매 반응작용에 의해 만든 것으로 값이 싸고 견고하며 전기 절연성, 접착성이 우수하나 알칼리에 약한 특성을 갖는다.

130 폴리아세탈 수지의 용도에 속하지 않는 것은?

① 공업 부품

② 도료 접착제

③ 박막은 안전유리에 사용

④ 의료 용재로 사용

> **해설** 폴리아세탈(Polyacetal resin) 수지
> • 포름알데히드(CH_2O)와 트리옥산($CH_2O)^3$을 중합(重合)하여 제조하는 유백색 열가소성 수지이다.
> • 강도, 치수 안정성, 내마모성 등이 뛰어나, 엔지니어링 플라스틱 중에서 가장 금속에 가깝다.
> • 호모폴리머와 고폴리머 두 종류가 있으며 박막은 안전유리에 사용된다.
> • 도료 접착제, 전기 · 전자부품, 기계부품, 자동차부품, 건재 · 배관부품 등에 이용되고 있다.

131 다음 플라스틱 종류의 용도가 바르게 연결된 것은?

① 페놀수지 – 전기절연재료, 기계부품, 도료

② 요소수지 – 화장판, 식기, 전기부품, 직물

③ 멜라민수지 – 단추, 식기, 케비넷, 잡화, 목재접착제

④ 규소수지 – 금속도료, 금속접착제

> **해설** 페놀수지 용도 : 전기, 통신 기재 관계의 재료, 보드류, 도료, 접착제 등이 있으며, 멜라닌 화장판, 내수합판의 접착제

132 염화비닐수지에 관한 설명 중 옳지 않은 것은?

① 경량으로 화학약품에 대한 저항성이 크다.

② 전기적 성질이 우수하고 가공이 용이하다.

③ 가격이 비교적 비싸 각종 구조, 설비 등의 재료에는 적합하지 않다.

④ 60℃이하의 온도를 사용할 수 있는 장소에 적합하다.

> **해설** 염화비닐 수지(PVC)
> • 장점 : 경량으로 화학약품에 대한 저항성이 크며, 난연성 재료로 자기 소화성을 갖는다. 전기적 성질이 우수하고 가공이 용이한데 경질성이지만 가소제의 혼합에 따라 유연한 고무형태 제품을 만들 수 있다. 또한, 진공 성형성이 좋고, 보향 효과가 뛰어나며 가격이 저렴하다.
> • 단점 : 숙련된 가공 기술이 필요하고 제조시 염소가스의 배출로 유해 가능성이 있으며, 사용 온도 범위가 작다. 또한, 유연성이 작고 오염되기 쉬우며, 표면에 흠이 잘 생긴다.

133 접착성이 아주 우수하며, 경화할 때 휘발물의 발생이 없고, 알루미늄과 같은 경금속의 접착에 가장 좋은 것은?

① 에폭시 수지

② 불포화 폴리에스테르 수지

③ 알키드 수지

④ 실리콘 수지

> **해설** 에폭시 수지 접착제 : 경화 수축이 일어나지 않는 열경화성 수지로 현재의 접착제 중 가장 우수한 것이다. 액체 상태나 응용 상태의 수지에 경화제를 넣어서 쓴다. 압력을 가할 필요가 없고 상온에서 사용할 수 있으며, 접착력이 강하고 내수성, 내산성, 내알칼리성, 내용제성, 내열성 등이 우수한 접착제이다. 합성수지, 유리, 목재, 천 콘크리트 등을 붙이는 데 쓰이고, 특히 항공기, 기계부품의 접착에도 이용된다.

134 열경화성 플라스틱에 대한 설명 중 옳지 않은 것은?

① 제품은 불용, 불융이다.

② 일반적으로 150℃ 이상에서도 견디는 것이 많다.

③ 압축, 적층, 성형 등의 가공방법에 의하기 때문에 비능률적이다.

④ 성형시에 화학적 변화를 일으키지 않기 때문에 다시 사용할 수 있다.

> **해설** 열경화성 플라스틱
> • 열 혹은 화학적 처리 때문에 한 번 굳어진 뒤에는 가열하거나 용제에 넣더라도 다시 용해되지 않는 수지를 말한다.
> • 열경화성 플라스틱은 큰 응력을 가해도 변형되지 않고 용제나 고온에도 녹지 않는다. 종류에 따라서는 열을 가하면 어느 정도 물러지거나 강도가 떨어지는 것도 있지만, 대부분은 분해되거나 증발한다.
> • 일반적으로 내열성, 내용제성, 내약품성, 기계적 성질, 전기 절연성이 좋으며, 충전제를 넣어 강인한 성형물을 만들 수가 있다.
> • 가열 혹은 화학적 처리에 의해 불용해성으로 바뀌어 재사용이 불가능하다.

135 합성수지 원료의 분류 중 그 종류가 다른 것은?

① 멜라민수지 ② 아크릴수지
③ 요소수지 ④ 페놀수지

> **해설** 플라스틱의 종류
> • 열가소성 플라스틱(열가소성 수지) : 폴리염화비닐 수지, 폴리프로필렌 수지, 나일론 수지, 폴리스티렌 수지, 폴리에틸렌 수지, 아크릴 수지
> • 열경화성 플라스틱(열경화성 수지) : 멜라민 수지, 페놀 수지, 에폭시 수지, 요소 수지, 폴리우레탄 수지

136 다음 중 플라스틱 창호의 압출시 창호의 형태를 결정하는 것은?

① 절단기 ② 금형
③ 압출기 ④ 인취기

> **해설** 금형은 형상을 갖춘 제품을 압출·성형하기 위한 금속성의 형(型)으로 창호의 형태를 결정한다.

137 일반적으로 무색 투명하여, 성상인 중합체로서 열에 의하여 물리적으로 유연하게 되어 가소성이 증대 되나, 냉각하면 또 다시 고화되는 수지는?

① 열경화성 수지
② 열가소성 수지
③ 아세트산 섬유소 수지
④ 생고무

> **해설** 열가소성 플라스틱
> • 가열하면 소성 변형을 일으키지만, 냉각하면 가역적으로 단단해지는 성질을 이용한 것으로, 보통 고체 상태의 고분자 물질로 이루어진다.
> • 일반적으로 무색투명하며, 성형 시 화학적 변화가 없다.
> • 선 모양의 구조를 가진 고분자 화합물을 가열하면 가소성이 생겨 여러 가지 모양으로 변형할 수 있고, 냉각하면 모양을 그대로 유지하면서 굳는다.
> • 다시 열을 가하면 물렁물렁해지며, 높은 온도로 가열하면 유동체인 플라스틱이 된다.

138 다음 중 단면이 같은 장척 부재와 관련이 있는 것은?

① 압출성형 ② 주조법
③ 압축성형 ④ 진공성형법

> **해설** 압출 성형
> • 단면이 같은 장척 부재를 연속 생산할 수 있다
> • 단면의 모양이 단순한 것에서 복잡한 것까지 만들 수 있다.

139 열 가소성 수지 중 건축재료로 가장 널리 쓰이는 것은?

① 에폭시 수지 ② 페놀 수지
③ 요소 수지 ④ 염화비닐 수지

정답 134 ④ 135 ② 136 ② 137 ② 138 ① 139 ④

해설 염화비닐 수지(PVC) : 열가소성 수지로 전선 피복, 관, 필름, 비닐 장판, 호스, 인조 가죽, 병 등으로 사용

140 여러 종류의 부재료를 혼합하여 필름, 시트, 판재, 파이프등의 성형품을 만들 수 있는 수지는?

① 염화비닐 수지(PVC)

② 폴리에틸렌 수지(PE)

③ 폴리프로필렌 수지(PP)

④ 폴리스티렌 수지(PS)

해설 염화비닐 수지(PVC) : 열가소성 수지로 전선 피복, 관, 필름, 비닐 장판, 호스, 인조 가죽, 병 등으로 이용

141 벤졸, 알코올 등 여러 가지 유지류에 거의 침해를 받지 않으며, 노화성이 있고, 열탕에 약해 뜨거운 수증기를 쐬면 표면의 광택을 잃는 수지는?

① 요소수지   ② 페놀수지

③ 멜라민수지   ④ 폴리에스테르수지

해설 요소 수지
- 단단하고 내용제성이나 내약품성이 양호하다.
- 유지류에 거의 침해를 받지 않으며, 전기 저항은 페놀수지보다 약간 약하다.
- 수지 재료 자체가 무색이므로 착색 효과가 자유롭고, 내열성(100℃ 이하)이 있다.

142 열경화성 수지에 응용되는 가장 일반적인 성형법으로, 분말 또는 정제형의 성형재료를 가열된 철제형에 넣어 140~180℃로 유압 또는 수압을 가하고, 수지를 가열중합하여 경화시키는 성형법은?

① 이송성형법   ② 주조성형법

③ 압축성형법   ④ 적층성형법

해설 압축 성형(compression molding)은 가열된 암수 한 쌍의 금형 내에 분말이나 펠릿 상태의 플라스틱을 넣고 압력을 가한 후 충분히 응고시켜 금형에서 떼어 내는 방법이다.

143 다음 중 천연고무에 속하는 것은?

① 라텍스   ② 부나에스

③ 부나엔   ④ 네오브렌

해설 고무의 종류
- 천연고무의 종류 : 라텍스, 생고무, 가황고무 등
- 합성고무의 종류 : 스티렌부타디엔고무(부나에스), 폴리클로로프렌고무(네오프렌), 니트릴고무, 부틸고무, 부타디엔고무, 이소프렌고무, 실리콘고무 등

144 미술관, 박물관 등의 확산광을 필요로 하는 천창에 쓰이는 합성수지의 재료는?

① 메타크릴수지   ② 멜라민 적층판

③ 폴리에스테르   ④ 폴리스티렌폼

해설 메타크릴 수지(아크릴 수지)는 유기 유리라고 부른다.
- 장점 : 플라스틱 중에서 투명도가 뛰어나며 염, 안료에 의한 선명한 착색품을 얻을 수 있으며, 내후성이 좋다. 성형성과 기계적 가공성이 좋고, 인체에 무독하고 내약품성이 좋다.
- 단점 : 대전성과 표면에 흠이 생기기 쉬우며 가연성 등의 단점이 있다.

145 열가소성수지의 성형법중 호퍼에 건조 재료를 넣어두면 거의 자동적으로 성형되어 나오는 방식은?

① 사출성형법   ② 압출성형법

③ 취입성형법   ④ 진공성형법

해설 사출 성형(injection molding)
- 사출 성형기는 플라스틱 재료를 녹여서 사출하는 사출 기구와 금형을 고압으로 체결하는 형체 기구, 이들을 자동적으로 동작하게 하는 제어 기구로 구성된다.
- 플라스틱 재료가 호퍼에서 사출 실린더에 주입된 뒤, 스크루 회전에 의하여 앞으로 이송되면서, 가소화된 플라스틱을 고압으로 금형 내에 사출한 후 냉각시켜 성형품을 만들게 된다.

정답 140 ① 141 ① 142 ③ 143 ① 144 ① 145 ①

146 다음 중 사출 성형의 장·단점에 대한 설명으로 옳지 않은 것은?

① 고속, 대량, 자동화 생산이 가능하다.
② 원료의 낭비와 마무리 손질이 극히 적다.
③ 금형이 저렴하다.
④ 살 두께가 얇은 대형 성형품에는 적합하지 않다.

> **해설** 사출 성형의 특징
> • 플라스틱 성형의 대표적인 것으로, 생산성도 높고 고품질의 성형품 생산이 가능한 가공법이다.
> • 가소성 플라스틱의 대부분이 이 사출 성형에 의한 것으로 정밀도가 높은 정밀 성형품을 만들 때 적합하다.
> • 금형의 가격은 비싸다.

147 다음과 같은 성질을 갖고 있는 플라스틱은?

> 1. 절연성이 커서 전기 재료로 많이 사용되고 있다.
> 2. 내열성은 0~60℃정도이고, 석면 혼합품은 125℃까지 사용할 수 있다.
> 3. 페놀과 포르말린, 알칼리의 촉매 반응 작용에 의해 만든 것이다.
> 4. 플라스틱 제품 중 가장 오랜 역사를 가진 것으로 베이클라이트라고도 하며, 열경화성 수지를 대표하는 플라스틱이다.

① 페놀수지   ② 요소수지
③ 에폭시 수지   ④ 멜라민 수지

> **해설** 페놀 수지(베이클라이트)
> • 값이 싸고 견고하며 전기 절연성, 접착성이 우수하다.
> • 내열성은 0~60℃ 정도이며, 일반적으로 견고하나 잘 부서지므로 목면, 석면 등과 혼합하여 사용한다.
> • 페놀과 포르말린, 알칼리의 촉매 반응작용에 의해 만든 것이다.
> ※ 용도 : 전기, 통신 기재 관계의 재료, 보드류, 도료, 접착제 등이 있으며, 멜라닌 화장판, 내수 합판의 접착제

148 합성수지의 저발포 제품으로 가볍고, 표면이 딱딱하며 합성목재로 불리는 것은?

① 리놀륨   ② 켐우드
③ FRP   ④ 페놀 폼

> **해설** 합성 목재(켐우드)
> • 목재부스러기(대패밥·톱밥)와 발포제를 혼합한 플라스틱을 성형할 때 발포시켜서 천연목재와 비슷한 외관이나 성질을 갖게 한 재료이다.
> • 합성수지의 저발포 제품으로 가볍고, 표면이 딱딱하다.
> • 사출 또는 압출성형으로 만드는데 사출성형품은 텔레비전 수상기의 캐비닛 등에, 압출성형품은 건재에 주로 사용된다.

149 ABS수지를 이루는 요소가 아닌 것은?

① 아크릴로니트릴   ② 부타디엔
③ 스티렌   ④ 라텍스

> **해설** ABS 수지
> • 아크릴로니트릴, 부타디엔, 스티렌으로 구성된다.
> • 일반적으로 가공하기 쉽고 내충격성이 크고 내열성도 좋다.
> • 자동차부품·헬멧·전기기기 부품·방적기계 부품 등 공업용품에 금속 대용으로 사용된다.
> • 치수 안정성, 경도 등이 좋고 무독성, 방음성, 단열성 등이 우수하다.

150 다음 플라스틱의 일반적 특성 중 옳지 않은 것은?

① 열을 차단하는 효과가 우수하다.
② 빛을 잘 투과시키는 투과성이 좋다.
③ 산이나 알칼리 등의 화학약품에 부식이 된다.
④ 고무줄과 같은 성질의 탄성이 있다.

> **해설** 플라스틱(Plastic)은 산이나 알칼리 등의 화학약품에 잘 녹지 않는다.

정답 146 ③ 147 ① 148 ② 149 ④ 150 ③

151 다음 중 유기유리라고도 불리우며 투명성이 뛰어나 조명용으로 사용되는 수지는?

① 스티렌 수지　　② 염화비닐 수지

③ 아크릴 수지　　④ 프로필렌 수지

> 해설 메타크릴 수지(아크릴 수지)는 유기 유리라고 부른다.
> • 장점 : 플라스틱 중에서 투명도가 뛰어나며 염, 안료에 의한 선명한 착색품을 얻을 수 있으며, 내후성이 좋다. 성형성과 기계적 가공성이 좋고, 인체에 무독하고 내약품성이 좋다.
> • 단점 : 대전성과 표면에 흠이 생기기 쉬우며 가연성 등의 단점이 있다.

152 플라스틱 재료의 성질에 대한 설명이다. 틀린 것은?

① 가볍고 강한 것이 만들어진다.

② 플라스틱 재료는 뛰어난 절연재료이다.

③ 성형성이 좋다.

④ 범용성 수지의 경우 가격이 비싸다.

> 해설 일반용 플라스틱(Plastic)은 가격이 싸고, 성형 가공이 쉬우며, 외관도 좋다.

153 플라스틱 창호의 주요 원재료인 염화비닐수지(PVC)의 성질이 아닌 것은?

① 열경화성　　② 자기소화성

③ 열가소성　　④ 성형가공성

> 해설 염화비닐 수지(PVC) : 열가소성 수지로 연질, 경질, 반경질의 3종류로 나뉜다. 진공 성형성이 좋고, 보향 효과가 뛰어나며 가격이 저렴하다. 난연성 재료로 자기 소화성을 갖는다.

154 창호재로 사용되는 합성수지가 아닌 것은?

① 메타크릴 수지

② 경질염화비닐 수지

③ 폴리에틸렌 수지

④ FRP

> 해설 폴리에틸렌(PE) 수지는 열을 가하면 연화·용융되는 성질이 있어 창호재로 부적합하다.

155 다음 중 플라스틱창의 가공기중 프로파일을 용융시켜 접합하는 기계는?

① 절단기　　② 개공기

③ 사상기　　④ 용접기

> 해설 용접기(welding) : PVC창호 제작 시 부재를 가열하여 접합을 시키는 기계이다.

156 열경화성 수지의 성형가공법중 금속, 유리 등으로 만들어진 틀안에 액상수지를 주입하여 열 또는 촉매로 경화시키는 방법은?

① 압축성형법(compression molding)

② 주조성형법(casting molding)

③ 진공성형법(vacuum molding)

④ 취입성형법(blow molding)

> 해설 주조 성형(Casting Molding)
> • 열경화성 수지의 성형가공법 중의 하나로 금속, 유리 등으로 만들어진 틀(금형) 안에 액상 수지를 주입하여 열 또는 촉매로 경화시켜 성형품을 생산한다.
> • 소량생산에 적합하며 주로 가구, 문 장식, 장신구, 투명판 등을 만들 때 주로 사용한다.

157 멜라민 수지에 대한 설명으로 옳지 않은 것은?

① 내용제성이 떨어진다.

② 내수성이 뛰어나다.

③ 내열성이 우수하다.

④ 무색투명하여 착색이 자유롭다.

> 해설 멜라민 수지 : 단단하며 착색성 및 내수성, 내약품성과 내열성이 우수하다.
> ※ 용도 : 색깔과 광택이 좋아 내부 장식재로 사용하며, 독성이 없어 식기류에 많이 사용

정답　151 ③　152 ④　153 ①　154 ③　155 ④　156 ②　157 ①

158 폴리에틸렌 수지 유화액의 용도로서 옳은 것은?

① 메탈라스 ② 도료
③ 석면 ④ AE제

해설 폴리에틸렌(PE) 수지
• 유백색의 반투명이며, 상온에서 유연성이 있고, 내충격성이 좋으며 고주파 절연성이 좋다.
• 유화액은 도료나 접착제로 사용된다.

159 FRP 욕조에 대한 설명중 틀린 것은?

① 내약품성, 방수성이 우수하다.
② 외관이 미려하다.
③ 감촉은 좋지만 보온성이 나쁘다.
④ 가볍고 시공이 용이하다.

해설 유리 섬유 강화 플라스틱(FRP : Fiber Reinforced Plastic)
• 유리 섬유를 가한 폴리에스테르 제품, 에폭시 수지 제품인 섬유 강화 플라스틱이다.
• 시공이 용이하며 가격이 낮은 편이다.
• 내약품성, 방수성이 좋다.
• 가볍고 강도가 아주 높으며 보온성이 좋고 감촉이 부드럽다.
※ 용도 : 여러 가지 탱크류, 컨테이너, 드럼, 오일 탱크, 파이프, 밸브, 팬, 닥트, 스크라이버, 펌프, 시설물, 건축 부품, 도금조 욕조 등

160 폴리스틸렌 타일에 관한 설명중 틀린 것은?

① 성형원료를 사출성형하여 만든다.
② 점토타일보다 치수가 정확하다.
③ 바탕에 접착이 잘 되는 장점이 있다.
④ 신을 신고 보행하는 마루에 적당하다.

해설 폴리스틸렌 타일
• 성형원료를 사출 성형하여 만든 것으로 바탕에 접착이 잘된다.
• 점토 타일보다 치수가 정확하다.
• 흠이 잘 생겨 마루나 바닥에는 적당하지 않고 건축물 벽에 사용한다.

161 플라스틱의 일반적인 용도로 적합하지 않은 것은?

① 접착제 ② 방수제
③ 구조재 ④ 단열재

해설 플라스틱(Plastic)은 금속에 비해 강도와 강성이 부족하고, 특히 반복 하중에 약해 구조재로 사용하기 어렵다.

162 플라스틱의 원료중 에틸렌과 프로필렌은 어느 계열에서 얻는가?

① 석탄계 ② 석유계
③ 목재계 ④ 석재계

해설 석유계 : 에틸렌(테플론 수지, 폴리스티렌 수지), 프로필렌(아크릴 수지), 스타이렌(폴리스티렌 수지)

163 다음중 압축성형에서 주로 사용하는 수지의 종류가 아닌 것은?

① 페놀수지 ② 멜라민수지
③ 아미노수지 ④ 염화비닐수지

해설 성형 가공법 : 염화비닐 수지는 열가소성 수지이다.
• 열가소성 수지 : 압출 성형법, 사출 성형법, 진공 성형법
• 열경화성 수지 : 압축 성형법, 이송 성형법, 주조 성형법, 적층 성형법, 블로 성형법, 디프 성형법, 트랜스퍼 성형법 등

164 다음 중 합성고무의 종류에 속하는 것은?

① 라텍스 ② 부나에스
③ 생고무 ④ 가황고무

해설 고무의 종류
• 천연고무의 종류 : 라텍스, 생고무, 가황고무 등
• 합성고무의 종류 : 스티렌부타디엔고무(부나에스), 폴리클로로프렌고무(네오프렌), 니트럴고무, 부틸고무, 부타디엔고무, 이소프렌고무, 실리콘고무 등

정답 158 ② 159 ③ 160 ④ 161 ③ 162 ② 163 ④ 164 ②

165 에폭시 수지에 대한 설명으로 틀린 것은?

① 접착제나 도료로 널리 사용된다.

② 사용 한계 온도는 50℃ 이하이다.

③ 열경화성 수지이다.

④ 도막의 밀착성이 매우 좋다.

해설 에폭시 수지
- 접착성이 매우 좋고 경화시에도 휘발성이 없으며 경화시간이 길다.
- 다른 물질과의 접착성이 뛰어나므로 금속용 접착제나 도료 또는 유리 섬유와의 적층용 재료로 이용되고 있다.

166 폴리에스테르 수지에 대한 내용에 속하지 않는 것은?

① 천연 수지로 변성하여 얻은 것이다.

② 가요성이 우수하다.

③ 내알칼리성이 우수하다.

④ 내후성, 밀착성이 우수하다.

해설 폴리에스테르 수지
- 천연수지를 변성하여 얻은 것으로 기계적 성질, 내약품성, 내후성, 밀착성, 가요성이 우수하다.
- 도료의 원료, 정리함, 침구, 커버류 등에 많이 사용된다.
- 불포화 폴리에스테르 수지의 비중은 강철의 1/3 정도이면서도 강도가 크므로, 항공기, 선박, 간벽 등의 구조재, 천장의 루버로 사용되고, 비교적 온도 변화에 강한 편이다.

167 열경화성 수지에서 압축 성형법의 내용으로 옳지 않은 것은?

① 일반적인 성형법

② 분말의 성형재료를 가열하여 제작

③ 가열온도 : 140~180℃

④ 수압 : 50~100kg/cm^2

해설 압축 성형(compression molding)은 가열된 암수 한 쌍의 금형 내에 분말이나 펠릿 상태의 플라스틱을 넣고 압력을 가한 후 충분히 응고시켜 금형에서 떼어 내는 방법이다. 열경화성 수지에서 주로 사용하는 가장 일반적인 성형법이다.

168 내열성이 우수하고, −80℃~250℃까지의 광범위한 온도에서 안정하며, 전기절연성, 내수성이 좋아 공업용 페인트나 방수용 재료로 가장 많이 사용하는 합성수지는?

① 페놀 수지

② 요소 수지

③ 에폭시 수지

④ 실리콘 수지

해설 실리콘 수지
- 성질 : 고온에서의 사용도가 좋으며, 내알칼리성, 전기 절연성, 내후성이 좋고, 내수성과 혐수성이 우수하여 방수 효과가 좋다.
- 용도 : 내수성이 좋아 성형품, 접착제, 전기 절연 재료에 사용

169 다음 중 알루미늄에 대한 설명으로 틀린 것은?

① 알루미늄과 그 합금은 비중이 철의 1/3 정도로 경량이다.

② 산, 알칼리나 염에 강하여 이질 금속과 혼합사용이 용이하다.

③ 내식성이 우수하며 연하기 때문에 전기 전도성이 동 다음으로 좋다.

④ 용도는 광범위하여 실내장식, 가구, 창호, 커튼의 레일 등에 쓰인다.

해설 알루미늄의 특징
- 전기, 열전도율이 높다.
- 비중이 철의 1/3 정도로 경량이며, 강도가 크다.
- 산화막이 생겨 내부를 보호한다.
- 전성과 연성이 풍부하고 가공이 쉽다.
- 산, 알카리에 약하다.
- 지붕이기, 실내장식, 가구, 창호, 커튼레일 등에 사용된다.

정답 165 ② 166 ③ 167 ④ 168 ④ 169 ②

170 성인에 의해 석재를 분류할 때 퇴적암에 해당하는 것은?

① 화강암　　　② 안산암
③ 응회암　　　④ 사문암

해설 석재의 성인(成因)에 의한 분류
- 화성암 : 화강암, 반려암, 섬록암, 안산암, 현무암, 유문암, 부석 등
- 퇴적암 : 사암, 응회암, 이판암, 점판암, 석회암 등
- 변성암 : 대리석, 트래버틴, 사문암, 석면 등

171 다음에서 설명하는 건축 재료의 역학적 성질로 옳은 것은?

물체에 외력이 작용하면 순간적으로 변형이 생기지만, 외력을 제고하면 순간적으로 원래의 상태로 되돌아가는 성질이다.

① 점성　　　② 탄성
③ 소성　　　④ 취성

해설 재료의 역학적 성질
- 소성 : 가소성이라고도 하며, 재료가 외력을 받아 변형이 생겼을 때 외력을 제거해도 원상태로 되돌아가지 않고 변형된 상태로 남아있는 성질
- 점성 : 재료에 외력이 작용했을 때 변형이 하중 속도에 따라 영향을 받는 성질
- 취성 : 외력을 받았을 때 극히 미비한 변형에도 파괴되는 성질

172 건축 재료를 사용목적에 의해 분류할 때 구조 재료에 해당하는 것은?

① 콘크리트　　　② 타일
③ 아스팔트　　　④ 페어 글라스

해설 사용 목적에 의한 분류
- 구조 재료 : 목재, 석재, 콘크리트, 철재 등
- 마감 재료 : 타일, 유리, 금속관, 보드류, 도료 등
- 차단 재료 : 아스팔트, 페어글라스, 실링제 등
- 방화 내화 재료 : 방화문, 석면 시멘트판, 규산 칼슘판 등

173 건축 재료 중 콘크리트가 부가해야 할 성질로 옳지 않은 것은?

① 소요강도를 얻을 수 있을 것
② 적당한 워커빌리티를 가질 것
③ 골재 분리 등이 발생하기 쉬울 것
④ 내구성이 있을 것

해설 골재의 강도는 경화하였을 때 시멘트풀의 최대 강도 이상이어야 한다. 콘크리트에서 골재 분리 등의 발생은 구조물의 하자를 만들어 내는 요소이다.

174 목재의 강도에 대한 설명으로 옳지 않은 것은?

① 목재의 강도는 수종에 따라 달라지고, 심재, 변재 등의 위치에 따라서 달라진다.
② 목재의 강도는 비중과 반비례한다.
③ 목재의 강도는 섬유포화점 이하에서는 함수율이 적을수록 커진다.
④ 목재에 옹이, 삭정이 등 흠이 있으면 강도가 떨어진다.

해설 강도
- 목재의 강도 : 인장강도 > 휨강도 > 압축강도 > 전단강도 순서로 작아진다.
- 비중과 강도 : 목재의 강도는 비중과 비례하는데 함수율이 일정하고 결함이 없으면 비중이 클수록 강도는 크다.

175 건축 재료의 역학적 성질 중 강도의 종류에 해당하지 않는 것은?

① 압축강도　　　② 마모강도
③ 인장강도　　　④ 전단강도

해설 강도 : 재료에 외력이 작용할 때 그 외력에 의한 변형과 파괴 없이 저항할 수 있는 응력으로서 압축강도, 인장 강도, 휨강도, 전단 강도 등이 있음(강도의 단위는 kg/cm^2)

정답　170 ③　171 ②　172 ①　173 ③　174 ②　175 ②

176 다음 금속 중 비중이 가장 크고, 연하며 주조가 공성 및 단조성이 풍부한 재료는?

① 주석　　　　② 아연
③ 니켈　　　　④ 납

> **해설** 납(Pb) : 비중(11.36)이 매우 크며 연질, 전연성(展延性) 및 내식성이 풍부, 알칼리에 침식됨

177 점토의 일반적인 성질로 옳지 않은 것은?

① 점토의 비중은 알루미나 분이 많을수록 크다.
② 점토의 인장강도는 압축강도의 5배 정도이다.
③ 양질의 점토일수록 가소성이 좋다.
④ 순수한 점토일수록 용융점이 높고 강도도 크다.

> **해설** 점토의 강도
> • 점토의 압축강도는 인장강도의 5배 정도이다.
> • 순수한 점토일수록 용융점이 높고 강도가 크다.
> • 불순물이 많을수록 강도는 작아진다.

178 건축 재료의 역학적 성질에 대한 설명으로 옳은 것은?

① 재료에 사용하는 외력이 어느 한도에 도달하면 외력의 증가 없이 변형만이 증대하는 성질을 소성이라 한다.
② 물체에 하중이 작용할 때 하중에 저항하는 능력을 경도라 한다.
③ 재료의 단단한 정도를 강도라 한다.
④ 응력에 대한 변형률의 비를 푸아송비라고 한다.

> **해설** 재료에 가한 외력을 제거했을 때 원래의 모양으로 돌아가지 않고 영구적인 변형을 하는 경우가 있다. 이러한 성질을 소성(plasticity)이라고 하고, 그 변형을 소성 변형이라고 한다.

179 건축 재료를 화학 조성에 의해 분류할 때 유기재료에 해당하지 않는 것은?

① 철재　　　　② 섬유판
③ 목재　　　　④ 플라스틱재

> **해설** 유기 재료
> • 천연 재료 : 목재, 대나무, 아스팔트, 섬유판, 옻나무 등
> • 합성 수지 : 플라스틱재, 도장재, 실링재, 접착재 등

180 금속의 방식법에 대한 설명으로 옳지 않은 것은?

① 다른 종류의 금속을 서로 잇대어 쓰지 않는다.
② 균질한 재료를 사용한다.
③ 표면은 깨끗하게 하고, 물기나 습기가 없도록 한다.
④ 내식성이 작은 금속으로 표면에 피막을 하여 보호한다.

> **해설** 금속의 방식법 : 도료나 내식성이 큰 금속으로 표면에 피막(시멘트액)을 하여 보호한다.

181 건축 재료를 사용 목적에 의해 분류할 때 차단 재료에 해당하지 않는 것은?

① 아스팔트　　② 실링제
③ 석면 시멘트판　④ 페어 글라스

> **해설** 사용 목적에 의한 분류
> • 구조 재료 : 목재, 석재, 콘크리트, 철재 등
> • 마감 재료 : 타일, 유리, 금속관, 보드류, 도료, 도벽 등
> • 차단 재료 : 아스팔트, 페어글라스, 실링제 등
> • 방화 내화 재료 : 방화문, 석면 시멘트판, 규산 칼슘판 등

정답　176 ④　177 ②　178 ①　179 ①　180 ④　181 ③

182 목재를 사용 전에 일반적으로 건조시키는 목적과 효과로 옳지 않은 것은?

① 무게를 높일 수 있어 강도가 증진된다.
② 사용 후의 수축, 균열, 비틀림 등 변형을 방지할 수 있다.
③ 균열의 발생이 방지되어 부식을 막을 수 있다.
④ 도장 재료, 방부 재료 등의 침투 효과가 크게 된다.

> **해설** 목재 건조의 중요성
> • 잘 건조되지 않은 목재를 쓰면 휨, 비틀림 또는 균열이 일어난다.
> • 목재의 수축이나 변형을 방지하고 강도를 생목보다 2~3배 증대시킬 수 있다.
> • 부패의 방지와 내구성을 높이며 중량의 감소로 가공이나 운반이 쉬워진다.
> • 접착성과 도장 성능이 개선되고 방부제나 합성수지의 주입이 쉬워진다.
> • 전기나 열에 대한 절연성이 증가하고 못이나 나사 등의 유지력이 높아진다.

183 응력-변형률 곡선의 변형 순서가 순서대로 옳게 나열된 것은?

① 비례한계 – 탄성한계 – 상위항복점 – 하위항복점 – 파괴강도
② 비례한계 – 탄성한계 – 하위항복점 – 상위항복점 – 파괴강도
③ 탄성한계 – 비례한계 – 상위항복점 – 하위항복점 – 파괴강도
④ 탄성한계 – 비례한계 – 하위항복점 – 상위항복점 – 파괴강도

> **해설** 응력-변형률 곡선
> • 금속 재료는 탄성과 소성을 동시에 지니고 있는데 어느 한도까지의 변형에서는 탄성을 나타내지만, 그 한도를 지나면 소성을 나타내어 영구 변형하게 된다.

• 소성 변형된 소재는 모양, 크기, 성질 등이 변형 전에 비하여 달라지는데, 시험편의 변형 전후의 크기 차이를 최초의 크기로 나눈 값을 변형률(strain)이라고 한다.
• 변형순서는 비례한계 – 탄성한계 – 상위항복점 – 하위항복점 – 파괴강도 순이다.

184 석재의 종류 중 화성암에 해당하지 않는 것은?

① 화강암   ② 안산암
③ 성록암   ④ 응회암

> **해설** 석재의 성인(成因)에 의한 분류
> • **화성암** : 화강암, 반려암, 섬록암, 안산암, 현무암, 유문암, 부석 등
> • **퇴적암** : 사암, 응회암, 이판암, 점판암, 석회암 등
> • **변성암** : 대리석, 트래버틴, 사문암, 석면 등

185 다음 중 점토 제품이 아닌 것은?

① 자기질 타일   ② 테라코타
③ 테라조   ④ 도관

> **해설** 점토 제품 : 자기, 토기(테라코타 등), 도기, 석기 등

186 알루미늄에 대한 설명으로 옳지 않은 것은?

① 은백색의 금속으로 전기나 열전도율이 크다.
② 전성과 연성이 풍부하며, 가공하기 쉽다.
③ 산·알칼리나 염에 강하고 내식성이 크다.
④ 가벼운 정도에 비하여 강도가 크다.

> **해설** 알루미늄의 특징
> • 전기, 열전도율이 높다.
> • 비중이 철의 1/3 정도로 경량이며, 강도가 크다.
> • 산화막이 생겨 내부를 보호한다.
> • 전성과 연성이 풍부하고 가공이 쉽다.
> • 산, 알카리에 약하다.
> • 지붕이기, 실내장식, 가구, 창호, 커튼레일 등에 사용된다.

정답 182 ① 183 ① 184 ④ 185 ③ 186 ③

187 콘크리트가 구비해야 할 성질로 옳지 않은 것은?

① 소요의 강도를 얻을 수 있을 것
② 시공 시 재료 분리가 원활할 것
③ 균일성을 유지하도록 할 것
④ 내구성이 있을 것

해설 콘크리트의 배합은 보통 부피를 기준(용적 배합)으로 하는데 계량이 정확하고 재료가 분리되지 않아야 양질의 콘크리트를 만들 수 있다.

188 석재를 보로 사용하지 않는 가장 큰 이유는?

① 비중이 크기 때문에
② 휨 강도가 약하므로
③ 내구성이 작기 때문에
④ 석리가 있기 때문에

해설 석재의 장·단점

장점	단점
• 가공시 아름다운 광택을 내며, 색상과 무늬 등 외관이 아름답다. • 타 재료에 비해 내구성과 압축강도가 크다. • 변형되지 않고 가공성이 있다. • 열전도율이 낮고 보온성이 뛰어나다. • 내화학성, 내수성이 크고 마모성이 적다. • 불연성, 내마모성, 내구성이 크다.	• 중량이 커서 가공하기 어렵다. • 열을 받을 경우 균열이나 파괴되기 쉽다. • 비중이 크고, 인장 강도가 낮다. • 긴 재료를 얻기 힘들다. • 운반비와 가격이 비싸다.

189 표면을 아주 평활하게 마감한 것으로 반사나 굴절이 적어 진열용 창에 많이 이용되는 유리는?

① 무늬유리
② 자외선투과유리
③ 후판유리
④ 서리유리

해설 후판유리 : 두께 6mm 이상의 판유리로 진열장, 일괄욕실, 출입문, 고급창문, 기차, 전차, 자동차의 창유리 등에 사용된다.

190 목재와 비슷하고 흡수율은 목재의 1/60 정도인 대표적인 저발포 합성목재는?

① 레저
② 우드스틱
③ 골판
④ 플라스틱폼

해설 저발포 제품(우드스틱) : 목재와 비슷하고 흡수율은 목재의 1/60 정도로 거푸집의 부속재료(제물, 쇠시리 모양)으로 사용한다.

191 아마인유, 건조제, 수지, 코르크 분말, 톱밥, 충전물 등의 원료로 만든 마루 마감 재료는?

① 비닐 시트
② 아스팔트 타일
③ 비닐 타일
④ 리놀륨

해설 리놀륨(Linoleum)
• 탄력성이 풍부하고, 내수성·내구성이 있으며 표면이 매끈하다.
• 아마인유에 수지를 가해서 만들어 낸 리놀륨 시멘트에 코르크 분말, 안료, 건조제 등을 혼입하여 삼베에 압착하여 만든다.
• 공장 생산된 마감재로 시공이 용이하다.

192 다음 중 창호의 개폐 방식에 따른 종류가 아닌 것은?

① 붙박이창
② 미서기창
③ 발코니창
④ 여닫이창

해설 개폐 방식에 따른 창호 : 붙박이창, 여닫이창, 미서기창, 미닫이창, 오르내리기창 등이다. 발코니 창(외창)은 창이면서도 발코니로의 출입이 가능한 문의 기능을 함께하고 넓은 면적으로 열손실도 그 만큼 커 단열성능에 유의하여야 한다. 발코니창은 창의 위치에 따른 종류이다 .

정답 187 ② 188 ② 189 ③ 190 ② 191 ④ 192 ③

193 그림과 같이 평면도 상에 표기되는 문은?

① 회전문　　② 미서기문
③ 빈지문　　④ 여닫이문

194 창호의 종류와 용도 설명이 틀린 것은?

① 주름문 : 방도(防盜)용
② 행거도어 : 창고, 차고 등의 대형문
③ 회전문 : 방화용
④ 홀딩 도어 : 칸막이용

> **해설** 회전문 : 외풍을 막고 기밀성을 높인 문으로 회전지 도리를 사용한 것이다. 현관의 방풍용으로 사용한다.

195 다음 중 점토제품이 아닌 것은?

① 자기질타일　　② 테라코타
③ 도관　　④ 테라조

> **해설** 점토제품의 종류 : 자기, 토기(테라코타 등), 도기, 석기 등

196 여닫이창 제작 시 안전 및 유의사항이 설명으로 틀린 것은?

① 마름질하면 작아져서 가공이 힘든 부재는 마름질을 먼저하고, 대패질은 나중에 한다.
② 조립할 때에는 가조립을 해보고, 정확히 가공한 다음 조립하도록 한다.
③ 조립 후 흘러나온 접착제는 즉시 닦아낸다.
④ 창호의 선대와 가로재의 내다지 장부는 벌림쐐기를 치는 것이 튼튼하고 변형이 적어서 좋다.

> **해설** 여닫이창은 창틀 소재와 사양 등급에 따라 제작이 불가능한 경우도 있으므로 적용시 유의해야 한다. 대패질을 하고 난 다음 먹매김을 하고, 먹매김이 끝난 목재는 마름질을 해야 한다.

197 일반적으로 양판문을 구성하는 부재에 대한 설명이 틀린 것은?

① 울거미의 두께 : 30~42mm
② 선대의 나비 : 90~120mm
③ 밑막이는 선대의 1.5~2.0배 정도
④ 중간 선대는 선대의 1.2배 정도

> **해설** 양판문
> • 울거미를 짜고 그 울거미 사이에 양판(Panel)을 끼워 만든 문이다.
> • 울거미의 두께 : 30~60mm
> • 선대의 너비 : 90~120mm
> • 윗막이는 선대의 1.5배, 밑막이는 선대의 1.8배 정도이며, 중간대는 선대와 같은 폭으로 한다.
> • 중간 띠장, 중간 선대는 선대의 0.8배 내외로 하는 것이 보통이다.

198 창호 철물의 용도가 틀린 것은?

① 미서기문 – 경첩
② 여닫이문 – 플로어 한지
③ 외여닫이문 – 실린더 로크
④ 오르내리 창 – 크레센트

> **해설** 경첩은 창호와 문틀을 연결하여 개폐할 수 있도록 하는 철물로 여닫이 창문에 사용된다.

199 한국산업표준(KS)에서 창호를 설치하기 위하여 시공현장에서 확보해야 하는 개구부의 치수 산출식을 규정한 것은?

① KS F 3117　　② KS F 1515
③ KS F 3109　　④ KS F 2296

> **해설** 한국산업표준(KS) 표준안 : KS F3117(창 세트), KS F 3109(문 세트), KS F 2296(창호의 시험방법)

정답 193 ① 194 ③ 195 ④ 196 ① 197 ④ 198 ① 199 ②

200 채광과 전망을 위하여 창문을 크게 낼 때 쓰이는 것으로 열 수 없도록 고정시킨 창은?

① 여닫이창　　　② 미닫이창
③ 오르내리창　　④ 붙박이창

해설 붙박이창
• 창문을 크게 낼 때 쓰이는 것으로 열지 못하도록 고정된 창이다.
• 개폐가 불가능하고 채광과 전망만을 목적으로 한다.

201 다음 창호 철물 중 오르내리창용 철물로 쓰이는 것은?

① 도어 체크　　　② 나이트래치
③ 도어 스톱　　　④ 크레센트

해설 크레센트 : 오르내리창이나 미서기창의 잠금장치 (자물쇠)

202 열려 있는 무거운 창호를 자동으로 닫히게 하는데 쓰이는 창호 철물로 바닥에 설치되는 것은?

① 경첩　　　　　② 플로어 힌지
③ 피벗 힌지　　　④ 나이트 래치

해설 플로어 힌지(floor hinge) : 정첩으로 지탱할 수 없는 무거운 자체 여닫이문에 사용, 스테인리스 및 강화유리 창호 출입구에 사용

203 회전문의 주요 기능이 아닌 것은?

① 바람을 차단한다.
② 소리를 차단한다.
③ 열 손실을 방지한다.
④ 많은 인원의 출입이 용이하다.

해설 회전문
• 원통형을 기준으로 3~4개의 문으로 구성되며, 축을 중심으로 회전시켜 개폐하는 창호이다.
• 외풍이나 먼지 등을 막는 것에는 편리하나, 큰 물건이나 많은 사람이 출입하는 곳에는 적당하지 않다.
• 동선의 흐름을 원활히 해 주고 통풍·기류를 방지하고 열손실을 최소로 줄일 수 있다.

204 스프링의 힘으로 저절로 닫혀지지만 15cm 정도는 열려 있게 작용하는 것으로, 공중용 화장실, 전화실 출입문에 쓰이는 창호 철문은?

① 플로어 힌지　　② 래버토리 힌지
③ 도어 클로저　　④ 도어 스톱

해설 래버토리 힌지(Lavatory Hinge) : 공중전화박스, 공중화장실에 사용, 15cm 정도 열려진 것

205 창호가 설치된 내·외부의 압력 차에 의한 통기량을 측정한 기준을 나타내는 특성치는?

① 내풍압성　　　② 기밀성
③ 수밀성　　　　④ 차음성

해설 기밀성(Air tightness) : 내부와 외부의 압력차에 따른 공기량을 측정하는 기준으로 낮을수록 기밀성이 우수하다.

206 창호를 성능에 따라 분류할 때 포함되지 않는 것은?

① 방음 창호　　　② 목재 창호
③ 방충 창호　　　④ 방화 창호

해설 성능에 따른 창호의 분류 : 방음 창호, 방충 창호, 방화 창호

207 다음 중 창호 철물이 아닌 것은?

① 논슬립　　　　② 모노 로크
③ 도어 클로저　　④ 나이트 래치

해설 창호 철물
• **모노 로크**(Mono lock) : 문손잡이 속에 실린더 장치가 있는 문 자물쇠
• **도어 체크**(Door Check, Door Closer) : 문 윗틀과 문짝에 설치하여 자동으로 문을 닫는 장치
• **나이트 래치**(Night Latch) : 밖에서는 열쇠, 안에서는 손잡이로 여는 실린더 장치

정답 200 ④　201 ④　202 ②　203 ④　204 ②　205 ②　206 ②　207 ①

208 플라스틱 창호재의 구멍 뚫기에 쓰이는 것은?

① 끌
② 그라인더
③ 전기드릴
④ 연마기

해설 드릴 : 창호부재를 구조물에 고정하기 위하여 VIS (나사못)를 박기 위한 장비

209 다음 중 플라스틱 창호의 부자재가 아닌 것은?

① 크레센트
② 호차
③ 방풍모
④ 개공기

해설 개공기(roller hole slotting) : 롤러장착부 개공 및 배수홀의 개공 등에 사용되며 공압식과 유압식이 있다.

210 플라스틱 창호의 가공기 중 용접면의 비드(Bead)를 제거하기 위한 기계는?

① 절단기
② 천공기
③ 사상기
④ 용접기

해설 사상기 : 금형에 연마작업을 할 때 유용한 장비로 플라스틱 창호의 부재와 부재의 용접 후 친부분의 마무리(비드의 제거 등)에 사용한다.

211 창호의 5대 기능 중 외부 풍압 등에 창호 및 유리가 견디는 정도를 나타내는 것은?

① 기밀성
② 수밀성
③ 내풍압성
④ 단열성

해설 내풍압성 : 외부풍압을 창호 및 유리가 견디는 정도를 말한다.

212 플라스틱 창호를 나타내는 기호는?

① AW
② WW
③ SW
④ PW

213 창호에 대한 다음 설명 중 옳지 않은 것은?

① 여닫이 창호는 열고 닫을 때 실내의 유효 면적을 감소시키는 단점이 있다.
② 미닫이 창호는 방음과 단열, 기밀성이 다른 창호에 비해 매우 우수하다.
③ 붙박이창은 채광만을 목적으로 하며 개폐가 되지 않는다.
④ 자재문은 문단속이 불완전하고, 기밀성이 부족하다.

해설 미닫이 창호는 방음과 기밀한 점에서는 불리하다.

214 다음 중 창호의 일반적인 특성으로 옳지 않은 것은?

① 기능상 여닫이가 편리해야 한다.
② 풍우 등의 자연 현상이나 여닫을 때의 진동에 잘 견뎌야 한다.
③ 뒤틀림이나 마모, 손상이 없이 내구적이어야 한다.
④ 구성이나 모양이 건축물의 외관과 관계없이 기능과 내구성에 만족해야 한다.

해설 창호는 실내의 마무리치장과 외관을 구성하는 주요 부이다. 창호는 인테리어에 있어 가장 중요한 요소로 집안 분위기와 잘 어울리는 컬러를 선택해야 한다.

215 출입문에 통풍, 기류를 방지하여 열손실을 최소화하고 출입인원을 조절할 목적으로 쓰이는 문은?

① 자재문
② 회전문
③ 미서기문
④ 여닫이문

해설 회전문 : 외풍을 막고 기밀성을 높인 문으로 회전지도리를 사용한 것이다. 현관의 방풍용으로 사용한다.

정답 208 ③ 209 ④ 210 ③ 211 ③ 212 ④ 213 ② 214 ④ 215 ②

216 다음 창호 기호의 표시에서 A가 의미하는 것은?

① 창호 개폐 방법 ② 창호의 재질
③ 창호의 면적 ④ 창호의 용도

217 다음 중 알루미늄 창호에 대한 설명으로 옳지 않은 것은?

① 비중이 철의 1/3 정도로 경량이다.
② 녹슬지 않고 여닫음이 경쾌하다.
③ 모르타르, 회반죽 등의 알칼리에 강하다.
④ 공작이 자유롭고 기밀성이 좋다.

해설 알루미늄은 산이나 알카리에 약하다.

218 다음 중 창호를 재질에 의해 분류할 때 해당하지 않는 것은?

① 출입구용 창호 ② 합성수지 창호
③ 알루미늄 창호 ④ 목재 창호

해설 창호의 재질에 의한 분류 : 강재 창호, 목재 창호, 알루미늄 창호, 비닐 창호, 플라스틱 창호 등

219 창호의 기본 기능으로서 갖추어야 할 것과 가장 거리가 먼 것은?

① 내압풍성 ② 기밀성
③ 단열성 ④ 내오존성

해설 창호의 5대 기능 : 기밀, 수밀, 단열, 방음, 내풍압성이다.

220 플라스틱 창호제작에 사용되는 필수 기계가 아닌 것은?

① 프레스 ② 개공기
③ 절단기 ④ 용접기

해설 창호제작 기계의 종류
• 절단기(cutting) : 창호를 만들 부재를 일정한 길이로 절단하기 위해 사용
• 용접기(welding) : PVC 창호 제작 시 부재를 가열하여 접합을 시키는 기계
• 개공기(roller hole slotting) : 롤러장착부 개공 및 배수홀의 개공 등에 사용
• 사상기 : 금형에 연마작업을 할 때 유용한 장비로 플라스틱 창호의 부재와 부재의 용접 후 친부분의 마무리(비드의 제거 등)에 사용

221 다음 중 아래와 같은 평면기호로 나타낸 문의 명칭으로 옳은 것은?

① 미서기문 ② 쌍여닫이문
③ 셔터문 ④ 접이문

해설 평면 표시 기호(출입구 및 창호)

222 케이스 내부의 스프링 및 유압의 작용에 따라 문의 폐쇄작용을 자동으로 추진하는 것은?

① 경첩 ② 풍소란
③ 플로어 힌지 ④ 도어 스톱

해설 플로어 힌지(Floor Hinge) : 정첩으로 지탱할 수 없는 무거운 자체 여닫이문에 사용

223 플라스틱 창호의 장점으로 가장 거리가 먼 것은?

① 단열성이 좋다. ② 방수성이 좋다.
③ 내열성이 좋다. ④ 방음성이 좋다.

해설 플라스틱 창호 : 알루미늄 창호에 비해 15~20% 정도 비싸지만 색상이 다양하고 단열효과, 흡음성이 뛰어나며 창문을 열고 닫을 때 유연성이 좋다.

정답 216 ② 217 ③ 218 ① 219 ④ 220 ① 221 ② 222 ③ 223 ③

224 창호 재질의 종류별 기호로 옳지 않은 것은?

① 알루미늄합금-A ② 합성수지-P
③ 강철-D ④ 목재-W

해설 p.81 문제 41번 해설 참고

225 다음 중 플라스틱 창호의 가공 공구가 아닌 것은?

① 끌 ② 핸드드릴머신
③ 드라이버 ④ 대패

해설 대패는 목재면을 매끈하게 하거나 표면을 필요에 따라 여러 가지 모양으로 깎아내는 연장이다.

226 플라스틱 창호 작업 시 우수(빗물)의 배출을 용이하게 하기 위한 작업공정으로 맞는 것은?

① 보강재 삽입 ② 로울러 개공
③ 방풍모 끼우기 ④ 물구멍 개공

해설 개공기(roller hole slotting) : 롤러장착부 개공 및 배수홀의 개공 등에 사용되며 공압식과 유압식이 있다.

227 다음 중 창호의 방음성을 나타내는 단위로 옳은 것은?

① Hz ② kg
③ dB ④ Watt

해설 방음성 : 외부 소음의 차단 정도를 나타내는 기준으로 단위는 [dB]이다.

228 미닫이문에서 좌우 짝이 서로 맞닿는 선대를 무엇이라 하는가?

① 줄인선대 ② 마중대
③ 풍소란 ④ 띠장

해설 마중대 : 미닫이, 여닫이문에서 서로 맞닿는 선대로 서로 턱솔 또는 딴혀를 대어 방풍을 목적으로 물려지게 하는 것을 말한다.

229 플라스틱창호제작에서 호차(로울러)를 시공하려고 한다. 반드시 필요한 기기는?

① 개공기 ② 용접기
③ 랩핑기 ④ 절단기

해설 개공기(roller hole slotting)
• 롤러장착부 개공 및 배수홀의 개공 등에 사용되며 공압식과 유압식이 있다.
• 플라스틱 창호 제작에서 호차(로울러)를 고정시키기 위한 암나사를 만들 때 이용된다.

230 여닫이문의 손잡이 높이는 바닥에서 어느 정도 높이에 있는 것을 표준으로 하는가?

① 60cm ② 80cm
③ 120cm ④ 150cm

해설 여닫이문의 경우 문틀의 높이는 2.1m, 너비는 현관문 1.0m, 침실문 0.9m, 욕실문 0.8m 정도가 적당하며, 손잡이 높이는 바닥에서 80~90cm 높이에 있는 것을 표준으로 한다.

231 다음 그림 평면기호의 명칭으로 옳은 것은?

① 주름문 ② 망사문
③ 접이문 ④ 방화문

해설 p.17 평면 표시 기호(출입구 및 창호) 참고

232 다음 중 플라스틱창의 자체하중 및 풍압 등에 의한 변형을 방지하기 위하여 사용되는 재료는?

① 보강재 ② 크리센트
③ 모헤어(방풍모) ④ 호차

해설 보강재(Reinforcement) : 구조부재(構造部材)의 좌굴(挫屈 : buckling)을 방지하기 위해 장치되는 판 또는 작은 부재

정답 224 ③ 225 ④ 226 ④ 227 ③ 228 ② 229 ① 230 ② 231 ③ 232 ①

233 다음은 국내 플라스틱창호의 일반적인 약칭이다. 바르게 짝지어지지 않은 것은?

① 창틀 – B/F(Blank Frame)
② 창짝 – S/F(Sliding Frame)
③ 유리고정테 – G/B(Glazing Bead)
④ 방충망 – M/C(Middle Closing)

해설 M/C(Middle Closing)는 크레센트로 잠금장치이다.

234 공중용 변소, 전화실 출입문에 가장 적당한 철물은?

① 자유정첩 ② 피봇 힌지
③ 플로어 힌지 ④ 레버토리 힌지

해설 래버토리 힌지(Lavatory Hinge) : 공중전화박스, 공중화장실에 사용, 15cm 정도 열려진 것

235 창호의 개폐 방법 중 옆 벽 속에 밀어 넣는 형식을 갖는 것은?

① 여닫이 창호 ② 미닫이 창호
③ 미서기 창호 ④ 회전 창호

해설 미닫이문, 미닫이창 : 문틀과 문짝이 노출된 상태에서 사용되는 문으로 아래위의 문틀에 한 줄 홈을 파고 창. 문을 이 홈에 끼워 옆벽에 몰아 붙이거나 벽 중간에 몰아 넣을 수 있게 한 것이다.

236 창호에 대한 설명으로 틀린 것은?

① 평벽의 개구부에는 기밀성이 좋은 알루미늄제 창호가 일반적으로 많이 사용된다.
② 문의 밑틀은 문지방이라 하는데 그 두께는 4~6cm정도이다.
③ 보통 실내에는 목재창을 실외에는 금속제 또는 합성수지계 창문을 사용하고 있다.
④ 목재창호는 금속제에 비하여 내구성이 우수하고 기밀성이 크다.

해설 목재 창호는 금속제에 비하여 내구성이나 기밀성, 내화성이 떨어진다. 창문에 적용할 경우는 외부는 알루미늄 또는 비닐계 창틀을 사용하고 이중창으로 실내측에 목재 창호를 설치하여 장식성 및 기밀성을 보완하기도 한다.

237 창문과 창호 철물에 관한 기술 중 옳지 않은 것은?

① 무거운 대형 자재문의 경우에는 플로어 힌지를 부착한다.
② 자재문은 자유경첩을 달아 안팎을 자유로 여닫을 수 있게 KS 문이다.
③ 접문의 도르래 철물은 크리센트를 설치한다.
④ 미닫이 문의 경우에는 문을 완전히 개폐할 수 있다.

해설 크리센트 : 오르내림 창이나 미서기 창의 잠금장치

238 채광과 전망을 위하여 창문을 크게 낼 때 쓰이는 것으로 열 수 없도록 고정시킨 창은?

① 여닫이 창 ② 미닫이 창
③ 오르내리 창 ④ 붙박이 창

해설 붙박이창
• 창문을 크게 낼 때 쓰이는 것으로 열지 못하도록 고정된 창이다.
• 개폐가 불가능하고 채광과 전망만을 목적으로 한다.

239 오르내리 창에서 창 짝 간의 시건 장치로 사용되는 철물은?

① 크리센트 ② 나이트래치
③ 호차 ④ 모노 로크

해설 크리센트 : 오르내림 창이나 미서기 창의 잠금장치

정답 233 ④ 234 ④ 235 ② 236 ④ 237 ③ 238 ④ 239 ①

240 플라스틱 창호 절단시 유의사항이 아닌 것은?

① 톱날의 회전반경내 다른 사람의 접근금지

② 작업전 반드시 절단기 각도 확인

③ 절단시 안전을 고려하여 보안경 착용

④ 절단톱의 표면온도를 상온 이하로 유지

> **해설** 절단작업
> • 절단기 작동시는 톱날의 회전반경 내 다른 사람의 접근을 금지한다.
> • 작업전에는 반드시 절단기의 각도를 확인한다.
> • 절단시에는 안전보호장구(보안경)를 반드시 착용한 후에 사용한다.
> • 자재가 외부 적재되어 있는 경우에는 절단하기 전에 상온에서 24시간 동안 저장한다.

241 2개의 레일과 상하로 이동하고 면내 평행 이동하는 창호의 개폐방식은 무엇인가?

① 미닫이   ② 미서기

③ 위오르내림   ④ 오르내림

> **해설** 오르내리창(오르내림 창)
> • 아래위로 오르내릴 수 있도록 만든 것이다.
> • 좁은 폭으로 채광, 조망, 환기를 할 수 있는 창으로 상하로 슬라이딩을 개폐되며 Hung 창이라고도 한다.

242 다음 그림은 무엇의 평면기호인가?

① 셔터창   ② 망사창

③ 미서기창   ④ 여닫이창

> **해설** p.18 평면 표시 기호(창 기호) 참고

243 열려진 문이 자동으로 닫히게 하는 것으로, 경첩으로 지탱할 수 없는 무거운 자재 여닫이 문에 쓰이는 창호 철물은?

① 도어 체크   ② 플로어 힌지

③ 도어 홀더   ④ 도어 클로져

> **해설** 도어 홀더, 도어 스톱 : 도어 홀더(문열림 방지), 도어 스톱(벽, 문짝보호)

244 다음 중 창호의 재질에 의한 분류 방법이 아닌 것은?

① 목재창호   ② 창용 창호

③ 강재창호   ④ 합성수지 창호

> **해설** 창호의 재질에 의한 분류 : 강재 창호, 목재 창호, 알루미늄 창호, 비닐 창호, 플라스틱 창호 등

245 문과 문틀에 장치하여 열려진 여닫이 문이 저절로 닫아지게 하는 창호 철물은?

① 도어후크   ② 도어홀더

③ 도어체크   ④ 도어스톱

> **해설** 창호 철물의 역할 : 도어홀더(문열림 방지), 도어스톱(벽, 문짝보호), 도어체크(문과 문틀에 장치하여 열려진 여닫이 문이 저절로 닫아지게 함)

246 창호 기호에서 울거미 재료의 기호 설명이 잘못된 것은?

① Wd : 목재   ② Pl : 플라스틱

③ Ss : 강철   ④ Gl : 유리

> **해설** p.81 문제 41번 해설 참고

247 다음은 어떠한 창을 표시한 것인가?

① 고정창   ② 미서기창

③ 여닫이창   ④ 미닫이창

> **해설** p.18 평면 표시 기호(창 기호) 참고

정답 240 ④ 241 ④ 242 ② 243 ③ 244 ③ 245 ③ 246 ③ 247 ②

248 플라스틱 창호의 공작법 중 틀린 것은?

① 창호의 겉모양은 매끈하고 갈라짐, 찢김 및 요철 등의 흠이 없어야 한다.

② 보강재가 필요한 경우 창틀재 내부에 보강재를 삽입한 후 나사못으로 고정시킨다.

③ 빗물의 배수를 사전에 막기 위해 모든 구멍을 메운다.

④ 창호에 부착하는 기밀재는 창틀의 폭 중앙에 상·하로 부착한다.

해설 빗물의 배수를 위하여 필요한 위치에 배수구를 만든다.

249 다음 중 플라스틱 창호에 대한 설명으로 바르지 못한 것은?

① 기밀 성능은 일반적으로 목재창 보다 우수하다.

② 금속재창에 비해 단열성능이 우수하다.

③ 금속재창에 비해 수밀성능이 우수하다.

④ 목재창에 비해 현장에서 재조립, 재가공성이 우수하다.

해설 플라스틱 창호 : 알루미늄 창호에 비해 15~20% 정도 비싸지만 색상이 다양하고 단열효과, 흡음성이 뛰어나며 창문을 열고 닫을 때 유연성이 좋다. 목재 창이나 금속 창에 비해 현장에서 재조립, 재가공성은 떨어진다.

250 플라스틱 창호의 보양으로 틀린 것은?

① 창호를 설치한 후 출입 또는 작업으로 손상될 우려가 있는 곳에는 틀이 손상되지 않도록 보양한다.

② 창호표면에 시멘트 모르타르나 기타 불순물이 묻을 때 에는 제거한다.

③ 창호 운반 시 제품의 표면이 손상되지 않도록 폴리에틸렌 필름 또는 테이프 등으로 포장하여 운반한다.

④ 창호제품을 적재할 경우에는 폴리에틸렌 필름 또는 테이프 등을 벗겨내고 야적한다.

해설 창호의 보양방법 : 창호 설치 후 보호필름을 이용하여 오염되거나 변색되지 않도록 적절한 방법을 선택하여 보양하여야 한다.
• 창호의 유리 끼우기가 끝나면 창짝의 개폐상태, 수평, 수직 등을 검사하여 조정이 필요한 부분은 조정 및 보완한다.
• 설치된 창호의 노출되는 마감면과 레일홈 등의 부분에 모르타르, 페인트, 본드, 모래, 먼지 등의 불순물이 있는 경우 깨끗하게 청소하여야 한다.
• 창호의 설치 후 스테인 및 페인트, 기타 화학약품 등에 의하여 오염되지 않도록 하고, 오염, 변색 등으로 청소가 불가능하거나 파손 등으로 원상태로 보수할 수 없을 때는 신품으로 교체한다.

251 보통 여닫이문의 문짝 상부에 달아 저절로 문이 닫히게 하는 역할을 하는 것은?

① 플로어 힌지(floor hinge)

② 도어 클로저(door closer)

③ 피벗 힌지(pivot hinge)

④ 도어 스톱(door stop)

해설 도어 클로저 : 문 위의 틀과 문짝에 설치하여 문이 자동으로 닫히게 하는 철물

252 두 방을 한 방으로 크게 할 때나 칸막이 겸용으로 사용하는 문은?

① 접이문   ② 널문

③ 양판문   ④ 자재문

해설 접이문(주름문)
• 협소한 공간 구획 시 적용하는 문으로 시각적인 차폐가 필요한 경우에 사용된다.
• 칸막이를 문짝으로 만들어 2개의 방을 필요에 따라 하나의 큰 방으로 사용할 수 있게 한 것이다.

정답 248 ③ 249 ④ 250 ④ 251 ② 252 ①

253 창문틀의 좌우에 수직으로 세워댄 틀은?

① 밑틀   ② 웃틀

③ 선틀   ④ 중간틀

해설 문틀 : 문짝을 다는 개구부에 붙인 뼈대 틀로 위, 아래, 옆의 위치에 따라 웃틀(윗틀), 밑틀(문지방), 선틀(문설주, 문짝을 끼워 달기 위하여 문의 양쪽에 세운 기둥)로 구분한다.

254 다음 중 단열성, 방음성, 기밀성 등이 우수한 창호 자재로 선택되어 유럽 선진국에서 널리 사용되고 있는 창호의 재료는 무엇인가?

① 목재   ② 철재

③ 알루미늄   ④ 플라스틱

해설 플라스틱 창호
- 알루미늄 창호에 비해 15~20% 정도 비싸지만 색상이 다양하고 단열효과, 흡음성이 뛰어나며 창문을 열고 닫을 때 유연성이 좋다.
- 무게가 가볍고 이동과 시공이 용이하며 목재와 알루미늄의 대체재로 인기가 상승하고 있다.

255 합성수지 창호 설치시 수평, 수직을 정확히 하기 위하여 고정철물을 설치하는데 틀재 길이가 1m이상일 경우에는 얼마의 간격마다 1개씩 추가로 부착하는가?

① 10cm   ② 30cm

③ 50cm   ④ 70cm

해설 부착철물은 틀재의 길이가 틀재의 길이가 1m 이하일 때는 양측 2개소에 부착하며, 틀재 길이가 1m 이상일 경우에는 50cm마다 1개씩 추가로 부착한다.

256 여닫이문의 손잡이 높이는 바닥에서 어느 정도 높이에 있는 것을 표준으로 하는가?

① 60cm   ② 90cm

③ 120cm   ④ 150cm

해설 여닫이문의 경우 문틀의 높이는 2.1m, 너비는 현관문 1.0m, 침실문 0.9m, 욕실문 0.8m 정도가 적당하며, 손잡이 높이는 바닥에서 80~90cm 높이에 있는 것을 표준으로 한다.

257 울거미를 짜고 중간살을 30cm 이내의 간격으로 배치하여 양면에 합판을 붙인 문은?

① 합판문   ② 널도듬문

③ 플러시문   ④ 비늘살문

해설 플러시문 : 울거미를 짜고 중간 살을 30cm 이내 간격으로 배치하여 양면에 합판을 접착제로 붙인 것이다.

258 플라스틱 창이 완전품으로 완성되기까지의 공정으로 옳은 것은?

① 배합 – 가공조립 – 시공 – 압출

② 압출 – 시공 – 가공조립 – 배합

③ 배합 – 압출 – 가공조립 – 시공

④ 압출 – 가공조립 – 배합 – 시공

해설 플라스틱 창의 완전품 공정 : 배합→압축→가공조립→시공단계

259 합성수지 창호에서 틀재의 길이가 1m이하일 때 고정철물을 양측 몇 개소에 부착을 하는가?

① 1개소   ② 2개소

③ 3개소   ④ 4개소

해설 부착철물은 틀재의 길이가 1.5m 초과할 때는 양측 및 상하 각각 3개소 이상, 1.5m 이하일 때는 양측 및 상하 각각 2개소 이상 설치하며, 부착철물 간격 위치는 각 모서리에서 150mm 이내의 위치에 설치하고, 한변의 길이가 1.2m 이상인 경우는 500mm 간격으로 등분하여 설치한다.

정답   253 ③   254 ④   255 ③   256 ②   257 ③   258 ③   259 ②

03

작업안전

산업안전

THEME 01 산업안전 관리의 개요

(1) 산업재해와 안전관리

① **사고와 재해**

　㉠ **사고(Accident)** : 고의성이 없는 어떤 불안전한 행동이나 불안전한 상태가 선행되어 작업능률을 저하시키며 직·간접적으로 인명이나 재산상의 손실을 가져올 수 있는 사건

　㉡ **재해(Loss, Calamity)** : 사고의 결과로 일어난 인명이나 재산상의 손실

　㉢ **안전사고(safety accident)** : 고의성이 없는 어떤 불안전한 행동이나 불안전한 상태가 선행되어 작업능률을 저하시키며 직·간접적으로 인명이나 재산 등의 손실을 가져오는 사건

　㉣ **산업재해(Industrial losses)**

　　ⓐ **일반적 개념** : 통제를 벗어난 에너지의 광란(사고)으로 인하여 입은 인명과 재산의 피해현상으로 인적, 물적 피해를 포괄한 의미이다.

　　ⓑ **산업안전보건법상의 정의** : 근로자가 업무에 관계되는 건설물, 설비, 원자재, 가스, 증기, 분진 등에 의하거나 작업 기타업무에 기인하여 사망 또는 부상 하거나 질병에 걸리는 것을 뜻하여야 한다.

　㉤ **중대 재해** : 중대 재해는 산업 재해 중 사망 등 재해의 정도가 심한 것(산업안전보건법 시행 규칙 제2조)

　　ⓐ 사망자가 1명 이상 발생한 재해

　　ⓑ 3개월 이상의 요양이 필요한 부상자가 동시에 2명 이상 발생한 재해

　　ⓒ 부상자 또는 직업성 질병자가 동시에 10명 이상 발생한 재해

② **안전관리(Safety management)의 개념**

　㉠ **안전관리의 의의** : 재해로부터 인간의 생명과 재산을 보존하기 위한 계획적이고 체계적인 제반활동

　㉡ **하인리히(H.Heinrch)의 정의** : 안전은 사고 예방이며, 사고 예방은 물리적 환경과 인간 및 기계의 관계를 통제하는 과학이자 예술이다.

ⓒ '안전제일'이라는 용어 : 1906년 미국의 철강회사(U.S. steel)의 게리(E. H. Gary) 회장이 제창

③ **중대 재해** : 중대 재해는 산업 재해 중 사망 등 재해의 정도가 심한 것(산업안전보건법 시행 규칙 제2조)

ㄱ 사망자가 1명 이상 발생한 재해

ㄴ 3개월 이상의 요양이 필요한 부상자가 동시에 2명 이상 발생한 재해

ㄷ 부상자 또는 직업성 질병자가 동시에 10명 이상 발생한 재해

④ **안전관리 사이클**(PDCA)

ㄱ **계획**(Plan) : 목표달성을 위한 기준

ㄴ **실시**(Do) : 설정된 계획에 의해 실시

ㄷ **검토**(Check) : 나타난 결과를 측정, 분석, 비교, 검토

ㄹ **조치**(Action) : 결과와 계획을 비교하여 차이 부분 적절한 조치

(2) 재해의 연쇄성 이론

① 재해 원인의 연쇄 관계

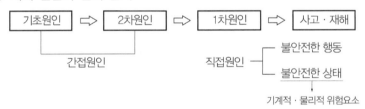

② **하인리히**(H.W. Heinrich)**의 연쇄이론**(재해 사고 과정) = 도미노(Domino) 이론

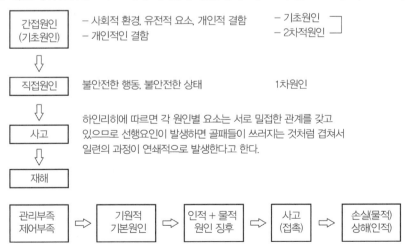

③ 버드(Bird)의 수정 도미노 이론(경영자의 책임이론)
  ㉠ 1단계 : 통제의 부족(관리−안전과 손실제어 결함)
  ㉡ 2단계 : 기초원인(기원−작업자와 환경의 결함)
  ㉢ 3단계 : 직접원인(징조−불안전한 행동과 상황)
  ㉣ 4단계 : 사고(원하지 않는 일의 발생)
  ㉤ 5단계 : 상해(재산 피해와 부상)
④ 아담스(Adams)의 수정 도미노 이론(경영시스템 내의 사고원인)
  ㉠ 관리(경영)구조 : 회사의 목적, 조직, 운영과 관련
  ㉡ 작전적 에러(운영실수) : 회사의 정책, 목적, 권위, 책임소재, 규칙, 지도 방침, 적
     극적 개입, 도덕, 운영과 관련
  ㉢ 전술적 에러(관리 · 기술적 실수) : 작업자의 행동 실수와 작업조건 결함에 기인
  ㉣ 사고 : 아차 실수(near−miss)와 무부상 사고(no injury incident) 포함
  ㉤ 재산피해 : 인적 부상과 손해, 그리고 재산피해
⑤ 자베타키스(Zabetakis)의 연쇄이론
  ㉠ 인간정책과 결정, 개인적 요인, 환경적 요인 − 사고의 근본원인
  ㉡ 불안전 행동 및 불안전상태 − 사고의 간접원인
  ㉢ 물질 에너지의 기준이탈 − 사고의 직접원인(에너지 및 위험한 물질의 예기치않은
     방출)
  ㉣ 사고 − 신체의 상해, 재산피해
  ㉤ 구호 − 응급조치, 수리, 대체(바꿔치기), 조사, 위험성분석, 안전지식

(3) 재해 원인의 연쇄 관계

① 재해원인
  ㉠ 직접 원인(1차 원인) : 시간적으로 보았을 때 사고에 이르기 직전에 해당하는 가장
     근접한 원인이다.
     ⓐ **물적 원인** : 설비 · 환경 등이 불완전한 상태
     ⓑ **인적 원인** : 사람의 불완전한 행동
  ㉡ 간접 원인 : 재해의 가장 깊은 곳에 존재하는 재해 원인이다.
     ⓐ **기초 원인** : 학교의 교육적 원인, 관리적 원인, 사회적 원인, 역사적 원인
     ⓑ **2차 원인** : 기술적 원인, 교육적 원인, 신체적 원인, 정신적 원인
② 직접원인 및 관리적 원인
  ㉠ 직접원인
     ⓐ **불안전한 상태**(물적 원인) : 재해(인명의 손상)가 없는 사고를 일으키는 경우

또는 이 요인으로 인해 만들어진 물리적 상태 혹은 환경
- 작업방법의 결함
- 안전 · 방호장치의 결함
- 물(物) 자체의 결함
- 작업환경의 결함
- 물자의 배치 및 작업장소 불량
- 보호구 · 복장 등의 결함(지급하지 않음)
- 외부적 · 자연적 불안전 상태

ⓑ **불안전한 행동**(인적 원인) : 재해가 없는 사고를 일으키거나 이 요인으로 인한 작업자의 행동
- 안전장치의 무효화
- 보호구 · 복장 등의 잘못 착용
- 안전조치 불이행
- 위험장소에 접근
- 불안전한 상태 방치
- 운전의 실패(물건의 인양 시에 과속 등)
- 위험한 상태로 조작
- 오동작
- 기계 · 장치를 목적 외로 사용
- 위험상태 시의 청소, 주유, 수리, 점검

ⓛ 관리적 원인(간접원인)

ⓐ **기술적 원인**
- 건물, 기계장치 설계 불량
- 구조, 재료의 부적합
- 생산 공정의 부적당
- 점검, 정비보존 불량

ⓑ **교육적 원인**
- 안전의식의 부족
- 안전수칙의 오해
- 경험훈련의 미숙
- 작업방법의 교육 불충분
- 유해위험 작업의 교육 불충분

ⓒ **작업관리상의 원인**

- 안전관리 조직 결함
- 안전수칙 미제정
- 작업준비 불충분
- 인원배치 부적당
- 작업지시 부적당

(4) 재해의 정의와 분류

① 재해의 정의

ㄱ 재해 : 일반적으로 인간의 사회적 생활과 인명, 재산이 이상 자연현상 등과 같은 외부의 힘에 의해 피해를 받았을 경우

ㄴ 자연재해 : 태풍, 홍수, 호우, 폭풍, 해일, 폭설, 가뭄 또는 지진(지진해일 포함) 등

ㄷ 사회재해(인공재해) : 교통사고, 가스폭발, 화재, 건물붕괴 등

② 통계적 분류

ㄱ 사망

ㄴ 중상해 : 부상으로 인하여 8일 이상의 노동 손실을 가져 온 상해

ㄷ 경상해 : 부상으로 1일~7일 이하의 노동 손실을 가져온 상해

ㄹ 무상해 사고 : 응급처치 이하의 상처로 치료 후 바로 노동을 재개하며 작업에 종사하면서 치료를 받을 정도의 상해

③ 상해 정도에 따른 분류(ILO에 의한 분류)

ㄱ 사망 : 안전사고로 사망하거나 혹은 사고의 결과로 생명을 잃는 것. 노동 손실일수 7,500일

ㄴ 영구 전 노동 불능 상해 : 부상 결과로 노동 기능을 완전히 잃게 되는 부상(신체장애 등급 제1급에서 제3급에 해당), 노동 손실 일수 7,500일

ㄷ 영구 일부 노동 불능 상해 : 부상 결과로 신체 부분의 일부가 노동 기능을 상실한 부상(신체장애 등급 제4급에서 제14급에 해당)

ㄹ 일시 전 노동 불능 상해 : 의사의 진단에 따라 일정 기간 정규 노동에 종사할 수 없는 상해 정도(신체장애가 남지 않는 일반적인 휴업 재해)

ㅁ 일시 일부 노동 불능 상해 : 의사의 진단으로 일정 기간 정규 노동에 종사할 수 없으나 휴무 상해가 아닌 상해, 즉 일시 가벼운 노동에 종사하는 경우

ㅂ 응급(구급)조치 상해 : 부상을 입은 다음 치료(1일 미만)를 받고 다음부터 정상 작업을 할 수 있는 정도의 상해

④ 상해 종류별 분류

ㄱ 골절 : 뼈가 부러진 상해

ⓛ **동상** : 저온물 접촉으로 생긴 동상 상해

ⓒ **부종** : 국부의 혈액순환의 이상으로 생긴 상해

ⓔ **찔림(자상)** : 칼날 등 날카로운 물건에 찔린 상해

ⓜ **타박상(좌상)** : 타박, 충돌, 추락 등으로 피부 표면보다는 피하조직 또는 근육부를 다친 상해(삔 것 포함)

ⓗ **절단 · 베임** : 신체부위가 절단된 상해

ⓢ **중독 · 질식** : 음식, 약물, 가스 등에 의한 중독이나 질식된 상해

ⓞ **찰과상** : 스치거나 문질러서 벗겨진 상해

ⓩ **창상** : 창, 칼 등에 베인 상해

ⓒ **화상** : 화재 또는 고온물 접촉으로 인한 상해

ⓚ **청력장해** : 청력이 감퇴 또는 난청이 된 상해

ⓣ **시력장해** : 시력이 감퇴 또는 실명인 상해

ⓟ **기타** : 뇌진탕, 익사, 피부병

⑤ **재해발생 형태별 분류**

ⓗ **추락** : 사람이 건축물, 비계, 기계, 사다리, 계단, 경사면, 나무 등에서 떨어지는 것

ⓛ **전도** : 사람이 평면상으로 넘어지는 것을 말함(과속, 미끄러짐 포함)

ⓒ **충돌** : 사람이 정지물에 부딪힌 경우

ⓔ **낙하 · 비래** : 물건이 주체가 되어 사람이 맞은 경우

ⓜ **붕괴 · 도괴** : 적재물, 비계, 건축물이 무너진 경우

ⓗ **협착** : 물건에 끼워진 상태, 말려든 상태

ⓢ **감전** : 전기 접촉이나 방전에 의해 사람이 충격을 받은 경우

ⓞ **폭발** : 압력의 급격한 방출 또는 개방으로 폭음을 수반한 팽창이 일어난 경우

ⓩ **파열** : 용기 또는 장치가 물리적인 압력에 의해 파열한 경우

ⓒ **화재** : 화재로 인한 경우를 말하며 관련물체는 발화물을 기재

ⓚ **무리한 동작** : 무거운 물건을 들다 허리를 삐거나 부자연한 자세 또는 동작의 반동으로 상해를 입은 경우

ⓣ **이상온도 접촉** : 고온이나 저온에 접촉한 경우

ⓟ **유해물접촉** : 유해물 접촉으로 중독되거나 질식된 경우

ⓗ **기타** : 구분불능 시 발생형태를 기재할 것

⑥ **산업재해의 위험 분류**

ⓗ **화학적 위험** : 물질(기체, 액체, 고체)에 의한 위험으로 화재 및 폭발, 공업중독 및 유해물질에 의한 직업병, 대기오염 등

ⓛ **물리적 위험** : 광선(자외선, 적외선), 방사선, 고온 및 저온, 고기압및 저기압, 소

음, 진동 등

ⓒ 전기적 위험 : 감전 등

(5) 재해의 예방과 예방 기법

① 하인리히(Heinrich)의 재해예방의 4원칙

| 손실 우연의 법칙 | 재해 손실은 우연성에 좌우됨
※ 우연성에 좌우되는 손실방지보다 예방에 주력 |

⇩

| 원인 계기의 원칙 | 우연적인 재해 손실이라도 재해는 반드시 원인이 존재 |

⇩

| 예방 가능의 원칙 | 모든 사고는 원칙적으로 예방이 가능하다.
● 조직 ⇨ 사실의 발견 ⇨ 분석의 평가 ⇨ 시정방법의 선정 및시정책의 적용
● 재해는 원칙적으로 예방 가능
● 원인만 제거하면 예방 가능 |

⇩

| 대책 선정의 원칙 | ● 원인을 분석하여 가장 적당한 재해예방대책의 선정
● 기술적, 안전 설계, 작업 환경 개선
● 교육적, 안전 교육, 훈련 실시
● 규제적 · 관리적 대책
● Management |

② 사고 예방 대책 5단계 및 기본 원리(하인리히)

1단계	2단계	3단계	4단계	5단계
안전 관리 조직	사실 발견 현상 파악	분석 평가 원인 규명	시정책 선정 대책 강구	시정책 적용 목표 달성
경영층이 참여 1. 안전 관리 조직 과 책임 부여 2. 안전 관리 규정 재정 3. 안전 관리 계획 수립	− 각종 사고의 안전 활동 기후 검토 − 자료 수집 − 안전 점검 및 진단 − 사고 조사 − 회의, 토의 − 위험 확인, 점 검 등 − 각종 사고 및 안 전 활동의 기록 집중 작업 분석	− 사고 보고서 및 현장 조사 − 안전성 진단· 평가 − 인적·물적 조 건 분석 − 작업 공정 분석 − 교육 훈련과 사 고 원인 결과 분 석 − 원인규명	− 기술 개선 − 인사 조정 − 교육 및 훈련의 개선 − 안전 행정의 개선 − 규정·수칙 − 확인·통제 체제 − 효과적인 개선 방 법 선정	3E 적용 단계 1. 기술 (engin eering) 2. 교육 (education) 3. 독려(규제) (enforcement)
정성적 평가	관계 자료 정비 및 점검	정성적 분석	정량적 분석	안전 대책 수립

(6) 재해발생 비율

① 재해의 발생 형태

 ㉠ **연쇄형** : 어떠한 개별 재해요소가 발생하면 그것이 원점이 되어 다음 재해요소가 생기고, 다시 그것이 다음 재해요소를 생기게 하는 것과 같이 요소가 연쇄적으로 반응하여 발생하는 것이다.

 ㉡ **집중형** : 개별 재해요소가 각각 독립적으로 집중되어 재해가 발생하는 것으로 재해가 발생한 장소 및 시기에 개별 재해요소가 집중되어 발생되는 것이다.

 ㉢ **복합형** : 연쇄형과 집중형이 혼합된 것을 말한다.

② 재해 구성 비율

 ㉠ 하인리히의 법칙(1 : 29 : 300)

 ⓐ 하인리히(Heinrich)는 약 75,000건의 사고를 분석하여 1 : 29 : 300의 법칙을 발표하였는데, 통상 330건의 사고가 발생하였을 경우 300건은 인적, 물적 피해가 전혀 없는 아차사고이고, 29건은 경미한 부상사고이며, 단 한 건만이 사망, 중상 등의 심각한 재해가 발생하고 있다고 제시하였다.

 ⓑ 이 비율은 사고의 종류에 따라 다르지만 그 의미는 확률성을 나타내고 있다. 즉, 사고가 일어났을 때 비록 상해를 수반하지 않더라도 사고의 발생자체를 예방해야 된다는 원리가 성립된다.

 ㉡ 버드(F.E.Bird)의 재해 구성 비율(1 : 10 : 30 : 600의 법칙) : 중상 또는 폐질 1, 경상 10(물적·인적 상해), 무상해 사고 30(물적 손실), 무상해·무사고 고장 600(위험 순간)의 비율로 사고가 발생한다는 이론이다.

 ㉢ 하인리히 이론과 버드 이론 비교

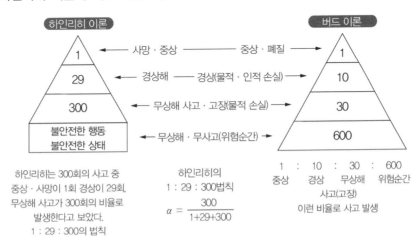

Chapter 01 산업안전 **257**

(1) 안전관리 조직의 형태

① 라인조직형(직계식조직)

　　㉠ 안전관리에 관한 계획에서 실시에 이르기까지 모든 권한이 포괄적이고 직선적으로 행사되며, 안전을 전문으로 분담하는 부분이 없다(생산조직 전체에 안전관리 기능을 부여한다).

　　㉡ 소규모 사업장에 적합한다.(100명 이하에 적합)

　　㉢ 라인형의 장·단점

장점	단점
• 안전지시나 개선조치가 각 부분의 직제를 통하여 생산업무와 같이 흘러가므로 지시나 조치가 철저할 뿐만 아니라 그 실시도 빠르다 • 명령과 보고가 상하관계 뿐이므로 간단 명료하다.	• 안전에 대한 정보가 불충분하며, 안전전문 입안이 되어 있지 않아 내용이 빈약하다. • 생산업무와 같이 안전대책이 실시되므로 불충분하다. • 라인에 과중한 책임을 지우기가 쉽다.

② 스탭형(참모식 조직)

　　㉠ 안전관리를 담당하는 스탭(참모진)을 두고 안전관리에 관한 계획, 조사, 검토, 권고, 보고 등을 행하는 관리 방식이다.

　　㉡ 중규모 사업장(100명이상~500명 미만)에 사용된다.

　　㉢ 스탭형의 장·단점

장점	단점
• 사업장의 특수성에 적합한 기술연구를 전문적으로 할 수 있다(안전지식 및 기술 축적이 용이). • 경영자의 조언과 자문역활을 한다.	• 생산 부분에 협력하여 안전 명령을 전달 실시하므로 안전 지시가 용이하지 않으며, 안전과 생산을 별개로 취급하기 쉽다. • 생산부분은 안전에 대한 책임과 권한이 없다. • 권한 다툼이나 조정 때문에 통제 수속이 복잡해지며, 시간과 노력이 소모된다.

③ 라인(line) 스탭(staff)의 복잡형(직계 참모조직)

　　㉠ 라인형과 스탭형의 장점을 취한 절충식 조직 형태로 안전업무를 전문으로 담당하는 스탭 부분을 두고 생산 라인의 각층에도 겸임 또는전임의 안전 담당자를 두어서 안전대책은 스탭 부분에서 기획하고, 이것을 라인을 통하여 실시하도록 한 조작

방식이다.

ⓛ 대규모의 사업장(1000명 이상)에 효율적이다.

ⓒ 라인 스탭형의 장·단점

장점	단점
• 스탭에 의해 입안된 것을 경영자의 지침으로 명령 실시하도록 하므로 정확 신속하게 실시된다. • 안전입안 계획 평가 조사는 스탭에서, 생산기술의 안전대책은 라인에서 실시하므로 안전 활동과 생산업무가 균형을 유지할 수 가 있다.	• 명령계통과 조언 권고적 참여가 혼동되기 쉽다. • 라인이 스탭에만 의존하거나 또는 활용치 않는 경우가 있다. • 스탭의 월권행위의 경우가 있다.

(2) 산업안전 보건위원회

① 대상 : 상시 100인 이상의 근로자를 사용하는 사업장에는 위원회를 설치, 운용해야 한다.

② 위원회의 구성

ⓐ 관리책임자 1인

ⓛ 산업보건의 1인(건설업의 경우 제외)

ⓒ 안전관리자 1인, 보건관리자 1인 또는 관리감독자 중에서 사업주가 지명하는 6인 이내(건설업의 경우은 7인 이내)

ⓔ 근로자 대표 1인 및 근로자 대표가 추천하는 근로자 9인 이내

③ 위원회의 심의사항 : 산업안전 보건 위원회는 안전, 보건 관리 책임자의 업무사항을 심의한다.

④ 위원회의 운영

ⓐ 위원장은 관리책임자를 원칙으로 하여 노사협의회가 설치된 경우에는 노사협의회 의장이 위원장이 될 수도 있다.

ⓛ 위원회는 3개월마다 정기적으로 개최하며 필요시 임시회를 개최할 수도 있다.

(3) 안전보건 관리책임자 및 안전관리자의 업무내용

① 안전보건 관리 책임자의 업무내용

ⓐ 산업재해 예방 계획의 수립에 관한 사항

ⓛ 안전보건 관리 규정의 작성에 관한 사항

ⓒ 근로자의 안전 보건 교육에 관한 사항

ⓔ 작업환경의 측정등 작업환경의 점검 및 개선에 관한 사항

ⓜ 근로자의 건강진단등 건강관리에 관한 사항

ⓗ 산업재해의 원인조사 및 재발방지대책의 수립에 관한 사항

ⓢ 산업재해에 관한 통계의 기록.유지에 관한 사항

ⓞ 안전 보건에 관련되는 안전장치 및 보호구 구입시의 적격품 여부 확인에 관한 사항

ⓩ 기타 근로자의 유해 위험방지 조치에 관한 사항으로서 노동부령이 정하는 사항

② 안전관리자의 직무내용

㉠ 당해 사업장의 안전 보건관리규정 및 취업규칙에서 정한 직무

㉡ 방호장치, 기계, 기구 및 설비 또는 보호구중 안전에 관련되는 보호구의 구입시 적격품 선정

㉢ 당해 사업장 안전 교육계획의 수립 및 실시

㉣ 사업장 순회점검 지도 및 조치의 건의

㉤ 산업재해발생의 원인조사 및 대책 수립

㉥ 법 또는 법에 의한 명령이나 안전 보건관리 규정 및 취업규칙 중 안전에 관한 사항을 위반한 근로자에 대한 조치의 건의

㉦ 기타 안전에 관한 사항으로서 노동부장관이 정하는 사항

③ 관리 감독자의 업무 내용

㉠ 사업장내 관리감독자가 지휘 감독하는 작업(이하 "당해 작업")과 관련되는 기계 기구 또는 설비의 안전 보건점검 및 이상유무의 확인

㉡ 관리감독자에게 소속된 근로자의 작업복 보호구 및 방호장치의 점검과 그 착용 사용에 관한 교육 지도

㉢ 당해 작업에서 발생한 산업재해에 관한 보고 및 이에 대한 응급조치

㉣ 당해 작업의 작업장의 정리정돈 및 통로확보의 확인 감독

㉤ 당해 사업장의 산업보건의 안전관리자 및 보건관리자의 지도 조언에 대한 협조

㉥ 기타 당해 작업의 안전 보건에 관한 사항으로서 노동부장관이 정하는 사항

(4) 안전조직의 일반적인 업무내용

① 경영자(사업주)

㉠ 기본방침 및 안전시책의 시달

㉡ 안전조직 편성(원활한 안전조직의 확립)

㉢ 안전예산의 책정

㉣ 안전한 기계설비, 작업환경의 유지

② 관리자

　　㉠ 구체적인 안전관리 기준 규정의 작성

　　㉡ 설비, 공정, 작업방법 등의 안전상의 검토

　　㉢ 위험시 응급조치

　　㉣ 재해조사 및 재해방지

　　㉤ 안전활동의 평가

③ 현장감독자

　　㉠ 작업자 지도 및 교육훈련(현장안전관리의핵심)

　　㉡ 작업감독 및 지시

　　㉢ 안전점검

　　㉣ 직장안전 회의

　　㉤ 재해보고서 작성

　　㉥ 개선에 관한 의견 상신

④ 작업자

　　㉠ 작업선 점검 실시

　　㉡ 보고 및 신호의 이행

　　㉢ 안전작업의 이행

　　㉣ 개선 필요시 의견 제시

(5) 안전보건 개선 계획

① 안전보건 개선계획 수립대상 사업장

　　㉠ 안전관리자 및 보건관리자를 두어야 하는 사업장으로서 재해율이 동종 업종의 평
　　　균 재해율보다 높은 사업장

　　㉡ 작업환경 측정대상 사업장으로서 작업환경이 현저히 불량한 사업장

　　㉢ 중대재해가 연간 2건 이상 발생한 사업장

　　㉣ 위에 준하는 사업장으로서 노동부장관이 따로 정하는 사업장

② 안전보건진단을 받아 개선계획을 수립 제출해야 되는 사업장

　　㉠ 중대재해발생 사업장 중 재해발생 이전 1년간 재해율이 전년도 동종업종 평균재해
　　　율을 초과하는 사업장

　　㉡ 재해율이 동종업종 평균재해율의 2배 이상인 사업장

　　㉢ 직업병 유소견자가 연간 2명이상 발생한 사업장

　　㉣ 작업환경불량, 직업병 유소견자 발생, 화재 폭발 또는 누출사고로 사회적 물의를

야기한 사업장

ⓔ 위의 규정에 준하는 사업장으로서 노동부장관이 따로 정하는 사업장

③ 안전 보건 개선계획서에 포함해야 되는 내용

㉠ 시설 안전 보건교육

㉡ 안전 보건관리체제 산업재해예방 및 작업환경의 개선을 위하여 필요한 사항

④ 개선계획의 공통사항과 중점 개선계획

㉠ 공통사항에 포함되는 항목

ⓐ 안전 보건관리조직(안전 보건관리책임자 임명, 보건관리자의 임명, 안전담당자 임명)

ⓑ 안전표지 부착(금지표지, 경고표지, 지시표지, 안내표지, 기타표지)

ⓒ 보호구 착용(작업복, 안전모, 보안경, 방진 마스크, 귀마개, 안전대, 안전화, 기타)

ⓓ 건강진단실시(일반건강진단, 특수건강진단, 채용시 건강진단)

㉡ 중점 개선계획의 항목

ⓐ **시설**(비상통로, 출구, 계단, 급수원, 소방시설, 작업설비, 운반경로, 안전통로, 배연시설, 배기시설, 배전시설 등 시설물의 안전대책)

ⓑ **기계장치**(기계별 안전장치, 전기장치, 가스장치, 동력전도장치, 운반장치,용구 공구 등의 보존 상태 등의 안전대책)

ⓒ **원료 재료**(인화물, 발화물, 유해물, 생산원료등의 취급방법, 적재방법, 보관방법 등의 안전대책)

ⓓ **작업방법**(안전기준, 작업표준, 보호구 관리상태 등에 대한 대책)

ⓔ **작업환경**(정리정돈, 청소상태, 채광조명, 소음, 분진, 고열, 색채, 온도, 습도, 환기 등의 개선대책)

ⓕ **기타**(산업안전 보건법, 안전 보건 기준상 조치사항)

⑤ 작업공정별 유해 위험분포도 작성시 포함되는 내용

㉠ 각 공정속에 숨어있는 유해 위험요소의 발견

㉡ 각 공정간의 표준작업의 상태

㉢ 각 공정별로 종사하는 작업자의 파악

㉣ 공정상의 기계, 재료, 도구의 공학적 결함 유무

㉤ 작업조건 및 작업방법 개선

㉥ 공정에서 발생된 재해 및 사고분석

(6) 무재해 운동

① 무재해 운동의 이념 3원칙 : 무의 원칙, 참가의 원칙, 선취 해결의 원칙
② 무재해 운동 추진의 3기둥(무재해 운동의 3요소)
　　㉠ 최고 경영자의 경영자세
　　㉡ 라인화의 철저(관리감독자에 의한 안전보건의 추진)
　　㉢ 직장(소집단)의 자주활동의 활발화
③ 브레인 스토밍(B.S. : brain storming)의 4원칙 : 비평금지, 자유분방, 대량발언, 수정발언
④ 무재해 운동 실천의 4원칙 : 팀 미팅 기법, 선취기법, 문제 해결기법

(7) 위험 예지 훈련

① 위험 예지 훈련의 뜻 : 직장·작업 상황하에서 잠재된 위험요인과 그것이 초래할 현상을 작업상황판 또는 직접 작업시 소집단에서의 토의·합의를 통해 위험의 포인트나 중점적인 실시 사항을 지적·확인하여 작업하기 전에 문제점 및 위험요소를 해결하기 위한 훈련이다.
② 위험 예지 훈련의 4단계와 TBM의 8단계

라운드	TBM의 진행(8R)	위험 예지 훈련의 진행(4R)	진행방법 및 내용
1R	사실파악 ⇨ 어디에 위험 1단계 : 문제 제기 2단계 : 현상 파악	• 현상 파악 – 사실 확인 – BS 라인 실시 • 어떤 위험이 잠재하는가? (위험 예지 훈련)	전원이 토의하여 도해의 상황 속에 잠재하고 있는 위험 요인을 발견하여 그 요인이 초래하는 현상을 생각한 후, '~해서 ~이 된다', '~ 때문에 ~이 된다'와 같은 방법으로 발언해 간다.
2R	근원찾기 ⇨ 이것이 위험의 요점이다. 1단계 : 문제점발견 2단계 : 중요 문제 결정	• 본질 추구 – 요인 찾기 – 가장 위험한 것을 찾아서 합의 • 이것이 위험의 Point이다 (위험 예지 훈련).	발견한 위험 요인 중 중요하다고 생각되는 위험을 파악하여 ○표를 붙이고 다시 요약해서 ◎표를 붙이고 붉은 펜으로 밑줄을 그어 전원이 지적·확인한다.
3R	대책　수립 ⇨ 당신이라면 어떻게 하겠는가? 1단계 : 해결책 구상 2단계 : 구체적 방안 수립	• 대책 수립 – 대책 세우기 – 좀 더 높은 위험도에 대한 BS의 대책 세우기 • 당신이라면 어떻게 하겠는가? (위험 예지 훈련)	◎표를 붙인 중요 위험의 해결을 위해 어떻게 하면 좋은지 생각해내고, 구체적이고 실행 가능한 대책을 세운다.

| 4R | 행동 계획 결정⇨ 우리들은 이렇게 하자.
1단계 : 중점 사항 결정
2단계 : 실시 계획 책정 | ① 목표 설정
– 행동 계획 정하기
– 수립된 대책 중 질이 높은 항목에 합의
② 우리들은 이렇게 하자. (위험 예지 훈련) | 대책 중 중점 실시 항목을 좁혀 나가서 중요도를 붙이고, 그것을 실천하기 위한 팀의 행동 목표를 설정하여 지적·확인한다. 또 그것을 One Point 로 줄여 지적·확인을 3회 연습한다. |

THEME 03 재해조사 및 안전점검

(1) 사고 원인조사방법

① 개요

ㄱ 용어의 정의

ⓐ **사고**(Accident)
- 기술적 위험이 필연적으로 일어난 인적·물적 피해
- 우연적, 갑작스러운 일

ⓑ **사건**(Incident)
- 문제가 되거나 관심을 끌만한 일[사전적 의미]
- 의도적, 계획적, 긍정과 부정 모두 포함

ⓒ **재해**(Accident, injury) : 사고의 결과로 인해 발생하는 인명이나 재산상의 피해 손실

ⓓ **손실**(loss) : 축나거나 잃거나 하여 손해를 보는 것[사전적 의미]

ㄴ 사고조사의 목적

ⓐ 동종 사고 및 유사 사고를 미연에 방지(재발방지)

ⓑ 사고와 관련된 사실의 정의와 정확한 원인 규명

ⓒ 사고 원인에 따른 재해방지대책 수립과 적용

ⓓ 안전관리상 중점적으로 관리해야 할 대상 파악

ⓔ 사고 통계의 활용

② 재해조사

㉠ 재해 발생 시의 조치 순서

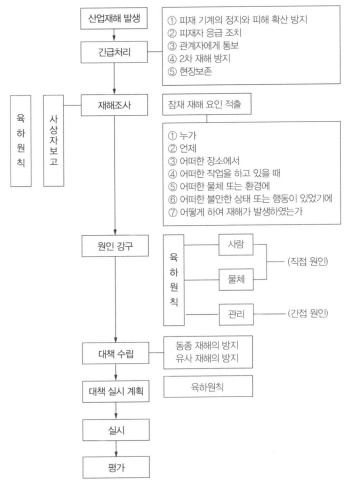

㉡ 재해 조사시 유의 사항

ⓐ 사실을 수집한다. 이유는 뒤에 확인한다.

ⓑ 객관적인 입장에서 공정하게 조사하며, 조사는 2인 이상이 한다.

ⓒ 조사는 신속히 실시하고 2차 재해 방지

ⓓ 피해자에 대한 구급조치를 우선한다.

ⓔ 사실 이외 추측의 말은 참고로 활용한다.

㉢ 재해 조사 방법

ⓐ 재해 발생 직후에 행한다.

ⓑ 현장의 물리적 흔적 즉, 물적 증거를 수집한다.

ⓒ 재해 현장은 사진 등을 촬영하여 보관, 기록한다.

ⓓ 목격자·현장 감독자 등 다수의 사람으로부터 사고 시의 상황을 청취한다.

ⓔ 재해 피해자로부터 재해 발생 직전의 상황을 듣는다.

ⓕ 기타 판단이 곤란한 특수한 재해 또는 중대 재해는 전문가에게 조사 의뢰한다.

ㄹ 재해 시 조사 항목

ⓐ 발생 년월일 시간

ⓑ 피해자의 성명, 성별, 연령, 경험 등

ⓒ 피해자의 업무와 직종

ⓓ 피해자의 상병 외 정도, 부위, 성질

ⓔ 사고의 형

ⓕ 기인물

ⓖ 가해물

ⓗ 피해자의 불안전한 행동

ⓘ 피해자의 불안전한 인적 요소

ⓙ 기인물의 불안전한 상태

ⓚ 관리적 요소 결합 외

ㅁ 산업재해 조사표

ⓐ 우리나라 산업안전보건법 시행규칙 제4조에 의하면, 사업체에서 사망자가 발생하거나 3일 이상의 휴업이 필요한 부상을 입거나 질병에 걸린 사람이 발생한 경우에는, 해당 산업재해가 발생한 날부터 1개월 이내에 안전보건관리자를 통해 산업재해조사표를 작성하여 해당지방관서에 제출해야 한다.

ⓑ 중대재해 발생시에는 지체없이 해당지방관서에 보고해야 한다.

ⓒ 산업재해조사표는 사업장 정보, 재해정보, 재해발생 개요 및 원인, 재발방지계획으로 구성된다.

(2) 재해 통계지표

① 도수율 : 위험에 노출된 단위시간당 재해가 얼마나 발생했는가를 보는 재해발생 상황을 파악하기 위한 표준지표

$$도수율 = (재해건수 / 연 근로 시간수) \times 1,000,000$$

② 강도율 : 1,000시간을 단위시간으로 연 근로시간당 작업손실일 수로써 재해에 의한 손상의 정도를 나타낸다.

$$강도율 = (손실작업일 수 / 연 근로시간 수) \times 1,000$$

③ **건수율**(발생률) : 조사기간 중의 산업체 근로자 1,000명당 재해발생 건수를 표시하는 것으로 산업재해 발생상황을 총괄적으로 파악하는 데 적합하나, 작업시간이 고려되지 않은 것이 결점이다.

$$건수율 = (재해 건수 / 평균 실근로자 수) \times 1,000$$

④ **평균 작업손실일수** : 재해건수 당 평균 작업손실규모가 어느 정도인가를 나타내는 지표이다.

$$평균 작업손실일수 = (작업손실 일수 / 재해 건수) \times 1,000$$

⑤ **연천인율**(年千人率) : 근로자 1000인당 1년간에 발생하는 사상자수를 나타낸다.

$$연천인율 = (연간 재해자 수 / 연 평균 근로시간 수) \times 1,000$$

⑥ **연천인율과 도수율과의 관계**
　㉠ 연천인율 = 도수율 × 2.4
　㉡ 도수율 = 연천인율 / 2.4

(3) 안전점검

① **안전점검의 의의** : 안전의 확보를 목적으로, 설비의 불안전한 상태나 인간의 불안전한 행동에서 유발되는 결함을 발견하여 안전상태에 대해 확인하는 일련의 절차나 행위이다.

② **안전 점검의 종류**
　㉠ **점검 주기에 의한 구분**
　　ⓐ **정기 점검**(계획 점검)
　　　• 일정 시간마다 정기적으로 실시하는 점검
　　　• 외관, 구조 및 기능의 점검과 각부의 분해에 의한 검사를 행하여 이상을 발견하며 법적 기준 또는 사내 안전 규정에 따라 해당 책임자가 실시하는 점검
　　ⓑ **수시 점검**(일상 점검)

- 매일 작업 전, 작업 중 또는 작업 후에 일상적으로 실시하는 점검
- 부착의 상태, 오른손의 상태, 접합부의 상태, 전류, 전압, 유량, 압력 등 계기의 작동 상태 등 외관, 기능상의 점검을 행하고 이상 유무를 확인하는 것
- 작업자 · 작업 책임자 · 관리 감독자가 실시하고 사업주의 안전 순찰도 넓은 의미에서 포함됨

ⓒ **특별 점검**
- 기계 · 기구 또는 설비의 신설 · 변경 또는 고장 수리 등으로 비정기적인 특정 점검
- 기술 책임자가 실시(산업 안전 보건 강조 기간에도 실시)

ⓓ **임시 점검**
- 정기 점검 실시 후 다음 점검 기일 이전에 임시로 실시하는 점검의 형태
- 기계 · 기구 또는 설치의 이상 발견 시에 임시로 점검하는 점검

ⓛ 점검 방법에 의한 구분

ⓐ **외관 점검** : 기기의 적당한 배치, 설치 상태, 변형, 균열, 손상, 부식, 볼트의 여유 등의 유무를 외관에서 시각 및 촉감 등에 의해 조사하고, 점검 기준에 의해 적합 · 부적합을 확인하는 것

ⓑ **기능 점검** : 간단한 조작을 행하여 대상 기기의 기능적 적합 · 부적합을 확인하는 것

ⓒ **작동 점검** : 전장치나 누전 차단 장치 등을 정해진 순서에 의해 작동시켜 상황의 적합 · 부적합을 확인하는 것

ⓓ **종합 점검** : 정해진 점검 기준에 의해 측정 · 검사를 행하고, 또 일정한 조건 하에서 운전 시험을 행하여 그 기계 설비의 종합적인 기능을 확인하는 것

③ 하비(J. H. Harvey)의 3E에 의한 안전대책

㉠ Education(교육) : 교육적 대책 – 안전교육 및 훈련

㉡ Engineering(기술) : 기술적(공학적) 대책 – 시설 장비의 개선, 안전기준, 안전 설계, 작업행정 및 환경설비의 개선 등

㉢ Enforcement(규제) : 규제적(관리직) 대책 – 안전 감독의 철저, 적합한 기준 설정, 규정 및 수칙의 준수, 기준 이해, 경영자 및 관리자의 솔선수범, 동기부여와 사기 향상

(4) 재해 손실비

① 하인리히 방식 : 총재해 cost = 직접비 + 간접비

   ㉠ 직접비 : 간접비 = 1 : 4

   ㉡ 직접비 : 법령으로 정한 피해자에게 지급되는 산재보상비를 말한다.

      ⓐ **휴업보상비** : 평균임금의 100분의 70에 상당하는 금액

      ⓑ **장해보상비** : 신체장해가 남는 경우에 장해등급에 의한 금액

      ⓒ **요양보상비** : 요양비의 전액

      ⓓ **장의비** : 평균임금의 120일분에 상당하는 금액

      ⓔ **유족보상비** : 평균임금의 1300일분에 상당하는 금액

      ⓕ **기타** : 유족특별보상비, 장해특별보상비, 상병보상년금 등

   ㉢ 간접비 : 재산손실, 생산중단등으로 기업이 입은 손실로서 정확한 산출이 어려울때에는 직접비의 4배로 산정하여 계산한다.

      ⓐ **인적손실** : 본인 및 제3자에 관한 것을 포함한 시간손실

      ⓑ **물적손실** : 기계, 공구, 재료, 시설의 복구에 소비된 시간손실 및 재산손실

      ⓒ **생산손실** : 생산감소, 생산중단, 판매감소 등에 의한 손실

      ⓓ **기타손실** : 병상위문금, 여비 및 통신비, 입원중의 잡비, 장의 비용 등

② **시몬즈(R.H.Simonds) 방식** : 총재해 코스트(cost) = 산재보험 코스트 + 비보험 코스트

   ㉠ 산재보험코스트 : 산업재해보상보험법에 의해 보상된 금액과 보험회사의 보상에 관련된 제경비 및 이익금을 합친 금액

   ㉡ 비보험 코스트

$$（휴업상해건수×A) + (통원상해건수 ×B)$$

$$（응급조치건수×C) + (무상해 사고 건수×D)$$

   여기서 A, B, C, D는 장해 정도별에 의한 비보험 코스트의 평균치

   ㉢ 재해의 종류

      ⓐ **휴업상해** : 영구 일부 노동 불능 및 일시 전노동 불능

      ⓑ **통원상해** : 일시 일부 노동 불능 및 의사의 통원조치를 필요로 한 상태

      ⓒ **응급조치상해** : 응급조치 상해 또는 8시간 미만 휴업 의료조치 상해

      ⓓ **무상해 사고** : 의료조치를 필요로 하지 않는 상해사고 및 20달러 이상 재산손실 또는 8시간이상 손실을 발생한 사고

(1) 안전보호구

① 보호구의 구비조건

ⓐ **착용이 간편하여야 함** : 보호구를 착용하고 벗을 때 쉬워야 하고, 착용했을 때 압박감이 적고 고통이 없어야 한다.

ⓑ **작업에 방해가 되지 않아야 함** : 보호구를 착용했을 경우 활동이 자유로워야 하며 이로 인해 생산을 저해해서는 안 된다.

ⓒ **유해 · 위험 요소에 대한 방호성능이 충분해야 함** : 보호구란 해당작업에서 예측할 수 있는 모든 유해 · 위험요소로부터 충분히 보호될 수 있는 성능을 갖추어야 한다.

ⓓ **재료의 품질이 양호해야 함** : 보호구는 신체에 착용해야 하므로 피부에 접촉할 경우 피부염 등을 일으키면 안 되며, 특히 금속재료는 내식성이 높고 녹을 방지하는 등의 조건을 갖추어야 하고, 재료는 가볍고 충분한 강도를 갖추어야 한다.

ⓔ **구조와 끝마무리가 양호해야 함** : 보호구는 충분한 강도와 내구성이 있어야 하며 표면 등의 끝마무리가 잘 되어서 이로 인한 상처 등을 유발하지 않도록 해야 한다.

ⓕ **외양과 외관이 양호해야 함** : 우수한 성능을 가진 보호구라 할지라도 실제로 착용해야 하는 근로자가 착용을 기피하면 소기의 목적을 달성하기 어렵다. 그러므로 착용률을 제고시키기 위해서는 외양과 외관이 우수해야 한다.

② 보호구의 종류와 적용 작업

보호구의 종류	구분	적용 작업 및 작업장
호흡용 보호구	방진마스크	분체작업, 연마작업, 광택작업, 배합작업
	방독마스크	유기용제, 유해가스, 미스트, 흄 발생작업장
	송기마스크, 산소호흡기, 공기호흡기	저장조, 하수구 등 청소 및 산소결핍위험 작업장
청력 보호구	귀마개, 귀덮개	소음발생작업장
안구 및 시력보호구	전안면 보호구	강력한 분진비산직업과 유해광선 발생작업
	시력보호	안경 유해광선 발생 작업보호의와 장갑, 장화
안전화, 안전장갑	장갑	피부로 침입하는 화학물질 또는 강산성물질을 취급하는 작업
	장화	피부로 침입하는 화학물질 또는 강산성물질을 취급하는 작업

안전복	방열복, 방열면	고열발생 작업장
	전신안전복	강산 또는 맹독유해물질이 강력하게 비산되는 작업
	부분안전복	상기물질이 심하게 비산되지 않는 작업
피부보호크림		피부염증 또는 홍반을 일으키는 물질에 노출되는 작업장

③ 검정대상 보호구 : 안전모, 보안경, 귀마개 또는 귀덮개, 방진 마스크, 방독마스크, 송기(산소) 마스크, 보안면, 안전장갑, 안전대, 안전화, 보호복

④ 안전모의 성능시험 항목 : 내관통성 시험, 충격흡수성시험, 내전압성 시험(AE 와 ABE), 내수성 시험(AE 와 ABE), 난연성 시험

(2) 산업 안전·보건 표지

① 산업 안전·보건 표지의 종류와 형태

　ㄱ 금지표지

　　ⓐ 금지표지는 어떤 특정한 행위가 허용되지 않음을 나타낸다. 이 표지는 흰색 바탕에 빨간색 원과 45° 각도의 빗선으로 이루어진다.

　　ⓑ 금지할 내용은 원의 중앙에 검정색으로 표현하며, 둥근테와 빗선의 굵기는 원 외경의 10%이다.

금지 표지							
101 출입 금지	102 보행 금지	103 차량 통행 금지	104 사용 금지	105 탑승 금지	106 금연	107 화기 금지	108 물체 이동 금지

　ㄴ 경고표지

　　ⓐ 경고표지는 일정한 위험에 따라 경고를 나타낸다.

　　ⓑ 이 표지는 노란색 바탕에 검정색 삼각테로 이루어지며, 경고할 내용은 삼각형 중앙에 검정색으로 표현하고 노란색의 면적이 전체의 50% 이상을 차지하도록 하여야 한다.

경고 표지							
201 인화성 물질 경고	202 산화성 물질 경고	203 폭발성 물질 경고	204 급성독성 물질 경고	205 부식성 물질 경고	206 방사성 물질 경고	207 고압 전기 경고	208 매달린 물체 경고
209 낙하물 경고	210 고온 경고	211 저온 경고	212 몸 균형 상실 경고	213 레이저 광선 경고	214 발암성 · 변이원성 · 생식 독성 · 전신 독성 · 호흡기 과민성 물질 경고		215 위험 장소 경고

ⓒ 지시표지

   ⓐ 지시표지는 일정한 행동을 취할 것을 지시하는 것으로 파란색의 원형이며, 지시하는 내용을 흰색으로 표현한다.

   ⓑ 원의 직경은 부착된 거리의 40분의 1 이상이어야 하며, 파란색은 전체 면적의 50% 이상일 것

지시 표지								
301 보안경 착용	302 방독마스크 착용	303 방진마스크 착용	304 보안면 착용	305 안전모 착용	306 귀마개 착용	307 안전화 착용	308 안전장갑 착용	309 안전복 착용

ⓓ 안내표지

   ⓐ 안내표지는 안전에 관한 정보를 제공한다.

   ⓑ 이 표지는 녹색 바탕의 정방형 또는 장방형이며, 표현하고자 하는 내용은 흰색이고, 녹색은 전체 면적의 50% 이상이 되어야 한다(예외 : 안전제일 표지).

안내 표지							
401 녹십자 표지	402 응급 구호 표지	403 들것	404 세안 장치	405 비상용 기구	406 비상구	407 좌측 비상구	408 우측 비상구

관계자 외 출입 금지			문자 추가 시 예시문
501 허가 대상 물질 작업장	502 석면 취급 · 해체 작업장	503 금지 대상 물질을 취급하는 실험실 등	▶ 자신의 건강과 복지를 위하여 안전을 늘 생각한다. ▶ 가정의 행복과 화목을 위하여 안전을 늘 생각한다. ▶ 자신의 실수로 동료를 해치지 않도록 안전을 늘 생각한다. ▶ 자신이 일으킨 사고가 회사에 끼칠 손실을 방지하기 위해 안전을 늘 생각한다. ▶ 자신의 방심과 불안전한 행동이 조국의 번영에 장애가 되지 않도록 안전을 늘 생각한다.
관계자 외 출입금지 (허가 물질 명칭) 제조 · 사용 · 보관 중 보호구 · 보호복 착용 흡연 및 음식물 섭취 금지	관계자 외 출입금지 석면 취급 · 해체 중 보호구 · 보호복 착용 흡연 및 음식물 섭취 금지	관계자 외 출입금지 발암 물질 취급 중 보호구 · 보호복 착용 흡연 및 음식물 섭취 금지	

② 산업 안전 · 보건 표지의 색채, 색도 기준, 용도

색채	색도 기준	용도	사용 예
빨간색	7.5R 4/14	금지	정지 신호, 소화 설비 및 그 장소, 유해 행위의 금지
		경고	화학 물질 취급 장소에서의 유해 · 위험 경고
노란색	5Y 8.5/12	경고	화학 물질 취급 장소에서의 유해 · 위험 경고, 그 밖의 위험 경고, 주의 표지 또는 기계 방호물
파란색	2.5PB 4/10	지시	특정 행위의 지시 및 사실의 고지
녹색	2.5G 4/10	안내	비상구 및 피난소, 사람 또는 차량의 통행 표지
흰색	N9.5	–	파란색 또는 녹색에 대한 보조색
검은색	N0.5	–	문자 및 빨간색 또는 노란색에 대한 보조색

Chapter 02

건설안전

THEME 05 건설안전시설 및 설비

(1) 화재

① 화재의 분류 및 소화 방법

분류	A급 화재	B급 화재	C급 화재	D급 화재
명칭	일반 화재	유류·가스화재	전기 화재	금속 화재
가연물	목재,종이,섬유 등	유류, 가스 등	전기	Mg분, AL분
주된소화효과	냉각 효과	질식 효과	질식, 냉각	질식 효과
적응 소화제	① 물 소화기 ② 강화액 소화기 ③ 산, 알칼리 소화기	① 포말 소화기 ② 분말 소화기 ③ CO_2 소화기 ④ 증발성 액체 소화기	① 유기성소화액 ② 분말 소화기 ③ CO_2 소화기	① 건조사 ② 팽창 질식 ③ 팽창 진주암
구분색	백색	황색	청색	무색

② 소화기의 종류

㉠ 종류

소화기 명	적응 화재	소화 효과	약제
분말 소화기	B, C 급	질식, 냉각	$NaHCO_3$, $KHCO_3$, $NH_4H_2PO_4$
증발성 액체 소화기	B, C 급	억제, 희석, 냉각	CCl_4, CH_2ClBr, $CBr_2F_2CBrF_2$
CO_2 소화기	B, C 급	질식, 냉각	탄산가스
포말 소화제	A, B 급	질식, 냉각	가수분해 단백질, 계면활성제, 물
강화액 소화기	A, C 급	냉각	K_2CO_3
산, 알칼리 소화기	A급	냉각	황산, 중탄산나트륨

③ **연소의 3요소** : 가연물(연료), 산소(공기), 점화원(열에너지)을 연소의 3요소라 부르며, 이중 어느 하나라도 없으면 연소가 이루어질 수 없으므로, 이들 3요소 중 하나 이상을 제거하거나 격리시키는 것이 곧 불을 끄는 소화의 원리이다.

<table>
<tr><td>더 알고가기</td><td>트렌처 설비</td></tr>
</table>

- 건축물의 외벽, 창, 지붕 등에 설치하여 인접건물에 화재가 발생했을 때 수막을 형성함으로써 화재의 연소를 방지하는 방화설비이다.
- 인접 건물의 연소를 방지하는 트렌처 설비의 헤드 설치 간격은 2.5m 이내로 한다.

(2) 건축 안전 일반

① 건설업에서 높은 재해율의 원인

　㉠ 영세업체와 자영업체의 높은 비율

　㉡ 건설업의 다양성과 상대적으로 짧은 공기

　㉢ 높은 이직율과 건설공정에 익숙하지 않은 다수의 임시근로자

　㉣ 기상 변화에 민감한 작업환경

　㉤ 숙련을 필요로 하는 많은 작업 등

② 추락(떨어짐)

　㉠ 추락(떨어짐)의 방지

　　ⓐ 높이가 2m 이상의 장소에서 작업을 할 경우 추락에 의하여 근로자에게 위험을 미칠 우려가 있을 때 작업 발판을 설치

　　ⓑ 방망을 치거나 안전대를 착용하게 함

　㉡ 개구부 등의 방호조치

　　ⓐ 높이가 2m 이상되는 작업 발판의 끝이나 개구부로서 추락에 의하여 근로자에게 위험을 미칠 우려가 있는 장소에는 표준 안전난간, 울 및 손잡이 등으로 방호조치하거나 덮개

　　ⓑ 방망을 치거나 안전대 착용

　㉢ 스레이트 등 지붕 위에서의 위험 방지 : 폭 30cm 이상의 발판을 설치하거나 방망을 치는 등의 조치

　㉣ 이동식 사다리를 조립할 때의 준수사항

　　ⓐ 폭은 30cm 이상이며, 견고한 구조로 할 것

　　ⓑ 재료는 심한 손상, 부식 등이 없는 것으로 할 것

　　ⓒ 각부에서는 미끄럼방지장치의 부착 기타 전위를 방지하기 위한 필요한 조치를 할 것

　㉤ 기둥을 설치할 때의 조치사항

　　ⓐ 견고한 구조로 할 것

　　ⓑ 재료는 심한 손상, 부식 등이 없는 것으로 할 것

ⓒ 기둥과 수평면과의 각도는 75° 이하로 하고, 접는 식의 기둥은 철물 등을 사용하여 기둥과 수평면과의 각도가 충분히 유지되도록 할 것

ⓓ 바닥 면적은 작업을 안전하게 하기 위하여 필요한 면적이 유지되도록 할 것

ⓑ 울의 설치 : 케틀, 호퍼, 핏트 등이 있는 때 높이 90cm이상의 울을 설치

③ 비계

㉠ 높은 곳에서 공사를 할 때 디디고 서도록 긴나무와 널을 다리처럼 걸쳐놓은 시설물이다.

㉡ **비계의 종류** : 단관비계, 달대비계, 이동식 비계 등

  ⓐ **가설비계** : 임시로 설치하여 사용하는 것

  ⓑ **달대비계** : 철골공사의 리벳치기, 볼트 작업시에 주로 이용되는 것

  ⓒ **말비계**(안장비계, 각주비계) : 비교적 천정높이가 얕은 실내에서 내장 마무리작업에 사용되는 것

  ⓓ **이동식 비계** : 옥외의 얕은 장소 또는 실내의 부분적인 장소에서 작업을 할 때 이용되는 것

  ⓔ **달비계** : 건물에 고정된 돌출보 등에서 밧줄로 매달은 비계를 권양기에 의해 상하로 이동시킬 수 있으며 외부 마감공사, 외벽청소, 고층건물의 유리창 청소에 사용

  ⓕ **수평비계** : 작업하는 높이의 위치에 발판을 수평으로 맨 것으로 내부 천장 등 수장 공사에 주로 사용

④ 분진(Particulate)

㉠ **분진**(Particulate) : 고체상태의 물체가 외력에 의해서 파괴되어 생긴 미립자로서 연마, 분쇄, 절삭, 천공 등으로 발생하며 통상 약 $150\mu m$ 이하이다.

㉡ **분진이 인체에 미치는 영향** : 분진의 입자가 작은($0.5{\sim}5\mu m$) 경우 폐로 쉽게 들어가게 되며 폐내에 축적되어 조직 반응을 일으키고 폐의 섬유화로 진폐증을 유발하게 되는 등 여러 가지 병변을 일으킨다.

㉢ 작업장 분진 방지대책

  ⓐ 보호구(방진마스크)를 착용한다.

  ⓑ 작업재료나 조작방법을 변경한다.

  ⓒ 환기장치와 집진장치를 설치한다.

  ⓓ 살수차량을 운행한다.

  ⓔ 건식작업을 습식작업으로 전환한다.

⑤ **소음**(Noise)

㉠ 소음이란 주어진 작업의 존재나 완수와는 무관한, 심리적으로 불쾌감을 주고 신체에 장애를 일으키는 소리 즉, 원하지 않는 청각적 자극(Unwanted Sound)이다.

㉡ 작업장 소음이 근로자에게 미치는 영향 : 직업성 난청, 회화 방해, 불쾌감과 수면 장애, 작업 능률의 저해, 청력손실, 맥박 증가, 주의력 산만, 기억력 감퇴, 소화기능 장애 및 혈액순환 장애 등을 일으킬 수 있다.

㉢ 소음에 대한 대책

ⓐ **소음원의 제거 및 억제** : 소음발생 요소 제거, 진동음원의 방진, 소음기 부착, 흡음닥트 설치, 차음벽 시공, 작업 방법이나 작업시간 등의 변경 등

ⓑ 장해물에 의한 차음(遮音)효과(방음벽)

ⓒ 소음기(消音器)의 이용

ⓓ 보호구를 착용

(3) 가설 통로

① 경사로

㉠ 견고한 구조로 할 것

㉡ 경사는 30°이하로 할 것(계단을 설치하거나 높이 2m미만의 가설통로로서 튼튼한 손잡이를 설치한 때에는 그러하지 아니하다)

㉢ 경사가 15°를 초과하는 때에는 미끄러지지 아니하는 구조로 할 것

㉣ 경사로의 폭은 최소 75cm 이상이어야 한다.

㉤ 경사로 지지기등은 3m 이내마다 설치라여야 한다.

㉥ 목재는 미송, 육송 또는 동등이상의 재질을 가진 것이어야 한다.

㉦ 표준안전난간의 설치 기준

ⓐ 상부 난간대는 바닥면, 발판 또는 경사로의 표면으로부터 90㎝ 정도의 높이를 유지할 것

ⓑ 중간대는 바닥면, 발판 또는 경사로의 표면으로부터 45㎝ 정도의 높이를 유지할 것

ⓒ 난간기등은 상부 난간대와 중간대를 지지할 수 있는 충분한 강도의 간격을 유지할 것

ⓓ 상부난간대와 중간대는 난간길이 전체를 통하여 바닥면과 평행을 유지할 것

ⓔ 수직갱에 가설된 통로의 길이가 15m이상인 때에는 10m이내마다 계단참을 설치할 것

ⓕ 건설공사에 사용하는 높이 8m이상인 비계다리에는 7m마다 계단참을 설치할 것

② 통로 발판

    ㉠ 발판재료는 작업시의 하중치를 견딜 수 있도록 견고한 것으로 할 것

    ㉡ 비계(달비계를 제외)의 폭은 40cm이상, 발판재료 간의 틈은 3cm 이하로 할 것

    ㉢ 추락의 위험성이 있는 장소에는 표준안전난간을 설치할 것

    ㉣ 작업발판의 지지물은 하중에 의하여 파괴될 우려가 없는 것을 사용할 것

    ㉤ 작업발판 재료는 전위하고나 탈락하지 아니하도록 2 이상의 지지물에 부착시킬 것

    ㉥ 작업발판을 작업에 따라 이동시킬 때에는 위험방지에 필요한 조치를 할 것

③ 가설계단

    ㉠ 가설계단 및 계단참을 설치하는 때에는 500kg/cm² 이상의 하중에 견딜 수 있는 강도를 가진 구조로 설치하여야 하며, 안전율은 4 이상으로 하여야 한다.

    ㉡ 가설계단을 설치하는 때에는 그 폭을 1m이상으로 하여야 한다. 다만, 급유용, 보수용, 비단용 계단 및 나선형 계단에 대하여는 그러하지 아니하다.

    ㉢ 계단참을 설치하는 때에는 그 높이가 3.7m를 초과하여 설치하여서는 아니되며 중간의 계단참은 가로·세로의 길이가 각각 1m 이상이 되도록 하여야 한다.

    ㉣ 계단을 설치할 때에는 디딤면(답면)으로부터 높이 2m이상인 장애물이 없는 공간을 설치하여야 한다. 다만, 급유용, 보수용, 비단용 계단 및 나선형 계단에 대하여는 그러하지 아니하다.

④ 사다리식 통로

    ㉠ 견고한 구조로 할 것

    ㉡ 계단의 간격은 동일하게 할 것

    ㉢ 답단과 벽과의 사이는 적당한 간격을 유지할 것

    ㉣ 사다리의 전위방지를 위하 조치를 할 것

    ㉤ 사다리의 상단은 걸쳐놓은 지점으로부터 60m 이상 올라가도록 할 것

    ㉥ 갱내 사다리식 통로의 길이가 10m 이상인 때에는 5m 이내마다 계단참을 설치할 것

    ㉦ 갱내 사다리식 통로의 구배는 80°이내로 할 것

⑤ 고정식 사다리 : 고정사다리는 90°의 수직이 가장 적합하며, 수직면으로부터 15°를 초과해서는 안된다.

⑥ 이동식 사다리

    ㉠ 길이가 6m를 초과해서는 안된다.

    ㉡ 다리의 벌림은 벽 높이으 1/4정도가 가장 적당하다.

    ㉢ 다리부분에는 미끄럼방지장치를 하여야 한다.

    ㉣ 벽면 상부로부터 최소한 1m 이상의 여장길이가 있어야 한다.

ⓜ 미끄럼방지장치는 다음 기준에 의하여 설치한다.

ⓑ 사다리 지주의 끝에 고무, 코르크, 가죽, 강스파이크 등을 부착시켜 바닥과의 미끄럼을 방지하는 일종의 안전장치가 있어야 한다.

ⓢ 쐐기용 강스파이크는 지반이 부드러운 맨땅 위에 세울 때 사용하여야 한다.

ⓞ 피봇(Pivot) 방지발판은 인조고무 등으로 마감한 실내용을 사용하여야 한다.

ⓩ 미끄럼방지 판자 및 미끄럼방지 고정쇠는 돌마무리 또는 인조석 깔기 마감한 바닥용으로 사용하여야 한다.

(4) 건설공사 안전수칙

① 수공구(Hand tool) 작업 안전 일반 사항

ㄱ 반드시 안전 보호구를 사용

ㄴ 사용하기 전 공구 상태를 점검

ㄷ 공구의 올바른 사용법을 익힌 후 사용

ㄹ 다른 공구로 대용해서는 안되며, 작업에 가장 알맞은 공구를 선택

ㅁ 사용하는 공구를 재료나 제품 또는 기계 위에 놓는 행위 금지

ㅂ 공구를 사용한 다음에는 사용할 수 있는 상태로 손질해서 보관

ㅅ 시계나 반지 등의 금지(특히 망치질이나 전기 작업 등을 할 때)

ㅇ 예리한 물건을 다룰 때에는 장갑 착용

ㅈ 마이크로미터, 버니캘리퍼스등과 같은 정밀 공구는 특히 충격을 가하지 않도록 주의

ㅊ 공구는 자기 마음대로 수리하거나 변형 금지

ㅋ 기름 묻은 손이나 공구로 작업 금지(공구가 미끄러져 빠짐)

ㅌ 미끄럽거나 불안전한 신을 신고 작업 금지

ㅍ 항상 작업 주위 환경에 주의를 기울이면서 작업

② 거푸집 해체시 안전수칙

ㄱ 거푸집의 해체는 원칙적으로 설치의 역순으로 순차적으로 실시한다.

ㄴ 거푸집 해체작업장 주위에는 관계자를 제외하고는 출입을 금지시켜야 한다.

ㄷ 강풍, 폭우, 폭설 등 악천후 때문에 작업 실시에 위험이 예상될 때에는 해체작업을 중지시켜야 한다.

ㄹ 해체된 거푸집 기타 각목 등을 올리거나 내릴 때에는 달줄 또는 달포대 등을 사용하여야 한다.

ㅁ 해체된 거푸집 또는 각목 등에 박혀 있는 못 또는 날카로운 돌출물을 즉시 제거하여야 한다.

ⓗ 해체된 거푸집 또는 각목은 재사용 가능한 것과 보수하여야 할 것을 선별, 분리하여 적치하고 정리정돈을 하여야 한다.

ⓢ 거푸집의 해체는 순서에 입각하여 실시하여야 한다.

ⓞ 해체시 작업원은 안전모와 안전화를 착용토록 하고, 고소에서 해체할 때에는 반드시 안전대를 사용하여야 한다.

ⓩ 보밑 또는 슬래브 거푸집을 제거할 때에는 한쪽 먼저 해체한 다음 밧줄 등을 이용하여 묶어 두고, 다른 한쪽을 서서히 해체한 다음 천천히 달아내려 거푸집 보호는 물론, 거푸집의 낙하 충격으로 인한 작업원의 돌발적 재해를 방지하여야 한다.

ⓒ 거푸집 해체가 용이하지 않다고 구조체에 무리한 충격 또는 큰 힘에 의한 지렛대 사용은 금하여야 한다.

ⓚ 상·하에서 동시 작업할 때에는 상·하간 긴밀히 연락을 취하여야 한다.

③ 작업자 안전 관리

㉠ 작업복

ⓐ 인화 물질이 묻었을 때는 화기에 주의한 뒤 빨리 옷을 갈아입는다.

ⓑ 소매나 바지자락에 묻었을 때는 화기에 주의한 뒤 빨리 옷을 갈아입는다.

ⓒ 팔이나 다리를 노출하지 않으며 상의 및 바지는 몸에 맞는 것을 입도록 하며 작업에 지장을 주지 않도록 하여야 한다.

ⓓ 목이나 허리에 수건을 차거나 단추를 풀고 다니는 등 단정치 못한 복장은 재해의 원인이 된다.

ⓔ 소매나 바지자락이 길면 기계에 말려들거나 물체에 걸려 위험하므로 옷자락이나 소매는 짧은 것이 좋다.

ⓕ 더운 곳에서 작업을 할 때에도 작업복을 반드시 입는다.

㉡ 장갑과 앞치마

ⓐ 전동 기계 사용이나 기타 목공 기계 사용 시에는 절대 장갑을 착용을 금하여야 한다.

ⓑ 철재나 날카로운 재료를 다룰 때는 장갑을 반드시 착용하며 장갑 착용 금지 작업과 장갑 착용 작업을 구별되어 있으므로 이를 반드시 지키도록 하여야 한다.

ⓒ 작업 전 반드시 복장을 점검해야 하여야 한다.

ⓓ 목공 기계를 운반할 때나 수리할 때 벨트 부분에 장갑이 회전 부분에 끼어 말려들 위험이 있다.

ⓔ 장갑이나 앞치마가 금지된 작업에서는 절대로 사용하지 않는다.

㉢ 기타 안전복장

ⓐ **귀마개** : 재단이나, 라우터 작업, 트리머, 샌딩 작업 등 소음이 심한 상태에서 지속적인 작업으로 청력에 손상이 되는 것을 방지하기 위해 사용하는 안전도구이다.

ⓑ **보안경** : 루터나 지그소 작업 중 나무 조각이나 파편들이 눈에 들어오는 것을 방지하기 위해 착용하는 안전도구이다.

ⓒ **마스크** : 톱밥먼지나 미세먼지가 호흡기로 들어가는 것을 어느 정도 방지해주는 안전도구이다.

ⓓ **안면 마스크** : 목공 작업 중 큰 파편이나 나무 조각으로부터 얼굴을 보호해주는 안전도구이다.

01 연간 총 근로시간 1000시간당 재해 발생에 의해서 잃어버린 근로손실일수를 의미하는 것은?

① 강도율
② 연천인률
③ 도수율
④ 종합재해지수

해설 강도율 : 1,000시간을 단위시간으로 연 근로시간당 작업손실일 수로써 재해에 의한 손상의 정도를 나타낸다.
• 강도율 = (손실작업일 수/연 근로시간 수)×1,000

02 안전에 대한 지시가 생산라인과 병행되는 조직으로, 조치가 철저하고 실시 효과가 빠르게 나타나는 안전관리 조직의 형태는?

① 직계식 조직
② 참모식 조직
③ 직계 – 참모식 조직
④ 프로젝트 조직

해설 라인조직형(직계식조직) : 안전관리에 관한 계획에서 실시에 이르기까지 모든 권한이 포괄적이고 직선적으로 행사되며, 안전을 전문으로 분담하는 부분이 없다(생산조직 전체에 안전관리 기능을 부여한다).

03 안전모임(Tool Box Meeting : T.B.M)에 관한 설명으로 틀린 것은?

① 상황에 직면하여 실시하는 위험예지활동이다.
② 작업 전 5~10분 정도 하는 안전에 관한 토의이다.
③ 안전을 위하여 결론은 신속하게 내린다.
④ 도입, 의견도출, 종합의 단계로 계획성 있게 진행한다.

해설 TBM(Tool Box Meeting) – 위험예지훈련(즉시즉응법) : 작업장에서 그때 그 장소의 상황에 즉응하여 실시하는 위험 예지 활동으로서 즉시 즉응법이라고도 한다. 근로자 모두가 말하고 스스로 생각하고 "이렇게 하자"라고 합의한 내용이 되어야 한다.

04 산업재해조사의 목적에 해당되지 않는 것은?

① 원인 규명
② 예방자료 수집
③ 동종재해 재발 방지
④ 라인 책임자 처벌

해설 재해 조사의 가장 중요한 목적은 재해를 발생시킨 원인을 규명하고, 그 원인에 대한 대처 방안이나 개선안을 제시하여 같거나 유사한 종류의 사고의 재발을 예방하는 것이다.

05 재해 발생의 주요원인 중 불안전한 상태에 해당되는 것은?

① 안전장치의 무효화, 불이행
② 결함 있는 기계설비 및 장치
③ 운전 중인 기계나 장치의 수리 점검
④ 잘못된 방법으로 운전 및 작업

해설 불안전한 상태(물적 원인) : 재해(인명의 손상)가 없는 사고를 일으키는 경우 또는 이 요인으로 인해 만들어진 물리적 상태 혹은 환경
• 작업방법의 결함 · 안전 · 방호장치의 결함
• 물(物) 자체의 결함 · 작업환경의 결함
• 물자의 배치 및 작업장소 불량 · 보호구 · 복장 등의 결함(지급하지 않음)
• 외부적 · 자연적 불안전 상태

정답 01 ① 02 ① 03 ③ 04 ④ 05 ②

06 재해 발생 형태별 분류 중 사람이 건축물, 비계, 기계, 사다리 등에서 떨어지는 것을 무엇이라 하는가?

① 전도　　　　　　② 충돌

③ 낙하　　　　　　④ 추락

해설 추락 : 사람이 건축물, 비계, 기계, 사다리, 계단, 경사면, 나무 등에서 떨어지는 것

07 안전 · 보건표지의 색채별 용도로 틀린 것은?

① 빨간색 – 경고, 금지

② 노란색 – 경고

③ 파란색 – 보호

④ 녹색 – 안내

해설 지시표지는 일정한 행동을 취할 것을 지시하는 것으로 파란색의 원형이며, 지시하는 내용을 흰색으로 표현한다.

08 하인리히의 재해 발생빈도 법칙에 의하면 중상해(사망 또는 중상) 재해가 5건이 발생하였다면 경상해 재해는 몇 건이 발생하였다고 볼 수 있는가?

① 1건　　　　　　② 29건

③ 145건　　　　　④ 600건

해설 1 : 29 : 300의 법칙이라고도 한다. 대형사고가 5건이므로 1 : 29 : 300에서 5×29 = 145건이다.

09 보호구 선택 시 유의사항으로 옳지 않은 것은?

① 사용목적에 적합할 것

② 보호성능이 확실히 보장될 것

③ 착용이 쉽도록 가능한 크기가 클 것

④ 작업에 방해되지 않을 것

해설 보호구의 구비조건
 • 착용이 간편하여야 함
 • 작업에 방해가 되지 않아야 함
 • 유해 · 위험 요소에 대한 방호성능이 충분해야 함
 • 재료의 품질이 양호해야 함
 • 구조와 끝마무리가 양호해야 함
 • 외양과 외관이 양호해야 함

10 다음 중 안전점검의 종류가 아닌 것은?

① 정기점검　　　　② 특별점검

③ 수시점검　　　　④ 순회점검

해설 안전점검의 종류 : 정기점검(계획점검), 수시점검, 임시점검, 특별점검

11 도수율이 1.5라면 연천인율은 얼마인가?

① 1.5　　　　　　② 3.6

③ 10　　　　　　　④ 15

해설 연천인율과 도수율과의 관계
 • 연천인율 = 도수율×2.4
 • 도수율 = 연천인율/2.4 = 2.4×1.5 = 3.6

12 재해 발생 형태별 분류 항목의 설명으로 옳은 것은?

① 협착 : 물건에 끼워지거나 말려든 상태

② 유해물 접촉 : 사람이 정지물에 부딪힌 경우

③ 전도 : 적재물, 비계, 건축물이 무너진 경우

④ 추락 : 용기 또는 장치가 물리적인 압력에 의해 파열된 경우

해설 재해 발생 형태별 분류
 • 협착 : 물건에 끼워진 상태, 말려든 상태
 • 유해물접촉 : 유해물 접촉으로 중독되거나 질식된 경우
 • 전도 : 사람이 평면상으로 넘어지는 것을 말함(과속, 미끄러짐 포함)
 • 추락 : 사람이 건축물, 비계, 기계, 사다리, 계단, 경사면, 나무 등에서 떨어지는 것

정답　06 ④　07 ③　08 ③　09 ③　10 ④　11 ②　12 ①

13 산업재해예방의 4대 원칙이 아닌 것은?

① 예방 가능의 원칙

② 손실 우연의 원칙

③ 대책 선정의 원칙

④ 결과 계기의 원칙

> **해설** 재해예방의 4원칙 : 손실 우연의 원칙, 원인 계기의 원칙, 예방 가능의 원칙, 대책 선정의 원칙

14 다음에서 설명하는 안전관리조직의 형태는?

> • 안전관리를 담당하는 부분을 두고 안전관리에 관한 계획, 조사, 검토, 권고, 보고 등을 행하는 관리방식이다.
> • 생산부분은 안전에 대한 책임과 권한이 없다.
> • 중규모 사업장(100명이상~1000명 미만)에 적합하다.

① 스탭(Staff)형

② 라인(Line)형

③ 라인 · 스탭의 복합형

④ 보스(Boss)형

> **해설** 스탭형(참모식 조직)
> • 안전관리를 담당하는 스탭(참모진)을 두고 안전관리에 관한 계획, 조사, 검토, 권고, 보고 등을 행하는 관리 방식이다.
> • 중규모 사업장(100명이상 ~ 500명미만)에 사용된다.

15 다음 그림의 금지표지가 나타내는 것은?

① 출입금지　　② 보행금지

③ 사용금지　　④ 물체이동금지

> **해설** p.271 산업 안전 · 보건 표지 참고

16 근로자 1,000명당 1년 동안에 발생하는 재해자 수를 나타내는 것은?

① 연천인율　　② 도수율

③ 강도율　　④ 종합재해지수

> **해설** 연천인율(年千人率) : 근로자 1000인당 1년간에 발생하는 사상자수를 나타낸다.
> • 연천인율 = (연간 재해자 수/연 평균 근로시간 수)×1,000

17 "재해는 연쇄적으로 발생한다." 라는 도미노 이론을 주장한 사람은?

① 매슬로우　　② 하인리히

③ 안드포　　④ 허츠버그

> **해설** 하인리히(W.H.Heinrich)의 도미노 이론 : 도미노 이론은 도미노를 일렬로 세워놓고 어느 한 끝을 쓰러뜨리면 연쇄적으로 쓰러지는 현상

18 재해의 종류 중에서 자연재해에 해당되는 것은?

① 교통사고　　② 가스폭발

③ 홍수　　④ 건물붕괴

> **해설** 재해는 일반적으로 자연재해와 사회재해로 분류하는데, 자연재해는 태풍, 홍수, 호우, 폭풍, 해일, 폭설, 가뭄 또는 지진(지진해일 포함), 기타 이에 준하는 자연현상으로 인하여 발생하는 피해로 정의한다.

19 안전 · 보건표지 중 지시표지의 바탕색은?

① 빨간색　　② 노란색

③ 파란색　　④ 녹색

> **해설** 지시표지는 일정한 행동을 취할 것을 지시하는 것으로 파란색의 원형이며, 지시하는 내용을 흰색으로 표현한다.

정답 13 ④　14 ①　15 ③　16 ①　17 ②　18 ③　19 ③

20 다음 중 산업재해 조사의 주요 목적은?

① 목격자 확보 ② 물적피해 파악
③ 관계자 문책 ④ 재발 방지

해설 재해 조사의 가장 중요한 목적은 재해를 발생시킨 원인을 규명하고, 그 원인에 대한 대처 방안이나 개선안을 제시하여 같거나 유사한 종류의 사고의 재발을 예방하는 것이다.

21 버드의 재해구성비율은 1 : 10 : 30 : 600이다. 여기서 재해비율 30이 뜻하는 것은?

① 경상 ② 무상해 사고
③ 위험 순간 ④ 재방 방지

해설 버드(F.E.Bird)의 재해 구성 비율(1 : 10 : 30 : 600의 법칙) : 중상 또는 폐질 1, 경상 10(물적·인적 상해), 무상해 사고 30(물적 손실), 무상해·무사고 고장 600(위험 순간)의 비율로 사고가 발생한다는 이론이다.

22 안전·보건표시의 기본모형 중 정사각형 또는 직사각형 모양으로 나타내는 것은?

① 금지표시 ② 지시표시
③ 안내표시 ④ 경고표시

해설 안내표지는 안전에 관한 정보를 제공한다. 이 표지는 녹색 바탕의 정방형 또는 장방형이며, 표현하고자 하는 내용은 흰색이고, 녹색은 전체 면적의 50% 이상이 되어야 한다(예외 : 안전제일 표지).

23 사람이 건축물의 맨 위층에 있는 사다리에서 떨어질 경우를 의미하는 상해의 형태는?

① 낙하 ② 전도
③ 비래 ④ 추락

해설 추락 : 사람이 건축물, 비계, 기계, 사다리, 계단, 경사면, 나무 등에서 떨어지는 것

24 재해예방의 기본 4원칙 중 잘못된 것은?

① 손실 필연의 원칙
② 원인 계기의 원칙
③ 예방 가능의 원칙
④ 대책 선정의 원칙

해설 재해예방의 기본 4원칙
• 손실 우연의 원칙 : 사고에 의해서 생기는 손실(상해)의 종류화 정도는 우연적이다.(1 : 29 : 300의 법칙)
• 원인 계기의 원칙 : 모든 재해는 필연적인 원인에 의해서 발생한다.
• 예방가능의 원칙 : 재해는 원칙적으로 모두 방지가 가능하다.
• 대책 선정의 원칙 : 가장 효과적인 재해방지 대책의 선정은 이들 원인의 정확한 분석에 의해서 얻어진다.

25 중대 재해에 해당하지 않는 것은?

① 사망자가 1명 이상 발생한 재해
② 1개월 이상 요양이 필요한 부상자가 동시에 2명 이상 발생한 재해
③ 부상자가 동시에 10명 이상 발생한 재해
④ 직업성질병자가 동시에 10명 이상 발생한 재해

해설 중대 재해 : 중대 재해는 산업 재해 중 사망 등 재해의 정도가 심한 것(산업안전보건법 시행 규칙 제2조)
• 사망자가 1명 이상 발생한 재해
• 3개월 이상의 요양이 필요한 부상자가 동시에 2명 이상 발생한 재해
• 부상자 또는 직업성 질병자가 동시에 10명 이상 발생한 재해

26 안전에 관한 조치나 지시가 신속하고 확실하게 전달되는 안전관리 조직의 형태는?

① 참모식 조직 ② 직계참모식 조직
③ 직계식 조직 ④ 통합식 조직

정답 20 ④ 21 ② 22 ③ 23 ④ 24 ① 25 ② 26 ③

해설 라인조직형(직계식조직) : 안전관리에 관한 계획에서 실시에 이르기까지 모든 권한이 포괄적이고 직선적으로 행사되며, 안전을 전문으로 분담하는 부분이 없다.(생산조직 전체에 안전관리 기능을 부여한다.)

27 재해의 발생형태에 해당하지 않는 것은?

① 연쇄형　　　② 회전형
③ 집중형　　　④ 복합형

해설 재해의 발생 형태
- **연쇄형**(사슬형) : 요소가 연쇄적으로 반응하여 발생하는 것
- **단순자극**(집중형) : 개별 재해요소가 각각 독립적으로 집중되어 재해가 발생하는 것
- **복합형** : 연쇄형과 집중형이 혼합된 것

28 어느 사업장에서 경상해 사고가 58건 발생하였다면 무상해 사고의 발생건수로 옳은 것은? (단, 하인리히의 재해구성비율에 의함)

① 300건　　　② 600건
③ 900건　　　④ 1200건

해설 하인리히(Heinrich)는 약 75,000건의 사고를 분석하여 1 : 29 : 300의 법칙을 발표하였는데, 통상 330건의 사고가 발생하였을 경우 300건은 인적, 물적 피해가 전혀 없는 아차사고이고, 29건은 경미한 부상사고이며, 단 한 건만이 사망, 중상 등의 심각한 재해가 발생하고 있다고 제시하였다. 경상해 사고가 58이면, 1 : 29 : 300에서 대형사고가 2건, 무상해 사고는 600건이 된다.

29 재해 발생으로 인한 간접 손실 비용은 직접 손실 비용의 몇 배인가? (단, 하인리히 방식에 의함)

① 동일하다.　　　② 2배
③ 3배　　　④ 4배

해설 하인리히 방식 : 총재해 cost = 직접비 + 간접비(직접비 : 간접비 = 1 : 4)

30 산업재해를 조사하는 사람이 유의해야 할 사항으로 옳은 것은?

① 재해를 조사할 때에는 책임을 추궁하는 방향으로 실시한다.
② 과거의 사고 경향, 사례, 조사 기록 등을 참고하여 조사한다.
③ 조사자의 주관적인 입장에서 조사해야 한다.
④ 재해 발생 후 사고 현장이 정리된 후에 조사한다.

해설 재해조사 시 유의사항
- 사실을 수집한다. 이유는 뒤에 확인한다.
- 객관적인 입장에서 공정하게 조사하며, 조사는 2인 이상이 한다.
- 조사는 신속히 실시하고 2차 재해 방지
- 피해자에 대한 구급조치를 우선한다.
- 사실 이외 추측의 말은 참고로 활용한다.

31 다음 중 보호구의 종류가 아닌 것은?

① 안전모　　　② 용접용 헬멧
③ 방진 마스크　　　④ 선글라스

해설 보호구의 종류
- **접촉 방지 장비** : 안전모, 안전화, 보안경, 보호 장갑 등
- **화상, 동상 예방 장비** : 고무 및 아스베스토스 장갑, 전도성 ,비전도성 구두 등
- **침투 방지 장비** : 선중계(방사선 에너지 측정) 마스크, 차광안경, 방진 안경, 용접 안경 등
- **흡입 섭취 예방 장비** : 마스크, 기타 방독면 등
- **작업 환경에 대한 보호 장비** : 안전 루프, 벨트, 셔츠, 머리 망사, 탄성 스타킹, 붕대 등

32 얼굴 및 눈의 방호 보호구로 가장 거리가 먼 것은?

① 안전모　　　② 용접용 보안면
③ 차광용 보호구　　　④ 방진용 보호 안경

정답　27 ②　28 ②　29 ④　30 ②　31 ④　32 ①

해설 안전모 : 작업장에서 근로자의 머리를 보호하기 위하여 착용하는 것이다.

33 불안전한 행동의 원인에 해당되지 않는 것은?

① 안전작업표준의 결함

② 작업과 안전작업표준의 상이

③ 안전작업표준 미작성

④ 불안전한 설계 및 위험한 배치

해설 불안전한 행동(인적 원인) : 재해가 없는 사고를 일으키거나 이 요인으로 인한 작업자의 행동
• 안전장치의 무효화, 보호구 · 복장 등의 잘못 착용
• 안전조치 불이행, 위험장소에 접근
• 불안전한 상태 방치 및 운전의 실패(물건의 인양 시에 과속 등)
• 위험한 상태로 조작 및 오동작
• 기계 · 장치를 목적 외로 사용 또는 위험상태 시의 청소, 주유, 수리, 점검

34 무재해 운동의 기본 이념 3원칙에 속하지 않는 것은?

① 무의 원칙

② 참가의 원칙

③ 통제의 원칙

④ 선취의 원칙

해설 무재해 운동의 이념 3원칙 : 무의 원칙, 참가의 원칙, 선취 해결의 원칙

35 안전관리조직의 형태 중에서 경영자의 지휘와 명령이 위에서 아래로 하나의 계통이 되어 잘 전달되며, 소규모 기업에 적합한 방식은?

① 참모식 조직

② 기능식 조직

③ 직계 참모식 조직

④ 직계식 조직

해설 라인조직형(직계식조직) : 안전관리에 관한 계획에서 실시에 이르기까지 모든 권한이 포괄적이고 직선적으로 행사되며, 안전을 전문으로 분담하는 부분이 없다(생산조직 전체에 안전관리 기능을 부여한다).

36 안전 · 보건표시의 종류 중 다음 그림의 안내 표시가 나타내는 것은?

① 비상용 기구

② 비상구

③ 들것

④ 응급구호표시

해설 비상구 표지

37 연평균 근로자 수가 100명인 직장에서 1년 동안에 10명의 사상자가 발생하였을 때 연천인율은 얼마인가?

① 0.1

② 10

③ 100

④ 1000

해설 연천인율과 도수율과의 관계
• 연천인율 = 도수율×2.4
• 도수율 = 연천인율/2.4
• 연천인율 =(연간 재해자 수/연 평균 근로시간 수)×1,000
∴ 연천인율 = 1.5×2.4 = 3.6

38 40명의 근로자가 공장에서 1일 8시간, 연간 근로일수는 300일이다. 연간 근로시간은 9만 6천 시간이라고 할 때 근로 손실일수가 180이라면 강도율은 약 얼마인가?

① 1.0

② 1.2

③ 1.5

④ 1.9

해설 강도율 : 1,000시간을 단위시간으로 연 근로시간당 작업손실 수로써 재해에 의한 손상의 정도를 나타낸다.
• 강도율 =(근로 손실작업일 수/연근로시간 수)×1,000
∴ 강도율 $= \dfrac{180}{96,000} \times 1,000 = 1.875$

정답 33 ④ 34 ③ 35 ④ 36 ② 37 ③ 38 ④

39 하인리히(Heinrich)가 제시한 재해손실비를 산출할 때, 직접비와 간접비의 비율로 옳은 것은?

① 1 : 1　　　　② 1 : 2

③ 1 : 3　　　　④ 1 : 4

해설 하인리히의 재해손실비 평가 방식
　　총 재해비용은 직접비 : 간접비가 1 : 4로 구성된다고 주장하였다.

40 작업자가 바닥에 미끄러지면서 상자에 머리를 부딪쳐 상처를 입었다. 이때 기인물은 무엇인가?

① 바닥　　　　② 상자

③ 머리　　　　④ 바닥과 상자

해설 기인물 : 직접적으로 재해를 유발하거나 영향을 끼친 에너지원(운동, 위치, 열, 전기 등)을 지닌 기계 · 장치, 구조물, 물체 · 물질, 사람 또는 환경 등

41 사고예방대책의 기본원리 5단계를 순서대로 옳게 나열한 것은?

① 조직 – 사실의 발견 – 시정책의 선정 – 평가분석 – 시정책의 적용

② 조직 – 평가분석 – 사실의 발견 – 시정책의 선정 – 시정책의 적용

③ 조직 – 사실의 발견 – 평가분석 – 시정책의 선정 – 시정책의 적용

④ 조직 – 시정책의 선정 – 사실의 발견 – 평가분석 – 시정책의 적용

해설 하인리히의 재해 예방 원리
　• 제1단계 : 안전관리조직
　• 제2단계 : 사실의 발견
　• 제3단계 : 분석(분석평가)
　• 제4단계 : 시정 방법(시정책)의 선정
　• 제5단계 : 시정책의 적용

42 다음 중 자연재해로 볼 수 없는 것은?

① 토네이도　　　　② 홍수

③ 낙뢰　　　　　　④ 교통사고

해설 재해의 분류
　• 자연재해 : 태풍, 홍수, 호우, 폭풍, 해일, 폭설, 가뭄 또는 지진(지진해일 포함) 등
　• 사회재해(인공재해) : 교통사고, 가스폭발, 화재, 건물붕괴 등

43 다음 중 안전보호구를 선택할 때 유의할 사항으로 옳지 않은 것은?

① 사용 목적에 적합하여야 한다.

② 작업에 방해되지 않도록 한다.

③ 사용법과 손질하기가 어려워야 한다.

④ 크기가 근로자에게 알맞아야 한다.

해설 보호구의 구비조건
　• 착용이 간편하여야 함
　• 작업에 방해가 되지 않아야 함
　• 유해 · 위험 요소에 대한 방호성능이 충분해야 함
　• 재료의 품질이 양호해야 함
　• 구조와 끝마무리가 양호해야 함
　• 외양과 외관이 양호해야 함

44 다음 중 재해의 발생 원인인 불안전한 상태에 속하는 것은?

① 안전장치의 기능 제거

② 안전 방호장치 결함

③ 기계, 기구의 잘못 사용

④ 위험장소에의 접근

해설 불안전한 상태(물적 원인) : 재해(인명의 손상)가 없는 사고를 일으키는 경우 또는 이 요인으로 인해 만들어진 물리적 상태 혹은 환경
　• 작업방법의 결함 또는 안전 · 방호장치의 결함
　• 물(物) 자체의 결함 또는 작업환경의 결함
　• 물자의 배치 및 작업장소 불량
　• 보호구 · 복장 등의 결함(지급하지 않음)
　• 외부적 · 자연적 불안전 상태

정답 39 ④　40 ①　41 ①　42 ④　43 ③　44 ②

45 안전 · 보건표시의 종류 중 보안경 착용 등 지시표시의 바탕에 사용하는 색깔은?

① 빨간색　　　　② 파란색

③ 노란색　　　　④ 녹색

해설 지시표지
• 지시표지는 일정한 행동을 취할 것을 지시하는 것으로 파란색의 원형이며, 지시하는 내용을 흰색으로 표현한다.
• 원의 직경은 부착된 거리의 40분의 1 이상이어야 하며, 파란색은 전체 면적의 50% 이상일 것

46 상호 자극에 의하여 순간적으로 재해가 발생하는 유형으로 그림과 같이 재해가 일어난 장소나 그 시점에 일시적으로 요인이 집중하는 산업재해의 발생형태는?

① 단순 자극형　　② 단순 연쇄형

③ 복합 연쇄형　　④ 복합형

해설 재해의 발생 형태
• 연쇄형(사슬형) : 요소가 연쇄적으로 반응하여 발생하는 것
• 단순자극(집중형) : 개별 재해요소가 각각 독립적으로 집중되어 재해가 발생하는 것
• 복합형 : 연쇄형과 집중형이 혼합된 것

47 안전관리조직의 형태 중 직계(Line) 조직의 특징으로 옳은 것은?

① 대규모의 사업장에서 유리하다.

② 안전지시나 개선조치가 신속히 수행된다.

③ 안전지식이나 기술축적이 용이하다.

④ 독립된 안전참모 조직을 보유하고 있다.

해설 라인조직형(직계식조직) : 안전관리에 관한 계획에서 실시에 이르기까지 모든 권한이 포괄적이고 직선적으로 행사되며, 안전을 전문으로 분담하는 부분이 없다(생산조직 전체에 안전관리 기능을 부여한다).

48 다음에서 설명하고 있는 건설안전 사고의 종류로 옳은 것은?

○○○○년 ○월 지하주차장 출입구 계단실에서 미장 작업을 하고 있었다. 같은 시각 아파트 지붕 층에서는 해체된 거푸집을 지상으로 내리기 위해 파이프를 쌓는 작업을 하고 있었다. 그중 1개의 파이프가 떨어졌고, 모르타르를 운반 중인 인부를 강타하여 상해를 입히는 사고가 발생하였다.

① 낙하　　　　② 전도

③ 추락　　　　④ 협착

해설 낙하 · 비래 : 물건이 주체가 되어 사람이 맞은 경우

49 하인리히의 재해구성비율 1 : 29 : 300에 대한 설명으로 옳은 것은?

① 330회의 사고 가운데 무상해 사고가 29건이다.

② 330회의 사고 가운데 경상해 사고가 300건이다.

③ 330회의 사고 가운데 사망 사고가 1건이다.

④ 330회의 사고 가운데 중상해가 300건이다.

해설 하인리히(Heinrich)는 약 75,000건의 사고를 분석하여 1 : 29 : 300의 법칙을 발표하였는데, 통상 330건의 사고가 발생하였을 경우 300건은 인적, 물적 피해가 전혀 없는 아차사고이고, 29건은 경미한 부상사고이며, 단 한 건만이 사망, 중상 등의 심각한 재해가 발생하고 있다고 제시하였다.

정답　45 ②　46 ①　47 ②　48 ①　49 ③

50 다음 그림의 경고표시가 나타내는 것은?

① 위험장소 경고　② 인화성 물질 경고
③ 고온 경고　④ 폭발성 물질 경고

> **해설** 위험장소경고 표지 : 대표적인 경고표지에 해당되
> 지 않는 기타 위험한 물체가 있는 장소나 물체에
> 설치 또는 부착하여 사용하는 표지다.

51 사고가 발생했을 때 응급조치로 잘못된 것은?

① 기계의 작동이나 전원을 단절시키고 사고
   의 진행을 막는다.
② 부상자가 있으면 제일 먼저 구조하고 전
   문의의 치료를 받게 한다.
③ 사고 현장은 즉시 깨끗하게 정리정돈을
   한다.
④ 사고 목격자를 알아둔다.

> **해설** 현장조사시 응급의료기관에 연락을 취하여 의료진
> 과 함께 관련 기관 요원이 도착할 수 있도록 조치
> 를 하여야 하며, 안전하게 부상자에게 접근이 가능
> 하면 적절한 조치를 취하면서 안전 여부를 확인하
> 여야 한다. 사고 현장은 사고조사를 위해 보존해야
> 한다.

52 산업재해의 발생빈도를 나타내는 것으로 연간
총근로시간 합계 100만 시간당 재해 발생 건수를
의미하는 것은?

① 연천인율　② 도수율
③ 강도율　④ 재해백분율

> **해설** 도수율 : 위험에 노출된 단위시간당 재해가 얼마나
> 발생했는가를 보는 재해발생 상황을 파악하기 위한
> 표준지표(도수율＝(재해건수 / 연 근로 시간수)×
> 1,000,000)

53 재해를 예방할 수 있는 방법으로 기술적 대책
에 속하지 않는 것은?

① 안전 설계
② 안전기준 설정
③ 교육 및 훈련 실시
④ 작업방법 개선

> **해설** 하비(J. H. Harvey)의 3E에 의한 안전대책
> • Education(교육) : 교육적 대책 – 안전교육 및 훈련
> • Engineering(기술) : 기술적(공학적) 대책 – 시설
>   장비의 개선, 안전기준, 안전 설계, 작업행정 및 환
>   경설비의 개선 등
> • Enforcement(규제) : 규제적(관리직) 대책 – 안전
>   감독의 철저, 적합한 기준 설정, 규정 및 수칙의 준
>   수, 기준 이해, 경영자 및 관리자의 솔선수범, 동기
>   부여와 사기향상

54 산업재해 조사의 목적으로 옳지 않은 것은?

① 관계자의 책임 추궁
② 유사 재해의 재발 방지
③ 재해의 원인과 자체 결함의 규명
④ 유효적절한 예방대책 수립

> **해설** 재해 조사의 가장 중요한 목적은 재해를 발생시킨
> 원인을 규명하고, 그 원인에 대한 대처 방안이나 개
> 선안을 제시하여 같거나 유사한 종류의 사고의 재
> 발을 예방하는 것이다.

55 안전관리 조직의 기본 형태와 관련이 없는 것
은?

① 직계식 조직(Line System)
② 참모식 조직(Staff System)
③ 직계·참모식 조직(Line-staff System)
④ 기능식 조직(Functional System)

> **해설** 안전보건관리조직의 유형 : 직계식(Line) 조직, 참모
> 식(Staff) 조직, 직계·참모식(Line·Staff)조직

정답　50 ①　51 ③　52 ②　53 ③　54 ①　55 ④

56 다음 그림의 금지표지가 나타내는 것은?

① 출입금지　　② 보행금지
③ 사용금지　　④ 금연

해설 보행금지 표지는 중장비, 분진작업장과 같이 걸어다녀서는 안 될 장소에 부착 사용하는 표지로서 레일이 부설된 대단위 공장에서는 사내 통로가 레일로 직결되었거나 횡단로가 없는 경우 이 표지를 부착해야 하며 입간판처럼 세워서 설치할 수도 있다.

57 재해손실비 중 간접비에 해당되지 않는 것은? (단, 하인리히 방식에 의함)

① 생산손실　　② 인적손실
③ 물적손실　　④ 유족보상비

해설 하인리히 방식 간접비 : 재산손실, 생산중단등으로 기업이 입은 손실로서 정확한 산출이 어려울때에는 직접비의 4배로 산정하여 계산한다.
• 인적손실 : 본인 및 제3자에 관한 것을 포함한 시간손실
• 물적손실 : 기계, 공구, 재료, 시설의 복구에 소비된 시간손실 및 재산손실
• 생산손실 : 생산감소, 생산중단, 판매감소 등에 의한 손실
• 기타손실 : 병상위문금, 여비 및 통신비, 입원중의 잡비, 장의 비용 등

58 다음 중 안전보호구의 분류로 옳지 않은 것은?

① 두부에 대한 보호구 : 안전모
② 추락방지를 위한 보호구 : 안전 각반
③ 발에 대한 보호구 : 안전화
④ 손에 대한 보호구 : 안전 장갑

해설 추락방지용 보호구 : 안전대, 안전블록 등

59 다음 중 중대재해의 기준으로 옳지 않은 것은?

① 사망자가 1명 이상 발생
② 3개월 이상의 요양이 필요한 부상자가 동시에 2명 이상 발생
③ 부상자가 동시에 5명 이상 발생
④ 직업성 지령자가 동시에 10명 이상 발생

해설 중대 재해 : 중대 재해는 산업 재해 중 사망 등 재해의 정도가 심한 것(산업안전보건법 시행 규칙 제2조)
• 사망자가 1명 이상 발생한 재해
• 3개월 이상의 요양이 필요한 부상자가 동시에 2명 이상 발생한 재해
• 부상자 또는 직업성 질병자가 동시에 10명 이상 발생한 재해

60 산업재해의 발생장소에 따른 분류에서 공장이나 사업장, 연구소 등에서 일어나는 화재, 폭발, 파괴, 공업 중독, 근로 재해, 산업공해 등에 해당하는 재해는?

① 광산재해　　② 도시재해
③ 공장재해　　④ 교통재해

해설 사업장이나 공장연구소 등에서 일어나는 화재, 폭발, 파괴, 공업 중독, 근로 재해, 산업공해 등에 해당하는 재해는 공장재해이다.

61 안전관리조직 중 라인형 조직에 대한 설명으로 옳지 않은 것은?

① 소규모 사업장에 적합하다.
② 안전관리 전담자가 있어 전문적인 안전관리가 용이하다.
③ 안전지시나 개선조치가 철저할 뿐만 아니라 그 실시도 빠르다.
④ 라인에 과중한 책임을 지우기가 쉽다.

해설 라인조직형(직계식조직) : 안전관리에 관한 계획에서 실시에 이르기까지 모든 권한이 포괄적이고 직선적으로 행사되며, 안전을 전문으로 분담하는 부분이 없다(생산조직 전체에 안전관리 기능을 부여한다.)

정답 56 ② 57 ④ 58 ② 59 ③ 60 ③ 61 ②

62 다음 중 안전점검의 종류가 아닌 것은?

① 수시점검　　② 현장점검
③ 특별점검　　④ 정기점검

해설 안전점검의 종류 : 정기점검(계획점검), 수시점검, 임시점검, 특별점검

63 재해방지대책에서 3E에 해당하지 않는 것은?

① 기술(Engineering)적 대책
② 관리·규제(Enforcement)적 대책
③ 교육(Eduction)적 대책
④ 환경(Environment)적 대책

해설 하비(J. H. Harvey)의 3E에 의한 안전대책
• Education(교육) : 교육적 대책 – 안전교육 및 훈련
• Engineering(기술) : 기술적(공학적) 대책 – 시설 장비의 개선, 안전기준, 안전 설계, 작업행정 및 환경설비의 개선 등
• Enforcement(규제) : 규제적(관리직) 대책 – 안전 감독의 철저, 적합한 기준 설정, 규정 및 수칙의 준수, 기준 이해, 경영자 및 관리자의 솔선수범, 동기 부여와 사기향상

64 상해의 종류별 분류에 속하지 않는 것은?

① 전도　　② 찰과상
③ 골절　　④ 동상

해설 전도는 재해의 발생형태별 분류에 속한다.

65 다음 안전·보건표시의 종류 중 바탕이 흰색인 것은?

① 낙화물 경고　　② 방사성물질 경고
③ 보안경 착용　　④ 출입금지

해설 금지표지는 어떤 특정한 행위가 허용되지 않음을 나타낸다. 이 표지는 흰색 바탕에 빨간색 원과 45°각도의 빗선으로 이루어진다.

66 하인리히의 재해구성율 1 : 29 : 300에서 29가 의미하는 것은?

① 사망　　② 중상
③ 경상　　④ 무상해사고

해설 하인리히(Heinrich)는 약 75,000건의 사고를 분석하여 1 : 29 : 300의 법칙을 발표하였는데, 통상 330건의 사고가 발생하였을 경우 300건은 인적, 물적 피해가 전혀 없는 아차사고이고, 29건은 경미한 부상사고이며, 단 한 건만이 사망, 중상 등의 심각한 재해가 발생하고 있다고 제시하였다.

67 위험성이나 문제가 있다고 알려진 항목을 정리하여 표(check list)로 만들어 평가하는 기법은?

① 통계법　　② 점검법
③ 분석법　　④ 평가법

해설 체크리스트(check list : 점검표) : 안전점검을 점검 기준에 의해서 점검표를 만들어 점검을 실시하도록 해야한다. 점검개소, 점검항목, 점검방법, 판정기준, 점검시기, 조치 등에 대한 내용을 포함해야 한다.

68 불안전 행동의 내적 요인 중 생리적 요인은?

① 망각　　② 억측판단
③ 정서 불안정　　④ 피로

해설 인간동작의 내적조건
• 경력(career) : 근무 경험
• 개인차 : 성격, 적성, 개성 등
• 생리적 조건 : 피로, 긴장 등

69 사고의 연쇄성 이론 [도미노(domino(현상)]을 이용하여 재해의 발생원리를 설명한 사람은?

① 버크호프　　② 게리
③ 하인리히　　④ 버드

해설 하인리히(W.H.Heinrich)의 도미노 이론 : 도미노 이론은 도미노를 일렬로 세워놓고 어느 한 끝을 쓰러뜨리면 연쇄적으로 쓰러지는 현상

정답　62 ②　63 ④　64 ①　65 ④　66 ③　67 ②　68 ④　69 ③

70 재해 원인 분류에서 관리적인 원인이 아닌 것은?

① 기술적 원인　　② 불안전한 행동
③ 교육적 원인　　④ 작업 관리상 원인

해설 **관리적 원인**(간접원인)
- **기술적 원인** : 건물·기계장치 설계 불량, 구조·재료의 부적합, 생산 공정의 부적당, 점검, 정비보존 불량
- **교육적 원인** : 안전의식의 부족, 안전수칙의 오해, 경험훈련의 미숙, 작업방법의 교육 불충분, 유해위험 작업의 교육 불충분
- **작업관리상의 원인** : 안전관리 조직 결함, 안전수칙 미제정, 작업준비 불충분, 인원배치 부적당, 작업지시 부적당

71 통계적으로 산업재해가 발생하였을 때 사람의 신체부위 중에서 가장 많이 상해를 입는 부위는?

① 척추, 옆구리　　② 다리, 발
③ 손, 팔　　④ 가슴, 배

해설 산업재해가 발생하였을 때 가장 많이 상해를 입는 신체 부위는 손, 팔이다.

72 사고발생의 요인과 관계 없는 것은?

① 유전과 환경의 영향
② 심신의 결함
③ 불안전한 행동 및 상태
④ 정신집중과 작업환경개선

해설 정신집중과 작업환경 개선은 사고 발생 방지 대책에 속한다.

73 안전표지의 구성요소가 아닌 것은?

① 모양(형상)　　② 색깔
③ 내용　　④ 가격

해설 모양, 색깔, 내용(글자와 기호)으로 안전표지는 구성된 작업대상의 유해·위험성의 성질에 따라 작업 행위를 통제하고 대상물을 신속 용이하게 판별하여 안전한 행동을 하게 함으로써 재해를 사전에 방지하는 데 목적이 있다.

74 산업재해를 조사하는 목적을 가장 바르게 설명한 것은?

① 안전교육의 결함 파악
② 동종재해 및 유사재해의 발생방지
③ 관련자 처벌 및 책임 추궁
④ 사후대책 수립

해설 재해 조사의 가장 중요한 목적은 재해를 발생시킨 원인을 규명하고, 그 원인에 대한 대처 방안이나 개선안을 제시하여 같거나 유사한 종류의 사고의 재발을 예방하는 것이다.

75 100명의 근로자가 공장에서 1일 8시간, 연간 평균 근로일수를 300일이라고 하면, 연근로시간수는 24만 시간이 된다. 이 기간 안에 6건의 상해자를 냈을 때 도수율(빈도율)은 얼마인가?

① 6　　② 8
③ 24　　④ 25

해설 **도수율** : 위험에 노출된 단위시간당 재해가 얼마나 발생했는가를 보는 재해발생 상황을 파악하기 위한 표준지표

76 안전조직 중 라인형 조직의 특성이 아닌 것은?

① 소규모 사업장에 적합하다.
② 전문적인 관리 업무가 용이하다.
③ 사업장에 적합한 기술 축척이 어렵다.
④ 강력한 명령 하달이 가능하다.

해설 **라인조직형**(직계식조직) : 안전관리에 관한 계획에서 실시에 이르기까지 모든 권한이 포괄적이고 직선적으로 행사되며, 안전을 전문으로 분담하는 부분이 없다(생산조직 전체에 안전관리 기능을 부여한다).

정답　70 ②　71 ③　72 ④　73 ④　74 ②　75 ④　76 ②

77 산업 재해조사표에 기록해야 할 주요 내용으로 틀린 것은?

① 재해발생 일시와 장소
② 조사자의 신상명세
③ 재해의 원인과 결과
④ 조사자의 의견

해설 산업재해 조사표
- 우리나라 산업안전보건법 시행규칙 제4조에 의하면, 사업체에서 사망자가 발생하거나 3일 이상의 휴업이 필요한 부상을 입거나 질병에 걸린 사람이 발생한 경우에는, 해당 산업재해가 발생한 날부터 1개월 이내에 안전보건관리자를 통해 산업재해조사표를 작성하여 해당지방관서에 제출해야 한다.
- 중대재해 발생시에는 지체없이 해당지방관서에 보고해야 한다.
- 산업재해조사표는 사업장 정보, 재해정보, 재해발생 개요 및 원인, 재발방지계획으로 구성된다.

78 작업 개선계획을 작성하기 위해서는 먼저 기본방향을 명확히 하지 않으면 안된다. 이 기본 방향과 거리가 가장 먼 것은?

① 편리를 위한 개선방향
② 생산성 향상 방향
③ 쾌적한 작업환경 조성방향
④ 재해사고의 감소방향

해설 안전 보건 개선계획서에 포함해야 되는 내용은 시설, 안전 보건교육, 안전 보건관리체제, 산업재해예방 및 작업환경의 개선을 위하여 필요한 사항으로 작업환경의 개선을 통해 재해사고를 예방하고, 이를 통해 생산성을 향상하는데 기본방향을 두고 있다.

79 소음이 근로자의 신체에 미치는 영향으로 가장 거리가 먼 것은?

① 일시적인 시력 장애
② 직업성 난청
③ 자율 신경계에 영향으로 소화기능 장애
④ 혈액순환 장애

해설 작업장 소음이 근로자에게 미치는 영향 : 직업성 난청, 회화 방해, 불쾌감과 수면장애, 작업 능률의 저해, 청력손실, 맥박 증가, 주의력 산만, 기억력 감퇴, 소화기능 장애 및 혈액순환 장애 등을 일으킬 수 있다.

80 기계 설비의 안전작업으로 옳지 않은 것은?

① 시동 전에 기계를 점검하여 상태를 확인한다.
② 공구나 가공물이 회전 시 손을 보호하기 위해 장갑을 낀다.
③ 작업복을 단정히 입고 안전모를 착용한다.
④ 공구나 가공물의 부착, 분리 시 기계를 정지시킨다.

해설 철재나 날카로운 재료를 다룰 때는 장갑을 반드시 착용하며 장갑 착용 금지 작업과 장갑 착용 작업을 구별되어 있으므로 이를 반드시 지키도록 하여야 한다. 드릴, 연삭, 해머, 정밀기계 작업 시에는 장갑을 착용하지 않아야 한다.

81 건설재해예방대책의 세부사항으로 옳지 않은 것은?

① 경영자의 안전에 관한 인식이 투철하여야 한다.
② 재해예방을 위하여 단기간에 공사를 마무리하여야 한다.
③ 근로자에 대한 안전관리교육을 철저히 하여야 한다.
④ 하도급에 대한 안전관리체제를 강화하여야 한다.

해설 공기 및 공정에 적정화 : 건설공사의 공기, 공정을 결정하는 데는 산업재해예방 측면에서 숙련근로자의 확보사항, 일정휴일제외 실시, 장시간 근로의 배제 등을 발주자나 도급자 등에서 주지시켜야 하고 또한 설계와 현장이 상이한 경우 등 공사 착공 후에 대두되는 사항에 대하여도 당초 결정된 공기, 공정 등에 새로운 조건에 맞추어 변경할 수 있는 조치를 하여야 무리한 공사의 진행을 막을 수 있다.

정답 77② 78① 79① 80② 81②

82 변압기, 개폐기, 전기다리미 등 전기가 통하고 있는 기계나 기구 등에서 발생하는 화재는?

① A급 화재　　　② B급 화재
③ C급 화재　　　④ D급 화재

해설 화재의 분류

분류	A급 화재	B급 화재	C급 화재	D급 화재
명칭	일반 화재	유류·가스화재	전기 화재	금속 화재
가연물	목재,종이,섬유 등	유류,가스 등	전기	Mg분,AL분
구분색	백색	황색	청색	무색

83 공기 중의 분진이 존재하는 작업장에 대한 분진 방지대책으로 틀린 것은?

① 보호구를 착용한다.
② 작업재료나 조작방법을 변경한다.
③ 환기장치와 집진장치를 설치한다.
④ 습식작업을 건식작업으로 전환한다.

해설 작업장 분진 방지대책
• 보호구(방진마스크)를 착용한다.
• 작업재료나 조작방법을 변경한다.
• 환기장치와 집진장치를 설치한다.
• 살수차량을 운행한다.
• 건식작업을 습식작업으로 전환한다.

84 작업 환경에 조명을 하는데 필요한 조건으로 옳지 않은 것은?

① 작업의 종류에 따라 작업 장소를 충분히 밝게 하여야 한다.
② 광원이 흔들리지 않아야 한다.
③ 작업 장소와 바닥 등에 짙은 그림자를 만들어야 한다.
④ 작업의 성질에 따라 빛의 질이 적당하여야 한다.

해설 시력이 약해지거나 눈이 피곤해지지 않도록 작업 장소는 적당한 조명으로 밝기를 유지한다. 어두운 장소에서 작업할 경우에는 적절한 밝기의 광원을 준비하고 시계(視界)를 유지하여 발밑까지 비출 수 있도록 한다.

85 높은 곳에서 공사를 할 때 디디고 서도록 긴 나무와 널을 다리처럼 걸쳐놓은 시설은?

① 거푸집　　　② 비계
③ 사다리　　　④ 규준틀

해설 비계 : 높은 곳에서 공사를 할 때 디디고 서도록 긴 나무와 널을 다리처럼 걸쳐놓은 시설물이다.

86 소음이 심한 환경에 노출 시 나타나는 일반적인 현상이 아닌 것은?

① 혈압이 낮아진다.
② 맥박이 증가한다.
③ 주의력이 산만해진다.
④ 기억력이 감퇴된다.

해설 작업장 소음이 근로자에게 미치는 영향 : 직업성 난청, 회화 방해, 불쾌감과 수면장애, 작업 능률의 저해, 청력손실, 맥박 증가, 주의력 산만, 기억력 감퇴, 소화기능 장애 및 혈액순환 장애 등을 일으킬 수 있다.

87 건설업 재해예방 대책과 관련성이 가장 적은 것은?

① 계획 및 설계시의 안전보건대책 강화
② 기계, 설비, 공법 등의 안전성 확보
③ 안전보건 관리체제의 정비
④ 재해보험료 및 보상비 인상

해설 건설업 재해예방 대책 : 계획 및 설계 시의 안전보건대책 강화, 안전보건 관리체제의 정비, 발주자의 안전관리 책임강화, 감리의 안전관리감독 기능 및 역량강화, 공사 시공단계에서의 안전관리 강화, 기계·설비·공법 등의 안전성 확보 등

정답 82 ③　83 ④　84 ③　85 ②　86 ①　87 ④

88 외부마감, 외벽청소 등에 활용되는 비계로 건물에 고정된 돌출보 등에서 밧줄로 매달은 것은 무엇이라 하는가?

① 단관 비계　　② 강관 틀 비계

③ 통나무 비계　④ 달비계

　해설　달비계 : 건물에 고정된 돌출보 등에서 밧줄로 매달은 비계를 권양기에 의해 상하로 이동시킬 수 있으며 외부 마감공사, 외벽청소, 고층건물의 유리창 청소에 사용

89 소음으로 인한 사고를 미리 방지하기 위한 방법으로 옳지 않은 것은?

① 소음원의 제거 및 억제

② 소음원의 차단

③ 방음벽의 제거

④ 진동음의 방지

　해설　소음에 대한 대책
　　• 소음원의 제거 및 억제 : 소음발생 요소 제거, 진동음원의 방진, 소음기 부착, 흡음닥트 설치, 차음벽 시공, 작업 방법이나 작업시간 등의 변경 등
　　• 장해물에 의한 차음(遮音)효과(방음벽)
　　• 소음기(消音器)의 이용
　　• 보호구를 착용

90 건설 재해예방대책 중 추락방지 대책으로 적합하지 않은 것은?

① 작업 발판 등의 설치

② 승강 설비의 설치

③ 악천후 시의 작업 금지

④ 안전대 부착설비 설치 금지

　해설　추락의 방지
　　• 높이가 2m 이상의 장소에서 작업을 할 경우 추락에 의하여 근로자에게 위험을 미칠 우려가 있을 때 작업 발판을 설치
　　• 방망을 치거나 안전대를 착용하게 함

91 건축물의 외벽, 창, 지붕 등에 설치하여 인접 건물에 화재가 발생하였을 때 수막을 형성함으로써 화재의 연소를 방재하는 방화설비는?

① 트렌처 설비　　② 스프링클러 설비

③ 연결살수 설비　④ 화재경보 설비

　해설　트렌처 설비는 건축물의 외벽, 창, 지붕 등에 설치하여 인접 건물에 화재가 발생했을 때 수막을 형성함으로써 화재의 연소를 방지하는 방화설비이다.

92 다음 중 고소작업 시에 추락재해예방에 필요한 보호구 및 설비로 가장 거리가 먼 것은?

① 안전모　　　② 안전난간

③ 안전대　　　④ 안전장갑

　해설　추락(떨어짐)의 방지 : 안전대, 안전난간, 방망 설치, 안전모 등

93 금속나트륨, 마그네슘 등과 같은 가연성 금속의 화재로 건조된 모래를 사용하여 소화해야 하는 것은?

① A급 화재　　② B급 화재

③ C급 화재　　④ D급 화재

　해설　p.274 화재의 분류 및 소화 방법 참고

94 다음 중 거푸집 해체작업 시의 안전수칙 사항으로 옳지 않는 것은?

① 거푸집, 거푸집 지보공을 해체할 때에는 작업 책임자를 선정하여야 한다.

② 강풍, 폭우, 폭설 등 악천후로 위험이 예견될 때에는 해체작업을 중지시킨다.

③ 거푸집의 해체가 곤란한 경우 충격이나 큰 힘에 의한 지렛대를 사용한다.

④ 거푸집의 해체는 순서에 입각하여 실시한다.

해설 거푸집 해체시 안전수칙 : 거푸집 해체가 용이하지 않다고 구조체에 무리한 충격 또는 큰 힘에 의한 지렛대 사용은 금하여야 한다.

95 화재가 발생하기 위한 3요소에 해당하지 않는 것은?

① 가연성 물질　　② 점화원
③ 바람　　　　　④ 산소

해설 연소 및 화재의 3요소
- 점화원(열 에너지)
- 가연물(연료)
- 산소공급원(공기)

96 거푸집의 존치와 제거에 관한 설명으로 옳지 않은 것은?

① 거푸집의 존치 기간은 거푸집의 위치와 양생 온도에 따라 달라진다.
② 거푸집 및 동바리의 해체는 순서에 의하여 실시하여야 하며 안전 담당자를 배치하여야 한다.
③ 거푸집은 사용한 것을 재사용해서는 안 된다.
④ 보 또는 슬래브 거푸집을 제거할 때에는 거푸집의 낙하 충격으로 인한 작업원의 돌발적인 재해를 방지하여야 한다.

해설 거푸집이란 콘크리트 구조물의 가설 틀로, 굳지 않은 콘크리트가 타설시 부터 각종 규정에 만족하는 강도가 발현되어, 형태 유지가 가능할 때까지 콘크리트를 지탱해 주는 구조물을 말한다. 거푸집은 최소한의 재료로 여러 번 사용할 수 있는 전용성을 가져야 한다.

97 달비계를 조립하여 사용함에 있어서 준수하여야 할 사항으로 옳지 않은 것은?

① 발판위 약 10cm위까지 낙하물 방지조치를 하여야 한다.
② 와이어로프 및 강선의 안전계수는 40 이상이어야 한다.
③ 승강하는 경우 작업대는 수평을 유지하도록 하여야 한다.
④ 허용하중 이상의 작업원이 타지 않도록 하여야 한다.

해설 달비계의 조립 : 와이어로우프 및 강선의 안전계수는 10이상이어야 한다.

98 건설 재해가 주는 영향으로 볼 수 없는 것은?

① 신체적 상해로 심신은 고통스러우나 보상으로 금전적 고통은 받지 않는다.
② 가족에게 심려를 끼치게 된다.
③ 국가의 신뢰도를 추락시켜 국가 경쟁력 제고에 영향을 미친다.
④ 작업 능률 저하, 심리적 불안 등으로 또 다른 사고가 발생되기 쉽다.

해설 재해란 돌발적으로 발생하는 사고의 결과로 사람과 재산상의 손실을 가져오는 형태를 말한다.

99 분진을 방지하기 위한 방법이 아닌 것은?

① 살수 차량을 운행한다.
② 작업 재료나 조작 방법을 변경한다.
③ 환기 장치와 집진 장치를 설치한다.
④ 습식 작업을 건식 작업으로 전환한다.

해설 작업장 분진 방지대책
- 보호구(방진마스크)를 착용한다.
- 작업재료나 조작방법을 변경한다.
- 환기장치와 집진장치를 설치한다.
- 살수차량을 운행한다.
- 건식작업을 습식작업으로 전환한다.

정답 95 ③　96 ③　97 ②　98 ①　99 ④

100 건설 재해의 특성을 설명한 것 중 옳지 않은 것은?

① 작업의 성격상 재해가 발생하면 중대 재해가 많다.

② 여러 작업이 동시에 이루어지므로 위험요소에 대한 예측이 쉽다.

③ 작업의 요소가 세분화되어 위험요소에 대한 예측이 쉽다.

④ 지형, 기후 등에 영향을 받으므로 사고 위험이 높다.

해설 건설공사의 대부분은 옥외에서 이루어지는 작업이므로 공사 지점의 지형, 지질, 기후 등의 영향을 받게 되며 또한 공정의 진행에 따라 작업환경과 작업의 종류가 수시로 변화하게 되어 사고발생 위험성을 사전 예측하기에 대단히 어렵다.

101 안전하게 작업을 하기 위하여 갖가지 수칙이 필요하다. 이와 같은 강제 규정을 만든 이유 중 가장 근본적인 사항은?

① 생산제품의 손실을 증대하기 위해

② 생산성이 증대되도록 하기 위해

③ 산업손실을 감소하기 위해

④ 인명과 설비의 피해 방지를 위해

해설 기업은 안전 수칙이나 안전 기준, 안전 표준 작업서를 만들어 산업 현장에서 이를 지키라고 당부하고 있다. 기업 내의 이와 같은 수칙이 모두 잘 지켜지면, 인명과 설비의 피해 방지를 위한 안전 활동이 계획대로 추진될 것이다.

102 목재, 섬유류 등 A급 화재나 소규모 유류 화재에 가장 적당한 소화기는?

① 분말 소화기

② 포말 소화기

③ 탄산가스 소화기

④ 산·알칼리 소화기

해설 화재의 종류 및 소화 방법

분류	A급 화재	B급 화재	C급 화재	D급 화재
명칭	일반 화재	유류·가스 화재	전기 화재	금속 화재
가연물	목재, 종이, 섬유 등	유류, 가스 등	전기	Mg분, Al분
주된소화효과	냉각 효과	질식 효과	질식, 냉각	질식 효과
적응소화제	• 물 소화기 • 강화액 소화기 • 산, 알칼리 소화기	• 포말소화기 • 분말소화기 • CO_2 소화기 • 증발성 액체 소화기	• 유기성소화액 • 분말소화기 • CO_2 소화기	• 팽창 질식 • 팽창 진주암
구분색	백색	황색	청색	무색

103 다음 중 인화점이 가장 높은 것은?

① 가솔린

② 등유

③ 부탄

④ 벤젠

해설 등유는 인화점이 40~70℃로 가연성 증기를 발생시켜 이증기가 공기와 적당히 혼합된 상태에서 불씨와 접촉하면 쉽게 인화되어 화재가 발생하게 된다.

104 기계 설비의 안전작업으로 옳지 않은 것은?

① 시동 전에 기계를 점검하여 상태를 확인한다.

② 공구나 가공물의 회전 시 손을 보호하기 위해 장갑을 낀다.

③ 작업복을 단정히 입고 안전모를 착용한다.

④ 공구나 가공물의 부착, 분리시 기계를 정지시킨다.

해설 철재나 날카로운 재료를 다룰 때는 장갑을 반드시 착용하며 장갑 착용 금지 작업과 장갑 착용 작업을 구별되어 있으므로 이를 반드시 지키도록 하여야 한다. 드릴, 연삭, 해머, 정밀기계 작업 시에는 장갑을 착용하지 않아야 한다.

정답 100 ③ 101 ④ 102 ② 103 ② 104 ②

105 분진이 많이 발생하는 장소에서 일하는 근로자에게 발생하기 쉬운 직업병은?

① 청력 손실　　② 시각 손실
③ 진폐증　　　④ 고혈압

해설 분진이 인체에 미치는 영향 : 분진의 입자가 작은 (0.5–5μm) 경우 폐로 쉽게 들어가게 되며 폐내에 축적되어 조직 반응을 일으키고 폐의 섬유화로 진폐증을 유발하게 되는 등 여러 가지 병변을 일으킨다. 진폐증은 공기 중에 존재하는 분진이 호흡과 함께 폐에 들어와 쌓여 폐조직에 염증이나 손상을 주어 발생하는 폐 질환이다.

106 고소 작업시 주의사항으로 옳지 않은 것은?

① 신중하게 행동하고 모험적인 행동은 하지 않는다.
② 작업에 적합한 복장을 갖춘다.
③ 턱끈이 없는 안전모를 쓴다.
④ 정리, 정돈을 철저히 한다.

해설 고소작업자는 안전모와 안전대를 착용한다. 고소작업장에서는 작업공간과 자재를 적치할 장소를 충분히 확보해야 한다.

107 건설공사에 있어서 가장 안전을 도모해야 할 공사는?

① 가설공사　　② 토공사
③ 기초공사　　④ 철근 콘크리트 공사

해설 가설공사는 건축 공사 기간 중 임시로 설치하여 공사를 완성할 목적으로 쓰이는 제반시설 및 수단의 총칭이고, 공사가 완료되면 해체, 철거, 정리되는 설치공사를 말한다.

108 추락 재해의 예방 중 개구부·작업대 끝에서의 추락원인이 아닌 것은?

① 안전대를 사용하지 않았다.
② 난간·방책·덮개를 제거하고 했다.
③ 덮개가 없다.
④ 승강설비가 없다.

해설 개구부 등의 방호조치
• 높이가 2m 이상되는 작업 발판의 끝이나 개구부로서 추락에 의하여 근로자에게 위험을 미칠 우려가 있는 장소에는 표준안전난간 및 손잡이 등으로 방호조치하거나 덮개
• 방망을 치거나 안전대 착용

109 소음이 심한 환경에 노출시 나타나는 현상이 아닌 것은?

① 혈압이 낮아진다.
② 맥박이 상승한다.
③ 주의력이 산만해진다.
④ 기억력이 감퇴된다.

해설 작업장 소음이 근로자에게 미치는 영향 : 직업성 난청, 회화 방해, 불쾌감과 수면장애, 작업 능률의 저해, 청력손실, 맥박 증가, 주의력 산만, 기억력 감퇴, 소화기능 장애 및 혈액순환 장애 등을 일으킬 수 있다.

110 다음 중 기계 사고의 특성이 아닌 것은?

① 협착　　　② 접촉
③ 튀어나옴　④ 미끄러짐

해설 기계 사고의 대표적인 유형은 협착, 접촉, 튀어나옴 등이다. 미끄러짐에 의한 사고는 일반적인 사고이다.

정답　105 ③　106 ③　107 ①　108 ④　109 ①　110 ④

적중TOP 플라스틱창호기능사

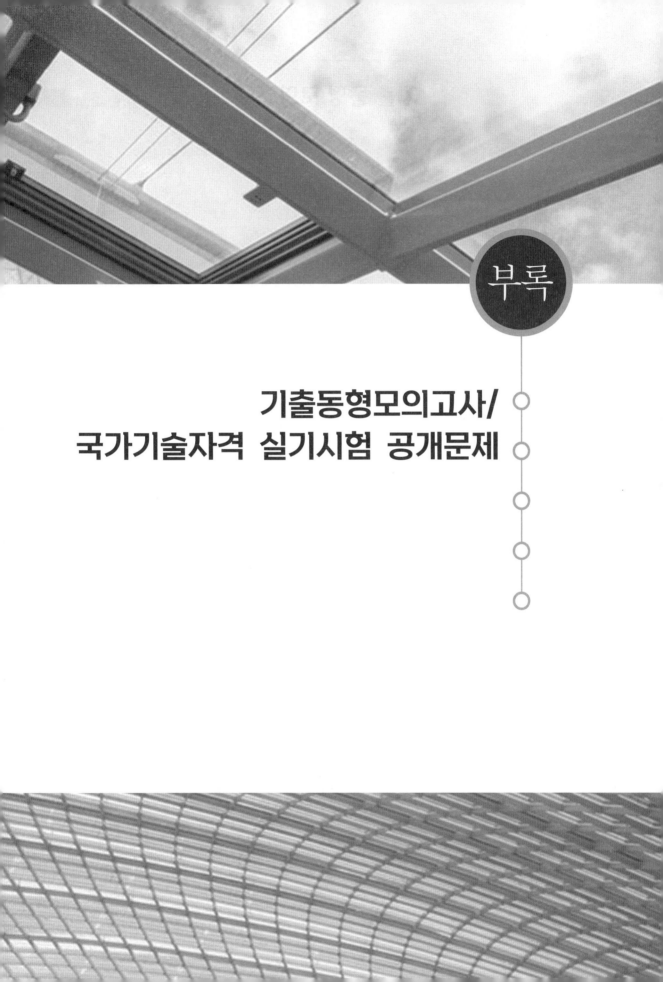

부록

기출동형모의고사/
국가기술자격 실기시험 공개문제

제1과목 건축일반

01 그림과 같은 평면 표시기호는?

① 접이문　　　② 망사문
③ 미서기창　　④ 붙박이창

02 다음 그림의 재료 구조표시는 어느 것을 나타내는가?

① 콘크리트　　② 인조석
③ 벽돌　　　　④ 목재

03 건축구조의 분류 중 시공상에 의한 분류가 아닌 것은?

① 철근콘크리트구조
② 습식구조
③ 조립구조
④ 현장구조

04 슬럼프 테스트란 무엇을 측정하기 위한 시험인가?

① 철근의 인장강도
② 철근의 휨강도
③ 콘크리트의 시공연도
④ 콘크리트의 압축강도

05 높이가 3m를 넘는 계단에서 계단참은 계단 높이 몇 m 이내마다 설치하는가?

① 1m　　　　② 2m
③ 3m　　　　④ 5m

06 건물의 지하부의 구조부로서 건물의 무게를 지반에 전달하여 안전하게 지탱시키는 구조부분은?

① 기초　　　　② 기둥
③ 지붕　　　　④ 벽체

07 창호에 대한 설명으로 옳지 않은 것은?

① 창호는 실내의 마무리치장과 외관을 구성하는 주요부이다.
② 고장이 쉽게 나므로 그 공작을 세밀히 하여 튼튼하게 만들어야 한다.
③ 편리하게 사용할 수 있도록 한다.
④ 창호는 구조적으로 하중을 많이 받도록 한다.

08 곡면판이 지니는 역학적 특성을 응용한 구조로서 외력은 주로 판의 면내력으로 전달되기 때문에 경량이고 내력이 큰 구조물을 구성할 수 있는 것은?

① 라멘구조　　　　② 플랫슬래브구조
③ 벽식구조　　　　④ 셸구조

09 경량형강을 사용하는 경량철골구조에 대한 설명 중 옳지 않은 것은?

① 가볍고 강하다.
② 운반조립이 용이하다.
③ 철골구조에 비해 재료 및 공사비가 절약된다.
④ 보통 형강에 비해 비틀림이 생기지 않는다.

10 곡선의 구부러진 정도가 급하지 않은 큰 곡선을 그리는데 쓰이는 제도용구는?

① T자
② 자유 곡선자
③ 디바이더
④ 자유 삼각자

11 조적조에서 벽량이란?

① 내력벽 길이의 총합계를 그 층의 건축(바닥)면적으로 나눈 값
② 대린벽 길이의 총합계를 그 층의 건축(바닥)면적으로 나눈 값
③ 부축벽 길이의 총합계를 그 층의 건축(바닥)면적으로 나눈 값
④ 간막이벽 길이의 총합계를 그 층의 건축(바닥)면적으로 나눈값

12 철근과 콘크리트의 부착력에 대한 설명 중 맞는 것은?

① 압축 강도가 작은 콘크리트일수록 부착력은 커진다.
② 콘크리트의 부착력은 철근의 주장에 반비례한다.
③ 철근의 표면 상태와 단면 모양은 부착력에 영향을 크게 끼친다.
④ 부착력은 정착길이를 감소시킬수록 증가된다.

13 철근콘크리트조에서 신축 줄눈을 두는 위치가 틀린 것은?

① T형 평면의 교차부분
② 저층의 긴 건물과 고층건물과의 접합부
③ 기존 건물과 증축 건물의 접합부
④ 긴 보의 중앙부

14 천장복도에 관한 설명 중 옳은 것은?

① 지붕 마무리면의 의장이나 재료를 나타내는 평면도이다.
② 천장 위쪽에서 천장 실내면을 투시하여 이것을 수평 투상면에 투영시킨 도면이다.
③ 토대, 멍에, 장선 등의 재종, 치수, 위치, 간격을 명시한다.
④ 건물전체를 같이 그릴 경우에는 1/50 척도, 각실 마다 그릴 경우에는 1/100 척도로 그린다.

15 자립할 수는 있으나 거의 상부하중을 받지 아니하는 벽체구조로서, 간막이·커튼월 또는 철근콘크리트조내의 벽돌·블록벽 등의 장막벽을 의미하기도 하는 것은?

① 일체식구조
② 비내력벽구조
③ 유연구조
④ 강구조

16 철근콘크리트 기둥에 대한 설명 중 틀린 것은?

① 기둥단면의 최소치수는 20cm이상이어야 한다.
② 기둥의 단면적은 $600cm^2$ 이상으로 한다.
③ 원형 단면의 주근은 4개 이상 배치한다.
④ 띠철근은 주근의 좌굴과 콘크리트가 수평으로 터져나 가는 것을 구속한다.

17 물시멘트비와 가장 관계가 깊은 것은?

① 분말도
② 중량
③ 하중
④ 강도

18 벽돌 벽체를 쌓은 후 빗물이 스며들어 표면에 흰 가루가 나타나는 현상은?

① 단열현상　　② 백화현상

③ 열화현상　　④ 수화현상

19 건축물 설계도면에서 사람이나 차, 물건 등이 움직이는 흐름을 도식화한 도면은?

① 구상도　　② 조직도

③ 평면도　　④ 동선도

20 다음 중 1층 마루인 동바리마루에 사용되는 것이 아닌 것은?

① 동바리돌　　② 멍에

③ 층보　　　　④ 장선

제 2 과목　작업안전

21 40명의 근로자가 공장에서 1일 8시간, 연간근로 일수는 300일 이다. 연 근로 시간은 9만 6천 시간이라고 할 때 근로손실일수가 180일 이라면 강도율은 얼마인가?

① 1.0일　　② 1.2일

③ 1.5일　　④ 1.9일

22 가설통로(경사로)의 안전사항과 관련하여 비탈면의 경사는 몇 도 이내로 하는가?

① 15°　　② 30°

③ 45°　　④ 60°

23 재해를 예방할 수 있는 방법중 독려적 대책은?

① 시상과 징벌　　② 안전 설계

③ 안전 기준 설정　　④ 정비 점검

24 기계 설비의 안전작업으로 옳지 않은 것은?

① 시동 전에 기계를 점검하여 상태를 확인한다.

② 공구나 가공물의 회전시 손을 보호하기 위해 장갑을 낀다.

③ 작업복을 단정히 입고 안전모를 착용한다.

④ 공구나 가공물의 부착, 분리시 기계를 정지시킨다.

25 재해 원인에서 교육적 원인에 속하는 것은?

① 안전 수칙을 잘못 알고 있다.

② 생산 방법이 적당하지 못하다.

③ 인원 배치가 적당하지 못하다.

④ 구조 재료가 적합하지 못하다.

26 안전 표지 구성상 잘못된 것은?

① 1종 표지 : 색깔과 모양으로만 표시

② 2종 표지 : 1종 표지 속에 특정한 글자

③ 3종 표지 : 1종 또는 2종 표지 이외에 필요한 글자를 더 써 넣은 것

④ 4종 표지 : 글자로만 표시

27 전기에 의한 화재를 소화하는 방법으로 옳지 않은 것은?

① 이산화탄소 소화기

② 하론(halon)가스 소화기

③ 분말 소화기

④ 물

28 상해의 종류에 따라 분류한 것으로 바르지 못한 것은?

① 골절　　② 찰과상

③ 추락　　④ 동상

29 재해발생 과정에서 사고를 방지하기 위하여 어느 원인을 제거하는 것이 가장 효율적인가?

① 사회적 환경
② 불안전한 행동 및 상태
③ 개인적 결함
④ 교육적인 원인

30 다음 중 안전사고에 해당되지 않은 것은?

① 교통사고
② 추락사고
③ 익사사고
④ 천재지변

31 위험장소에 접근하여 재해가 발생된 재해의 원인은?

① 물적 원인
② 인적 원인
③ 신체적 원인
④ 관리적 원인

32 안전점검중 일정한 기간을 두고 행하는 점검은?

① 정기점검
② 수시점검
③ 임시점검
④ 특별점검

33 산업재해의 발생 형태가 아닌 것은?

① 폭발형
② 복합형
③ 집중형
④ 연쇄형

34 일반적인 작업조건 상태에서 근속연수가 사고 발생빈도에 미치는 영향은?

① 정비례하여 증가한다.
② 상대적으로 감소한다.
③ 반비례하여 감소한다.
④ 상대적으로 증가한다.

35 다음 중 인화점이 가장 높은 것은?

① 가솔린
② 등유
③ 부탄
④ 벤젠

36 다음 중 창호의 개폐방식에 따른 종류가 아닌 것은?

① 붙박이창
② 미서기창
③ 발코니창
④ 여닫이창

37 다음 중 플라스틱에 유연성을 주기 위하여 첨가되는 것은?

① 경화제
② 가소제
③ 염료
④ 충진제(Filler)

38 다음 중 플라스틱 창호의 압출시 창호의 형태를 결정하는 것은?

① 절단기
② 금형
③ 압출기
④ 인취기

39 플라스틱 창호 절단시 유의사항이 아닌 것은?

① 톱날의 회전반경내 다른 사람의 접근금지
② 작업전 반드시 절단기 각도 확인
③ 절단시 안전을 고려하여 보안경 착용
④ 절단톱의 표면온도를 상온 이하로 유지

40 다음 중 플라스틱 창호의 부자재가 아닌 것은?

① 크리센트
② 호차
③ 방풍모
④ 개공기

41 다음은 열경화성 플라스틱에 대한 설명이다. 틀린 것은?

① 재료 그 자체는 선상 구조를 하고 있다.
② 재료 그 자체를 가열하면 경화하여 유동성을 나타낸다.
③ 가열하면 연화되고 유동성을 가지게 된다.
④ 열가소성 플라스틱에 비하여 열과 화학약품에 안전하다.

42 다음 그림과 관련이 있는 성형방법은?

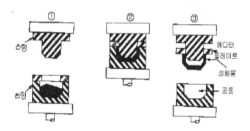

① 블로성형법   ② 압출성형
③ 사출성형   ④ 압축성형

43 내알칼리성, 전기절연성, 내후성이 우수하고 방수성이 있어 방수제로 쓰이는 것은?

① 실리콘수지   ② 요소수지
③ 페놀수지   ④ 멜라민수지

44 여러 가지 단면형 성형이 가능하고 봉, 파이프, 필름, 시트제작에 적당한 성형가공법은?

① 사출 성형법   ② 취입 성형법
③ 압출 성형법   ④ 진공 성형법

45 플라스틱창호의 일반적인 제작공정순서로 맞는 것은?

① 절단 → 사상 → 용접 → 개공 → 조립
② 개공 → 절단 → 사상 → 용접 → 조립
③ 절단 → 개공 → 용접 → 사상 → 조립
④ 용접 → 절단 → 사상 → 개공 → 조립

46 다음 중 열가소성 수지로만 모아놓은 것은?

① 폴리프로필렌, 폴리염화비닐, 폴리스티렌, 실리콘
② 폴리에틸렌, 쿠마론, 아크릴, 폴리아미드
③ 폴리염화비닐, 쿠마론, 발포성 플라스틱, 에폭시
④ 폴리에틸렌, 아크릴, 거품 폴리우레탄, 내열성 플라스틱

47 화장판, 벽판, 천장판, 카운터(counter)등에 쓰이며 무색 투명하여 착색이 자유롭고, 내열성, 강도 내수성 등이 우수한 플라스틱의 종류는 무엇인가?

① 페놀수지   ② 요소수지
③ 멜라민수지   ④ 알키드수지

48 접착성이 아주 우수하며, 경화할 때 휘발물의 발생이 없고, 알루미늄과 같은 경금속의 접착에 가장 좋은 종류는 무엇인가?

① 에폭시 수지
② 불포화 폴리에스테르 수지
③ 알키드 수지
④ 실리콘 수지

49 플라스틱을 얻기 위한 주원료는 무엇인가?

① 고무   ② 가죽
③ 석탄   ④ 유지

50 다음 중 리놀륨의 원료가 아닌 것은?

① 아마인유　　　② 코르크 분말

③ 가황 고무　　　④ 건조제

51 창호의 개폐 방법 중 옆 벽 속에 밀어 넣는 형식을 갖는 것은?

① 여닫이 창호　　② 미닫이 창호

③ 미서기 창호　　④ 회전 창호

52 ABS수지를 구성하는 원료가 아닌 것은?

① 아크릴로니트릴

② 부타디엔

③ 스티렌

④ 실리콘

53 다음 중 창호의 재질에 의한 분류 방법이 아닌 것은?

① 목재 창호　　　② 창용 창호

③ 강재 창호　　　④ 합성수지 창호

54 개구부에 쓰이는 여닫이의 명칭에서 문을 내·외 양측으로 여는 것은?

① 내여닫이　　　② 외여닫이

③ 쌍여닫이　　　④ 자유여닫이

55 미술관, 박물관 등의 확산광을 필요로 하는 천창에 쓰이는 합성수지의 재료는?

① 메타크릴수지　　② 멜라민 적층판

③ 폴리에스테르　　④ 폴리스티렌폼

56 도어(door)재로 사용되는 합성수지 재료에 속하지 않는 것은?

① 메타크릴 수지　　② 경질염화비닐 수지

③ 폴리에틸렌 수지　④ FRP

57 합성수지 중 석탄계에 속하지 않는 것은?

① 아세틸렌　　　② 콜타르

③ 프로필렌　　　④ 코크스

58 요소수지의 설명으로 옳지 않은 것은?

① 내수성, 접착성이 우수하다.

② 내열성은 페놀보다 우수하다.

③ 착색이 자유롭다.

④ 전기저항은 페놀보다 약간 떨어진다.

59 아크릴 수지의 내용에 속하지 않는 것은?

① 내화학 약품성이 우수하다.

② 도료로 널리 쓰인다.

③ 유연성, 내후성이 우수하다.

④ 파이프, 판재로 쓰인다.

60 뒤틀림이나 변형이 적고, 경쾌감을 주는 문의 명칭은?

① 도듬문　　　　② 플러시문

③ 널도듬문　　　④ 합판문

기출 동형 모의고사

01 내진, 내구적이나 내화적이지 못한 구조는?

① 벽돌구조　　　② 돌구조

③ 철골구조　　　④ 철근콘크리트조

02 도면의 이해를 돕기위해 설명이나 문자를 써 넣는 것을 무엇이라 하는가?

① 지문　　　　　② 설명

③ 주기　　　　　④ 해석

03 철근이음의 겹침길이는 압축부분일 경우 얼마인가?

① 25d 이상　　　② 30d 이상

③ 40d 이상　　　④ 45d 이상

04 프리스트레스트 콘크리트 구조를 설명한 것 중 틀린 것은?

① 철근과 콘크리트를 써서 특수처리, 가공하는 구조이다.

② 프리텐션 방식과 포스트텐션 방식이 있다.

③ 철근은 고장력 강재를 쓴다.

④ 소규모 건물에 적합한 구조이다.

05 쪽매의 종류에서 딴혀쪽매의 그림으로 맞는 것은?

①　②　③　④

06 실내투시도 또는 기념건축물과 같은 정적인 건물의 표현에 효과적인 투시도는?

① 평행투시도　　　② 유각투시도

③ 경사투시도　　　④ 조감도

07 휨, 전단, 비틀림 등에 대하여 역학적으로 유리하며, 특히 단면에 방향성이 없으므로 뼈대의 입체구성을 하는데 적합하고 공장, 체육관, 전시장 등의 건축물에 많이 사용되는 구조는?

① 경량강구조　　　② 강관구조

③ 철골구조　　　　④ 조립식구조

08 다음 중 여닫이 문을 자동적으로 닫을 수 있게 한 철물은?

① 플로어힌지　　　② 도어홀더

③ 도어클로저　　　④ 도어행거

09 건축물의 각 실내의 입면을 그린 도면으로 각 실내의 입면을 그린 다음 벽면의 형상, 치수, 마감재료 등을 표시하는 도면은?

① 기초 평면도　　　② 단면도

③ 천정 평면도　　　④ 전개도

10 설계도면이 갖추어야 할 요건 중에서 옳지 않은 것은?

① 객관적으로 이해되어야 한다.

② 일정한 규칙과 도법에 따라야 한다.

③ 정확하고 명료하게 합리적으로 표현되어야 한다.

④ 모든 도면의 축척은 통일되어야 한다.

11 철근콘크리트 슬래브에서 단변과 장변 각 방향에서 철근 전단면적은 콘크리트 전단면적의 얼마 이상으로 하는가?

① 0.1%　　　　② 0.2%

③ 0.35　　　　④ 0.45

12 건축 구조형식에 따른 분류 중 가구식 구성방법에 속하는 구조는?

① 철근콘크리트조　② 벽돌조

③ 철골조　　　　④ 블록조

13 벽돌구조에서 공간벽에 대한 설명 중 잘못된 것은?

① 벽체에 공간을 두어서 이중으로 쌓은 벽이다.

② 공기층에 의한 단열효과가 있다.

③ 습기 차단에는 불리하다.

④ 공간너비는 5~7cm 정도로 하고 단열재를 삽입한다.

14 플랫슬래브에서 슬래브의 최소 두께는?

① 8cm　　　　② 12cm

③ 15cm　　　　④ 18cm

15 리벳이나 볼트의 중심간 거리를 나타낸 말은?

① 게이지 라인　② 게이지

③ 클리어런스　④ 피치

16 다음 중 기본 설계도에 해당하지 않는 것은?

① 배치도　　　　② 단면도

③ 각부상세도　④ 투시도

17 평면도에서 나타내야 할 사항이 아닌 것은?

① 창호의 단면모양　② 벽두께

③ 가구의 위치　　④ 천정의 높이

18 철근 콘크리트 구조에서 보의 깊이로 적당한 것은?

① 스팬의 1/10정도

② 스팬의 1/20정도

③ 스팬의 1/30정도

④ 스팬의 1/40정도

19 목재구조 반자틀의 구성요소가 아닌 것은?

① 반자 돌림대　② 반자틀 받이

③ 걸레받이　　④ 달대받이

20 조적조에서 백화현상 방지대책으로 적당하지 않은 것은?

① 모르타르용 물은 깨끗한 것을 사용한다.

② 줄눈 모르타르에 염류를 혼입한다.

③ 벽면에 우수 침투방지를 위한 차양 루버 등을 설치한다.

④ 벽면에 파라핀 도료를 발라 염류가 나오는 것을 막는다.

제2과목　작업안전

21 사고발생 원인에서 불안전한 행동에 속하는 것은?

① 안전 방호 장치 결함

② 복장 보호구의 결함

③ 기계 기구의 잘못 사용

④ 생산 공정의 결함

22 사고의 원인중 인적 요인에서 심리적 원인이 아닌 것은?

① 망각   ② 고민
③ 집착   ④ 피로

23 산업체 현장에서의 고소작업의 높이의 기준은?

① 1m   ② 2m
③ 3m   ④ 4m

24 가설 구조물의 요건이 아닌 것은?

① 위치성   ② 안전성
③ 작업성   ④ 경제성

25 사고 발생의 요인과 관계가 가장 적은 것은?

① 유전과 환경의 영향
② 심신의 결함
③ 불안전한 행동 및 상태
④ 근로자의 학력

26 근로자가 150명인 작업장에서 1년에 6건의 재해가 발생하였다. 연천인율은 얼마인가?

① 15   ② 20
③ 30   ④ 40

27 안전관리 조직의 기본 형태와 관련이 없는 것은?

① 직계직 조직   ② 참모식 조직
③ 직계, 참모 조직   ④ 기능직 조직

28 재해의 종류 중에서 자연재해에 해당되는 것은?

① 교통사고   ② 가스폭발
③ 홍수   ④ 화재

29 다음 중 사용금지를 의미하는 것은?

①   ②

③   ④

30 하인리히 재해 예방원리 중 순서가 맞는 것은?

① 안전관리조직–사실의발견–분석–시정방법–시정정책
② 안전관리조직–분석–사실의발견–시정방법–시정정책
③ 분석–안전관리조직–사실의발견–시정방법–시정정책
④ 분석–사실의발견–안전관리조직–시정방법–시정정책

31 재해방지 대책의 3E가 아닌 것은?

① 기술적 대책   ② 환경적 대책
③ 교육적 대책   ④ 단속적 대책

32 효율적인 안전관리를 위한 4가지 기본 관리 사이클이 아닌 것은?

① 계획   ② 예산
③ 실시   ④ 조치

33 재해가 발생했을 때 조치할 사항이다. 바르게 연결된 것은?

① 재해조사 – 원인분석 – 대책수립 – 긴급조치
② 긴급조치 – 재해조사 – 원인분석 – 대책수립
③ 대책수립 – 원인분석 – 긴급조치 – 재해조사
④ 재해조사 – 대책수립 – 원인분석 – 긴급조치

34 재해손실비 중 간접비에 해당되지 않는 것은?

① 생산손실　　　　② 시간손실
③ 시설물자손실　　④ 유족보상비

35 보호구로서 갖추어야 할 구비요건과 거리가 먼 것은?

① 착용이 간편할 것
② 위험요소에 대한 방호가 안전할 것
③ 작업에 방해가 되지 않을 것
④ 가격이 저렴할 것

36 다음 중 창호의 방음성을 나타내는 단위로 맞는 것은?

① Hz　　　　　　② kg
③ dB　　　　　　④ Watt

37 다음 중 플라스틱창호의 가공기 중 용접면의 비드를 제거하기 위한 기계는?

① 절단기　　　　② 개공기
③ 사상기　　　　④ 용접기

38 우리나라의 창호 표준을 제시한 규격은?

① KS　　　　　　② JIS
③ DIN　　　　　④ ASTM

39 다음은 플라스틱의 원료를 연결한 것이다. 틀린 것은?

① 아세틸렌 : 염화비닐
② 에틸렌 : 폴리스티렌
③ 콜타르 : 우레아수지
④ 프로필렌 : 아크릴수지

40 다음 중 사출 성형의 장·단점에 대한 설명으로 옳지 않은 것은?

① 고속, 대량, 자동화 생산이 가능하다.
② 원료의 낭비와 마무리 손질이 극히 적다.
③ 금형이 저렴하다.
④ 살 두께가 얇은 대형 성형품에는 적합하지 않다.

제 3 과목　플라스틱재료

41 다음 울거미 재료의 종류별 기호를 나타낸 것이다. 옳은 것은?

① P – 플라스틱　　② A – 유리
③ G – 알루미늄　　④ W – 스테인리스

42 다음 창호의 5대 기능 중 외부 풍압 등에 창호 및 유리가 견디는 정도를 나타내는 것은?

① 기밀성　　　　② 수밀성
③ 내풍압성　　　④ 단열성

43 다음 중 실리콘과 가장 거리가 먼 것은?

① 오일　　　　　② 고무
③ 수지　　　　　④ 플라스터

44 성형강공법중 적층 성형법에 대한 설명으로 잘못된 것은?

① 열경화성수지의 성형가공법이다.
② 프레스압력은 $50 \sim 200 kg/cm^2$ 정도로 한다.
③ 열 또는 촉매로서 경화한다.
④ 금속 또는 유리 등으로 만들어진 틀안에 액상수지를 주입하여 열 또는 촉매로 경하시키는 방법이다.

45 합성수지 원료의 분류중 그 종류가 다른 것은?

① 멜라민수지　　② 아크릴수지

③ 요소수지　　　④ 페놀수지

46 페놀수지에 대한 설명 중 틀린 것은?

① 페놀과 포르말린을 원료로 하여, 산 또는 알카리를 촉매로 하여 만든다.

② 내후성은 양호하나, 전기절연성이 약하다.

③ 수시자체는 취약하여 성형품, 적층품의 경우에는 충전제를 첨가한다.

④ 200℃이상에서 그대로 두면 탄화, 분해되어 사용 할 수 없게 된다.

47 플라스틱 창과 금속재 창을 비교 설명한 것이다. 틀린 것은?

① 플라스틱창의 기밀성능이 금속재창보다 우수하다.

② 수밀성능은 금속재창이 우수하다.

③ 현장가공성은 금속재창이 우수하다.

④ 단열과 방음 성능은 일반적으로 플라스틱 창이 우수하다.

48 창문과 창호 철물에 관한 기술 중 옳지 않은 것은?

① 무거운 대형 자재문의 경우에는 플로어 힌지를 부착한다.

② 자재문은 자유경첩을 달아 안팎을 자유로 여닫을 수 있게 한 문이다.

③ 접문의 도르래 철물은 크리센트를 설치한다.

④ 미닫이문의 경우에는 문을 완전히 개폐할 수 있다.

49 투명성을 요구하는 과즙음료 및 샴푸병 등에 사용되는 플라스틱 재료는?

① 폴리에틸렌　　② 폴리염화비닐

③ 폴리프로필렌　④ 폴리스티렌

50 다음 플라스틱의 성형방법 중 바르게 연결된 것은?

① 압축 성형 – 용융된 원료를 금형에 주입후 압축공기를 이용하여 제품의 형태를 고착시키는 방법

② 사출 성형 – 재료를 형틀에 넣고 가열한 후 압력을 가함

③ 압출 성형 – 원리는 사출성형과 비슷하며 연속적으로 제품을 생산하는 방식

④ 중공 성형 – 플라스틱 용융액을 수송기로 밀어내고 노즐을 통해 형틀에 채워 넣는 방법

51 다음 중 플라스틱에 관한 설명이 바르지 못한 것은?

① 피막이 강하고 광택이 있어 도료에 적합하다.

② 강성과 탄성계수가 커서 구조재료로 적합하다.

③ 투수성이 없고 흡수성이 적으므로 방수 피막제에 적당하다.

④ 착색이 자유롭고 가공성이 있어 장식 마감재료 적당하다.

52 내열성이 매우 우수하여 광범위한 온도에 안정하며, 전기절연성과 내수성이 좋아 전기 절연 재료 및 건축물의 신축줄눈에 사용되는 플라스틱은?

① 페놀 수지　　② 아크릴 수지

③ 에폭시 수지　④ 실리콘 수지

53 알키드 수지의 용도로 가장 적당한 것은?

① 장식품　　　　② 도료
③ 구조재　　　　④ 배관

54 다음 플라스틱 제품 중 바닥재료로 사용되는 것이 아닌 것은?

① 비닐타일　　　② 비닐시트
③ 멜라민 화장판　④ 아스팔트 타일

55 플라스틱 접착제에 대한 설명 중 옳지 않은 것은?

① 페놀 수지는 내수성이 뛰어나 내수합판 접착에 사용된다.
② 멜라민 수지의 내열, 내수성이 우수하여 금속, 유리접합에 적합하다.
③ 에폭시 수지는 알루미늄, 철제의 접착제로 우수한 성능을 갖고 있다.
④ 실리콘 수지는 전기절연성이 크고, 유리, 섬유 등의 접착에 쓰인다.

56 오르내리 창에서 창 짝 간의 시건장치로 사용되는 철물은?

① 크리센트　　　② 나이트 래치
③ 호차　　　　　④ 모노 로크

57 다음 중 플라스틱 재료의 장점이 아닌 것은?

① 가공이 용이하고, 디자인의 자유도가 높다.
② 착색이 용이하고 다양한 재질감을 낼 수 있다.
③ 철에 비해 강도와 강성이 크고, 특히 반복 하중에 강하다.
④ 전기 절연성이 우수하다.

58 플라스틱의 성형방법 중 주조법에 대한 설명으로 틀린 것은?

① 소량생산에 적당하다.
② 압력은 가하지 않는다.
③ 형은 석고형, 목형, 지형 및 금형이 있다.
④ 아크릴 수지를 주로 사용한다.

59 다음과 같은 특성을 갖는 열가소성 수지는?

- 비중은 0.92~0.96 정도이다.
- 유백색의 반투명이다.
- 상온에서 유연성이 잇다.
- 취화 온도는 −60℃
- 내충격이 좋다.
- 가스나 향기의 투과성이 있다.

① 폴리에틸렌　　② 폴리프로필렌
③ 염화비닐　　　④ 폴리스티렌

60 아래 그림의 평면기호의 명칭으로 옳은 것은?

① 쌍여닫이문　　② 쌍여닫이창
③ 자재문　　　　④ 여닫이창

※ 제1회 기출동형모의고사 해설

01 평면 표시 기호(창 기호) ✎④

명칭	평면	입면	명칭	평면	입면
창 일반			망사창		
회전창 또는 돌출창			여닫이창		
오르내리창			셔터창		
격자창			미세기창		
쌍여닫이창			붙박이창		FIX

02 재료의 단면표시 ✎②

구분	마감 재료 기호	구분	마감 재료 기호
콘크리트 슬래브		유리	
목재 (구조재)		카펫	
목재 (치장재)		단열재	
합판		실란트	
인조석		고무	
석고보드		방수	
타일		회반죽	
흡음텍스		테라조	

03 시공과정(시공법)에 의한 분류 : 습식구조(wet construction), 건식구조(dry construction), 조립식구조(prefabricated construction), 현장구조(field construction) ✎①

04 슬럼프(Slump) : 시공연도(Workability, 워커빌리티)는 굳지 않은 콘크리트의 부어 넣기가 쉬운지 어려운지를 나타내는 척도를 말한다. 슬럼프(Slump) 시험은 콘크리트의 반죽질기정도를 나타내는 것으로서 시공연도(Workability)를 측정하는 방법으로 가장 일반적으로 사용되고 있다. ✎③

05 계단참 : 계단 도중에 단이 없이 넓게 되어 있는 부분으로 일반적으로 계단 높이 3m 이내마다 설치한다. ✎③

06 기초의 정의 : 건축물에서 각층의 하중을 지반에 전달하여 지반반력에 의해 안전하게 지지하도록 설치된 지정을 포함한 하부 구조체 ✎①

07 창호는 창과 문을 의미하는 것으로 지붕, 천장, 벽 등에 설치된 개구부를 말한다. 하중을 많이 받는 것은 기둥이다. ✎④

08 셸(shell) 구조 ✎④
- 곡면판이 지니는 역학적 특성을 응용한 구조로서 외력은 주로 판의 면내력으로 전달되기 때문에 경량이고 내력이 큰 구조물을 구성할 수 있는 구조이다.
- 면에 분포되는 하중을 인장력·압축력과 같은 면 내력으로 전달시키는 역학적 특성을 가지고 있다.
- 곡면바닥판을 구조재로 이용하며, 가볍고 강성이 우수한 구조 시스템이다.

09 경량 형강(Light gauge steel) : 강판을 상온에서 롤로 냉간가공(冷間加工)하여 성형한 것. 두께는 보통 1.6~4.0mm 정도인데 두께가 얇기 때문에 비틀림이나 국부좌굴 등이 생기기 쉽다. ✎④

10 자유 곡선자 : 납이나 고무, 플라스틱 등으로 만들어져 원하는 형태로 구부릴 수 있는 자로, 스케치도에서 본뜨기를 할 때 사용 ✎②

11 벽량 ✎①
- 내력벽 길이의 총합계를 그 층의 바닥면적으로 나눈 값을 말한다.
- 벽량(cm/m^2) = 벽의 길이(cm)/실면적(m^2)

12 철근과 콘크리트의 부착에 영향을 주는 요인 ✎③
- 콘크리트의 강도 : 콘크리트의 압축강도가 클수록 부착강도(부착력)가 크다.
- 피복두께 : 부착강도를 제대로 발휘시키기 위해서는 충분한 피복두께가 필요하다.
- 철근의 표면 상태 : 이형철근이 원형철근보다 부착강도가 크다(이형철근이 원형철근의 2배).
- 다짐 : 콘크리트의 다짐이 불충분하면 부착강도가 저하된다.
- 콘크리트의 부착강도는 철근의 주장(둘레길이)에 비례한다.

13 T형 평면의 교차 부분, 저층의 긴 건물과 고층건물과의 접합부에 설치하는데 양쪽 구조체 또는 부재가 구속되지 않는 구조이어야 한다. ✎④

14 천장 평면도(Ceiling plan, 천장 복도) ✎②
- 정의 : 평면도와 같은 방법으로 수평으로 절단한 후 바닥에서 천장을 올려다 본 수평 투영도면. 창호의 위치, 몰딩, 조명 기구 및 각종 설비를 표시한다.
- 주요 표시 사항 : 기둥과 벽, 창호, 몰딩, 마감선, 조명 기구, 각종 설비, 천장 높이, 천장 재료, 도면명 축척, 각종 장식, 그밖에 매달려 있거나 매입된 장식과 설비 등을 표시한다.

15 장막벽(비내력벽) : 벽체 자체의 무게를 받고, 자립하여 칸막이 역할만을 하는 벽으로 벽체를 헐어내도 구조적으로는 문제가 없는 벽 ✎②

16 기둥의 주근은 D13(ϕ12) 이상으로 하며, 기둥의 형태를 유지하기 위해 단면 형상이 사각형일 때는 최소 4개 이상, 원형이나 다각형일 때는 최소 6개 이상의 주철근을 중심축에 대칭으로 배근한다. ✎③

17 물시멘트비는 강도와 밀접한 관계가 있기 때문에 시공성능을 확보했다면 가급적 작게 사용하는 것이 강도에 유리하다. ✎④

18 백화현상(Efflorescence) : 벽표면에 빗물이 침투하여 모르타르에 있는 석회분이 유출되고 이것이 공기중의 탄산가스와 결합하여 백색의 미세한 물질이 생기면서 벽돌벽의 표면에 하얀 가루가 돋아나는 현상을 말한다. ✎②

19 동선도 : 사람이나 차, 또는 화물 등의 흐름을 도식화한 도면이다. ✎④

20 층보는 2층 마루 틀을 지탱하는 부재이다. ✎③

21 강도율 : 1,000시간을 단위시간으로 연 근로시간당 작업손실일 수로써 재해에 의한 손상의 정도를 나타낸다.
- 강도율 = (손실작업일 수/연 근로시간 수)×1,000

∴ 강도율 $= \dfrac{180}{96,000} \times 1,000 = 1.875$ ✎④

22 경사로 ✎②
- 경사는 30°이하로 할 것(계단을 설치하거나 높이 2m미만의 가설통로로서 튼튼한 손잡이를 설치한 때에는 그러하지 아니하다)
- 경사가 15°를 초과하는 때에는 미끄러지지 아니하는 구조로 할 것
- 경사로의 폭은 최소 75㎝ 이상이어야 한다.
- 경사로 지지기등은 3m 이내마다 설치라여야 한다.

23 재해를 예방할 수 있는 방법 중 독려적 대책에는 재해현황 공표, 시상과 처벌 강화 등이 있다. ✎①

24 철재나 날카로운 재료를 다룰 때는 장갑을 반드시 착용하며 장갑 착용 금지 작업과 장갑 착용 작업을 구별되어 있으므로 이를 반드시 지키도록 하여야 한다. 드릴, 연삭, 해머, 정밀기계 작업 시에는 장갑을 착용하지 않아야한다. ✎②

25 관리적 원인(간접원인) ✎①
- 기술적 원인 : 건물·기계장치 설계 불량, 구조·재료의 부적합, 생산 공정의 부적당, 점검, 정비보존 불량
- 교육적 원인 : 안전의식의 부족, 안전수칙의 오해, 경험훈련의 미숙, 작업방법의 교육 불충분, 유해위험 작업의 교육 불충분
- 작업관리상의 원인 : 안전관리 조직 결함, 안전수칙 미제정, 작업준비 불충분, 인원배치 부적당, 작업지시 부적당

26 안전·보건표지의 색채, 색도 기준 및 용도 ✎④

색채	색도 기준	용도	사용 예
빨간색	7.5R 4/14	금지	정지 신호, 소화 설비 및 그 장소, 유해 행위의 금지
		경고	화학 물질 취급 장소에서의 유해·위험 경고
노란색	5Y 8.5/12	경고	화학 물질 취급 장소에서의 유해·위험 경고, 그 밖의 위험 경고, 주의 표지 또는 기계 방호물
파란색	2.5PB 4/10	지시	특정 행위의 지시 및 사실의 고지
녹색	2.5G 4/10	안내	비상구 및 피난소, 사람 또는 차량의 통행 표지
흰색	N9.5	–	파란색 또는 녹색에 대한 보조색
검은색	N0.5	–	문자 및 빨간색 또는 노란색에 대한 보조색

27 화재의 분류 및 소화방법 ✎④

분류	원인	소화 방법 및 소화기
A급	종이, 나무 등 일반 가연성 물질	물 및 산·알칼리 소화기
B급	석유, 가스 등 유류 화재	모래나 소화기
C급	전기화재	이산화탄소 소화기
D급	금속나트륨, 금속칼륨 등 금속화재	마른 모래

28 추락은 재해발생 형태별 분류에 속한다. ✎③

29 불안전한 행동이란 사고를 일으킨 근원이 된 재해자 자신 또는 공동 작업자의 행동에 관한 불안전한 요소를 말한다. ✎②

30 재해의 분류 ✎④
- 자연재해 : 홍수, 낙뢰, 토네이도, 가뭄, 벼락, 태풍 등
- 인공재해 : 교통사고, 가스폭발, 화재, 건물붕괴 등

31 불안전한 행동(인적 원인) : 재해가 없는 사고를 일으키거나 이 요인으로 인한 작업자의 행동 ✎②
- 안전장치의 무효화·보호구·복장 등의 잘못 착용
- 안전조치 불이행·위험장소에 접근
- 불안전한 상태 방치·운전의 실패(물건의 인양 시에 과속 등)
- 위험한 상태로 조작·오동작
- 기계·장치를 목적 외로 사용
- 위험상태 시의 청소, 주유, 수리, 점검

32 정기 점검(계획 점검) ✎①
- 일정 시간마다 정기적으로 실시하는 점검
- 외관, 구조 및 기능의 점검과 각부의 분해에 의한 검사를 행하여 이상을 발견하며 법적 기준 또는 사내 안전 규정에 따라 해당 책임자가 실시하는 점검

33 재해의 발생 형태 ✎①
- 연쇄형(사슬형) : 요소가 연쇄적으로 반응하여 발생하는 것
- 단순자극(집중형) : 개별 재해요소가 각각 독립적으로 집중되어 재해가 발생하는 것
- 복합형 : 연쇄형과 집중형이 혼합된 것

34 일반적인 작업조건 상태에서 근속연수가 오래되면 사고 발생빈도는 감소한다. ✎②

35 인화성가스의 인화점 ✎②

인화성가스	인화점(℃)
벤젠(C_6H_6)	−11
가솔린	0℃ 이하
등유	40~70
중유	60~150

36 개폐 방식에 따른 창호 : 붙박이창, 여닫이창, 미서기창, 미닫이창, 오르내리기창 등이다. 발코니 창(외창)은 창이면서도 발코니로의 출입이 가능한 문의 기능을 함께하고 넓은 면적으로 열손실도 그 만큼 커 단열성능에 유의하여야 한다. 발코니창은 창의 위치에 따른 종류이다. ✎③

37 가소제 : 플라스틱을 부드럽고 유연하게 만드는 첨가제이다. 열가소성 플라스틱을 보다 쉽게 만들기 위하여 사용한다. ✎②

38 금형은 형상을 갖춘 제품을 압출·성형하기 위한 금속성의 형(型)으로 창호의 형태를 결정한다. ✎②

39 절단작업 ✎④
- 절단기 작동시는 톱날의 회전반경 내 다른 사람의 접근을 금지한다.
- 작업전에는 반드시 절단기의 각도를 확인한다.
- 절단시에는 안전보호장구(보안경)를 반드시 착용한 후에 사용한다.
- 자재가 외부 적재되어 있는 경우에는 절단하기 전에 상온에서 24시간 동안 저장한다.

40 개공기(roller hole slotting) : 롤러장착부 개공 및 배수홀의 개공 등에 사용된다. ✎④

41 열경화성 플라스틱 ✎③
- 열경화성 플라스틱은 재료 자체가 이미 길다란 사슬형의 고분자 물질로 되어 있다.
- 열경화성 플라스틱은 큰 응력을 가해도 변형되지 않고 용제나 고온에도 녹지 않는다. 종류에 따라서는 열을 가하면 어느 정도 물러지거나 강도가 떨어지는 것도 있지만, 대부분은 분해되거나 증발한다.
- 일반적으로 내열성, 내용제성, 내약품성, 기계적 성질, 전기 절연성이 좋으며, 충전제를 넣어 강인한 성형물을 만들 수가 있다.
- 고강도 섬유와 조합하여 섬유 강화 플라스틱을 제조하는 데에도 사용된다.

42 압축 성형 개요 ✎④
- 대표적인 열경화성 플라스틱의 성형법이다.
- 가열된 암수 한 쌍의 금형 내에 분말이나 펠릿 상태의 플라스틱을 넣고 압력을 가한 후 충분히 응고시켜 금형에서 떼어 내는 방법이다.

43 실리콘 수지 ✎①
- 성질 : 고온에서의 사용도가 좋으며, 내알칼리성, 전기 절연성, 내후성이 좋고, 내수성과 혐수성이 우수하여 방수 효과가 좋다.
- 용도 : 성형품, 접착제, 전기 절연 재료에 사용
- 제법에 따라 오일(Oil), 고무(Gum), 수지(Resin) 등이 만들어진다.

44 압출 성형(extrusion molding)은 주로 열가소성 수지를 사용하고 파이프, 필름, 시트 등 봉상이나 관상의 동일 단면을 가진 성형품을 연속적으로 성형하는 방법이다. ✎③

45 플라스틱 창호의 일반적인 제작공정 : 절단 → 개공 → 용접 → 사상 → 조립 순 ✎③

46 플라스틱의 종류 ✎②
- 열가소성 플라스틱(열가소성 수지) : 폴리염화비닐 수지, 폴리프로필렌 수지, 나일론 수지(폴리아미드 수지), 폴리스티렌 수지, 폴리에틸렌 수지, 아크릴 수지
- 열경화성 플라스틱(열경화성 수지) : 멜라민 수지, 페놀 수지, 에폭시 수지, 요소 수지, 폴리우레탄 수지

47 멜라민 수지 : 단단하며 착색성 및 내수성, 내약품성과 내열성이 우수하다. ✎③
※ 용도 : 색깔과 광택이 좋아 내부 장식재로 사용하며, 독성이 없어 식기류에 많이 사용

48 에폭시 수지 ✎①
- 접착성이 매우 좋고 경화시에도 휘발성이 없으며 경화시간이 길다.
- 다른 물질과의 접착성이 뛰어나므로 금속용 접착제나 도료 또는 유리 섬유와의 적층용 재료로 이용되고 있다.

49 플라스틱의 원료에 따른 분류 ✎③
- 석탄계 : 아세틸렌(염화비닐 수지), 석탄 질소(멜라민 수지), 코크스(요소 수지), 콜타르(마크론 수지, 페놀 수지)
- 석유계 : 에틸렌(테플론 수지, 폴리스티렌 수지), 프로필렌(아크릴 수지), 스타이렌(폴리스티렌 수지)
- 목재계 : 셀룰로오스

50 리놀륨(Linoleum)   ✎③
- 탄력성이 풍부하고, 내수성·내구성이 있으며 표면이 매끈하다.
- 아마인유에 수지를 가해서 만들어 낸 리놀륨 시멘트에 코르크 분말, 안료, 건조제 등을 혼입하여 삼베에 압착하여 만든다.
- 공장 생산된 마감재로 시공이 용이하다.

51 미닫이문, 미닫이창   ✎②
- 문틀과 문짝이 노출된 상태에서 사용되는 문으로 아래위의 문틀에 한 줄 홈을 파고 창. 문을 이 홈에 끼워 옆벽에 몰아 붙이거나 벽 중간에 몰아 넣을 수 있게 한 것이다.
- 여닫이하는 면적이 필요하지 않으므로 문골이 넓을 때에는 유리하다.
- 방음과 기밀한 점에서는 불리하다.

52 ABS 수지   ✎④
- 아크릴로니트릴, 부타디엔, 스티렌으로 구성된다.
- 일반적으로 가공하기 쉽고 내충격성이 크고 내열성도 좋다.
- 자동차부품·헬멧·전기기기 부품·방적기계 부품 등 공업용품에 금속 대용으로 사용된다.
- 치수 안정성, 경도 등이 좋고 무독성, 방음성, 단열성 등이 우수하다.

53 창호의 재질에 의한 분류 : 강재 창호, 목재 창호, 알루미늄 창호, 비닐 창호, 플라스틱 창호 등   ✎②

54 자재문(자유여닫이문) : 여닫이문과 기능은 비슷하나 자유 경첩의 스프링에 의해 내·외부로 모두 개폐되는 문   ✎④

55 메타크릴 수지(아크릴 수지)는 유기 유리라고 부른다.   ✎①
- 장점 : 플라스틱 중에서 투명도가 뛰어나며 염, 안료에 의한 선명한 착색품을 얻을 수 있으며, 내후성이 좋다. 성형성과 기계적 가공성이 좋고, 인체에 무독하고 내약품성이 좋다.
- 단점 : 대전성과 표면에 흠이 생기기 쉬우며 가연성 등의 단점이 있다.

56 폴리에틸렌(PE) 수지는 열을 가하면 연화·용융되는 성질이 있어 창호재로 부적합하다.   ✎③

57 플라스틱의 원료에 따른 분류   ✎③
- 석탄계 : 아세틸렌(염화비닐 수지), 석탄 질소(멜라민 수지), 코크스(요소 수지), 콜타르(마크론 수지, 페놀 수지)
- 석유계 : 에틸렌(테플론 수지, 폴리스티렌 수지), 프로필렌(아크릴 수지), 스타이렌(폴리스티렌 수지)
- 목재계 : 셀룰로오스

58 요소 수지   ✎②
- 단단하고 내용제성이나 내약품성이 양호하다.
- 유지류에 거의 침해를 받지 않으며, 전기 저항은 페놀수지보다 약간 약하다.
- 수지 재료 자체가 무색이므로 착색 효과가 자유롭고, 내열성(100℃ 이하)이 있다.

59 메타크릴 수지(아크릴 수지)는 유기 유리라고 부른다.   ✎④
- 장점 : 플라스틱 중에서 투명도가 뛰어나며 염, 안료에 의한 선명한 착색품을 얻을 수 있으며, 내후성이 좋다. 성형성과 기계적 가공성이 좋고, 인체에 무독하고 내약품성이 좋다.
- 단점 : 대전성과 표면에 흠이 생기기 쉬우며 가연성 등의 단점이 있다.

60 플러시문 : 울거미를 짜고 중간 살을 30cm 이내 간격으로 배치하여 양면에 합판을 접착제로 붙인 것이다. 뒤틀림이나 변형이 작고, 경쾌감을 준다.   ✎②

✳ 제2회 기출동형모의고사 해설

01 철골구조(강구조) : 여러 단면 모양으로 된 형강이나 강판을 짜맞추어 리벳조임 또는 용접한 구조   ✎③
- 장점 : 고층 구조 가능, 내진, 대규모 구조에 유리, 해체 이동 수리 가능
- 단점 : 고가의 공사비용, 내구성과 내화성이 약함, 정밀 시공이 요구됨

02 주기(朱記, Annotation) : 도면의 이해를 돕기 위해 문자를 써넣는 것을 주기라 하며, 명확하고 깨끗이 쓴다.   ✎③

03 이음 및 정착 길이는 용접하는 경우를 제외하고 압축근 또는 작은 인장력을 받는 곳은 주근 지름의 25d 이상, 큰 인장력을 받는 곳은 40d 이상으로 한다.   ✎①

04 프리스트레스트 콘크리트 구조(prestressed concrete structure) : 철근과 콘크리트를 써서 특수처리, 가공하는 구조로 외력에 의하여 발생되는 응력을 소정의 한도까지 상쇄할 수 있도록 PC봉, PC강연선 등의 긴장재를 이용하여 미리 계획적으로 압축력을 작용시킨 콘크리트(PS 콘크리트 또는 PSC 콘크리트라고 함)를 말한다.   ✎④

05 쪽매의 표시 방법   ✎②

종류	형상	종류	형상
맞댄쪽매		딴혀쪽매	
반턱쪽매		오늬쪽매	
틈막이 대쪽매		빗쪽매	
		제혀쪽매	

06 평행 투시도 : '1점 투시 투상도'라고도 하며, 대상물의 2 좌표축이 투상면에 평행하고 다른 한 축이 직각일 때 물체의 인접한 두 면을 화면과 기면에 평행하게 표현한다.   ✎①

07 콘크리트 충전 강관 구조(CFT)   ✎②
- 원형 또는 각형 강관의 내부에 고강도 콘크리트를 충전한 구조이다.
- 강관을 거푸집으로 이용하므로 별도의 거푸집이 필요없다.
- 강관이 콘크리트를 구속하는 특성에 의해 강성, 내력, 변형, 내화 시공 등 여러 면에서 뛰어난 공법이다.
- 공장, 체육관, 전시장 등의 건축물에 많이 사용되는 구조이다.

08 Door Closer(Door Check) : 문 윗틀과 문짝에 설치하여 자동으로 문을 닫는 장치   ✎③

09 전개도 : 각 부의 내부 의장을 나타내기 위한 도면으로 축척은 1/20∼1/50 정도로 한다. 바닥 면과 천장선을 작도하고 각 실 벽이나 문, 창의 모양을 그린뒤 바닥면에서 천정높이, 표준 바닥높이 등을 기입한다.   ✎④

10 기초도면 작성 시 기초 크기에 맞게 축척을 가장 먼저 정하는데 도면의 용도에 따라서 축척을 결정해야 한다.   ✎④

11 콘크리트 전단면적에 대하여 최소한 0.2% 이상 철근배근한다.   ✎②

12 가구식 구조(framed structure) 종류 : 목구조, 경량철골구조, 철골구조 등   ✎③

13 공간벽(중공벽, 이중벽) : 주로 외벽에 방습, 차음 및 단열을 목적으로 하는 것으로써 중간에 공간을 띄우거나 또는 단열재를 넣어 이중벽으로 쌓는 것   ✎③

14 플랫 슬래브 구조(Flat slab, 무량판 구조)   ✎③
- 보 없이 슬래브만으로 내부를 구성하고 그 하중은 직접 기둥에 전달하는 구조로 실내공간을 넓게 한다.
- 바닥판의 두께는 최소 15cm 이상으로 한다.

15 피치(pitch) : 게이지 라인상의 리벳간격(최소 2.5d, 표준 4.0d) ✎④

16 기본 설계도의 종류 : 배치도, 평면도, 입면도, 단면도, 투시도 등 ✎③

17 평면도 표시 사항 : 창호의 단면 모양, 실의 배치와 넓이, 개구부의 위치나 크기, 창문과 출입구의 구별, 벽체의 두께, 환기구의 위치 및 형상 등 ✎④

18 보의 유효 춤(Depth, 깊이)은 스팬(Span, 간사이, 폭)의 1/10~1/12 정도로 한다. ✎①

19 반자틀의 구성요소 ✎③
- 반자틀 : 달대받이, 달대, 반자틀받이, 반자틀, 반자 돌림대로 짜 만든다.
- 걸레받이 : 벽 밑의 보호와 장식을 겸한 것으로서, 바닥에 접한 벽 밑에 가로로 돌려대는 부재이다.

20 백화 방지법 ✎②
- 흡수율이 적고 소성이 잘 된 질좋은 점토 벽돌을 사용한다.
- 강모래를 사용하고 벽체줄눈시공시 방수 줄눈으로 시공하는 등 빗물의 침투를 방지한다.
- 표면에 파라핀 도료를 바르거나 실리콘을 뿜칠한다.
- 비막이를 설치하고 벽돌이 항상 건조 상태가 될 수 있게 배수, 통풍을 잘 해준다.
- 줄눈 모르타르에 방수제를 혼합한다.
- 조립률이 큰 모래, 분말도가 큰 시멘트를 사용한다.

21 불안전한 행동(인적 원인) : 재해가 없는 사고를 일으키거나 이 요인으로 인한 작업자의 행동 ✎③
- 안전장치의 무효화 · 보호구 · 복장 등의 잘못 착용
- 안전조치 불이행 · 위험장소에 접근
- 불안전한 상태 방치 · 운전의 실패(물건의 인양 시에 과속 등)
- 위험한 상태로 조작 · 오동작
- 기계 · 장치를 목적 외로 사용
- 위험상태 시의 청소, 주유, 수리, 점검

22 피로, 수면 부족, 질병, 신체기능 저하 등은 생리적 원인이다. ✎④

23 고소작업 시에 추락사고는 작업 전 바닥 등 안전성이 확보되지 않은 상태에서 사다리를 이용한 작업 수시에 많이 발생한다. 2m 이상의 고소작업시에는 안전대나 안전모를 착용해야 한다. ✎②

24 가설 구조물 ✎①
- 가설 구조물의 특징 : 연결재가 적은 구조물로 되기 쉽다, 부재의 결합이 불완전하다, 구조설계의 개념이 불확실하다, 단면에 결함이 있기 쉽다.
- 가설 구조물의 요건 : 안전성, 작업성, 경제성

25 사고 발생의 원인 : 유전과 환경의 요인, 심신의 결함, 불안전한 행동 및 상태 ✎④

26 연천인율(年千人率) : 근로자 1000인당 1년간에 발생하는 사상자수를 나타낸다. ✎④
연천인율 = (연간 재해자 수 / 연 평균 근로시간 수) × 1,000

$$\therefore \ 연천인율 = \frac{6}{150} \times 1,000 = 40$$

27 안전보건관리조직의 유형 : 직계식(Line) 조직, 참모식(Staff) 조직, 직계 · 참모식(Line · Staff)조직 ✎④

28 재해의 분류 ✎③
- 자연재해 : 태풍, 홍수, 호우, 폭풍, 해일, 폭설, 가뭄 또는 지진(지진해일 포함) 등
- 사회재해(인공재해) : 교통사고, 가스폭발, 화재, 건물붕괴 등

29 금지표지 ✎ ④

금지 표지							
101 출입 금지	102 보행 금지	103 차량 통행 금지	104 사용 금지	105 탑승 금지	106 금연	107 화기 금지	108 물체 이동 금지

30 하인리히의 재해 예방 원리 ✎ ①
- 제1단계 : 안전관리조직
- 제2단계 : 사실의 발견
- 제3단계 : 분석(분석평가)
- 제4단계 : 시정 방법(시정책)의 선정
- 제5단계 : 시정책의 적용

31 하비(J. H. Harvey)의 3E에 의한 안전대책 ✎ ②
- Education(교육) : 교육적 대책 – 안전교육 및 훈련
- Engineering(기술) : 기술적(공학적) 대책 – 시설 장비의 개선, 안전기준, 안전 설계, 작업행정 및 환경설비의 개선 등
- Enforcement(규제) : 규제적(관리직) 대책 – 안전 감독의 철저, 적합한 기준 설정, 규정 및 수칙의 준수, 기준 이해, 경영자 및 관리자의 솔선수범, 동기부여와 사기향상

32 안전관리 사이클(PDCA) ✎ ②
- 계획(Plan) : 목표달성을 위한 기준
- 실시(Do) : 설정된 계획에 의해 실시
- 검토(Check) : 나타난 결과를 측정, 분석, 비교, 검토
- 조치(Action) : 결과와 계획을 비교하여 차이 부분 적절한 조치

33 재해 발생 시 대처 순서 : 재해 발생 기계의 정지 → 재해자의 구조 및 응급조치 → 상급 부서의 보고 → 2차 재해의 방지 → 현장 보존 → 재해조사 → 원인분석 → 대책수립 ✎ ②

34 간접비 : 재산손실, 생산중단 등으로 기업이 입은 손실로서 정확한 산출이 어려울때에는 직접비의 4배로 산정하여 계산한다. ✎ ④
- 인적손실 : 본인 및 제3자에 관한 것을 포함한 시간손실
- 물적손실 : 기계, 공구, 재료, 시설의 복구에 소비된 시간손실 및 재산손실
- 생산손실 : 생산감소, 생산중단, 판매감소 등에 의한 손실
- 기타손실 : 병상위문금, 여비 및 통신비, 입원중의 잡비, 장의 비용 등

35 보호구의 구비조건 ✎ ④
- 착용이 간편하여야 함
- 작업에 방해가 되지 않아야 함
- 유해·위험 요소에 대한 방호성능이 충분해야 함
- 재료의 품질이 양호해야 함
- 구조와 끝마무리가 양호해야 함
- 외양과 외관이 양호해야 함

36 방음성 : 외부 소음의 차단 정도를 나타내는 기준으로 단위는 [dB]이다. ✎ ③

37 사상기 : 금형에 연마작업을 할 때 유용한 장비로 플라스틱 창호의 부재와 부재의 용접 후 친부분의 마무리(비드의 제거 등)에 사용한다. ✎③

38 창호나 모든 공구는 품질 규격에 합격한 KS품을 사용토록 한다. ✎①

39 플라스틱의 원료에 따른 분류 ✎③
- 석탄계 : 아세틸렌(염화비닐 수지), 석탄 질소(멜라민 수지), 코크스(요소 수지), 콜타르(마크론 수지, 페놀 수지)
- 석유계 : 에틸렌(테플론 수지, 폴리스티렌 수지), 프로필렌(아크릴 수지), 스타이렌(폴리스티렌 수지)
- 목재계 : 셀룰로오스

40 사출 성형의 특징 ✎③
- 플라스틱 성형의 대표적인 것으로, 생산성도 높고 고품질의 성형품 생산이 가능한 가공법으로 금형의 가격이 비싸다.
- 가소성 플라스틱의 대부분이 이 사출 성형에 의한 것으로 정밀도가 높은 정밀 성형품을 만들 때 적합하다.

41 창호의 기본 기호 표시 ✎①

울거미 재료의 종류별 기호		창문별 기호	
기호	재료명	기호	창문구별
A	알루미늄	D ㅁ	문
G	유리	W ㅊ	창
P	플라스틱	S ㅅ	셔터
S	강철		
Ss	스테인레스		
W	목재		

42 내풍압성 : 외부풍압을 창호 및 유리가 견디는 정도를 말한다. ✎③

43 실리콘 수지 ✎④
- 고온에서의 사용도가 좋으며, 내알칼리성, 전기 절연성, 내후성이 좋고, 내수성과 혐수성이 우수하여 방수 효과가 좋다.
- 제법에 따라 오일(Oil), 고무(Gum), 수지(Resin) 등이 만들어진다.
- 용도 : 성형품, 접착제, 전기 절연 재료에 사용

44 적층 성형(Laminated molding) ✎④
- 유상의 열경화성 수지를 종이, 면포, 유리포 등에 침지시킨 다음 건조하여, 이를 금속판에 끼우거나 적당한 철형에 넣어서 50~200kg/㎠으로 가압하는 성형방법이다.
- 열 또는 촉매로서 경화시킨다.

45 플라스틱의 원료에 따른 분류 ✎②
- 석탄계 : 아세틸렌(염화비닐 수지), 석탄 질소(멜라민 수지), 코크스(요소 수지), 콜타르(마크론 수지, 페놀 수지)
- 석유계 : 에틸렌(테플론 수지, 폴리스티렌 수지), 프로필렌(아크릴 수지), 스타이렌(폴리스티렌 수지)
- 목재계 : 셀룰로오스

46 페놀 수지(베이클라이트) : 페놀과 포르말린, 알칼리의 촉매 반응작용에 의해 만든 것으로 값이 싸고 견고하며 전기 절연성, 접착성이 우수하다. ✎②

47 플라스틱 창호는 단열성, 방음성, 기밀성 등이 우수한 창호 자재이다. 금속재 창에 비해 단열성능 및 수밀성, 기밀 성능이 우수하다. ✎②

48 크리센트 : 오르내림 창이나 미서기 창의 잠금장치 ✎③

49 염화비닐 수지(PVC, 폴리염화비닐) : 전선 피복, 관, 필름, 비닐 장판, 호스, 인조 가죽, 병 등 ✎②

50 압출 성형(extrusion molding)은 주로 열가소성 수지를 사용하고 파이프, 필름, 시트 등 봉상이나 관상의 동일 단면을 가진 성형품을 연속적으로 성형하는 방법이다. 재료를 가열 실린더 내에 녹이고 스크루 회전에 의한 압출 압력으로 가열 실린더 내에 설치된 노즐에서 압출한 뒤, 물 또는 공기로 냉각시켜 제품을 만든다. ✎③

51 플라스틱(Plastic)은 금속에 비해 강도와 강성이 부족하고, 특히 반복 하중에 약해 구조재로 사용하기 어렵다. ✎②

52 실리콘 수지 : 고온에서의 사용도가 좋으며, 내알칼리성, 전기 절연성, 내후성이 좋고, 내수성과 혐수성이 우수하여 방수 효과가 좋다.
※ 용도 : 내수성이 좋아 성형품, 접착제, 전기 절연 재료에 사용 ✎④

53 알키드 수지(Alkyd resin) : 폴리에스테르수지의 한 종류로 요소 수지, 멜라민 등과 혼합하여 금속도료로 많이 사용된다. ✎②

54 멜라민 수지는 화장판, 벽판, 마감재, 가구재, 천장판, 카운터, 조리대 등에 사용된다. ✎③

55 멜라민 수지 접착제 : 멜라민과 포르말린과의 반응으로 얻어지는 점성이 있는 수용액으로, 형상이나 외관상 요소 수지와 유사하다. 내수성, 내약품성, 내열성이 우수하고 착색도 자유롭다. 그러나 가격이 비싸고, 저장 안전성이 좋지 않으며, 그 기간도 짧다. 주로 목재에 주로 사용되며 금속, 고무, 유리의 접합용으로는 부적합하다. ✎②

56 크리센트 : 오르내림 창이나 미서기 창의 잠금장치 ✎①

57 플라스틱(Plastic)은 금속(철 등)에 비해 강도와 강성이 부족하고, 특히 반복 하중에 약해 구조재로 사용하기 어렵다. ✎③

58 주조 성형(Casting Molding) ✎④
- 열경화성 수지의 성형가공법 중의 하나로 금속, 유리 등으로 만들어진 틀(금형) 안에 액상 수지를 주입하여 열 또는 촉매로 경화시켜 성형품을 생산한다.
- 소량생산에 적합하며 주로 가구, 문 장식, 장신구, 투명판 등을 만들 때 주로 사용한다.

59 폴리에틸렌(PE) 수지 : 유백색의 반투명이며, 상온에서 유연성이 있고, 내충격성이 좋으며 고주파 절연성이 좋다. 취화 온도는 -60℃ 이하, 연화점은 90-120℃로 저온에서 유연성을 상실한다. ✎①

60 평면 표시 기호(창 기호) ✎②

명칭	평면	입면	명칭	평면	입면
창 일반			망사창		
회전창 또는 돌출창			여닫이창		
오르내리창			셔터창		
격자창			미세기창		
쌍여닫이창			붙박이창		

국가기술자격 실기시험 공개문제

자격종목	플라스틱창호기능사	과제명	미서기창 및 창틀제작

※ 문제지는 시험종료 후 본인이 가져갈 수 있습니다.

비번호		시험일시		시험장명	

※ 시험시간 : 2시간 10분

1. 요구사항

※ 지급된 재료를 사용하여 도면과 같은 미서기창을 제작하시오.

가. 부속품은 정위치에 부착하여야 합니다.

나. 우본 파일(모헤아)는 정확히 절단하여 견고하게 부착하여야 합니다.

다. 배수구는 정면도(실내)의 반대 측인 외부방향에 반드시 가공하여야 합니다.

라. 지정된 곳에 보강재를 삽입하여야 합니다.

　○ 문틀 좌·우 선틀, 문짝 좌·우 선대에 삽입합니다.

마. 스크류는 각 개소별로 제자리 사용에 유의하여야 합니다.

바. 용접한 부분은 마무리 작업을 하여야 합니다.

사. 도면 등에서 요구되지 않은 부분이 있을 경우, 과제 성격과 관련된 플라스틱창호 공사기법에 의한 도면의 모형으로 작업을 합니다.

아. 완성된 창호의 스크린 창문(방충망)은 닫을 때 틈이 없어야 한다.

자. 작업이 끝나면 작품과 남은 재료를 함께 제출하고 주변을 정리정돈 합니다.

※ 수험자별 시험시간 부여방법

　○ 수험자가 절단기를 사용하여 재료를 처음 절단하는 시간을 시작 시간으로 합니다.

　　– 감독위원은 절단된 창틀재료 중앙에 수험번호, 일자, 시행 부, 시작 시간을 기록한다.

　　(예시 : ①, 4/21, 1부, 09 : 00 ～ 　　　)

　○ 수험자가 작품제출 시 종료 시간을 창틀재료 중앙에 기록합니다.

　　(예시 : ①, 4/21, 1부, 09 : 00 ～ 11 : 10)

자격종목	플라스틱창호기능사	과제명	미서기창 및 창틀제작

2. 수험자 유의사항

※ 다음 유의사항을 고려하여 요구사항을 완성하시오.

1) 플라스틱창호 제작을 위한 기계장비는 사용 시 매우 위험하므로 주의하기 바랍니다. 특히, 절단기 사용 시에는 버튼을 ON으로 하여 작업하고, 사용하지 않을 때는 반드시 버튼을 OFF 시키는 등의 작업 안전에 유의하기 바랍니다.

2) 기계조작 후에는 반드시 원위치하여 다음 수험자가 작업할 수 있도록 정리 · 정돈합니다.

3) 지급된 재료는 시험 중에 재 지급하지 않습니다.

　　(단, 재료는 시험시작 전에 확인하여 이상이 있을 때에는 감독위원의 확인 후 시험에 임함)

4) 다음 사항에 대해서는 채점 대상에서 제외하니 특히 유의하시기 바랍니다.

　가) 기권

　　○ 수험자 본인이 수험 도중 시험에 대한 의사를 표시하고 포기하는 경우

　나) 실격

　　○ 지급재료 이외의 재료를 사용 하였을 경우(다른 수험자의 재료를 사용하는 경우 포함)

　　○ 수험자 본인이 지참한 공구 이외의 것을 타인으로부터 빌려 사용한 경우

　　○ 시험 중 시설 · 장비의 조작 또는 재료 등의 취급이 미숙하거나, 위해를 일으킬 것으로 감독위원 전원이 합의하여 판단한 경우

　다) 미완성

　　○ 시험시간 내에 요구사항을 완성하지 못한 경우

　라) 오작

　　○ 측정에서 ±10mm를 초과하는 오차가 있을 경우

　　○ 창문(방충망틀 포함)의 개폐 등 작품동작이 불가능한 작품

　　○ 크리센트 미 부착 및 유리 고정테에 부착한 작품

　　○ 도면 및 요구사항과 상이하게 제작된 작품

　　　　－ 내 · 외부 창문이 바뀌어 제작된 경우

　　　　－ 배수구를 가공하지 않았거나 창틀의 내부 또는 상단에 가공한 경우

　　　　－ 보강 재료를 1개라도 미 삽입하거나 지정된 곳에 삽입하지 않은 경우

　　○ 도면 및 요구사항과 다르거나 외관 및 기능도가 지극히 불량하여 창문으로서의 작품성을 현격히 잃은 경우

3. 도면

자격종목	플라스틱창호기능사	과제명	미서기창 및 창틀제작	척도	N. S

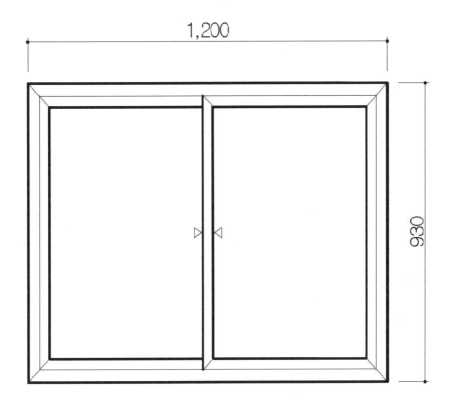

※ 주어진 재료를 사용하여 도면과 같이 창틀, 창문, 방충망틀을 제작합니다. 치수는 창틀 외형치수로 제작하고 내부치수는 플라스틱창호 미서기창 기능에 맞게 제작하여야 합니다. 또한 세부 디테일가공은 주어진 재료특성 및 창호제작공법을 감안하여 가공하십시오.

3. 도면

자격종목	플라스틱창호기능사	과제명	미서기창 및 창틀제작	척도	N. S

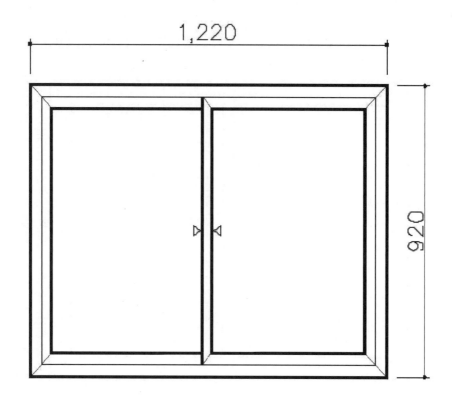

※ 주어진 재료를 사용하여 도면과 같이 창틀, 창문, 방충망틀을 제작합니다. 치수는 창틀 외형치수로 제작하고 내부치수는 플라스틱창호 미서기창 기능에 맞게 제작하여야 합니다. 또한 세부 디테일가공은 주어진 재료특성 및 창호제작공법을 감안하여 가공하십시오.

3. 도면

자격종목	플라스틱창호기능사	과제명	미서기창 및 창틀제작	척도	N. S

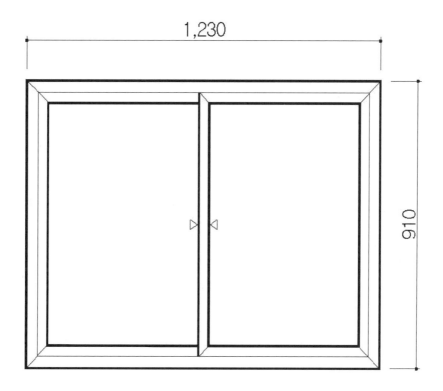

※ 주어진 재료를 사용하여 도면과 같이 창틀, 창문, 방충망틀을 제작합니다. 치수는 창틀 외형치수로 제작하고 내부치수는 플라스틱창호 미서기창 기능에 맞게 제작하여야 합니다. 또한 세부 디테일가공은 주어진 재료특성 및 창호제작공법을 감안하여 가공하십시오.

4. 지급 재료 목록

번호	재료명	규격	단위	수량	비 고
1	창틀상하	1500mm	개	2	(BF-115) ①
2	창틀좌우	120mm	개	2	(BF-115) ②
3	창문상하	140mm	개	2	(SF-250G) ①
4	창문좌우	1000mm	개	4	(SF-250G) ②
5	방풍틀	1200mm	개	2	(MC-250G)
6	유리고정테	1500mm	개	4	(GB-94)
7	방충망틀	1600mm	개	2	(MF-250)
8	풍지판	BF115	개	2	필링피스 BF115
9	풍지판(방충망용)	MF115	개	2	필링피스 BF115
10	스토퍼	SF115	개	4	115G
11	크리센트스토퍼	115	개	2	BF115
12	모헤아	10M	개	1	(96)
13	모헤아(방충망용)	2M	개	1	(115)
14	보강재	1200mm	개	2	(SF-115) ②
15	보강재	1200mm	개	2	(SF-115) ②
16	로울러	MF 115用	개	4	115G
17	크리센트	206(右)	세트	1	
18	나사못	$\phi 4.0 \times 8$	개	12	
19	나사못(철재용, 직결용)	$\phi 4.0 \times 8$	개	8	
20	로울러(방충망용)	96用	개	2	

※ 국가기술자격 실기시험 지급재료는 시험종료 후(기권, 결시자 포함) 수험자에게 지급하지 않습니다.

※ 실제 출제되는 시험문제 내용은 공개한 문제에서 일부 변형될 수 있음

@적중Top

플라스틱 창호 기능사

개정발행 2023년 04월 21일

지은이 | 건축자격 연구회
펴낸이 | 노소영
펴낸곳 | 도서출판 마지원

등록번호 | 제559-2016-000004
전화 | 031)855-7995
팩스 | 02)2602-7995
주소 | 서울 강서구 마곡중앙로 171

www.majiwon.com
http://blog.naver.com/wolsongbook

ISBN | 979-11-92534-18-3 (13590)

정가 23,000원

좋은 출판사가 좋은 책을 만듭니다.
도서출판 마지원은 진실된 마음으로 책을 만드는 출판사입니다.
항상 독자 여러분과 함께 하겠습니다.